中国传统文化生态伦理思想内在结构比较研究

任俊华 —— 著

佛家

涅槃解脱

道家

生命为贵

儒家

爱有差等

华夏出版社

HUAXIA PUBLISHING HOUSE

图书在版编目（CIP）数据

中国传统文化生态伦理思想内在结构比较研究 / 任俊华著. -- 北京：华夏出版社有限公司，2025. -- ISBN 978‑7‑5222‑0763‑6

Ⅰ. B82‑058

中国国家版本馆 CIP 数据核字第 2024PR3165 号

中国传统文化生态伦理思想内在结构比较研究

作　　者	任俊华
责任编辑	杨小英
责任印制	周　然

出版发行	华夏出版社有限公司
经　　销	新华书店
印　　装	泰安市恒彩印务有限公司
版　　次	2025 年 3 月北京第 1 版
	2025 年 3 月北京第 1 次印刷
开　　本	880×1230　1/32 开
印　　张	15
字　　数	400 千字
定　　价	88.00 元

华夏出版社有限公司　地址：北京市东直门外香河园北里 4 号　邮编：100028
网址：www.hxph.com.cn　电话：(010) 64663331（转）
若发现本版图书有印装质量问题，请与我社营销中心联系调换。

"泰山文库"编委会

总　序

　　泰山，岱宗之尊，巍然矗立于华夏之东隅，自古为文人墨客所仰望，亦文化昌盛之表征也。其山势雄伟，云雾缭绕，犹若天地间一巨擘，镇守着东方之疆土，庇护着万民之安康。今逢盛世，文化繁荣，"泰山文库"之编纂应运而生，汇地方文化之精髓，聚青年才俊之智慧，展成名专家之厚重，实乃当世文化之盛事，不可不述其深远意义焉。

　　编纂之事，非易为之举。幸有《光明日报》理论部主任孙明泉先生，与中共中央党校博士生导师任俊华教授，二公才情卓绝，学养深厚，志同道合，共襄此文化盛举，主编"泰山文库"，以承先贤之遗绪，扬中华之文化。

　　文库所辑，分为三种：一曰地方文化丛书，旨在挖掘中华大地之历史文化、风土人情、名胜古迹，以传扬地域特色，续接文化血脉，使后人得以窥见先贤之遗风，感受地域文化之魅力；二曰青年博士文库，则集青年才俊之学术研究成果，展现新时代学问之风貌，启迪后来者之思考，为国家文化之繁荣培育新生力量；三曰知名专家力作，展示学界泰斗之深厚学养与独到见解，为文库增添厚重底蕴，引领学术潮流。

总策划闵春、李朝辉、赵芬三人，精心设计，擘画全局，使文库编纂有条不紊，进展顺利。泰山慈善基金会设文库专项基金，更有致力中华文化传承发展之热心人士慷慨解囊，鼎力支持，使得文库编纂得以顺利进行，其功德无量，令人敬仰。

中华文明，乃世间唯一绵延未绝之古文化也。深掘华夏各族各地之民俗文化宝藏，以传承并丰富中华民族共有之精神家园；于中西文化相较之中，竭力探赜索隐中华文化长寿之源，任重道远，"泰山文库"之编纂，勉力一试，以期能达一二。一者，传承中华地方文化之精髓，使其发扬光大，泽被后世；二者，促进学术交流与研究，推动文化创新与发展，为中华民族之伟大复兴贡献力量；三者，激励青年学者之研究热情，培养新一代文化人才，为中华文化之传承与发展注入新鲜血液。

是为序。

泰山慈善基金会

2025 年 1 月

目　录

第一章

儒道佛学与中国古代生态伦理文明

"天人合一"自然整体观是中国古代生态伦理文明的根本特征。"天人合一"自然整体观承认自然万物的内在价值，强调人类的生态责任，和理想生态伦理社会有着内在一致性。以此为基础，我们推导出"一个基石，三大板块"生态伦理内在结构的基本模型。"一个基石"指"天人合一"自然整体论，"三大板块"包括以内在价值为基础的生态意识观、生态责任观、生态蓝图观。"一个基石，三大板块"不仅构成了中国古代生态伦理文明的基本结构，而且可以给予现代生态伦理建构以深刻的启示。儒道佛学三大生态伦理思想相互影响、彼此借鉴，儒道互补、儒道佛会通成为三者关系的典型写照，三者在融合过程中共同构成了中国古代生态伦理文明的主干。把握了儒道佛学三大生态伦理内在结构及其关系，基本就把握了中国古代生态伦理的内在结构和基本特点。中国古代以农立国，农业是中国传统文明的物质基础，自然也是中国传统生态伦理的物质基础。进行农业劳作，必然涉及时令天气、土地贫瘠和人力的付出，于是形成了"天人相宜"的农学系统论。"天人相宜"农学系统论和中国古代"天人合一"自然整体论及其蕴涵的生态意识、生态责任和生态社会构建的内在结构是完全一致的。

第一节 "天人合一"自然整体观与中国古代生态伦理文明

如果要问：人和自然的关系在什么情况下是最为和谐的？也许答案有很多，但是，追问到根源处，答案莫过于两种：一种是人和自然是分离的，人是人，自然是自然，二者之间没有根本性的情感关系，这种关系否认了所提问题的必要性。另一种是人和自然有着紧密的关系，这种紧密关系又可以分为很多方面。如人和自然处于一个系统之中，二者相互依赖、相互影响，如果过度损害自然，就会或直接或间接地影响到人类和子孙后代的生活。又如人类和自然不仅共存于一个天地系统中，而且人和自然完全是一体的，这种"一体"性主要是价值层面的命运相连。

所谓生态意识就是反映人和自然和谐发展、共存共荣的一种新价值观。①

第一种答案以人类征服自然、自然天然是人类的使用工具为基本特征，显然没有生态意识。这种人与自然相分的观念是西方文化的核心特征。古希腊哲学家普罗泰戈拉（Protagoras）提出了"人是万物的尺度"。古希腊时期柏拉图至上本体与卑微现象之间的划分，也使

---

① 江泽慧主编：《生态文明时代的主流文化：中国生态文化体系研究总论》，北京：人民出版社，2013年，第29页。

属于现象范畴的自然丧失了自身价值。《圣经·创世纪》指出，上帝按照自己的形象造人，"使他们（人类）管理海里的鱼、空中的鸟和地上各种活物"，也就是说，人类是自然万物的管理者，这是人类的伦理义务。西方近代以来主体意识觉醒，同样视自然为异己的存在，笛卡尔把动物称为"非理性机器"，只受因果律支配，而人类是有理性灵魂的，从这个意义上讲，人类就拥有了支配动物以及世界万物的权利和义务。进一步地，康德将近代启蒙推向高潮，提出了"人是目的"命题，完全排除万物具有任何内在价值。古希腊文化、基督教文化和近代启蒙文化构成了现当代西方文化的思想渊源，在处理人和自然的关系上，坚持人和自然相分的基本观念，在价值追求上，人类优先于自然，或者说，人类有内在价值，自然没有内在价值，人类只能对人类讲道德，不能对自然讲道德，这是西方伦理思想的核心特征。在这种二元对立的文化背景下，自然只是人类实现自己目的的手段和工具，人类不需要对万物讲道德，因此，我们可以说，西方文化缺乏最基本的生态意识。西方文化中以"人为目的""万物为工具"的价值观念，使征服自然成为人类自身的责任和义务。工业革命前，人类没有掌握完全征服自然的手段，对自然尚未构成严重的威胁。工业革命后，科学技术飞速发展，西方文化携科技席卷全球，成为现代化的基本表征，终于造成了全球性的生态危机，对全人类生存造成了严重的负面影响。

18世纪以来，由于西方最早实行工业化，所以其生态危机也最早爆发。为了解决威胁人类生存的生态危机，生态学、生态伦理学等学科也较早地在西方出现。既然西方传统文化中，人类和自然完全分离，没有任何生态意识，那么，要应对生态危机，首先要树立生态意识，树立生态意识的前提是弥合人类和自然之间存在的巨大鸿沟。也就是说，解决生态危机，首要任务就是要将主客二分的观念转变到主客一体上面来。因此，我们讲，整体论体现了一种生态意识，这是一种根本性论断。

生态学已经证明，人与自然共处于一个相互影响、相互作用的有机生态系统之中。人类任何行为都会对自然造成影响，在人类影响自然的同时，自然也在反作用于人类。不过，由于自然具有一定程度的自我修复能力，所以，长期以来，人类对与自然之间的相互影响并没有过多关注。如果人类对自然索取、破坏行为超过自然所能承受的阈值，自然就会失去自我修复能力，最终会严重损害人类自身的生存。因此，生态学要求人类站在有机整体角度，运用系统科学思维，来对人和自然的关系进行深入研究，这种研究本身就蕴涵了深刻的生态伦理思想。正如叶平教授所言："生态伦理学不同于社会伦理学，它的信仰、态度和规范的确立依赖于对自然界的整体看法和对人在自然界中的地位和认识，这也就是所谓的科学基础问题。"①美国杰出的生态伦理学家利奥波德（Aldo Leopold）的"土地伦理学"就奠基于生态整体论的基础上，利奥波德指出："土地伦理只是扩大了这个共同体的边界，它包括土壤、水、植物和动物，或者把它们概括起来：土地。"②"土地并不仅仅是土壤，它是能量流过一个由土壤、植物以及动物所组成的环路的源泉。食物链是一个使能量向上层运动的活的通

---

① 叶平著：《生态伦理学》，哈尔滨：东北林业大学出版社，1994年，第129页。

② ［美］奥尔多·利奥波德著：《沙乡年鉴》，侯文蕙译，北京：商务印书馆，2016年，第231页。

道，死亡和衰败则使它又回到土壤。"①综上所述，生态学和生态伦理学都是建立在科学有机整体论基础上的，这种有机整体论观念使我们在对待自然的时候，不会像西方传统文化那样肆无忌惮，从而具有了一定程度的生态意识。

　　根据自然万物是否有内在价值，生态伦理学可以划分为两种基本立场：一是人类中心主义，二是非人类中心主义。人类中心主义者认为，人是一切价值的目的，自然界及其组成部分只有满足人类需要的工具价值，而没有内在价值。非人类中心主义者认为，不仅人类具有内在价值，自然界及其组成部分同样有内在价值，因此，我们不仅要对人类讲道德，而且也要对自然讲道德。毫无疑问，非人类中心主义充满了深刻的生态意识。人类中心主义立场内部亦有分化，美国哲学家诺顿（B.G.Norton）把人纯粹从感性出发，满足人的现实利益的理论称为强人类中心主义；而把人从某些感性意愿出发，但经过理性评判满足人的利益和需要的理论称为弱人类中心主义。②西方传统希腊文化、基督教文化和近代启蒙确立起来的理性文化都属于强人类中心主义文化，这种强人类中心主义文化是没有任何生态伦理意识的。然而，经过生态危机之后建立的人类中心主义文化，诸如帕斯莫尔（John Passmore）、麦克洛斯基（H.J.McCloskey）、诺顿、墨迪（William H.Murdy）③等人的弱人类中心主义思想，尽管还是以人类中心主义作为自己的基本立场，但是为了人类整体的长远利益，人类不

---

① 《沙乡年鉴》，第 243 页。

② 《生态伦理学》，第 38 页。

③ 以上人物与阐述的相关思想，可详参《生态伦理学》第二章内容。

能够随心所欲地征服自然、利用自然，而是要在人类理性评判和指导下，遵循自然规律，协调发展。人类和自然界这种协调发展，意味着人类和自然并不是完全分离的，而是在某种程度上弥合了强人类中心主义立场中人和自然之间存在的巨大鸿沟。综上所述，可以得出如下结论：非人类中心主义和弱人类中心主义都属于现代生态伦理学范畴，二者都认同人与自然属于一个有机整体这种生态观念。因此，自然整体论体现了一种生态意识的观念再次得到强化。

非人类中心主义和弱人类中心主义都建立在人和自然处于共同的有机整体中，差别在于非人类中心主义承认自然系统及其组成部分的内在价值，弱人类中心主义不承认自然系统及其组成部分的内在价值。这是一种普遍观点，因为也有弱人类中心主义者将内在价值赋予自然事物的，如美国植物学家墨迪就是如此。[①] 因此，我们可以将非人类中心主义和弱人类中心主义及其关系比喻成颜色，这个颜色的底色皆是自然整体论，非人类中心主义颜色最浓，随着非人类中心主义逐渐向人类中心主义过渡，颜色逐渐变淡；从内在价值讲，亦是如此。整体论和内在价值的结合，形成了"道德共同体"。从"道德共同体"视角来看，人类中心主义认同"人类"道德共同体，非人类中心主义认同"自然"道德共同体。没有内在价值，只有自然整体论，同样要对自然讲道德，因为这种道德关系涉及人类全体和人类的长远利益，这不是随心所欲的欲望，而是从人类理性角度来讲的。这样，我们可以看出，自然整体论就不仅是一种生态学观念，也是一种道德观念。

---

① 《生态伦理学》，第49页。

非人类中心主义和弱人类中心主义以生态学整体论为基础，认为人和自然之间存在着紧密的关系，强调人和自然协调发展，是一种新的生态价值观，属于人和自然关系的第二种观念。第二种观念回答了本文开始提出的问题，即人和自然的关系在什么情况下是最和谐的？关于这个问题的回答可能有许多，但是，人和自然之间的和谐关系必须要以自然整体论为基础。这也是生态伦理学建立的基础。

生态伦理学的提出和建立突破了西方传统主客二分的传统，某种程度上实现了人和自然的和解，为解决工业革命以来人类面临的严重生态危机提出了可资借鉴的思想资源，有着重要的理论意义和现实意义。西方主客二分思维模式在近代达到顶峰，这种思维模式随着工业革命和科技的飞速发展，推动人类文明从古代向近代的转变，这种转变是全球性的，并在 20 世纪达到顶峰，从这个意义上讲，20 世纪是西方文明的世纪。这是西方文化对人类的重大贡献。但是，人类对自然的征服和控制带来了严峻的生态危机和人文主义的丧失，这使得人类陷入了生存困境之中。这是西方生态伦理学产生的背景。

任何新的文化都要奠基于人类传统文明基础之上，生态伦理学的建立也不例外。中国传统文化的根本特征是"天人合一"，即人和自然本来处于一个有机整体之中。弱人类中心主义和非人类中心主义构成了生态伦理的两大基本立场，二者都要以自然整体观为基础，亦即现代生态伦理学也必须以自然整体观为基础。中国传统奠基于"天人合一"的自然整体观之上，这种自然整体观经过几千年的发展，可以为当今生态伦理学的建立，以及处理人与人、人与自然之间的关系提供可资借鉴的思想资源。这是中国传统文化在 21 世纪给予人类的重要贡献。

正是从人与自然和谐发展的意义上讲，中西方许多思想家预言 21 世纪是东方文化的时代。西方思想家如汤因比、罗尔斯顿、奈斯、史怀泽，以及日本思想家池田大作等人，都强调了古代东方生态智慧的重要意义。中国老一辈国学大师钱穆、季羡林等人都曾指出，中国传统文化建构在人与自然和谐发展的基础上，可以解决当前人类遭遇的生存困境和精神家园迷失问题，因此，21 世纪以"天人合一"为根本特征的东方文化将会成为世界的主体文化。钱穆先生在临终前写的文章中指出："因于中国传统文化精神，自古以来，既能注意到不违背天，不违背自然，且又能与天命自然融合一体。我以为此下世界文化之归结，恐必将以中国传统文化为宗主。""中国人最喜言'天下'。'天下'二字，包容广大，其涵义即有使全世界人类文化融合为一、各民族和平并存、人文自然相互调适之义。"① 季羡林先生则大声疾呼，"只有东方的伦理道德思想，只有东方的哲学思想，能够拯救人类"，东方伦理原则的哲学基础就是"天人合一"。② 从中国传统生态伦理学来讲，"天人合一"自然整体观内在地肯定了自然的内在价值，强调了"人"的生态责任，与生态理想社会的建设具有内在一致性。因此，"天人合一"的自然整体观可以为生态伦理学的建构奠定深厚的理论基础，对于生态伦理学的建构具有重要的理论意义和现实意义。

---

① 钱穆：《中国文化对人类未来可有的贡献》，《中国文化》1991 年第 4 期。

② 季羡林：《"天人合一"方能拯救人类》，《哲学动态》1994 年第 2 期。

一、"天人合一"自然整体观涵义

在中国传统文化中，可以从以下六个方面来理解天的内涵。

第一，自然之天。自然之天是指由天地自然构成的有机整体，从草木瓦石到飞禽走兽，从自然界到人类社会，莫不是这个有机整体的构成部分，其流动变化，莫不是"一气相通"的。这是客观存在的事实。在先秦诸子中，庄子较系统地从"气"的层面来讲"万物一体"："人之生，气之聚也。聚则为生，散则为死。若死生为徒，吾又何患？故万物一也，是其所美者为神奇，其所恶者为臭腐；臭腐复化为神奇，神奇复化为臭腐。故曰：通天下，一气耳。"从根源处讲，宇宙万物皆由气所构成，气聚为物，物散为气，并且万物是互相转化的。《庄子·大宗师》篇对万物的互相转化有着更明确的表述，其中讲到，子来将死，其友子梨往而问之，安慰子来说："伟哉造化！又将奚以汝为，将奚以汝适？以汝为鼠肝乎？以汝为虫臂乎？"[①]这里，构成子来的气可能会转化为鼠肝、虫臂等一切事物。这种"一气相通"思想成为中国哲学家们的共识，特别在宋明理学家那里得到了充分的阐发。周敦颐讲，"（阴阳）二气交感，化生万物，万物生生而变化无穷焉"；张载讲，"太虚无形，气之本体；其聚其散，变化之客形尔"；朱熹认为，宇宙只是"一气"充塞运行而成，"海水无边，那边只是气蓄得在"；王阳明讲，"风雨露雷，日月星辰，禽兽草木，山川土石，与人原只一体。故五谷禽兽之类，皆可以养人；药石之类，皆可以疗疾；只为同此一气，故能相通尔"。以上皆是从"一气

---

① ［清］郭庆藩撰，王孝鱼点校：《庄子集释》，北京：中华书局，2013年，第238页。

相通"的有机整体角度来看待天地万物间关系的。

第二，规律之天。《荀子·天论》云："天行有常，不为尧存，不为桀亡。""天不为人之恶寒也辍冬，地不为人之恶辽远也辍广。"[①] 常即规律，天地按照客观规律运行，不会因为人的主观愿望而有改变。在道家老子看来，天道始终遵循"反者道之动"的规律和法则，最终实现宇宙生命的动力性、平衡性和秩序性。《道德经·七十七章》对天道的规律性有进一步描述："天之道，其犹张弓欤？高者抑之，下者举之；有余者损之，不足者补之。"就是说，天道规律如张弓，高者下压，低者上举，多者损之，不足者补之，以平衡态维持天地万物自然生长。

第三，道德之天。"道德"一词在不同学派中有不同涵义。儒家以"生之秩序"为道德的最高基准，如《周易·系辞下传》："天地之大德曰生。"《论语·阳货》："天何言哉！四时行焉，百物生焉，天何言哉！"天地无言，万物生生不息。程颢以万物之"生"释"仁"："万物之生意最可观，此元者善之长也，斯所谓仁也。"万物之生意体现的正是天地之生意。儒家"仁义礼智信"等道德原则在天地万物中都能找到依据。道家以"自然而然"为道德的最高准则，《道德经·五十一章》："道生之，德畜之，物形之，势成之。是以万物莫不尊道而贵德。道之尊，德之贵，夫莫之命而常自然。"尊道贵德的根本就是自然而然。

第四，本性之天。本性是事物是其所是的本质特征。本质上，本性之天与道德之天是一致的。《孟子》云："尽其心者知其性也，知其

---

① ［清］王先谦撰，沈啸寰、王星贤整理：《荀子集解》，北京：中华书局，2012 年，第 300、304 页。

性则知天矣。存其心，养其性，所以事天也。"通过尽心，就能知道
人之为人的本质特性，知道了人之为人的本性，那么，就能探寻天的
本性了。老子认为，"自然"是人和天的最高本性，天地人道都应该
遵循自己的自然本性，"人法地，地法天，天法道，道法自然"（《道
德经·二十五章》）。庄子继承和发扬老子尊重自己和万物本性的思
想，在这一点上讲得更直接，"牛马四足，是谓天；落马首，穿牛鼻，
是谓人"（《庄子·秋水》）。牛马四足，天然如此，这是它们的本性使
然；羁勒马头，贯穿牛鼻，这是人类将牛马作为自己的生产工具，是
其为自己生产生活服务。人类的这种行为改变了牛马的本性。所以，
庄子将前者称为"天"，后者称为"人"。

　　第五，神灵之天。如《尚书·舜典》："（舜）在璇玑玉衡，以齐
七政，肆（遂）类于上帝，禋于六宗，望于山川，遍于群神。"这里
上帝即是天。马融注曰："上帝太乙神，在紫微宫，天之最尊者也。"

　　第六，人格化的自然之天。所谓人格化的自然，即有意志有智力
之自然。[1]这一点以汉代谶纬风气下的"天人感应"最具代表性。汉儒
董仲舒认为，"天有喜怒之气，哀乐之心，与人相副"，天人相似，亦
有喜怒哀乐的情感意志。汉代道教经典《太平经》同样认为，天地有
喜怒哀乐的情感意志，"天以安平为欢""以上平为喜""万物不得处
其所，日月无善明，列星乱行，则天有疾病，悒悒不解"[2]，"见大善
瑞应，是其大悦喜也，见中善瑞应，是其中悦喜也，见小善瑞应，是
其小悦喜也。见大恶凶不祥，是天地之大怒也，见中恶凶不祥，是天

---

① 任俊华：《儒道佛生态伦理思想研究》，湖南师范大学博士论文，2004 年，第 11 页。

② 王明编：《太平经合校》，北京：中华书局，1960 年，第 200 页。

地之中怒也，见小恶凶不祥，是天地之小怒也。平平无善变，亦无恶变，是其平平，亦不喜，亦不怒。"[1] 显然，这里的"天"是人格化的。

与"天"的涵义相对应，"天人合一"的涵义也有六种。

第一，对于自然之天，人类应该从理性之"知"的角度充分认识到"天人"本来生存于一个有机整体之中，天人相合就是客观事实。

第二，对于规律之天，人类应遵循天地万物的变化发展规律，在规律层面完全与天地相合，从而实现宇宙自然的大和谐。人道效法天道中的"效法"，就有遵循规律义。《尚书·尧典》里有"敬授人时"，《周易·乾·文言传》曰"（大人）与四时合其序"，《礼记·月令》全篇强调人类社会活动（政令、农事、祭祀等）都要与自然变化（天象、气象、物候等）相符合，《论语·学而》强调"使民以时"，《孟子》仁政思想中强调"斧斤以时入山林"，《荀子·王制》曰"谨其时禁"。以上儒家经典所强调的顺应时令观念彰显的是，人类只要参与天地人宇宙运作，就必须要遵循自然的客观规律。《管子·形势》曰："其功顺天者天助之，其功逆天者天违之。"《太平经》曰："天道可顺，不可逆也。顺天者昌，逆天者亡。"皆强调人道顺应天道规律。

第三，对于道德之天，人类应该效法天地自然彰显出来的道德准则，不仅应该对人类讲道德，也应该对自然讲道德，简言之，这种"天人合一"就是"天人合德"。《周易·系辞上传》曰："天地之大德曰生。"人道效法天道，人类应该做的就是要让天地万物和人类社会持续地生生不息，这是儒家一切道德规则最终的指向和追求。不仅儒家有"天人合德"，道家也有"天人合德"。道家道德的核心涵义是自

---

[1] 《太平经合校》，第 323 页。

然。老子讲的"人法地，地法天，天法道，道法自然"，庄子反复强调的要"顺物自然"，本身就是对天道道德的效法。

第四，对于本性之天，人类既要尊重自己的天然本性，也要尊重万物的本性，二者是统一的。孟子认为，人类内在的本性和天道是相通的，二者的连接点就是人与天地都有善的本性。人类在真正实现自己本性的同时，也在符合天的本性。孟子"心性论"的"天人合一"路径在宋明理学家那里得到了极大的发展。

道家认为，万物的本性就是"自然"，无论老子还是庄子，都认为人既要顺应自己的自然本性，也要顺应万物的自然本性，二者是统一的，亦即从本性实现角度来讲，人与天是统一的，是同时实现的。《齐物论》是庄子文本中最重要的篇章。所谓"齐物"，就是从道的层面来看待万物，万物都是平等的、相同的、没有区别的。从道的层面看待万物，就是从万物本性出发，来对万物进行价值评估。对于每一个事物以及这个事物所处的系统来讲，每一个事物的本性都是至高无上不可替代的，所以才有"天下莫大于秋毫之末，而大山为小"的论断。秋毫、大山之形截然不同，一个为小、一个为大，但是，从本性来讲，秋毫的本性是小，所以它在最大程度上实现了自己的本性，于是可得出"天下莫大于秋毫之末"的结论；相反，大山的本性是大，山外有山，山外有比山更大的东西，在层层比较中，大山也可以称为小。因此，郭象指出："大山为小，则天下无大矣；秋毫为大，则天下无小也。无小无大……苟足于天然而安其性命。"也就是说，在本性层面上，万物都是平等无差别的，如是才能达到"天地与我并生，而万物与我为一"的"天地合一"的齐物境界。实现这种"天人合一"的"齐物"境界，需要注意两个方面问题：一是要保持自我本性，不能被自己的欲望所牵引。因为人一旦被自己的欲望牵引，就会将外界的万事万物都视为实现自己欲望的工具。这样，不仅人本身成为欲望的工具，而且万事万物都会工具化，于是人和万物都会丢失自己的本性。二是要尊重万物本性，不把万物视为实现自己目的的工具。把万物视为工具，实际上就是自己的欲望被万物所牵引，自己被自己的欲望所控制，这样，人和万物都会丢失自己的本性。也就是说，在道家看来，实现自己的本性和实现万物的本性是同时完成的，"天人合一"是生命的本然状态，"天人二分"不仅是在摧残万物生命，更是在戕害自我生命。尽管儒家和道家在道德观念和对人类本性的理解等方面有着极大的差异，但是，它们在本性层面上实现"天人合一"的致思路径是一致的。

第五，神灵之天创造万物和人类，不仅使天地万物生生不息，而且也构成了人间政权合法性的重要基础，因此，人类应该对神灵之天心怀感恩之心，这种感恩之心主要通过儒家祭祀之礼实现。《礼记·郊特牲》曰："社所以神地之道也。地载万物，天垂象，取财于地，取法于天，是以尊天而亲地也，故教民美报焉。"[①] "万物本乎天，人本乎祖，此所以配上帝也。郊之祭也，大报本反始也。"[②] 天生万物，地载万物，人本于祖，祭祀天地祖先，内蕴深刻的报恩反始思想。通过感恩之心，人自然与天地相通。

第六，对于人格化的自然之天，主要通过人类实践来与上天感

---

① ［清］孙希旦撰，沈啸寰、王星贤点校：《礼记集解》，北京：中华书局，1989 年，第 686 页。
② 《礼记集解》，第 694 页。

应，从而实现"天人合一"。董仲舒认为，天为人之曾祖父，与人相副，天有喜怒之气、哀乐之心，以类合之，天人一也。因此，人类一切行为都要符合"天"的意志与情感。《太平经》认为，"夫天地，乃万物之父母"，人是万物之一，所以，"人者，天之子也，当象天为行"。作为人格化的自然之天，并不像西方上帝那样偏袒人类，而是以"公"心对待天地万物。董仲舒人格化的"天"和儒家天一样，以"生物"为心；《太平经》人格化的"天"继承了道家传统，提出"天道无私，但行之所致""天道无私，乃有自然"观念；人亦应如此。

尽管我们将中国传统的"天"和"天人合一"进行了分类，然而，毫无疑问，"天""天人合一"范畴的涵义更为复杂。如老子"道法自然"中的"自然"，不仅表示事物的本性，也代表了道家的最高道德标准，同时含有规律的意思，这样，"天人合一"的涵义就是，人尊重自己的本性，也是在尊重万物的本性，顺应自然规律，同时也符合了道家以"自然"为核心的道德标准。也就是说，老子的"规律之天""道德之天""本性之天"是同时存在的，人和天也是在多个层面融合为一的。儒家顺应节令规律行为，其目的是使万物生生不息，内在还是要与天地合德。这与现代生态学中顺应规律的行为也是有区别的。董仲舒和《太平经》的"天人感应"已经将天人合规律、合德等都包容于其中了。总之，中国传统的"天人合一"自然整体论将本体论、价值论、规律论和认识论完全融为一体了。

在中国传统文化中，天人关系内涵丰富，然其最基本的涵义就是人和自然的关系。也就是说，上述关于"天"的诸种涵义中，"自然之天"及其与人之间的和谐关系最为基本，其他一切涵义都附着于

"自然之天"这个涵义之中。庄子、王充、周敦颐、张载、二程、朱熹、王阳明等人都曾从"气""理""心"等层面论证了人和万物本来是一体的客观事实，人类违背这个客观事实，不仅违背人性，也违背物性，违背天命，违背道德，所以，人类所要做的，就是从根源处认清和践行"天人合一"。庄子认为，世俗之人正是没有认识到人与自然本来一体，而陷入"与物相刃相靡""终身役役而不见其成功，苶然疲役而不知其所归"的悲剧之中，"劳神明为一而不知其同也"，万物本来是"一"，人类却要辛辛苦苦地去求这个"一"，这是人类本性迷失导致的悲剧，同样也是人类的生存悲剧。宋明理学家们同样认识到人与自然内在的合一关系对于人类生存的重要性。张载在"气"的一元论视野下提出对"民胞物与"的认知与价值追求；二程从理学层面论证人和自然本来的合一关系，认为"天人一也，更不分别"；朱熹说"天是一个大的人，人便是一个小的天"；王阳明说"盖天地万物与人原是一体"。上述说法都彰显了一个事实，即中国传统文化中的"天人合一"以自然整体观为基础，将事实和价值都融入其中了。

二、"天人合一"自然整体观可为生态伦理学奠基

有机整体论是现代生态学的基本结论，构成了现代生态伦理学的基石。前面我们已经阐述，无论是弱人类中心主义，还是非人类中心主义，都是以有机整体开始他们的学说论证工作的。这是现代生态科学、生态哲学和生态伦理学家们的共识。现代生态伦理学的奠基人

莱奥波尔德（Aldo Leopold）将自然比喻为由不同的生命器官组成的机能整体。[①]罗马俱乐部创建者奥雷利奥·佩切伊（Aurelio Peccei）认为："人不过是无数生命物种中的一种，他通过生物圈的复杂网络联系而与自然构成统一整体。人类必须意识到并维护这个整体，而不能破坏和削弱它。"[②]英国历史学家汤因比（Joseph Toynbee）是从生态圈展开他的生态思想的，汤因比所说的自然，通常指大地，即地球生态圈，有时也指包括宇宙范围在内的整个物质世界。"生物圈是人类的诞生之地和生存的环境，汤因比把它比喻为人类的大地母亲。"[③]罗马俱乐部著名生态哲学家埃里克·詹奇（Erich Jantch）以自组织为核心，来探讨一种有机的、动态的、生长着的宇宙总体，即自然。[④]物理学家弗里特约夫·卡普拉（Fritjof Capra）的生态世界观的一个重要特点就是在批判以笛卡尔为代表的还原主义基础上，提出了他的生态整体主义世界观，他指出："部分的性质由整体的动力学性质所确定。整体的动力学是首要的，部分是次要的。"[⑤]英国科学家彼得·拉塞尔（Peter Rusell）指出："我们和地球就是独立整体的一切，我们不再能把自己从整体中分离出来。"[⑥]德国著名生态学家汉斯·萨克塞（Hans Sachsse）指出："在社会劳动进程中我们得知人在生态关联网中遇到了严格的控制，我们意识到我们不是作为主人面对这一

---

① 余正荣著：《生态智慧论》，北京：中国社会科学出版社，1996 年，第 42 页。

② 《生态智慧论》，第 52 页。

③ 《生态智慧论》，第 64 页。

④ 《生态智慧论》，第 74 页。

⑤ 《生态智慧论》，第 89 页。

⑥ 《生态智慧论》，第 101 页。

发展，我们自己也是整体的一部分。"著名环境学家霍尔姆斯·罗尔斯顿（Holmes Rolston）关于自然价值的理论也是建立在自然整体论基础上的，在罗尔斯顿环境伦理体系中，自然作为进化的整体，是产生价值的源泉；自然的整个网络系统是多种价值的转换器。[①] 上述内容是我们以余正荣先生《生态智慧论》一书第二章"现代西方生态哲学思想的演进"为考察对象钩稽出的例证。顾名思义，该章深入地阐发了现代西方生态哲学家们的思想及其演进路径，这些代表性的生态哲学家们的思想尽管出发点、思路各有不同，但是，有一点是共同的，就是对有机的、动态的有机整体的强调。该书第三章中，余正荣先生指出："马克思恩格斯把人和自然的关系看作是一个复杂的对立统一的整体，对这一整体的把握，构成他们生态哲学的主要内容。"[②] 可见，自然整体论构成了现代生态伦理学的基石。

现代西方生态伦理学以自然整体论为基石的思维方式，本质上是对西方传统主客二分式思维方式的纠偏，也是对现代工业文明的纠偏。

中国传统文化中"天人合一"的自然整体观，有着深刻的东方文明基础，从这个角度来讲，"天人合一"的自然整体观可以为现代生态文明奠基。这一点也已被许多现代生态伦理学家们所认同，如汤因比、卡普拉、罗尔斯顿，以及挪威生态伦理学家奈斯、澳大利亚环境哲学家西尔万（Richard Sylvan）和贝内特（David Bennett）、美国环境哲学家科利考特等人，皆试图摒弃西方原有的二分思维模式，"建立以东方智慧为基本特征的新的生态范式，这无疑是一种解决生态问

---

① 《生态智慧论》，第 122 页。

② 《生态智慧论》，第 135 页。

题的新思路"①。东方智慧的基础就是"天人合一"的自然整体论。

中国传统文化以农业文明为基础，人类顺应自然进行农业生产是农业文明内在的典型特征，也就是说，"天人合一"自然整体观是农业文明的产物。

近代以来西方文化以工业文明为基础，人类主体和自然客体的二分，使人类能以更细致的视角观察和改造自然界，达到征服自然以为人类服务的目的。这种思维随着工业文明和大航海的发展，而将全球都带入了工业文明时代。全球化是工业文明发展的顶峰。

农业文明以人与自然和谐统一为特征，工业文明以人与自然相分、人类征服自然为特征。工业文明取代农业文明，是对农业文明的否定，亦是主客二分的思维方式、还原论的思维方式对主客融合、整体论的思维方式的否定。当工业文明走向极点，就会转向相反的方向，即转向人与自然和谐统一的方向发展。这种转向是以生态文明为核心特征的。生态文明是对工业文明的否定，也是对农业文明的否定之否定。否定之否定是在更高层次上的肯定，这种肯定的重要表现形式就是要将还原论的思维方式转向人与自然统一协调发展的基础上。任何新文明都不是凭空产生，都有其产生的基础，在生态文明时代，作为中国传统文化的核心，"天人合一"自然整体论可以为现代生态哲学、生态伦理学奠基，现代生态哲学、生态伦理学也必须要从这种天人融合的文化中吸取最为深厚的文化资源，这是毋庸置疑的。

马克思主义是建立在对阶级社会，特别是资本主义工业文明的批

① 雷毅著：《深层生态学思想研究》，北京：清华大学出版社，2001年，第81页。

判基础上的，也是建立在对近代工业文明思想基础（形而上学）的批判基础上的。近代形而上学"就是以这些障碍堵塞了自己从了解部分到了解整体、到洞察普遍联系的道路"①。也就是说，马克思是从整体的、普遍联系的层面来看待人类和自然间关系的。马克思主义中国化的过程，既是中国传统自然整体观在更高层面的复归，也是马克思主义时代化的必然取向。这就是马克思主义中国化在生态领域的重要特征。我们有深厚的"天人合一"自然整体观的文化基础，我们也是以马克思主义科学观指导生态文明建设的，在这个意义上讲，我们说，生态文明时代必然是中国的时代，生态文明的复兴是中华民族伟大复兴的关键一环。

三、"天人合一"自然整体观承认自然整体及个体事物的内在价值

人与自然分离的思维结构决定了作为客体的自然不可能有内在价值。西方基督教文化认为，上帝是一切价值的来源，然而，上帝只将价值赋予人类；近代以来，主体理性的觉醒是人文主义复兴的核心表现形式，康德"人是目的"就是这种理性人性观的宣言。在这种主客二分的思维模式下，人类因为拥有理性而成为唯一具有价值的生物，万物因为丧失理性而丧失内在价值，只有工具价值。在基督教背景下，人类只有投入上帝的怀抱才能找到生存意义；在近代理性主体觉醒的背景下，人类自我就是运用和改造万物的工具属性来实现的。人

---

① 《马克思恩格斯全集》第二十卷，北京：人民出版社，1971年，第385页。

类为了实现理性自我，将万物作为工具来运用的同时，也被自己的欲望所控制、所异化，从而失去自由、失去精神家园。这是现代西方文明面临的极大困境。

现代生态伦理学以自然整体论为自己奠基。是否承认自然有内在价值是弱人类中心主义和非人类中心主义的主要区别。强人类中心主义认为人和自然是完全二分的，非人类中心主义认为人和自然是完全统一的，弱人类中心主义则介于强人类中心主义和非人类中心主义之间，因此，我们按人与自然的融合程度，从浅到深对上述三种立场进行的排序是：强人类中心主义—弱人类中心主义—非人类中心主义。由此，我们也可以看到，人和自然融合程度的深浅构成了弱人类中心主义和非人类中心主义的又一个重要区别，这个重要区别与是否承认自然的内在价值是完全一致的。非人类中心主义是当代生态伦理建构的主流，即使是弱人类中心主义者的墨迪也承认自然是有内在价值的，这个内在价值的建立同样需要依附于人和自然处于共同的整体上面。

关于自然整体论和内在价值之间的关系，余谋昌先生讲得很清楚："从'人—自然'系统的整体性观点来看，人与自然这两大要素处于相互依存和相互作用中，其中每一方面的存在，既是自身存在又是另一方存在的条件。或者说，某一方存在是为了自身存在又是利于他方存在。它既是目的又是手段，对自身存在是目的，又是他方存在的手段。包括人在内的所有生命，都处于这种生态关系之中，这就是生态系统相互作用和协同的整体性。因此，人、生命和自然界，既有其自身的内在价值（自身的生存），又具有外在价值（他物的手段）。"① 在人和自然组成的系统整体中，人和自然存在着相互依赖、相互影响的关系，人、自然、万物只能既是目的又是手段，以自身生命存在为目的，自身生命目的的展开天然地成为他物存在的手段，这样人和万物都能得到自由。如果人类仅仅把自然作为手段，不仅使自然失去其生存的自由，人类同样因为被外物所牵引，而成为自身欲望的工具。庄子在"人与天一""物我同一"自然整体论基础上提出的"无用之用"命题，正是从生存论角度对人和自然关系进行的深刻揭示。所谓"无用之用"，就是一切生命都以自身目的为核心，首先是以实现自身生命本性为核心，在自身生命的展开过程中，自然成为他物生存的手段。有些大树正因为"无所可用"，不仅保有自己的生命和自由，而且在这个前提下，对他人、他物有着重要的作用，更重要的是，在这个过程中，也使他人、他物保有自身自由。"今子有大树，患其无用，何不树之于无何有之乡、广莫之野，彷徨乎无为其侧，逍遥乎寝卧其下？不夭斤斧，物无害者。无所可用，安所困苦哉！"②（《庄子·逍遥游》）保存生命首先在于不成为别人的工具，这就是"无用"，因为"无用"（无所可用），而"不夭斤斧，物无害者"，于是才能免除生命的困苦；当自身生命因为"无用"而获得保存时，其对于他人、他物的"大用"也就显示出来了。无用之木，枝叶茂盛，清风吹拂，人和动物经过，徘徊栖息，是其"大用"；人没有把大树当作工具，任其自由生长，既得到了万物的大用，也获得了自身的自由。"逍遥乎寝卧其下"就是万物之"用"与

① 余谋昌著：《惩罚中的醒悟：走向生态伦理学》，广州：广东教育出版社，1995 年，第 19 页。

② ［清］郭庆藩撰，王孝鱼点校：《庄子集释》，北京：中华书局，2013 年，第 42 页。

自己自由的鲜明写照。在自然整体论视域中，人和自然都既是目的也是手段，这是万物本性所决定的，这样，自然具有内在价值就是一种客观事实。

美国植物学家墨迪认为："物种的存在，以其自身为目的。它们若完全为了其他物种的利益，就不能存在。从生物学意义上说，物种的目的是持续再生。"① 那么，人类评价自身利益高于其他非人类，这是自然的，不是人为的。② 如果这个事实成立的话，在"天即人，人即天"（《朱子语类·仁说》）的文化语境中，人以其自身为目的，同时也意味着，天是目的，人是以天作为自身目的的，在价值层面上人与自然必然是完全一致的。

这种观点涉及另外一个问题。从主客体关系来看，客体符合主体的价值意蕴是，客体作为主体实现自身目标与价值的手段而存在，这里主体因其以自身目标作为活动目的而有价值，客体作为主体对象化的存在只具有工具价值。如果主客二分，那么，就只有主体具有内在价值，客体只有工具价值。如果主客相融，主客体就是相互的，都是以自身生命作为存在目的，在实现自身生命目的时，也是他人、他物实现目的的手段。因此，在主客相融的视域中，主体就是客体，客体就是主体。当我们讲到主体时，更多指向其生存的目的；当我们讲到客体时，更多指向其作为万物手段的形式出现。在这里，目的和手段是统一的。因此，中国传统文化中的"天人合一"自然整体观，亦即人与自然、主体与客体融合为一的自然整体观，从内在逻辑推论，天

---

① 转引自叶平著：《生态伦理学》，哈尔滨：东北林业大学出版社，1994 年，第 45 页。

② 《生态伦理学》，第 45 页。

就不是纯粹的客观之天了。有德之天、人格化之天等彰显的就是自然的内在价值属性。可见，在"天人合一"自然整体论视域下，"自然之天"本身就具有内在价值。

四、"天人合一"自然整体观强调"人"的生态责任

"天人合一"自然整体论是中国传统文化的基本价值取向。所谓价值取向，是指"主体在价值选择和决策过程中的一定倾向性，体现了价值主体的价值追求"①。"天人合一"自然整体论蕴涵有两种基本观念：一是以人和自然融合的整体论作为主体的基本价值取向和价值追求，主体的任何价值选择和决策都要以此为中心，不能背离。二是特别强调"人"的作用，因为价值取向、价值追求、价值选择都和主体能动性的发挥密切相关。综合上述两种基本观念，"天人合一"自然整体论首先要求主体将实现自然整体价值作为自己的最高追求，儒家"天人合德"、道家"天人合自然"、佛家"天人合性空"等等，所要追求的目标都是自然整体利益的实现；这部分内容是以"天"或"自然整体"为核心的。其次，人类主体是自然整体利益能够顺利实现的关键性因素；发挥人类主体能动性促进自然整体的和谐，既是人类本身具有的基本能力，也是人类不可推卸的责任。儒家"人为天地心"、道家"无为无不为""执天之行"、佛家"普度众生"等等，都暗含了"人"要发挥主体能动性，以此促进天地自然的和谐运转。能力和责任结合，才能真正显现出人与天地、道、宇宙并

---

① 李德顺主编：《价值学大辞典》，北京：中国人民大学出版社，1995 年，第 286 页。

列的尊严和价值。

　　中国传统文化"以人为本"的价值取向既是"人本主义"的，也是"自然主义"的，更是"责任主义"的。"厩焚，问人不问马"（《论语·乡党》），"圣人常善救人，故无弃人"（《道德经·二十七章》），"人身难得"，分别表现了儒家"爱有差等"、道家"生命为贵"、佛家"涅槃解脱"的基本观念。这些基本观念体现了儒道佛人本主义价值取向。进一步分析，"厩焚，问人不问马"的最高境界不仅要问人，更要问马，不仅要齐家，更要平天下，平天下蕴涵有对人和自然万物和谐共处的价值追求。圣人之所以常善救人，是因为人属于万物生命之一种，生命既包含有人类生命，也包含有万物生命，从生命层面来讲，人和万物是平等的，所以，圣人不仅常善救人，亦常善救物，"是以圣人常善救人，故无弃人；常善救物，故无弃物"（《道德经·二十七章》）。六道轮回，众生平等，相比于阿修罗、畜生等，唯有人有能力意识到万物生灭的事实和问题，[①] 如是不仅可以解决人自身涅槃问题，也可以解决众生涅槃问题。这些观念体现了儒道佛自然主义价值取向。可见，儒道佛"以人为本"融合了"人本主义"和"自然主义"两种价值取向，人本主义向前推进就是自然主义，二者相比，"自然主义"更具超越性、根本性。这样儒道佛"人本主义"就可以转换为另外一个问题，即人类价值和尊严主要体现在人对他人和万物负责的态度和实践上，而这一切都要奠基于"天人合一"自然整体论基础之上。

---

① ［日］阿部正雄著：《禅与西方思想》，王雷泉、张汝伦译，上海：上海译文出版社，1989年，第38—39页。

"天人合一"自然整体论视域中,"人"的地位得到特别重视,这种重视不是自利性的"人为万物尺度",而是利他性的"人为万物之心"。"人为万物尺度"要求人为自己负责,也要求万物为人类负责,这样人向万物索取成为理所应当的事情,是符合道德的。"人为万物之心"依然要求人为"自我"负责,只不过这里的"自我"已不是现实中的小我,而是与天地自然融为一体的大我。这种为天地万物负责的观念,成为评价人类自我价值实现的核心要求。张载"为天地立心",典型地体现了儒家承担天地责任的积极入世精神。道家"辅万物之自然不敢为""无为无不为"中,"不敢为""无为"不是不要求人类发挥主体能动性,而是警告人类不要依照自身欲望"胡乱作为";"不敢为""无为"仅仅指的是不敢"妄为";"辅万物之自然"不是对自然完全放任不管,而是直接追求最高的"自然性"的"无不为"境界。这一点在道家经典《阴符经》里表现得至为明显,《阴符经》不仅要"观天之道",更要"执天之行",强调最大程度地发挥人类主体能动性,是人类必须要承担的对自然的责任。[①] 根本上讲,这也是对人为"天地之灵""万物之心"的一种肯定。佛教"人身难得"首先肯定了"人"的价值性,其次强调了"个人的痛苦及解脱是在非个人性的、无限的、宇宙论的范围中"[②],个人命运与宇宙命运紧密相连,"普度众生"责任成为难得"人身"所必须要珍惜的机会。

总体而言,"天人合一"自然整体论中"人"的地位得到了特别的强调。对"人"的地位的强调,不是强调人与万物价值上的不平

---

① 关于这一点,详参本书第二章第二节中《阴符经》'超世'生态伦理内在结构"的相关分析。

② 《禅与西方思想》,第 39 页。

等，而是强调作为具有主体能动性的"人"，必须要对生存于其中的自然整体负责。这是中国传统文化中"以人为本""人为天地心"的基本特征。

五、"天人合一"自然整体观是构建理想社会的理论基础

儒道佛学是中国传统文化的主干。儒家所追求的理想社会是"大同世界"，道家所追求的理想社会是"至德之世"，佛家所追求的理想社会是"极乐世界"。儒道佛所追求的理想社会，不仅要实现人类社会的整体和谐，更要实现人类社会和天地自然的整体和谐。"大同社会"所要实现的理想图景是："故天降膏露，地出醴泉，山出器车，河出马图，凤凰麒麟皆在郊椷，龟龙在宫沼，其余鸟兽之卵胎，皆可俯而窥也。则是无故，先王能修礼以达义，体信以达顺故。此顺之实也。"[1]"至德之世"所要实现的理想图景是："至德之世，其行填填，其视颠颠。当是时也，山无蹊隧，泽无舟梁；万物群生，连属其乡；禽兽成群，草木遂长。是故禽兽可系羁而游，鸟鹊之巢可攀援而窥。夫至德之世，同与禽兽居，族与万物并，恶乎知君子小人哉！同乎无知，其德不离；同乎无欲，是谓素朴；素朴而民性得矣。"[2]"极乐世界"所要实现的理想图景是："彼如来国，多诸宝树。或纯金树、纯白银树、琉璃树、水晶树、琥珀树、美玉树、玛瑙树，唯一宝成，不杂余宝。""昼夜六时，雨天曼陀罗华。""有种种奇妙杂色之鸟：白

---

① ［元］陈澔注：《礼记集说》，北京：中国书店，1994 年，第 200 页。

② ［清］郭庆藩撰，王孝鱼点校：《庄子集释》，北京：中华书局，2013 年，第 305 页。

鹤、孔雀、鹦鹉、舍利、迦陵频伽、共命之鸟。是诸众鸟,昼夜六时,出和雅音。"极乐世界有美丽的树、奇妙的鸟、美妙的花,一幅生态和谐的世界图景。诚如太虚大师对佛教理想生活的总结:"佛每说一境界,先说土田与树木花草,可知佛甚注意花园式之生活也。"(《建设人间净土论》)综上所述,儒道佛学所构建的理想世界都是建立在人与自然和谐的基础上,亦即建立在"天人合一"自然整体论的基础上。

六、小结

我们将中国传统生态伦理思想内在结构归纳为"一个基石,三大板块"的三位一体理论加以研究。一个基石指"天人合一"的自然整体论,儒家的"天人三才"、道家的"天人四大"、佛家的"依正不二",都是这种极其美妙的"天人合一"自然整体观的体现。"三大板块"指其内在结构包括以内在价值为基本特征的生态伦理意识观、生态伦理责任观和生态社会蓝图观。一般说来,人与自然二分不承认自然的内在价值,人与自然统一肯定自然的内在价值。"天人合一"自然整体论就是人与自然统一的深入体现,充分肯定了自然的内在价值。树立自然整体观念已经蕴涵了某种程度的生态意识观念,承认自然的内在价值是对这种自然整体的深入认知和体认,"天人合一"的自然整体观都承认自然的内在价值,肯定自然的内在价值蕴涵了深刻的生态伦理意识。同时,"天人合一"的自然整体论内在地包含有对人类生态责任和生态理想社会的建构。就是说,"天人合一"自然整体论内在地蕴涵有生态伦理意识观、生态责任观和生态理想社会的建构，"一个基石，三大板块"是融合为一的，都是以"天人合一"的自然整体论为基础。

第二节 主干——儒道佛学三大生态伦理思想

儒道佛学构成了中国文化的主干，儒道佛学生态伦理思想亦构成了中国传统生态伦理思想的主干。研究儒道佛学生态伦理内在结构的基本精神、历史衍化及其相互关系，就是从全局层面深入地把握了中国传统生态伦理的关键点和特色，对于中国传统生态伦理的现代转换以及当代生态伦理学的建构具有重要的理论意义和现实意义。

一、儒道佛学生态伦理思想内在结构的基本特征

1. "一个基石，三大板块"生态伦理思想内在结构

自然是一个有机联系的整体。这是生态学所揭示的基本科学观念，也构成了生态学、生态哲学、生态伦理学的学科基础。只要坚守自然整体主义立场，无论是人类中心主义的，抑或非人类中心主义的，都属于现代生态伦理学的范围。[①] 可以说，自然整体论可为生态伦理学奠基。

"天人合一"自然整体论是中国传统生态伦理的基本特征。承认自然的"内在价值"是现代深层生态学的基本特点，也构成了生态伦

---

① 这一点本章第一节有详细说明。

理学的基础。① 中国传统生态伦理的"天人合一"自然整体论中，天指天道，人指人道，天道是一切价值的源泉，人道价值源于天道。西方犹太教、基督教视域下，上帝是一切价值的源泉，然而，上帝只将内在价值赋予人类，自然与万物只有工具价值。中国的"天道"，首先就以自然整体的形式出场，自然整体离不开构成它的任何部分，如果作为自然整体的天道是一切价值来源的话，也就意味着作为整体组成部分的万物自身皆是有内在价值的。这是从"天道—自然整体论"层面对万物内在价值论的逻辑推演。

"天人合一"自然整体论视域中，亦可从"人道—自然整体论"层面对万物内在价值论进行逻辑推导。西方近代以来，依据人类理性能力，突显了人的价值属性，康德"人是目的"命题将人的价值属性提高到无以复加的地位。"天人合一"不是分开之后合，而是"天人本无二，不必言合"，"人"完全融入自然整体中，自然整体就是"我"（大我）的存在。如此，依照"天人合一"自然整体论，康德"人是目的"命题就可以转换为自然整体及其组成部分皆是目的。这样就从"人道"层面肯定了万物的内在价值属性。

意识是客观存在的反映，并反作用于客观存在。坚持自然整体论立场，就坚持了一种基本的生态立场。即使不承认自然万物的内在价值，为了人类自身利益，也会具有初步的、浅层次的生态伦理意识。进一步地，如果承认自然万物具有自身不以人类主观意志为目的的（内在）价值，那么人类就必须要对自然讲道德，要尊重自然万物的

① 余谋昌指出："自然界的价值是生态伦理学的基础。"参余谋昌著：《惩罚中的醒悟——走向生态伦理学》，广州：广东教育出版社，1995 年，第 19 页。

内在价值。这样，承认自然万物的内在价值就意味着一种深层次的生态伦理意识的出现。儒佛道学"天人合一"自然整体论都肯定了自然万物的内在价值，于是可以得出结论，自然整体论是一切生态伦理思想的基石，内在价值构成了深生态伦理学的第一大板块。综述自然整体论和万物的内在价值思想，更为准确地讲，生态伦理意识构成了生态伦理学的第一大板块。

"天人合一"自然整体论中，人是关键一环。《周易》"大人者，与天地合其德"，《礼记》"人者，天地之心"；《道德经》"道大，天大，地大，人亦大。域中有四大，而人居其一焉。人法地，地法天，天法道，道法自然"，《阴符经》"观天之道，执天之行"，《太平经》"人乃天地之子，万物之长也"；佛家"人身难得"；以上等等都对"人"有非常高的评价，可从四个方面来理解它们对"人"共同的看法。一是都将"人"放入自然整体中进行考察。二是都强调"人"对于自然整体的价值和意义。三是都强调要发挥人类主体能动性。尽管老庄道家强调"无为"，但"无为"指向的却是"无不为"，"无不为"属于最高境界范畴，也就要求从最高层面发挥人类的主体能动性，这一点老庄没有明确讲出，道家经典《阴符经》对此进行了充分的发挥。四是都强调了"人"对自然万物的责任。其中，人对自然万物的责任构成了儒道佛学生态伦理思想内在结构的第二大板块。

现代生态伦理学奠基人利奥波德以生态学为基础，将自然视作一个有机整体，保持生物圈有机体的和谐运转是人类最重要的道德责任。利奥波德认为，对生物圈共同体而言，人和万物没有高低贵贱之别，是一种平等的伙伴关系。因此，人类不仅拥有享用自然资源的权利，同时也承担着自然可持续发展的道德责任和义务。质言之，在生物圈系统内部，人和万物的平等关系，指的就是价值上的平等。可见，利奥波德的生态伦理思想内在结构遵循着自然整体—生态价值（系统的生态价值与万物的生态价值）—人类生态责任等几个维度。美国著名环境哲学家霍尔姆斯·罗尔斯顿把利奥波德没有充分展开的自然价值论进行了充分论证，提出了从"从价值推导出义务"①的生态伦理学命题，并对人类的生态责任非常重视。他说："伦理学的一个未完成的主要议题，就是我们对大自然的责任。"②现代深层生态学也认为，生态系统中一切事物构成了相互联系的整体，整体论中每一物种在维护整个生态系统健康方面都起到了对应的作用，因此，每一存在物都是有内在价值的。③在自然整体论和万物内在价值论基础上，深层生态学提出了一种价值观的转变——将个人的"小我"转变为生态的"大我"。关心自我是人的天性，自然环境既然是自我的一部分，保护生态环境自然就是每个人义不容辞的责任。④综上所述，尽管大地伦理学、罗尔斯顿自然价值论、深层生态学自我实现等逻辑思路有所不同，然而，其内在结构却是相同的，从自然整体论到生态价值论，再到人类所要承担的生态责任论，这是生态伦理学自身就具有的基本结构。儒道佛学生态伦理内在结构就是如此，都是以"天人

---

① ［美］霍尔姆斯·罗尔斯顿著：《环境伦理学：大自然的价值及对大自然的义务》，杨通进译，许广明校，北京：中国社会科学出版社，2000年，正文第2页。

② 《环境伦理学：大自然的价值及对大自然的义务》，序言第2页。

③ 雷毅著：《深层生态学思想研究》，北京：清华大学出版社，2001年，第28页。

④ 《环境伦理学：大自然的价值及对大自然的义务》，第19页。

合一"自然整体论为基石，以内在价值为核心的深生态意识论构成了生态伦理学的第一大板块，以价值推导出的生态责任构成了生态伦理学的第二大板块。

对自然承担责任，和谐人与自然的关系，构建美好的生态理想社会，是儒道佛学理论的内在追求。《周易》"首出庶物，万国咸宁"，《礼记·礼运》"大同社会"；老子"小国寡民"，庄子"至德之世"；佛教"极乐世界"；以上等等分别是儒道佛学处理人与自然关系最后所要追求的理想世界和所要达到的理想境界。对生态理想社会的追求和对生态社会蓝图的规划构成了儒道佛学生态伦理学的第三大板块。

总体而言，儒道佛学生态伦理思想内在结构可归纳为"一个基石，三大板块"。"天人合一"自然整体观是生态伦理学的基石，儒家"天人三才"、道家"天人四大"、佛家"依正不二"，就是这种"天人合一"自然整体观的具体表现。生态伦理意识观、生态伦理责任观、生态社会蓝图观是生态伦理的三大板块。"一个基石，三大板块"三位一体理论构成了儒道佛学生态伦理完整的内在结构，缺一不可。

2. 儒学生态伦理思想内在结构基本特征

儒学生态伦理思想"一个基石，三大板块"内在结构主要表现在以下四个方面：一是"天人三才"自然整体论；二是"天人合德"生态价值论；三是"为天地立心"生态责任论；四是"大同社会"生态社会蓝图观。

（1）自然整体论。《周易》通过八卦、六十四卦模拟天地万物运动变化，构建了一个"天人三才"式的动态宇宙整体；《礼记·月令》将自然现象和社会现象纳入统一的宇宙整体里；《周易》《月令》所呈现的宇宙整体内部的每个部分都处于一种相互依赖、相互联系、相互矛盾的全息整体中。这是具有先秦儒家特色的"天人合一"自然整体观。汉朝董仲舒认为，万物和人类都由气构成，并生存于整体性的气中，人的命运与自然命运不可分离，这种不可分离性以"感应"的形式表现出来。宋明新儒学吸收了佛道等诸家思想，提出了"无极而太极"（周敦颐）、"太虚即气"（张载）、"所以谓万物一体者，皆有此理"（二程）、"理气一元"（朱熹）、"一气相通"（王阳明）等自然整体命题。

（2）生态价值论。"生"是儒家生态价值论的核心。《周易》说："天地之大德曰生。"万物生生不息体现的就是天地间最大的德性、最大的价值，"生"既是价值本身，也构成了世界一切价值的来源。儒家所有道德范畴都可以从"生"中得到解释，本质上讲，"仁、义、礼、智、信"等道德范畴就是为了规范人类社会和自然的秩序，天地有序，万物才能更好地生。因此，动物、植物都是有生命的；即使是无机物，也能促进天地系统整体和万物的生；万物都是有内在价值的。

（3）生态责任论。积极入世承担责任是儒家思想的根本特色。"赞天地之化育"就是要求"人"承担社会和自然生生不息的责任。所以，在儒家传统中，"人"的地位是非常高的。《周易》中的"大人"是能够"与天地合其德"的，《礼记·礼运》讲"人者，天地之心也"，《太极图说》曰"惟人也得其秀而最灵"，这都是在强调"人"的地位。然而，"人"的地位崇高并不是指价值上的崇高，而是指责任上的崇高。在儒家看来，人生意义和价值主要体现在对责任的承担上面。

（4）生态蓝图观。"大同社会"是儒家追求的理想社会形式。儒家确定"明明德"为"大学之道"，"大学之道"目的是培养"大人"。"修身、齐家、治国、平天下"是成为"大人"的基本步骤。就是说，成为"大人"最终体现在承担对家庭、社会和自然的责任上。"平天下"不仅包含人类社会的和谐，也包含人与自然的和谐。"平天下"真正实现了人和自然的大和谐，这种大和谐的世界就是儒家所追求的"大同社会"。

3.道学生态伦理思想内在结构基本特征

道学生态伦理"一块基石，三大板块"内在结构主要包括以下四个方面内容：一是"天人四大"自然整体论；二是"天人合自然"生态价值论；三是"无为无不为""执天之道"生态责任论；四是"至德之世"生态社会蓝图观。

（1）自然整体论。"天人四大"体现了道家自然整体论基本特征。老子说："道大，天大，地大，人亦大。域中有四大，而人居其一焉。人法地，地法天，天法道，道法自然。"又说："天网恢恢，疏而不失。"老子以"道"为核心将宇宙中一切事物都网罗进一个相互作用、相互影响的有机整体中，道、天、地、人都是这个有机整体不可或缺的一部分，所以才有"四大"之说。"自然"是"四大"整体和谐运转遵循的基本准则。

（2）生态价值论。"自然"是道家生态价值论的核心。老子说，"道法自然"，万物自然而然地成长就是天地间最大的德性、最高的价值。道是价值的来源，自然是价值本身，道法自然，道即自然。道家一切道德观念都可以从"自然"中找到合理诠释，老子"无为"、庄子"无用"、《阴符经》"阴符"暗合、《太平经》"道畏自然"，都是在突显"自然"价值属性，属于同一思想体系。万物皆自然，万物都有内在价值，顺物自然符合道德，破坏自然违背道德。

（3）生态责任论。最大程度地发挥人类主体能动性，完全地顺应自然，保持天地万物自然而然的本性，是道家生态责任论的根本特征。"赞天地之化育"表现了儒家对生态责任的承担，"辅万物之自然而不敢为"表现了道家对生态责任的承担。"赞"和"辅"意思相同，都有帮助、辅助的涵义。儒家生态价值以"生"为核心，天地化育总有不完美的地方，这时人类就应该积极地参与到天地生生过程中去。道家生态价值以"自然"为核心，自然界本身就是自然而然的，人类干预自然进程是违背道德的。所以人类要做的就是"辅助"万物之自然，这是人类不容推脱的责任。以前的解释多从"不敢为"着手，将"不敢为"诠释为"无为"，将"无为"诠释为"不为"，将"不为"诠释为"什么都不做"。"什么都不做"有极强的消极意味。① 如果是

---

① 美国生态学哲学家柯克兰在《对自然界的"负责的无为"：基于〈内业〉〈庄子〉和〈道德经〉的分析》一文中指出，人文主义者假定的基本问题是，一个有责任感的人出于道德压力，要去制止一件看上去威胁到"生命"的事情。道家的立场正好相反，即使"生命"也许看上去受到了威胁，一个有责任感的人出于道德，应该克制自己去干预。对于道家，这样的立场是我所谓的"负责的无为"，这对真正理解和欣赏生命之自然性的人来说，是唯一的选择。显然，柯克兰认为，先秦道家"无为"就是对生命采取完全不干预态度，这种不干预态度是不符合现代生态主义的。柯克兰不赞成先秦道家"负责的无为"态度，又推崇道教的生态观念。在柯克兰看来，先秦道家生态责任观和道教生态责任观是不同的。（参［美］安乐哲主编：《道教与生态：宇宙景观的内在之道》，陈霞、陈杰等译，南京：凤凰出版传媒集团、江苏教育出版社，2008年，第238—255页。）我们认为，这是不符合道学思想发展史的。道教继承了先秦道家思想，本质上讲，道家和道教思想是一致的。柯克兰对先秦道家解读存在着某种程度的偏见。

这样，仅仅由人类拥有的"主体能动性"就成为毫无用处的能力，这本身就是对人类的否定。这是不符合道家思想内在逻辑的。老子讲"无为而无不为"，于"无为"中达到"无不为"，"无不为"是大境界、大追求；"无不为"中，万物本性都实现了，这种情况下，人类必须要最大程度地发挥人类的主体能动性，只不过发挥到极点，看似无为而已。这一点已蕴涵于老庄道家生态思想中，然而并没有明确地表述出来。后来的黄老道家、道教经典、《阴符经》等充分发展了人类主体能动性发挥问题，对人类所要承担的自然责任也有充足的阐述，弥补了老庄道家对于人类主体能动性发挥的局限。所以，"辅万物之自然而不敢为"的"辅"字，深刻地体现了道家式的生态责任承担方式。

（4）生态蓝图观。道家以"自然"为最高价值形式，每一个事物都是独特的平等个体，依循它们本性自由生长，是道家所追求的生态理想。这种生态理想只有在"至德之世"才能得到充分展现。

4.佛学生态伦理思想内在结构基本特征

佛学生态伦理思想"一个基石，三大板块"内在结构主要包括以下四个方面内容：一是"缘起性空"自然整体论；二是"一切众生皆有佛性"生态价值论；三是"普度众生"生态责任论；四是"极乐世界"生态社会蓝图观。

（1）自然整体论。根据"缘起论"，小至微尘，大至宇宙，一切现象皆处于重重关系中所构成。"此有故彼有，此生故彼生……此无故彼无，此灭故彼灭。"（《杂阿含经》）万物互为彼此，构成了互相牵连、不可分割的有机整体。在这个意义上，我们可以说，"一"即

"一切"，"一切"即"一"。《维摩诘经》曰："芥子纳须弥，海水入毛孔。"[①]芥子、毛孔无限小，须弥、刹海无限大，以无限小容收无限大，正是从万物彼此互为条件的整体系统上讲的。"三界众生同体"（三界即欲界、色界、无色界）和"六道众生轮回"（"六道"即三界中的天、人、阿修罗为上三道，饿鬼、畜生和地狱为下三道）分别从空间和时空维度强调了现象世界的整体性。

（2）生态价值论。"佛性"是佛家生态价值论的核心。拥有"佛性"就拥有内在价值。"一切众生皆有佛性"是佛学基本观念，人类、动物、植物、山川河流、瓦石等有情众生和无情众生皆有佛性，在佛性层面上，人和一切众生都是平等的。因此，人类没有任何伤害一切众生的权利，这也是佛教制定戒律的重要依据。在这个意义上讲，佛学生态立场是反人类中心主义的。

（3）生态责任论。按照"依正不二"，生命主体（正）与生存环境（依）完全融合、不可分离。众生有佛性，意味着其所生存的有机体全部都有佛性。这样"小我"完全融入宇宙"大我"中了。作为不可分离的宇宙有机体，解脱一起解脱，涅槃一起涅槃。于是"普度众生"就成为人类不可推脱的责任。

（4）生态蓝图观。儒家以"生"看待现象世界的"变化"，草长莺飞，世代更替，天地变化无穷，亦是生生无穷。人类"赞天地之化育"，即可在人世间建立理想的生态社会。佛教以"苦"看待现象世界的"变化"，物是人非，花开花谢，天地变化无穷，亦带走了人间一切美好，因此，佛教认为，现象世界不可能建立理想社会，理想社

---

① 赖永海、高永旺译注：《维摩诘经》，北京：中华书局，2013年，第100页。

会不在此岸，只在彼岸。极乐世界是典型的彼岸世界，是佛教所要追求的理想生态社会。随着佛教中国化的深入，人间净土观念也随之出现。然而，无论是彼岸极乐世界，抑或人间净土，其本质都要求尊重众生佛性、实现众生佛性。可见，佛教所要构建的理想社会是最为生态的，人与自然的关系亦是最为和谐的。

二、儒道佛学生态伦理内在结构的基本关系

我们可以从纵横两个层面来理解儒道佛学生态伦理内在结构的基本关系。从横向层面来讲，儒道佛学生态伦理内在结构是多元互补的关系；从纵向层面来讲，儒道佛学生态伦理内在结构呈现了整体融合的趋向。

1. 儒道佛学生态伦理内在结构的多元互补

首先，儒道互补。林语堂指出："儒家和道家是中国人灵魂的两面。"儒道互补、内道外儒构成了中国传统文化和中国人精神的基本格局。"儒德道智"是儒道互补的一个重要层面，牟钟鉴先生指出："孔子是中华民族的道德导师，老子是中华民族的智慧导师。"[①] 从生态伦理内在结构角度来讲，道德和智慧二者缺一不可。现代生态伦理奠基于生态科学基础之上，没有生态科学，生态伦理仅仅属于道德说教；没有生态伦理，生态科学形成不了一种新文化、新文明。儒家生态伦理偏重道德层面，道家生态伦理偏重智慧层面。儒家认为，"天地之大德曰生"，"生"构成了万物的内在价值，有利于万物

---

① 牟钟鉴：《儒道佛三教关系简明通史》，北京：人民出版社，2018 年，第 2 页。

之"生"成为评价人类道德高低的重要维度。尽管儒家有顺应自然规律和天时的论述，但是这些都未构成儒家生态伦理的主流，而且儒家对天时和规律的把握始终限制在农业生产实践层面。儒家生态伦理积极入世，发挥人类主体能动性主要局限在生态道德层面。"君子不器"就是对这种生态观念的准确注脚。道家以"自然"为核心来构建自身的理论体系，"自然"既是本性，亦是规律，还是道德，三者共同诠释了"自然"的本质涵义。剥去人类社会形成的道德观念，万物自然而然生长，就是顺应万物本性，就是在顺应万物呈现出来的规律。最后再用自然规律（自然规律即自然道德）约束人类行为，成为道家生态价值论的基本观念。可见道家对把握万物变化规律是非常重视的，可以和现代生态科学思想进行直接的对话，毫无违和之处。道家生态伦理超越人世，对世俗社会及其生态危机关注度没有儒家热切热心，这也是现代许多生态伦理学家关注到的事情。综上所述，儒家生态伦理道德和道家生态伦理智慧内在结构是完全互补的，二者结合，共同构成了中国传统生态伦理文化的阴阳二极。

其次，儒道佛会通互融。在儒道互补基础上，儒道佛学生态伦理内在结构呈现出会通互融的关系。儒学生态伦理呈现出积极入世的特征，道学生态伦理呈现出超脱世俗的特征，佛学生态伦理呈现出出世解脱的特征。入世、超世、出世三者处于不同的结构上面。质言之，儒道佛学生态伦理之间只存在结构性的矛盾，不存在针对性的矛盾，因此，儒道佛学生态伦理会通融合成为中国传统生态文化的基本走向。

2. 儒道佛学生态伦理内在结构的整体融合

随着时间流逝，儒道佛学生态伦理内在结构在坚持各自基本立场的基础上，都吸收了其他诸家生态伦理思想，逐渐向圆融方向发展。

第一，儒家生态伦理内在结构的整体融合。儒家与道佛等诸家经过了千余年的融合，至宋明时形成的新儒学本质上就是这种融合的产物。宋明新儒学坚持了儒家"天人合德""万物皆备于我"观念，吸收了佛家"一切众生皆有佛性"，道家"天地与我并生，万物与我为一"思想，重构了儒家原有的自然整体论。宋明新儒学认为万物皆具"理一"，在"理一"层面万物都是无差别的、平等的，与道家"万物平等"、佛家"众生平等"，致思结构是一致的。积极入世承担责任是儒家秉持的一贯理念。宋明新儒家在吸收道佛自然整体论后，对人与自然命运与共的关系阐述得更为丰富与深入，所以对自然生命更为关切，"为天地立心""民胞物与""万物一体"等命题就是这种关切的明确表述。

第二，道家生态伦理内在结构的整体融合。西汉武帝"罢黜百家，表彰六经"确立了儒家一尊的地位，对其他诸家文化产生了深远的影响。东汉末年道教兴起，道教经典《太平经》"天道、地道、中和之道"就是对《周易》"三才之道"的发挥；先秦道家生态伦理完全以"自然"为核心，《太平经》则将道家"自然"中蕴涵的"生"的观念进行了圆融的发挥，显然，这里的"生"受到了儒家生态伦理观念的影响。佛教自东汉进入中国，魏晋始盛，唐朝逐渐中国化。不仅宋明新儒学生态伦理受到佛教影响，宋明道教生态伦理同样受到佛教影响。道教劝善书属于道教文化的重要组成部分。道教劝善书酝酿于汉魏两晋南北朝隋唐，形成于宋元时。[①] 其形成的标志是《太上感应篇》的出现。《太上感应篇》融汇儒道佛诸家道德思想，意在劝化人们"积德累功，慈心于物"[②]，具有深刻的生态伦理思想。《太上感应篇》蕴涵了丰富的儒道佛学生态伦理思想，如解读"慈心于物""昆虫草木，犹不可伤""射飞""逐走""发蛰""惊栖""填穴""覆巢""伤胎""破卵"[③] 等观念时，大部分引用了佛学思想，少部分引用了儒学思想，对这些生态观念进行了充分的诠释。可见，道家生态伦理思想同样融合了儒学和佛学思想。

　　第三，佛家生态伦理内在结构的整体融合。佛学成功中国化，成为中国传统文化主干之一维，和儒道学融合密切相关。佛家生态伦理内在结构同样融合了中国本土的儒道二家生态伦理思想。佛性是佛家生态价值论的核心概念，晋宋之际的竺道生除了接受印度佛学对佛性的解释外，同时吸收了道家"自然"观念来诠释佛性，提出佛性自然说，这个说法随之成为中国佛学的基本观念。佛家不仅吸收道家思想，也吸收儒家思想来诠释佛性范畴，如明朝禅师释智旭注释《周易》时，就以"元亨利贞""阳气""乾元"诠释佛性[④]。在生态实践方面，佛学也向儒学有许多借鉴，如宋朝天台宗智圆就认为佛教的慈悲与儒家"好生恶杀"是共为表里的。[⑤] 宋朝明教契嵩大师常用佛家

---

① 陈霞著：《道教劝善书研究》，成都：巴蜀书社，1999 年，第 1、23 页。

② ［宋］李昌龄、郑清之等注：《太上感应篇集释》，北京：中央编译出版社，2016 年，第 23、24 页。

③ 《太上感应篇集释》，第 24—25、98—105 页。

④ ［明］释智旭撰，释延佛整理：《禅解周易四书》，北京：九州出版社，2011 年，第 9、13、14 页。

⑤ 石峻、楼宇烈等编：《中国佛教思想资料选编》第三卷第一册，北京：中华书局，1987 年，第 119 页。

五戒解说五常之德，其中以"不杀"戒律释儒家"生生之仁"。禅宗入世即出世构建的"人间净土"生态理想社会也借鉴了儒家"大同社会"的构建方式。

三、儒道佛学生态伦理对构建现代生态伦理的启示

1. 农业文明、工业文明向生态文明的现代转换

先说农业文明。农业文明是人类通过农耕业和畜牧业为基础所形成的物质成果和精神成果的总和。本质上讲，农业文明是一种古典生态文明形式。中国是世界农业文明时代的中心。[①]建立在中国农耕生活基础上的中国古代生态伦理是农业文明成果的最重要典型。以中国古代生态伦理为例，农业文明具有以下几个特点：第一，坚持自然整体论。古代农耕遵循宇宙共同的节律，天地人互相依赖、互相作用，于是形成了一种深层次的与宇宙脉动一致的思维方式。这种思维方式就是"天人合一"自然整体论。第二，既肯定人的价值，也肯定自然系统的价值，还肯定万物的价值。肯定人的价值是生物本性决定的。自然整体论既决定了自然系统和万物内在价值的客观性，也从人的价值推导出自然系统和万物内在价值存在的必然性。第三，重视人类主体能动性的发挥。尽管自然对农业生产生活有根本的影响，但是没有人类的参与，农业生产是根本不可能的事情。因此，发挥主体能动性，以此促进自然整体可持续发展是人类义不容辞的责任，这也是中

---

① 张孝德著：《文明的轮回：生态文明新时代与中国文明的复兴》，北京：中国社会出版社，2013年，第134页。

国古代生态伦理的普遍观念。科学是人类把握自然规律、发挥人类主体能动性的重要方式。由于古代科学发展程度较为低下，主要局限于天文学、农业科学、医学三个方面，[①] 这三个层面的思维方式是完全相通的，都是以自然整体论为基础。中国古代农时由天象、气象、物象构成的有机系统组成，所以中国古代天文学与农业科学是一致的。中国古代医学科学是建立在时空整体观念基础上的，与古代农学科学原理也是相通的。[②] 第四，建立人与自然的和谐关系。人与自然和谐共处，能够促进人类社会和自然的可持续发展；因为土地生产是有极限的，人类突破土地生产的极限，破坏自然生态，直接就会威胁到人类的生存。[③] 因此，建立人与自然和谐是农业生态伦理的根本特征。

再说工业文明。工业文明是人类通过工业生产为核心所形成的物质成果和精神成果的总和。本质上讲，工业文明是人类期望以征服的方式来把握世界，以此来突出人类的理性价值和客观世界的工具价值；工业文明坚持强人类中心主义立场，是一种现代反生态的文明形

---

① 张孝德指出："既然古代的科技发展同农业相关，由此决定了古代科学技术的发展是一种以生命科学为核心的大时空科技，决定了古代科学的分类是围绕如何充分利用动植物生命来为人类服务而形成。既然人类生命的延续仰赖于对动植物生命的充分利用，而动植物生命又同天、地、人三者紧密相关，由此决定了古代科学分类在整体上是天学、地学、人学三大类。所谓天学，就是古代的天文学；地学，就是与农耕种植业相关的农学；人学，就是古代的医学。如果说物理学、化学、数学是工业文明时代自然科学的三大支柱，那么天文学、农学、医学则是农业科学的三大支柱。"参张孝德著：《文明的轮回：生态文明新时代与中国文明的复兴》，第166页。

② 赵敏著：《中国古代农学思想考论》，北京：中国农业科学技术出版社，2013年，第326—330页。

③ 贺耀敏著：《中国古代农业文明》，南京：江苏人民出版社、江苏凤凰美术出版社，2018年，第179—184页。

式。近代欧洲兴起的工业革命，将人类从自然界中超脱出来，极大地改善了人类的生活，使人类真正地成为世界的主宰。然而，随着人类认识、改造和征服自然的深入，随着人们过分陶醉于对自然界的胜利的狂欢，自然界的报复也越来越强烈，[①]造成了现代社会面临的严重生态危机。以生态伦理反思为视角，我们简要概述出工业文明有以下几个特征：第一，主客二分思维方式。西方主客二分思维方式肇始于古希腊，近代以来随着人类理性的觉醒，不带感情色彩地分析、认识和把握自然成为理性主体的第一要务。于是主客二分的思维方式成为工业文明的典型特征。第二，坚持"人是目的"的价值理念。近代以来西方理性主体从基督神学中解放出来后，将价值全部赋予人类，自然只具有工具价值属性。忽视自然内在价值的结果，使自然失去了家园的功能，只是冷冰冰的客观存在，这样人类与自然之间失去了情感上的联系，失去了与自然万物共情的能力，于是人类在屠杀动物、砍伐树木、污染土地的时候，就没有任何道德情感上的负担。在工业文明中，这是人性的基本特征。农业文明自然整体论中，道德共同体扩展到自然万物，人性情感是丰沛的；工业文明中，道德共同体是萎缩的，人性情感是寂寞的、冷酷的。第三，重视人类主体能动性的发挥。认识和改变世界要发挥人类主体能动性。现代科学是人类发挥主体能动性的典型表现。古代科学采取整体式的研究方式，现代科学采取分析式的研究方式，二者的研究理念有着根本的差别。第四，经济

---

① 恩格斯曾警告："我们不要过分陶醉于我们对自然界的胜利。对于每一次这样的胜利，自然界都报复了我们。每一次胜利，在第一步都确实取得了我们预期的结果，但是在第二步和第三步却有了完全不同的、出乎预料的影响，常常把第一个结果又取消了。"《马克思恩格斯全集》第二十卷，北京：人民出版社，1971 年，第 519 页。

人假设是现代经济学的基础，也是维持工业社会繁荣的动力所在。所谓经济人假设，就是通过释放个体欲望促进人类社会的繁荣；人类欲望是无穷的，其对应的物质资源也是无穷的。于是"消费"成为工业时代经济循环动力所在，一旦消费不振，社会经济就会陷入困境。这样，我们就可以看出工业文明与农业文明有两个根本不同的特点，这两个特点又与现代生态伦理构建密切相关。首先，农业文明认为资源是有限的，农业发展也是有限的。工业文明认为资源是无限的，工业发展也是无限的。其次，勤俭节约在农业文明时代是一种美德。工业文明时代并不提倡这种美德，取而代之的是对"消费主义"的极力推崇。

再谈生态文明。生态文明是一种以"工业文明"为基础的新型文明。无论它与工业文明有多大不同，它孕育于工业文明之中、以工业文明为母体是其根本特征。生态文明产生于对工业文明造成生态危机的反思，其思维方式又有对古代农业文明回归的趋势。农业文明时代，海洋成为人们探索未知世界的最大障碍，农业亦将人们固定在土地上，于是就形成了一种封闭式的能量循环思维模式。工业革命时代，西方资本主义国家为了扩大商品销售市场，就将目光投向茫茫的海洋，这样大航海就成为工业文明能够发展壮大的核心物质基础；工业文明时代人类有着无穷向外扩张的欲望，海外物质的无限性又满足了人们这种欲望。大航海之后，全球化使人类连接为一体，人类重新回到封闭的有限的世界里面了，生态文明就萌芽于大航海之后的时代中。可见，农业文明与生态文明都是在有限空间领域展开，都承认资源的有限性；工业文明则是在无限空间领域展开，假定资源是无限的。通过与农耕文明和工业文明生态思想比较，我们简要地概述出生态文明有以下几个方面的特征。第一，坚持生态整体主义立场。20 世纪 30 年代以来，生态整体主义成为生态伦理学的主流和基础。利奥波德的"土地共同体"、奈斯的深层生态学、罗尔斯顿的"自然价值论"等都是以生态整体论为其生态伦理思想奠基的。第二，肯定人的价值，也肯定系统整体的价值，还肯定万物的价值。工业文明时代，自然报复人类既是一种事实，也表明了自然并不像通常所认为的那样，仅仅是工具性的存在，而是具有内在价值的存在。于是原有的伦理学就从社会伦理学拓展到生态伦理学。第三，强调人类主体能动性的发挥。文明是人类改造世界的物质和精神成果的总和。[①] 无论是农业文明、工业文明，还是生态文明，都是人类改造世界的结果，都强调发挥人类主体能动性的重要性。尽管人类文明整体上都重视人类主体能动性，问题的关键是在什么样的理念下发挥主体能动性，以何种方式发挥主体能动性。农业文明是在自然整体论范围内发挥主体能动性改造世界；工业文明是在主客二分思维路径下发挥主体能动性；生态文明也是在自然整体论范围内改造世界，但是，相比于农业文明时期，经过工业科学的洗礼，生态文明改造世界的实际能力更高。第四，建立人与自然的和谐关系。农业时代，人与自然不和谐直接威胁到人类生存，风调雨顺则五谷丰登，国泰民安；水旱灾起则饥年凶岁，生灵涂炭。生态时代，人利用自然的能力得到极大的增强，人与自然不和谐不会立即对每个人显示出来，但是日积月累，造成的危机更为严重。

---

① 中国大百科全书总编辑委员会：《中国大百科全书：哲学》，北京：中国大百科全书出版社，2011 年，第 296 页。

综上所述，生态文明摒弃了农业文明和工业文明的缺点，吸收了二者的优点，是综合创新所形成的一种新的文明样式。21世纪，这种新的文明样式会在中国逐渐发展、壮大。这一点我们是有充足信心的。自信的理论原因有二：一是作为我国立国之本的马克思主义，首先诞生于西方文化背景之中，对发源于西方的工业资本主义造成的人与自然之间的矛盾有着清楚的认识，这一点在《1844年经济学哲学手稿》《德意志意识形态》《自然辩证法》等著作中有深入全面的论述，为现代生态文明建设提供了丰富的理论资源。二是在世界农业文明版图中，中国传统文化蕴涵了最成熟最丰富的生态伦理思想，特别是作为主干的儒道佛学，其理论根基即是生态哲学，这些可以为建立现代生态伦理学奠定深厚的理论基础。所以，美国著名环境伦理学家霍尔姆斯·罗尔斯顿在《环境伦理学》中文版前言中强调："除非（且直到）中国确立了某种环境伦理学，否则，世界上不会有地球伦理学，也不会有人类与地球家园的和谐相处；对此我深信不疑。"①儒道佛学生态伦理是以农业文明、工业文明向现代文明的现代转换为其现代化和现代理论建构背景的。

2. 儒道佛学生态伦理内在结构与构建当代生态伦理思想

构建当代生态伦理思想的理论资源主要包括以下四个方面：第一，马克思主义生态伦理学；第二，中国传统生态伦理学；第三，现代西方生态伦理学；第四，现代生态科学。在互相吸收、综合创新基础上，依托当代生态实践，我们能构建出一种新型的生态伦理学和文

① ［美］霍尔姆斯·罗尔斯顿著：《环境伦理学：大自然的价值及对大自然的义务》，杨通进译，许广明校，北京：中国社会科学出版社，2000年，第8—9页。

明形态。其中，儒道学生态伦理思想是中国传统生态伦理学的主干，三者经过数千年的交流，已经形成了彼此互补和交融的文化格局。因此，研究儒道佛学生态伦理内在结构及其相互关系，对于构建当代生态伦理思想具有重要的理论意义和实践意义。

第三节　华夏农业文明的珍奇之花

华夏农业文明是世界农业文明的中心，中国古代生态伦理是华夏农业土地上绽放的最璀璨花朵。儒道佛学生态伦理是中国古代生态伦理学的主干，是华夏农业文明的珍奇之花。因此，探讨中国古代生态伦理和华夏农业文明之间的关系，对我们理解中国古代生态伦理和儒道佛学生态伦理有一定的理论和实践意义。

一、农学自然整体论与儒道农学整体论

1. "天人相宜"农学系统论

"天人三才"系统论是中国传统哲学的基础，也是中国古代农学的基础。"天人三才"理论在农学中得到了最为充分的发挥。《吕氏春秋·审时》对农业耕作中天地人关系进行了精辟概括："夫稼，为之者人也，生之者地也，养之者天也。"这种观点亦是中国农业哲学最为根本的理念。西汉刘安主持撰写的《淮南子·主术训》中说："上因天时，下尽地财，中用人力，是以群生遂长，五谷蕃殖。"[1]南宋陈

---

[1]　［汉］刘安著，陈广忠译注：《淮南子译注》，上海：上海古籍出版社，2016 年，第 418 页。

勰提出了"三才相宜"的农学系统观:"故农事必知天地时宜,则生之、蓄之、长之、育之、成之、熟之,无不遂矣。"[①] "然则顺天地时利之宜,识阴阳消长之理,则百谷之成,斯可必矣。"[②] 元朝王祯在继承前人农学思想的基础上,对天地人三才农学系统论进行了进一步的发展,《周岁农事授时尺图》[③] 和《地利图》[④] 的制作,是王祯对农业中涉及的天时地利进行的精确科学总结。明朝宋应星《天工开物》则对天时、地利、人力进行了详细的阐述,如对稻麦麻菽等农作物的播种和收获时间以及种植的地点等都有明确的规定,《天工开物·稻》说:"凡秧既分栽后,早者七十日即收获,最迟者历夏及冬二百日方收获。其冬季播种、仲夏即收者,则广南之稻,地无霜雪故也。凡稻旬日失水,即愁旱干。夏种冬收之谷,必山间源水不绝之亩,其谷种亦耐久,其土脉亦寒,不催苗也。湖滨之田待夏潦已过,六月方栽者。其秧立夏播种,撒藏高亩之上,以待时也。"[⑤] 这里,宋应星详细探讨了天时地利与稻谷种植收获间的关系的一部分,在稻麦黍稷粱麻菽等方面对物种与天时地利的关系有着更为详细的阐述。宋应星不仅探讨了三才系统中的天地与物种关系,同时也特别强调人对农业系统的辅助作用,如对贫瘠的土地,稻谷长势差,人就应该勤用人畜粪便、草皮树叶等进行土地改良,辅助稻苗成长。《天工开物·稻宜》说:"凡

---

① [宋]陈勰撰,万国鼎整理:《陈勰农书校注》,北京:农业出版社,1965年,第28页。

② 《陈勰农书校注》,第53页。

③ [元]王祯撰,缪启愉、缪桂龙译注:《东鲁王氏农书译注》,上海:上海古籍出版社,2008年,第10页。

④ 《东鲁王氏农书译注》,第20页。

⑤ [明]宋应星著,潘吉星译注:《天工开物译注》,上海:上海古籍出版社,2008年,第8页。

稻，土脉焦枯则穗、实萧索。勤农粪田，多方以助之。人畜秽遗、榨油枯饼、草皮、木叶以佐生机，普天之所同也。"①总之，中国传统农学以"三才相宜"为理论基础，"三才相宜"即协调物种与外界的关系，以天人和谐为万物生养收藏的目标。三者和谐，五谷丰登；三者矛盾，劳而无获。《晋书·食货志》说："农襄可致，所由者三：一曰天时不祥，二曰地利无失，三曰人力咸用。"北魏贾思勰《齐名要术》说："顺天时，量地利，则用力少而成功多，任情返道，劳而无获。"

2. 中国古代农业"气学"系统论

"气"是中国传统文化基本范畴之一，气学整体论是一种有机的自然整体论。道家庄子的"气"学，儒家张载的"气"学，都将宇宙完全"气"化，在整体性的"气"中，万物就形成了相互联系、相互作用的有机关系。中国古代农业系统亦是完全气化的。

中国传统哲学以"元气"为万物的创始，万物源自"元气"，也要返回到"元气"。元亨利贞，贞下起元，生生不息。中国传统农学哲学属于中国传统哲学的重要组成部分，同样将万物统一于"元气"之中。这一点在清代杨屾撰写讲义、其学生郑世铎注解的农学名著《知本提纲》中有清晰的说明。《知本提纲·一本帅元章》说："混沌之先，厥惟一元之世。"郑世铎注释曰："混沌者，元气始著而阴阳未分之名也。""一元之气，混沌未著之先也。""元气"构成了万物生生的动力和统一的根本。以"元气"为基础，中国传统农学哲学将万事万物全部进行了气化分析。《吕氏春秋·十二纪》《礼记·月令》论述的气学范畴有天气、地气、阴气、阳气、暖气、寒气、生气、杀气

───────────

① 《天工开物译注》，第9页。

等;《氾胜之书》提出了天气、地气、和气、春气等;《知本提纲》还提出了著气、谷气、真气、祖气、土气、粪气、余气、肥浓之气等;这些都是农学理论将万物普遍气化的典型例证。

3. 儒道农学整体论思想

儒家农业哲学是中国传统农业哲学的主流。儒家的《周易》《尚书》《礼记》等都蕴藏了丰富的农学整体论思想。儒家经典《礼记·月令》将气候、物候、农事等统一到一个有机整体之中。《知本提纲》的作者杨屾是清代陕西大儒,他的农学思想基础也是"天人合一"自然整体论,他说:"天主行施,地主含化,惟凭水火之调燮;损其有余,益其不足,更需人道以裁成。"

老子认为,自然整体是天地万物得以存在的根据。"昔之得一者:天得一以清,地得一以宁……万物得一以生。"(《道德经·三十九章》)"一"指整体,进行农业生产当然也要以整体性的"一"作为一切农业实践的出发点。无论是老庄道家,还是黄老道家,其农业生产以自然整体论为基础是理所应当的事情。战国时期杂家代表作《吕氏春秋》、西汉杂家代表作《淮南子》,都是以道家为主,融合了儒、墨、法、阴阳等诸家思想。[1] 这两部书都是以道家有机宇宙系统论为理论基础的。《吕氏春秋·序意》说:"上揆之天,下验之地,中审之人,若此则是非可不可无所遁矣。天曰顺,顺维生;地曰固,固维宁;人曰信,信维听。三者咸当,无为而行。"[2] 从农业上讲,天指天时、天气、季节等;地指地利、田地的土壤肥瘠情况;人指人类对农

---

① 钟祥财著:《中国农业思想史》,上海:上海交通大学出版社,2017年,第29、42页。

② 张双棣、张万彬等注译:《吕氏春秋译注》,北京:北京大学出版社,2000年,第899页。

作物的耕作方式。天地人系统共同组成了农作物生长的根本。顺应自然，无为而行，这是道家农业整体论的基本运作方式。道教经典《太平经》亦以天地人整体论作为农业生产的基础。"元气恍惚自然，共凝成一，名为天也；分而生阴而成地，名为二也；因为上天下地，阴阳相合施生人，名为三也。三统共生，长养凡物。"[①]

二、"因时受气"与儒道农时观

1."时气"涵义

"时气"是中国古代农业哲学的核心范畴之一。"时气"的关键在于气的变化，万物的生养收藏都是"气"流转变化的具体表现，"气"的变化是一种客观存在。"时"是人类认识气的变化的节点。什么时节，就会有相应的气与其对应。人类的时间观念是从观察天象获得的，"日出而作，日入而息"（《庄子·让王》），"司寤氏掌夜时，以星分夜"（《周礼·秋官司寇》）。"时"，首先指的是"天时"。天象的变化与物候的变化、万物的生长是完全一致的。这是中国"天人合一"思维模式的基本表现。先秦中国古代科技名著《考工记》说："天有时，地有气，材有美，工有巧，合此四者，然后可以为良。材美工巧，然而不良，则不时，不得地气也。"[②]不时则不得地气，可见"天时"与"地气"只是系统整体的不同层面而已。"天有时以生，有时以杀；草木有时以生，有时以死；石有时以泐；水有时以凝，有时以

---

① 王明编：《太平经合校》，北京：中华书局，1960年，第305页。

② 闻人军译注：《考工记译注》，上海：上海古籍出版社，2008年，第4页。

泽；此天时也。"①生、死、杀、渤、凝、泽都是"地气"的表现。就是说，"天时"与"地气"本质上是相通的。综上所述，"时气"观念有以下几个方面涵义：一是，"时"指天时，"气"指地气。二是，"时"和"气"不是截然相分的关系，而是统一于一个有机系统整体中，"时"就是"气"，"气"就是"时"。三是，二者的区别在于，"气"的变化是一种客观变化，天地万物变化皆是气变化的不同形态；"时"则是表征天地万物变化的节点，"节点"是人类对万物变化发展规律的认识和把握；作为"节点"来讲，"天时"具有循环往复性，阴阳、日夜、春夏秋冬、元亨利贞等自然现象皆是循环往复的，亦即"时气"具有循环往复性。

2. "时气"在中国传统农业科学中的应用

"时气"概念和范畴在中国传统农业科学中有着重要应用。举凡中国古代农业典籍，都或直接或间接地运用了"时气"范畴指导农业生产实践。

首先，月令体农书是中国农书最重要的体例之一，其最重要特征就是将天时与物候、节气等相关联而形成独特的农书体例。天时与节气的结合，本质上属于"时气"范畴。《夏小正》《四民月令》《四时纂要》《授时通考》等皆属于月令体农书。

其次，尽管没有直接使用月令体体例，但是对农作物物性和农时的关系进行了精细阐述，这是除月令书之外，中国传统几乎所有农书都具有的特征。"时气"同样是这些农书的核心内容。如《氾胜之书》《齐名要术》《陈旉农书》《天工开物》《补农书》《知本提纲》等皆属

---

① 《考工记译注》，第4页。

于这类农书范畴。

再次，许多农书直接使用"时气"概念来指导农业生产实践。如陈旉《农书·天时之宜》指出，"时气"的涵义是："四时八节之行，气候有盈缩踦赢之度，五运六气所主，阴阳消长，有太过不及之差，其道甚微，其效甚著，盖万物因时受气，因气发生。"人们耕种土地，收获粮食等农产品，是在盗天地之时利以为自己所用，因此，深刻认识天时地利，顺应时气与物性，就是从事农业生产题中应有之义了。"在耕稼盗天地之时利，可不知耶？传曰：不先时而起，不后时而缩，故农事必知天地时宜，则生之蓄之，长之育之，成之熟之，无不遂矣。由庚，万物得由其道；崇丘，万物得极其高大；由仪，万物之生，各得其宜者；谓天地之间，物物皆顺其理也。故尧命羲和历象日月星辰，以钦授民时，俾咸知东作南讹西成朔易之候。"[①]

3. 儒道农时观

农时也是儒道农业生态思想的核心观念。《尚书·虞书·尧典》曰："乃命羲和，钦若昊天，历象日月星辰，敬授民时。"这里把农时和日月星辰天象紧密结合起来了。《孟子·梁惠王上》曰："不违农时，谷不可胜食也。"《荀子·大略》曰："故家五亩宅，百亩田，务其业而勿夺其时，所以富之也。"孟子、荀子都有强烈的农时观，认为农时在农业生产中具有重要的作用。《黄帝四经》提到"时而树""勿夺民时""毋乱民功，毋逆天时"等，代表道家对农时亦是非常重视的。

[①] ［宋］陈旉撰：《农书》，北京：中华书局，1985 年，第3—4 页。

三、儒道循环往复思维方式与农学圜道论

近取诸身，远取诸物，物质决定意识，以黄河为中心的中原农业文明四季循环的规律决定了《周易》循环往复的思维结构。

《周易》循环往复思维模式主要表现在以下几个方面：第一，全书以乾坤开始，以既济未济结束，未济之后，又是乾坤，循环往复；第二，元亨利贞象征春夏秋冬，亦是循环往复；第三，十二消息卦（复、临、泰、大壮、夬、乾、姤、遁、否、观、剥、坤），又称十二月卦，象征一年十二月循环往复、运转无穷；第四，物极必反，每一卦内部是循环往复的；第五，变化本质上是循环往复的。《周易》用阴阳来描述变化，阴变为阳，阳变为阴，阴再变为阳，以至无穷，这是对变化的基本描写。除此之外，为了更精确地表述变化，《周易》继续将阴阳细分为四象：少阳、太阳、少阴、太阴。少阳内部阳气逐渐增加变为太阳，阳过变为阴，太阳变为少阴，阴气逐渐增加变为太阴。阴过变为阳，又变为少阳，如此循环，往复无穷。四象既可用来表示一瞬间的变化，也可用来描述四季循环的宏观变化。易即变化。大衍筮法揲得的数字六、七、八、九，就是对四象变化的另一种模拟。总之，循环往复是《周易》的核心思维方式之一。

"反者道之动"是道家最重要的命题之一。反即返，道是万物都遵循的规律，万物运动始终是返回式的。老子说："万物并作，吾以观复。夫物芸芸，各复归其根。""复"与"根"就表示了万物始终处于一种"返"的运动方式中。辩证法是老子的基本思维方式。阴与

阳、柔与刚、弱与强、无为与无不为、无心与有心、善与不善、高与下皆是互相转化、相反相成的。总而言之，循环往复的"返"式思维方式也是老子的核心思维方式之一。

农业是华夏文化形成、发展、壮大的基石，没有农业，华夏传统文化的繁荣就是一件不可想象的事。儒道循环往复的思维方式与华夏人民的农业实践密切相关，二者互相影响、互相促进。对于《易经》创作的过程，《系辞下传》曰："古者包牺氏之王天下也，仰则观象于天，俯则观法于地，观鸟兽之文，与地之宜，近取诸身，远取诸物，于是始作八卦。"八卦的制作与运用和农业实践有着根本的联系。"作结绳而为网罟，以佃以渔，盖取诸离。包牺氏没，神农氏作，斫木为耜，揉木为耒，耒耨之利，以教天下，盖取诸益。"依据田猎、农耕实践，"易"要使人们认识到"穷则变，变则通，通则久"的客观变化规律。所谓"穷则变"，就是指"太阳"向"少阴"、"太阴"向"少阳"的变化，这是一种质的变化；"通则久"指"少阳"向"太阳"、"少阴"向"太阴"的变化，这种变化在"阳"和"阴"的范围内进行量的变化。综上所述，农业生产实践是《易经》创作的重要基础，其思维方式是循环往复式的。

在中国传统农业实践中，客观世界循环往复的规律被表述为"圜道"。根据现存资料，"圜道"概念最早来自《吕氏春秋·圜道》。下面我们根据相关资料，对"圜道"的涵义及其应用进行简要的梳理。第一，圜道指农作物生长收藏循环的周期。《吕氏春秋·圜道》说："物动则萌，萌而生，生而长，长而大，大而成，成而衰，衰乃杀，杀乃藏，圜道也。"第二，圜道指天象、气象、物候和农事劳作构成的农事系统论和周而复始性。这一点元代王祯《农书》阐述得非常清晰："盖二十八宿周天之度，十二辰日月之会，二十四气之推移，七十二候之变迁，如环之循，如轮之转，农桑之节，以此占之。"第三，圜道指循环耕种之道。每种农作物都有自己的生长周期，依照农作物的特性进行循环耕种，可以提高土地出产农产品的产量。《淮南子·地形训》曰："木胜土，土胜水，水胜火，火胜金，金胜木。故禾春生秋死，菽夏生冬死，麦秋生夏死，荞冬生中夏死。"[①]五行循环，各为所王，各有生死时节。禾、菽、麦、荞等农作物生死特性各不相同，这就为循环耕种奠定了基础。

四、"赞天地之化育"与农学人力观

"赞天地之化育"出自儒家经典《礼记·中庸》，"赞"指"辅助"。"辅万物之自然而不敢为"出自老子《道德经》，"辅"与"赞"意思相同。尽管二者指向、方式等有所不同，但是，就发挥人类主体能动性这一点却是相同的。[②] 其中，道家转变为道教之后，《阴符经》《太平经》等道教经典在吸收《易经》宇宙观念的基础上，建构起天地人三才相参的有机系统论，特别重视人类主体能动性的发挥。作为中国本土文化，儒道二家将人"赞"天地的观念进行了突出发挥，这一点与中国农学人力观是完全一致的。

农作物的生长离不开风雨冷暖的天气，也离不开土壤的肥瘠程

---

① ［汉］刘安著，陈广忠译注：《淮南子译注》，上海：上海古籍出版社，2016 年，第 187 页。

② 本书第二章第二节"道学'超世'生态伦理思想内在结构的历史衍化"中对道家主体能动性的发挥方式有详细阐述。

度，这是毋庸置疑的。但是，作为人类实践理性指向的对象，农作物的生长收藏更离不开人类主体能动性的参与。只有站在人类实践理性和农作物生长特性的基础上，才能更为深入地理解中国传统文化中"人为天地之心""人为万物之灵""为天地立心"等对于人类主体能动性的着重强调，才能更为深入地理解农业文明产物—中国传统生态伦理，理解儒道佛学生态伦理内在结构的基本特征。在农业生产中，"人力"指的就是人类主体能动性的发挥及农业生产实践的参与。

中国古代人力观反映了人对自身价值和力量的觉醒。[①] 这种觉醒是站在天地人构成的有机系统论基础上的。《淮南子·主术训》曰："上因天时，下尽地材，中用人力，是以群生遂长，五谷蕃殖。"人力是农作物生长、繁盛的必要条件，耕作是种植农作物的重要一环，是发挥人力的重要表现。汉朝《氾胜之书》说："凡耕之本，在于趣时，和土，务粪泽，早锄早获。得时之和，适地之宜，田虽薄恶，收可亩十石。"[②]"趣时，和土，务粪泽"是进行农耕之本，只要调和时令，配合合适的土地，尽管土地贫瘠，一亩地还是可以收到十石粮食的。除了耕作，种植农作物的过程都需要人类全程参与，对于天时、地材、农作物的本性及种植时间、收获与贮藏的方法等全部农业劳作都需要人类参与。儒家"赞天地之化育"，首先指向的就是农业劳作。道家以农业劳动中"善盗"形容人类主体能动性的发挥，指向的也是人力的使用。

---

① 赵敏著：《中国古代农学思想考论》，北京：中国农业科学技术出版社，2013年，第26页。

② 石声汉选释：《两汉农书选读：氾胜之书和四民月令》，北京：农业出版社，1979年，第11页。

五、"农禅并重"的生态意蕴

印度佛教对世俗事务采取一种消极的态度，认为拥有土地等生产资料和从事农业耕作都是不净的。[1]《佛遗教经》曰："多事增过……不得一切种植故。""不得斩伐草木、垦土、掘地。"从事农业劳动不仅影响僧人修行，而且锄地、除草等劳动行为也会无意伤害生物的生命。农业耕作是违背佛教基本戒律的。

华夏传统文化以农耕文明为基础。佛教自印度传入中国，其形式从最初的格义始，到成为中华文化主干之一，就是佛教中国化的过程。佛教中国化的典型标志就是禅宗的出现，禅宗成熟的标志就是"农禅并重"理念的提出与实践。"农禅并重"亦是佛教中国化的标志性事件。

佛教初入中国，首先是在城市传播。"南朝四百八十寺，多少楼台烟雨中"是这种传播路线的生动写照。当时僧人们的日常生活资料主要来自上层统治阶级和信众们的供养。由于僧人们不事生产违背了中国传统农业文化，因而受到来自其他教派的猛烈批判，毫无招架之力。唐代道士李仲卿《十异九迷论》批判说："若一女不织，天下为之苦寒；一男不耕，天下为之少食。今释迦垂法，不织不耕。经无绝粒之法，田空耕稼之夫。教阙转练之方，业废机纼之妇。是知持盂振锡，糊口谁凭？左衽偏衣，于何取托？故当一岁之中，饥寒总至，未闻利益，已见困穷。世不能知，其迷四也。"为了回应中国农业文化提出的问题，"农禅并重"佛学理念和实践应运而生。"农禅并重"将

---

① 陈红兵著：《佛教生态哲学研究》，北京：宗教文化出版社，2011年，第222页。

佛教传播路线由城市转向山林，"天下名山僧占多"就是这种传播路径所形成的具体生态型社会现象。于此可见，"农禅并重"不仅是对中国传统农耕文化的吸收和回应，也不仅满足了寺庙僧人基本的物质需求，为佛教可持续发展奠定了物质基础，是禅宗的基本修养方式，更重要的是，"农禅并重"为中国古代生态文明作出了巨大贡献。诚如赵朴初先生所言，正是在"农禅并重"的丛林风规这一优良传统的影响下，"我国古代许多僧徒们艰苦创业，辛勤劳作，精心管理，开创了田连阡陌、树木参天、环境幽静、风景优美的一座座名刹大寺，装点了我国锦绣山河"[①]。

所谓"农禅并重"，狭义上讲，农指农业生产活动，禅系指佛家的修行解脱；"从广义上理解，这里的'农'系指有益于社会的生产和服务性的劳动，'禅'系指宗教学修"[②]。综上可见，"农禅并重"将包括农业劳动在内的一切有益于社会的生产劳动和宗教修行融为一体。这种修行方式将出世（禅修）和入世（农业劳动）融为一体，和印度佛教对劳动的看法截然不同，是佛教中国化的重要标志。

"农禅并重"是一种以农悟禅、融禅于农的禅修方式。"农禅并重"发端于道信禅师（580—651 年），成熟于百丈怀海禅师（720—814 年）。道信禅师到湖北黄梅双峰山修行传法三十年，史传上未见有官僚豪门的布施支持[③]，自耕自给的农业耕作成为维持僧人生存的主要经济形式。道信说："能作三五年，得一口食疗饥疮，即闭门

---

① 赵朴初：《中国佛教协会三十年》，《法音》1983 年第 6 期。

② 《中国佛教协会三十年》。

③ 吕澂著：《中国佛学源流略讲》，北京：中华书局，1979 年，第 207 页。

坐。"作指劳作，主要指务农而言。肚子饿了是一种病，称为饥疮，吃就可以治疗它。而且只有在这个基础上才能闭门坐。[①] 道信的禅法非常重视实践。[②] 然而，这里道信将农业实践（作）作为禅修（闭门坐）的前提，二者尚未融合为一体。"（百丈怀海禅师）普请锄地次，忽有一僧闻鼓鸣，举起锄头，大笑而归。师曰：'俊哉！此是观音入理之门。'师归院，乃唤其僧曰：'适来见甚么道理，便恁么？'曰：'适来肚饥，闻鼓声，归吃饭。'师乃笑。"[③] 这里农业劳作和参禅完全融为一体，农即是禅，禅即是农。

"农禅并重"佛学理论基础首先是禅宗佛性的"不二之法"。依据"不二之法"，禅即是农，农即是禅，凡即是圣，圣即是凡，出世即入世，入世即出世，担水劈柴莫非妙道，"青青翠竹尽是法身，郁郁黄花无非般若"；万物皆有佛性，万物与其环境皆是不二的，以此推论，生态环境的保护与参禅也是完全统一的；如是就将佛教生态理论完全生态化了，为佛教生态哲学奠定了实践基础。

总体而言，禅宗是佛教中国化的产物，也是农业文明孕育的最为璀璨的花朵，具有深刻的生态伦理意蕴。

---

① 《中国佛学源流略讲》，第 208 页。

② 《中国佛学源流略讲》，第 211 页。

③ ［宋］普济撰：《五灯会元》，北京：中华书局，2002 年，第 133 页。

第二章

儒道佛学生态思想内在结构的历史衍化

第一节 儒学"入世"生态伦理思想
内在结构的历史衍化

一、儒学"入世"生态伦理思想内在结构基本内涵

积极入世是儒家思想的基本特征，自然也是儒家生态伦理的基本特征。儒学积极"入世"生态伦理基本内涵主要包含以下几个方面内容。

第一，儒家积极入世生态伦理是在"天人合一"整体论背景下展开的。儒家认为，只有通过积极入世，才能实现人生的价值和意义，而这个价值和意义的最高标准就是与天地融合为一。

"大人"是儒家追求的终极理想人格。"大人"达到的境界是："与天地合其德，与日月合其明，与四时合其序，与鬼神合其吉凶，先天而天弗违，后天而奉天时。"①（《周易·乾·文言传》）天地之大

---

① ［清］胡煦著，程林点校：《周易函书》第二册，北京：中华书局，2008年，第497页。

德曰生，大人与天地合德化育万物，与日月合明普照四方，与四时合序进退无忒，与鬼神（变化）合吉凶顺应生灭，这样，"大人"就完全与天道契合无间了，先于天道而天同之，后于天道而与天道合。

这里，人的意义和价值就体现在与天地完全融合上，这种完全融合在儒家那里被表述为"天地人"和谐统一的三才之道。《周易》由"天地人"构成太极系统，《礼记·月令》将自然现象与社会活动融合于一个有机系统，以及董仲舒"天人感应"、张载"民胞物与"、二程"万物一体"、王阳明"天人一体"等生态伦理思想，无不表明儒家积极入世的价值追求必须要以整体视域来看待人与社会、人与自然之间的关系。

第二，儒家积极入世生态伦理赋予了自然万物以内在价值。"儒家以积极入世的态度用人道来塑造天道，极力使天道符合自己所追求的人道理想，同时又以伦理化的天道来论证人道。为了说明礼乐制度的正当合理性，儒家把万物的自然成长过程、宇宙天地生化的过程与'仁义'联系在一起。根据儒家的天道与人道贯通的逻辑，在人类社会中施行仁爱等伦理原则，在自然秩序中也是连续和一致的。"[1]既然天道和人道贯通，天人合一，如果人具有内在价值，那么，天地也是有内在价值的。儒家在人类社会中施行仁义等伦理原则的前提是"人"本身具有内在价值，同样，在天地秩序中讲道德，其前提也是要承认"天地万物"的内在价值。

一般认为，"变化"是客观存在的，万事万物因为"变化"而不断地走向消亡。从这个意义上讲，西方哲学的基本特征就是肯定不变

---

[1] 任俊华、刘晓华著：《环境伦理的文化诠释》，长沙：湖南师范大学出版社，2004年，第252页。

的本体、否定变化的现象；佛教哲学认为"变化"总会带走一切美好的事物，给世间带来无尽的痛苦。然而，作为积极入世的儒家，对世界最常见的"变化"现象的看法是非常积极向上的。《周易·系辞上传》曰："一阴一阳之谓道，继之者善也，成之者性也。"阴转为阳，阳转为阴，阴阳交迭成变化，接续不息，生生不已，就是善，就是万物的本性。万物总是在变化的，总是"生生"不已的，总是"善"的。这里的"善"表明，天地万物都是有内在价值的。

第三，儒家积极入世的态度要求"人"必须承担应有的责任，这个责任不仅包括社会责任，也包括生态责任，二者是统一的。儒家传统里，"人"的地位是非常高的，《礼记·礼运》讲道："人者，天地之心也。"[①]《尚书·泰誓上》讲道："惟人万物之灵。"在儒家看来，人的地位不是通过超越万物自然而然取得的，而是通过积极地承担对天地的责任而获得的。人类只有承担起对于同类和天地万物的责任，才能真正对得起"天地之心"和"万物之灵"的称誉。诚如宋儒朱熹所言："人者，天地之心，没这人时，天地便没人管。"[②]作为天地之心的人类，必然有管天地的责任和义务。

第四，儒家积极入世的态度要求道德主体在尊重自然价值和规律的前提下，最大程度地发挥自身的主体能动性。儒家讲人是"天地之心"和"万物之灵"，一方面强调人要承担起对天地生生的责任，另一方面强调，相比于天地万物，人是有主体能动性的，人类承担起对同类和天地自然的责任，必须要发挥自己的主体能动性，并且要在最

---

① ［清］孙希旦撰，沈啸寰、王星贤点校：《礼记集解》，北京：中华书局，1989 年，第 612 页。

② ［宋］黎靖德编，王星贤点校：《朱子语类》，北京：中华书局，1986 年版，第 1165 页。

大程度上发挥主体能动性来承担自己所要承担的责任。儒家经典《中庸》将最高程度地发挥主体能动性称为"至诚",并指出,通过"至诚"才能真正地"尽性"。"惟天下至诚,为能尽其性;能尽其性,则能尽人之性;能尽人之性,则能尽物之性;能尽物之性,则可以赞天地之化育;可以赞天地之化育,则可以与天地参矣。"① 天地生人、物,也有化育不到而不能尽人性、物性的地方。于是,作为人类,我们必须要积极地参与到自然演化中来,在天地生物所不及的地方,通过至诚无妄,去掉私欲,尽己之性,推而广之,尽人之性,进一步地使物遂其性,这样,就补助了天地化育不完全的问题,于是实现了"赞天地化育"的伟大事业,而真正地与天地"并立为三"了。这是儒家入世精神的基本态度。

第五,儒家积极入世思想的基本结构是"修身齐家治国平天下"。在儒家看来,"齐家治国平天下"是实现人的意义和价值的根本要求。人类一旦从纯粹个人私欲的藩篱中跳脱出来,他就会对自己家人的生存感到忧虑,自然就会积极地承担在家庭中的责任;这种跳脱私欲藩篱的情感,继续向前推,他就会对自己国家的生存感到忧虑,自然会积极地承担在国家中的责任;再继续向前推,他就会对整个人类的生存感到忧虑,就会对天下万事万物的生存感到忧虑,自然会积极地承担在天地自然中应该承担的责任,这就是"平天下"蕴涵的生态伦理思想。

"齐家治国平天下"是儒家积极入世的基本标志,其中,"平天下"蕴涵了深刻的生态伦理思想。"修身"与"平天下"是统一的,

---

① 任俊华、赵清文著:《大学·中庸·孟子正宗》,北京:华夏出版社,2014年,第40页。

"修身"就要求人从为"我"的私欲中跳脱出来，去承担应该承担的社会责任和生态责任；"平天下"则是责任的真正实现。

综上所述，儒学"入世"生态伦理从整体论的视域出发，赋予自然以内在价值，在这个前提下，道德主体以积极入世的态度，去承担自己应该承担的伦理责任。道德主体承担责任，不是一句简单的话语，而是要尽自己最大的可能发挥主体能动性，补助天地化育万物不足的地方，只有如此，才能真正实现人的价值和尊严。"修身齐家治国平天下"既是儒家道德实践顺序，也是儒家积极入世的典型表征，修身是摒除私欲，为"平天下"的最高价值理想奠定人性基础，平天下除了有使人类世界太平外，更有使天下万物都和谐共处的意义存在，从根本上将生态伦理意蕴存于其中。

上述是关于儒家积极"入世"生态伦理的基本内涵，下面我们以其基本内涵为核心，来分析先秦儒学、汉代儒学代表董仲舒、宋明新儒学的"入世"生态伦理思想内在结构的历史衍化。

二、先秦儒学"入世"生态伦理思想内在结构

孔子、孟子、荀子是先秦儒家的代表性人物。作为先秦儒家学派的创始人，为了实现天下太平的理想，孔子周游列国，适郑，"累累若丧家之狗"；困于陈蔡，"绝粮，从者病"；"夫子之道至大，故天下莫能容"。[①]孔子之道，不仅代表天下人的利益，也将天地自然的利益囊于其中，"泛爱众而亲仁"，故其道至大；春秋时期，诸侯都为

① 张大可、丁德科通解：《史记通解》第五册，北京：商务印书馆，2015 年，第 2039—2065 页。

了自己的私欲发动战争，与孔子所追求的价值目标背道而驰，这就是孔子周游天下而始终不被列国所用的原因。面对不见用于世的境遇，孔子并未像许多人那样，成为隐士，而是以一种大无畏的积极入世精神参与到社会秩序的建构中来。这种"知其不可而为之"的积极入世的道德使命感成为一代又一代儒家君子们共同的精神信仰。作为孔子之后先秦儒家重要代表人物的孟子和荀子，同样发挥了"知其不可而为之"的积极入世精神。

孔子讲"仁者，爱人"，又讲"泛爱众而亲仁"，儒家之爱是差等之爱，依据血亲之爱，人自然会爱自己的亲人，将这种情感推而广之，就会爱自己的同类，作为"爱"自己同类这种情感的自然延伸，泛爱万物也是儒家理论题中应有之义。如果儒家的"爱"没有推到"万物"上面，那么，其理论结构就是不完备的。因此，儒家积极入世地参与到社会秩序建构中来，自然就会参与到天地自然的秩序建构中来，相对于前者来讲，后者更为根本，更难实现，也是儒家入世实现人生最高价值和意义的终极追求。这种入世意义和价值实现的途径，在孟子那里被表述为"仁民爱物"；在荀子那里，则被表述为以"诚"为核心，来构成一个"天有其时，地有其财，人有其治"的天地人三者相互联系的和谐的生态系统。总之，在儒家"平天下"语境中，孔子、孟子、荀子的伦理思想都将生态系统的"太平""和谐"纳入其中了。

先秦儒家"泛爱众而亲仁"积极入世生态伦理思想的产生，首先来自人和自然共同处于一个有机整体系统的客观事实和精神信仰。这个整体既是相互作用、相互依赖、相互影响的客观存在，也是儒家用人道塑造天道，又用天道论证人道的当然性和合理性所构造出的有情感和生命融入其中的有机系统。先秦儒家整体论在《易传》和《礼记·月令》中得到了典型的表达。

《周易·系辞上传》讲了太极整体观，"易有太极，是生两仪，两仪生四象，四象生八卦"，八卦重之而成六十四卦，八卦和六十四卦模拟了天地万物的变化，天地万物无穷的变化最终统一于太极之中。太极整体观不是纯粹的自然整体，而是包含了人类的宇宙整体。

《礼记·月令》以"天地人"三才论为基础，把自然现象和社会活动融纳入一个整体系统中。根据《月令》，自然现象包含三个方面——天象、气象、物候。以孟春之月为例，其天象是"日在营室，昏参中，旦尾中"；天象影响气象，"是月也，天气下降，地气上腾，天地和同，草木萌动"；天象和气象通过季节变化表现在物候上，孟春之月的物候是，"东风解冻，蛰虫始振，鱼上冰，獭祭鱼，鸿雁来"；这里，天象、气象、物候三种自然现象之间形成一种相互联系、相互作用的关系，共同构成了一个自然整体结构。社会活动也包含三个方面——政令、农事、祭祀。政令上，人事要效法天道，孟春之月，天子一切行为都要与春天自然现象符合，"天子居青阳左个，乘鸾路，驾仓龙，载青旗，衣青衣，服仓玉，食麦与羊，其器疏以达"；农事上，"是月也，天子乃以元日祈谷于上帝。乃择元辰，天子亲载耒耜，措之于参保介之御间，帅三公、九卿、诸侯、大夫，躬耕帝籍。天子三推，三公五推，卿、诸侯九推"；祭祀上，"乃修祭典。命祀山林川泽，牺牲毋用牝。禁止伐木。毋覆巢，毋杀孩虫、胎、夭、飞鸟，毋麛，毋卵。毋聚大众，毋置城郭。掩骼埋胔"；这里，政令、农事、祭祀等社会活动皆以自然现象整体作为效法对象。综上所述，我们可以看到，《月令》将天象、气象、物候等自然现象和政令、农事、祭祀等社会现象完全融合到一个整体系统中了。

既然自然万物和人处于一个共同的系统中，彼此间相互联系、相互依赖，那么，人存在的价值和意义，就是要使整体变得更好。这是先秦儒家积极入世生态伦理思想内在结构的前提和出发点。

其次，先秦儒家积极入世，除了要解决春秋战国时代社会秩序混乱的问题，还要解决维护天地人整体系统和万物的利益等积极入世型生态伦理理论的深层次问题。在这个层面上，先秦儒家普遍将内在价值赋予了自然。这种内在价值主要表现在以下几个方面："生生"是自然万物具有内在价值的最核心特征，也是先秦儒家生态伦理最重要的特征。《周易·系辞下传》讲"天地之大德曰生"，孔子曰："天何言哉！四时行焉，百物生焉，天何言哉！""生"构成了天地之大德，本身就是价值。万物因为"生"而具有了自然的内在价值。因此，对于人类来讲，就不能够随便破坏自然的"生"意。《诗经·大雅·行苇》曰："敦彼行苇，牛羊勿践履。"① 这里保护芦丛嫩芽，不让牛羊践踏的行为，是在维护植物生长的权利；孔子说"钓而不纲，弋不射宿"，捕鱼用钓不用网，射鸟不射巢宿的鸟，这是在维护动物生长的权利；荀子曰："圣王之制也，草木荣华滋硕之时则斧斤不入山林，不夭其生，不绝其长也。"② 这些内容不仅仅体现了儒家爱护生态资源的思想，其深层次的内涵，就在于"生"本身是有内在价值的，因

---

① ［清］方玉润撰，李先耕校：《诗经原始》，北京：中华书局，1986 年，第 508 页。

② ［清］王先谦撰，沈啸寰、王星贤整理：《荀子集解》，北京：中华书局，2012 年，第 163。

而必须要尊重"生",而不能随意破坏万物的"生"意。直接将道德赋予天地,孔子曰:"天生德于予。"①孟子说:"诚者,天之道也。思诚者,人之道也。"②荀子说:"天地为大矣,不诚则不能化万物;圣人为知矣,不诚则不能化万民;父子为亲矣,不诚则疏。"③在孔子看来,人的道德是天赋予的,于是,天自然就成为"德"的源头。诚是天道美德,思诚,是人道的基本要求,在孟子这里,相对于人道价值而言,天道价值更具有根本性。"化万民""父子亲疏"等属于社会伦理范畴,是与人类价值实现紧密相连的,不过,无论是儒家传统,抑或荀子行文,"天地诚""化万物"更具根本性。这里天地本身就是道德的来源,同样也是价值的来源,儒家用人道塑造天道,以伦理化的天道论证人道,那么天地的道德与价值涉及的伦理关系,必然是将天地万物的生存和利益放在最高地位。既然天地万物都有内在价值,那么,先秦儒家积极入世,就必须将天地万物的利益作为自己的价值追求,而不能将其局限于人类利益内。

再次,先秦儒家积极入世精神彰显了一种深刻的责任担当意识。权利以价值为基准,责任以权利为基准。万物有生,天地有德,先秦儒家积极入世所要承担的责任,除了社会责任之外,还要承担天地万物的责任。这是先秦儒家生态伦理整体论、价值论内在结构的自然延伸。先秦儒家提出"人"所要承担的责任就是"赞天地之化育"。儒家从天地人整体系统出发,将天地人生生之德作为价值追求,在天地

① [宋]朱熹撰:《四书章句集注》,北京:中华书局,2011年,第95页。
② 任俊华、赵清文著:《大学·中庸·孟子正宗》,北京:华夏出版社,2014年,第206页。
③ 《荀子集解》,第47页。

与人化育万物中，各自所起的作用不同，不能互相取代，天地化育并非尽善尽美，于是人必须要承担天地化育所不及的地方。[①] 如此，才能实现人生存的意义和尊严。因此，作为"天地之心"和"万物之灵"的人来讲，做事都要以天地自然四时为准则。"故圣人作则，必以天地为本，以阴阳为端，以四时为柄，以日星为纪。"[②] 如此，方能承担自己应该承担的责任。

最后，先秦儒家积极入世，就要积极做事，积极做事，就要最大程度地发挥自己的主体能动性，来解决自然社会遇到的问题。从生态伦理层面讲，先秦儒家认为，人发挥自己的主体能动性，就要尽物之性。《中庸》讲："唯天下之至诚，为能尽其性；能尽其性，则能尽人之性；能尽人之性，则能尽物之性；能尽物之性，则可以赞天地之化育；可以赞天地之化育，则可与天地参矣。"[③] 以"至诚"尽己性，尽人性，尽物性，就是最大程度地发挥自己的主体能动性，赞天地化育，从而与天地参矣。这里，"至诚"就能够最大程度地发挥人的主体能动性。

在儒家看来，"诚"是事物的本性，"诚者物之终始，不诚无物"[④]。什么是天地之"诚"呢？荀子在《不苟》篇中解释道："天不言而人推高焉，地不言而人推厚焉，四时不言而百姓期焉。"[⑤] 天不言，其高就在那里；地不言，其厚就在那里；四时不言，四季循环不

---

① 任俊华：《儒道佛生态伦理思想研究》，湖南师范大学博士论文，2004 年，第 17 页。

② ［元］陈澔注：《礼记集说》，北京：中国书店，1994 年，第 194 页。

③ 《大学·中庸·孟子正宗》，第 40 页。

④ 《大学·中庸·孟子正宗》，第 41 页。

⑤ 《荀子集解》，第 46 页。

式。天地四季变化的规律就是"诚"的重要涵义之一。《中庸》曰："君子诚之为贵。诚者非自成己而已也，所以成物也。成己，仁也；成物，知也。性之德也，合外内之道也，故时措之宜也。"君子之诚，不仅是为成就自己，更是为成就万物。"成己，仁也；成物，知也"，二者互文见义，成己即是成物，成物亦是成己；成物要遂物生生之性，于君子而言，为仁；成己亦要尽物生生之性，就是要循物本性而行，于君子而言，为智。可见，"至诚"既是"仁"，亦是"智"，于是能尽"物性"。这里，"成己成物"就能"合外内之道"，以"时"措之，都是适宜的。可见，"至诚"就是最大程度地发挥自己的主体能动性。

"诚"是事物的本性，事物的发展变化都是"诚"的表现，事物的发展变化都是有规律的。"尽物性"就是要按照事物发展变化的规律来进行生产实践，这就要求主体在发挥主体能动性时，能够以"时"措之。这在古代农业社会具有重要的现实意义。如何以"时"措之呢？第一，不破坏万物的"生"意。《礼记·月令》对不破坏万物的"生"意有详细论述，如孟春之月，"禁止伐木。毋覆巢，毋杀孩虫、胎、夭、飞鸟、毋麛、毋卵"；仲春之月，"毋竭川泽，毋漉陂池，毋焚山林"；季春之月，"毋伐桑柘"。春为生意之始，故要禁止伐木杀生。第二，以时伐之。万物都有内在价值，也有工具价值，从先秦儒家生态伦理角度看，万物内在价值显示的是其生意，工具价值显示的是其功用，这里，内在价值和工具价值是统一的。动植物到了该砍伐杀生之时，就可以砍伐杀生，《礼记·王制》曰："林、麓、川、泽以时入而不禁。"《孟子·梁惠王上》曰："斧斤以时入山林。"

秋为杀意之始，故可伐木杀生，《礼记·王制》曰："草木零落，然后入山林。"《礼记·月令》讲到，孟秋之月，"农乃登谷"；季秋之月，"草木黄落，乃伐薪为炭"。"时"在先秦儒家经典中多次出现，"时"显示出的也是万物之"诚"，道德主体发挥主体能动性关注宇宙整体利益时，一定要注意天地万物"时令"之诚的因素。

三、董仲舒"入世"生态伦理思想内在结构

秦顺应历史潮流，以武力统一中国，结束了春秋以来诸侯林立局面。不过，秦厉行法治，滥用民力，及其他诸种原因，二世而亡。汉承秦制而变其法治，汉初治国用黄老之学。于中央而言，行黄老之学，就是中央对人民生产生活不做过多干预，给予人民足够的自由，促进了经济的迅速恢复，出现了"文景之治"这样的盛世局面。"文景之治"的出现，标志着"大一统"的初步奠定。然而，"黄老之学"自由式的社会治理模式，也带来了许多弊端。因为中央对民间许多事务不闻不问，导致了豪强地主对平民土地的疯狂兼并，这是许多弊端中最为严重的社会问题，"贫民常衣牛马之衣，而食犬彘之食"。

董仲舒"入世"生态伦理思想正是诞生于此种背景之中。董仲舒思想的核心，就是通过发挥儒家"大一统"社会治理模式和社会理想，来解决"黄老之学"自由式的社会治理模式带来的弊端。在儒家文化中，"大一统"观念渊源有自，《易传》将其统一于天，《周易·乾·象传》曰："大哉乾元，万物资始，乃统天。"孔子作春秋，亦是奉周王室一统天下之正朔。董仲舒继承并丰富了先秦儒家"大一

统"观念。《汉书·董仲舒传》载贤良对策曰："臣谨案《春秋》谓一元之意，一者万物之所从始也，元者辞之所谓大也。谓一为元者，视大始而欲正本也。《春秋》深探其本，而反自贵者始。故为人君者，正心以正朝廷，正朝廷以正百官，正百官以正万民，正万民以正四方。四方正，远近莫敢不壹于正，而亡有邪气奸其间者。是以阴阳调而风雨时，群生和而万民殖，五谷孰而草木茂，天地之间被润泽而大丰美，四海之内闻盛德而皆徕臣，诸福之物，可致之祥，莫不毕矣，而王道终矣。""求王道之端，得之于正。正次王，王次春。春者，天之所为也；正者，王之所为也。"①在董仲舒看来，天地人万物都要归于"一元"，"一"和"元"都是万物"生"的开始，天地万物都要归于"一"和"元"中，所以为"大"。作为人君，应该以天地一元生生为旨归，而正百官，正万民，正四方，只有这样，才能实现"阴阳调而风雨时，群生和而万民殖，五谷孰而草木茂，天地之间被润泽而大丰美"的生态社会理想。建立此种理想的生态社会，正是董仲舒积极入世生态伦理思想所要达到的最高价值目标。

儒家积极入世的最高目标就是"平天下"，"平天下"的理论基础就是"天人合一"，即天和人处于一个有机整体之中。先秦儒家生态整体论，主要是从人道效法天道层面来讲的，偏重天人合德。到董仲舒这里，"平天下"理想被表述为"大一统"，其理论基础同样是"天人合一"。董仲舒"天人合一"主要是通过"天人感应"来体现的。

先秦时期，"天人合一"式的文化中已经蕴含了丰富的"天人感应"思想。《尚书·洪范》九畴第八指出"庶征"。《论语·子罕》中

①　[汉]班固撰：《汉书》，北京：中华书局，2007年，第563页。

孔子讲道："凤鸟不至，河不出图，吾已矣夫！"①《礼记·中庸》讲道："国家将兴，必有祯祥；国家将亡，必有妖孽。"②以上等等都表明，先秦已经将自然现象与社会现象、个人境遇等紧密联系起来了。虽然先秦"天人合一"已经蕴含有"感应"观念，但是，当时大多数关于"天人感应"的思想尚未达到系统化程度。董仲舒在坚持儒家基本立场基础上，吸收黄老、阴阳家、法家等思想，以"天人感应"为核心，建构了一套理论化、系统化的理论体系。董仲舒积极参与到理想社会建构的思想体系正是以"天人感应"的整体论为基础的。

我们可以从以下几个方面来理解董仲舒"天人感应"的自然整体论。第一，"天人一体"的自然整体论。董仲舒认为，天地人共同处于一个气化的整体中。董仲舒说，"天地之间，有阴阳之气"，阴阳之气具有普遍性，"阴阳之气，在上天，亦在人"。董仲舒用了一个非常形象的比喻来解释自然和人的一体关系，他说："阴阳之气，常渐人者，若水常渐鱼也。所以异于水者，可见与不可见耳，其澹澹也。然则人之居天地之间，其犹鱼之离水，一也，其无间。若气而淖于水，水之比于气也，若泥之比于水也。是天地之间，若虚而实，人常渐是澹澹之中。"③宇宙万物皆由阴阳二气组成，人生活于气中，犹如鱼生活于水中。鱼离开水，不能存活；人离开气，亦不能存活。这样，经过董仲舒的论证，"天地人"在气的层面实现了最终统一，人和天地的命运根本不可分离，鱼生活于水中，水遇到任何形式的污染，直接

---

① [宋]朱熹撰：《四书章句集注》，北京：中华书局，2011年，第106页。

② 任俊华、赵清文著：《大学·中庸·孟子正宗》，北京：华夏出版社，2014年，第41页。

③ 曾振宇、傅永聚注：《春秋繁露新注》，北京：商务印书馆，2010年，第355页。

影响鱼的生存。同理，人生活于气中，气受到任何形式的破坏，直接影响人自身的命运。第二，"天人相类"的宇宙整体论。为了说明人和天之间的亲密关系，董仲舒甚至直接将人和天进行类比："身犹天也，数与之相参，故命与之相连也。天以终岁之数，成人之身，故小节三百六十六，副日数也；大节十二分，副月数也；内有五脏，副五行也；外有四肢，副四时也；乍视乍瞑，副昼夜也；乍刚乍柔，副冬夏也；乍哀乍乐，副阴阳也；心有计虑，副度数也；行有伦理，副天地也。"[1]人身体数与天相类，人骨有三百六十六小节，与一年之数相符；人的五脏与五行之数相符；人的四肢与四季之数相符；甚至人的眨眼、哀乐都与日夜、阴阳之数相符。其结论就是要证明，人是缩小版的宇宙，其命运与天是紧密相连的。董仲舒说："身犹天也，数与之相参，故命与之相连也。"

由"天人一体""天人相类"自然整体论可见，董仲舒不仅将社会秩序和谐，更是将宇宙秩序和谐作为其积极入世的价值追求。董仲舒曰："观天人相与之际，甚可畏也。国家将有失道之败，而天乃先出灾害以谴告之；不知自省，又出怪异以警惧之；尚不知变，而伤败乃至。以此见天心之仁爱人君而欲止其乱也。"[2]这里，自然的美恶成为评判人类行为的直接标准。就天人关系而言，无论是社会秩序治理的好坏带来自然的丰美或灾害，还是自然本身带来的丰美或灾害，其深层追求都是要保护自然，实现"群生和而万民殖""天地之间被润

---

① ［清］董天工笺注，黄江军整理：《春秋繁露笺注》，上海：华东师范大学出版社，2017 年，第177 页。

② ［汉］班固撰：《汉书》，北京：中华书局，2007 年，第 562 页。

泽而大丰美"的理想的宇宙秩序，因为天心是"仁爱"的。

这就涉及另外一个问题——天地自然是有内在价值的。内在价值是天地人相参要共同实现的目的。天地"仁心"，其运动流转都在实现着万物的内在价值，这就是天地化育，不过，天地化育有其不足之处，这就需要人"赞天地之化育"，于此，方能与天地并立为三，实现人的尊严和意义。这是儒家生态伦理思想的共识。人实现自己的尊严和意义，要以事物具有"内在价值"为标准。在儒家语境中，天地万物都是有内在价值的，并各有其相应的论证。董仲舒从以下几个方面来赋予自然以内在价值。

第一，董仲舒既继承了儒家人本主义思想，也继承了儒家将人的价值来源归之于天的传统观念。关于人的地位，董仲舒指出："人之超然万物之上，而最为天下贵也。"人超然于万物之上，是来自天的赋予。"圣人何其贵者？起于天，至于人而毕。"既然天作为人尊贵价值的来源，那么，天本身就有深刻的内在价值。

第二，创生和化育万物的功能，是天具有内在价值的重要证据。这一点与先秦儒家"天地之大德曰生"的生态价值论证思路是一致的。董仲舒讲："仁之美者在于天，天仁也，天覆育万物，既化而生之，有养而成之，事功无已，终而复始。"因为天化育万物，生生不已，并处于终而复始的永恒状态，所以，"仁之美"的内在价值肯定要归于天。

第三，天和人的亲属关系，使天本然就具有内在价值。董仲舒说："天地者，万物之本，先祖之所出也。""为生不能为人，为人者，天也。人之为人本于天，天亦人之曾祖父也。"人最为天下贵，天是人的曾祖父，天自然是有内在价值的。

第四，西方基督信仰中，上帝按照自己的形象创造了人，又创造了天地万物满足人的生存需要。因为人和上帝的相似性，人就有了内在价值，天地万物作为使用对象，仅仅具有工具价值。董仲舒把天作为至上人格神，使其成为世间一切价值的源头。"天者，百神之君也，王者之所最尊也。"祭天祝词曰："皇皇上天，照临下土，集地之灵，降甘风雨，庶物群生。"天地相合，风调雨顺，群生庶物。这里庶物不仅指自然万物，也包括人，作为至上人格神的天创生庶物，自然构成了内在价值的源头；作为被创生的庶物（人和万物），因其有生，同样是有内在价值的。

自然价值的实现，除了天地自身的演化外，还需要"人"积极地参与到天地万物的价值成就过程中来，因为这是人实现自我价值和意义必然要承担的不容推脱的责任。这是儒家"天地人"三才之道的基本涵义之一。在"天人感应""天人亲属"式的合一观中，董仲舒从新的角度论证了人承担责任的必然性。董仲舒认为，顺应万物生养收藏，促进万物生生不息，是人类天经地义的伦理责任，董仲舒把这个伦理责任称为"孝"。董仲舒说："天有五行：木、火、土、金、水是也。木生火，火生土，土生金，金生水。水为冬，金为秋，土为季夏，火为夏，木为春。春主生，夏主长，季夏主养，秋主收，冬主藏。藏，冬之所成也。是故父之所生，其子长之；父之所长，其子养之；父之所养，其子成之。诸父所为，其子皆奉承而续行之，不敢不致如父之意，尽为人之道也。故五行者，五行也。由此观之，父授之，子受之，乃天之道也。"天为人之曾祖父，在天通过五行创生万物的基础上，人有责任将这个"生、长、养、成"向前推进。这里，董仲舒就对《孝经》中"孝，天之经，地之义"给予了生态伦理式的诠释。

在承担自然责任的生态实践中，除了要实现理想社会外，还要做到"恩及草木""恩及鳞虫""恩及于火""恩及羽虫""恩及于土""恩及倮虫""恩及于金石""恩及于毛虫""恩及于水""恩及介虫"，只有这样，才能实现"树木华美而朱草生""甘露降""凤凰翔""五谷成而嘉禾兴""麒麟至""醴泉出"等生态理想社会。这是建立"大一统"理想社会的题中应有之义。

四、宋明新儒学"入世"生态伦理思想内在结构

汉末以来，以老庄道家思想为核心的玄学兴起；佛学自西而来，以格义形式进入中国，在中国化的同时发展迅速。隋唐时期，因缘际会，佛道二家发展至高峰。道家对儒佛学思想和佛教仪式的吸收，以及与李唐的亲缘关系，使其在唐朝有崇高的地位。佛学因其宗教信仰、精致的思维、融合儒道的方法、寺院经济的发展以及统治阶级的推崇，实现了空前的繁荣。相比佛道二家，汉儒治经偏重于章句注疏、名物训诂，汉朝以后，其对人心的感召作用越来越弱，至唐时，终于出现了佛道盛而儒学弱的不利局面。

随着佛道二家的兴盛，以儒家伦理秩序为基础的中国传统社会受到了极大的冲击。特别是唐末藩镇割据，以及五代十国的长期混战，更使社会秩序遭到完全破坏。"五代之际，君君臣臣父父子子之道乖，而宗庙、朝廷、人鬼皆失其序。斯可谓乱世者欤！自古未之有也。"

儒家入世的直接目的，就是要"人"积极地参与到宇宙秩序的建设中来，其中，社会秩序是宇宙秩序的重要一维。在儒家看来，道家超世和佛家出世观念，对恢复和建立社会秩序不仅毫无助益，而且还有害处。唐中期时，韩愈作《进学解》，曰"觝排异端，攘斥佛老"，又作《原道》，主张"人其人，庐其居，火其书"，要通过暴力手段解决佛道问题。然而，韩愈并没有实现儒家复兴的目的。

自隋唐儒道佛三教"兼容并蓄"文化整合思潮的发展，三教各以自家为主体，彼此借鉴，逐渐有融合趋势。韩愈反道佛，不过，他提出的儒家道统说，同样是对禅宗衣钵相传形式的借鉴。北宋开始，儒家坚持积极入世、维护宇宙秩序的一贯立场，"出入佛老，返于六经"，建构了一个宏大而精致的理论体系，使儒家对佛道学说从外在形式的借鉴转向内在实质的借鉴，这个理论体系就是"宋明新儒学"。宋明新儒学"入世"生态伦理思想内在结构同样呈现出新的特点。

（一）宋明新儒学"自然整体论"

从自然整体论角度讲，儒家"天人合一"论在不同时期有不同的表现形式。先秦儒家"天人合一"的主要表现形式是以"礼乐"为核心的"天人合德"；两汉儒学"天人合一"的主要表现形式是以"宇宙、阴阳、五行、相类"为核心的"天人感应"。儒家"天人合一"自然整体论发展到宋代更趋于成熟。宋儒在继承和发挥儒家"天人合德""天人感应"，特别是孟子"万物皆备于我"的基础上，吸收了佛家"一切众生皆有佛性"、道家"天地与我并生，万物与我为一"的思想，将先秦、两汉以"天"为重心的"天人合一"，转向了以"物"

为重心的"天人合一",丰富了儒家"天人合一"自然整体论的生态伦理内涵。

宋明新儒学开山周敦颐在《太极图说》中吸收了《周易》"天地之大德曰生"和道家宇宙创生论、心性论观点,更为连贯明了地阐述了宇宙创生原理。[①] 他说:"无极而太极,太极动而生阳,动极而静,静而生阴,静极复动。一动一静,互为其根,分阴分阳,两仪立焉。阳变阴合,而生水火木金土,五气顺布,四时行焉。五行,一阴阳也;阴阳,一太极也;太极,本无极也。五行之生也,各一其性。无极之真,二五之精,妙合而凝。乾道成男,坤道成女。二气交感,化生万物,万物生生而变化无穷焉。"[②] 显然,这里的阴阳五行都是太极之气,它本身无形,故说"无极而太极"。天下万物都是经过阴阳五行之气相互交错而化生,整个宇宙都是生生不息的。[③]

张载在批判道家"有生于无"、佛家"诬天地日月为幻妄"的基础上,将天地万物统一于"太虚即气"中。他说:"太虚无形,气之本体,其聚其散,变化之客形尔。"[④] "气之聚散于太虚,犹冰凝释于水。"[⑤] 可见,在气的层面上,天地万物始终处于一个有机整体中,天地万物之间的差别只在于"气"的聚散形式上,本质却是一体的。也就是说,从根本来讲,人和万物的命运始终是相连的。在这个基础上,张载提出了深邃的"民胞物与"生态伦理思想:"乾称父,坤称

① 任俊华:《儒道佛生态伦理思想研究》,湖南师范大学博士论文,2004年,第19页。

② [宋]周敦颐著,陈克明点校:《周敦颐集》,北京:中华书局,2009年,第3—5页。

③ 《儒道佛生态伦理思想研究》,第19页。

④ [宋]张载著:《张载集》,北京:中华书局,1978年,第7页。

⑤ 《张载集》,第8页。

母；予兹藐焉，乃混然中处。故天地之塞，吾其体；天地之帅，吾其性。民吾同胞，物吾与也。"①人和万物有共同的来源，人类是我们的同胞，万物是我们的朋友。

洛阳的程颢、程颐兄弟在宋明新儒学思想史上具有继往开来的地位，一方面，他们继承和发展了由唐代韩愈开启，宋代周敦颐、张载等人开创的新儒学思想，另一方面，后来的新儒学流派，无论是朱熹代表的理学学派，还是王阳明代表的心学学派，都与二程所奠基的新儒学思想密切相关，在宋明新儒学生态伦理思想史上，他们的地位亦是如此。就自然整体论而言，他们的观点既有相同的地方，也有不同的地方。首先，从相同点而言，他们都认为，在理的层面上，天地万物都是一体的。"万物皆只有一个天理。"②"所以谓万物一体者，皆有此理。"③天地间每个事物都有自己的理，这些理又统一于一个总的理，每个事物又包含有这个总的理。其次，从不同点来讲，程颢偏重从内在的"心"上体悟"万物一体"的天理观念，程颐则偏重从外在的"观物理"来理解"万物一体"的天理观念。程颢说："学者须先识仁，仁者浑然与物同体。"又说："医书言手足痿痹为不仁，此言最善名状。仁者，以天地万物为一体，莫非己也。认得为己，何所不至？若不有诸己，自不与己相干。如手足不仁，气已不贯，皆不属己。故'博施济众'，乃圣之功用。仁至难言，故止曰：'己欲立而立人，己欲达而达人，能近取譬，可谓仁之方也已。'欲令如是观仁，

---

① 《张载集》，第 62 页。

② ［宋］程颢、程颐著：《二程集》，北京：中华书局，2004 年，第 30 页。

③ 《二程集》，第 33 页。

可以得仁之体。"①在程颢看来，万物皆与我相干，天地万物皆是我身体的一部分。这样，我和物之间必然没有阻隔，"天人本无二，不必言合"。程颐说："观物理以察己。""物我一理，才明彼，即晓此，合内外之道也。""问：'鸢飞戾天，鱼跃于渊，莫是上下一理否？'曰：'到这里只是点头。'"在程颐这里，和程颢一样，天理和人心完全是合一的，只不过体认方式有差异而已。既然天人合一，那么观外在的物理，我的心立即明白，"才明彼，即晓此"，"鸢飞戾天，鱼跃于渊"，天地之间，生机盎然，我心亦如是，内外之道本无二致。

北宋新儒学自周敦颐、张载肇其端绪，二程兄弟发扬光大，至南宋朱熹综合各家学说，集理学之大成。从生态伦理角度而言，朱熹"理气一元"论，既是其学说的核心，也是他自然整体论的基本观念。和张载一样，朱熹认为，宇宙只是一气所充塞运行而形成的，宇宙万物都被包围在气之整体中，"海水无边，那边只是气蓄得在"。然而，朱熹又认为，气为形而下者，理为形而上者。"天地之间，有理有气。理也者，形而上之道也，生物之本也；气也者，形而下之器也，生物之具也。是以人物之生，必禀此理，然后有性，必禀此气，然后有形。"②形而上之理与形而上之气构成有机系统，共同创生万物。这就是朱熹理气混合一元论的宇宙观。

南宋朱熹是理学集大成者，明朝王阳明是心学集大成者。王阳明以"致良知"为核心，将天地万物统一于本心，建立了"心一元论"

---

① 《二程集》，第15页。
② ［宋］朱熹撰：《朱子全书》第二十三册，上海：上海古籍出版社，合肥：安徽教育出版社，2002年，第2755页。

的自然整体论。关于王阳明的自然整体论，我们可以从以下几个方面来理解。首先，人和万物处于相互依赖、相互影响"一气相通"的有机整体中，这是客观存在的事实。王阳明说："风雨露雷，日月星辰，禽兽草木，山川土石，与人原只一体。故五谷禽兽之类，皆可以养人；药石之类，皆可以疗疾；只为同此一气，故能相通耳。"其次，天地万物不仅在客观之"气"上统一起来，而且在主体人心上统一起来，二者如人的精神和身体融为一体，不可分离。王阳明评价这种关系为："耳目口鼻四肢，身也，非心安能视听言动？心欲视听言动，无耳目口鼻四肢，亦不能。故无心则无身，无身则无心。但指其充塞处言之谓之身，指其主宰处言之谓之心。"就客观世界而言，天地万物无不是由"一体之气"构成；就实践而言，万物皆由人心所主宰。二者如水入水，如气入气，缺一不可。相对于主客体的完全统一，王阳明专门强调了"良知"在统一天地万物中的重要性。他说："可知充塞天地，中间只有这个灵明。人只为形体自间隔了。我的灵明，便是天地鬼神的主宰。""天地鬼神万物离却我的灵明，便没有天地鬼神万物了；我的灵明离却天地鬼神万物，亦没有我的灵明。如此便是一气流通的，如何与他间隔得？""良知"是所有人都有的，因此，从根本上讲，人和万物"是一气流通的"，共同统一于有机的宇宙整体中。

总的来说，宋明新儒家的自然整体论将先秦、两汉以"天人合德""天人感应"为主体，转变为"万物一体"的观念，这里的"物"不仅包括人和有机物，也包括无机物。人类意识到自身与万物一体，自然就会为天地万物着想，不仅会有热爱自然整体的感情，也会生出热爱万物的感情，将自然万物作为自家来看待。周敦颐"窗前草不除"、张载"观驴鸣"、程颢"观鸡雏""观盆中小鱼"、程颐"谏折柳"等皆是这种感情的自然流露。张载的"四句教""为天地立心，为生民立命，为往圣继绝学，为万世开太平"，以及范仲淹的"先天下之忧而忧，后天下之乐而乐"，为宋明新儒家群体所尊奉，同时也是他们追求的共同价值目标和积极去承担的责任，显示了一种积极入世的责任感和天下情怀。从儒家思想内在结构和生态伦理层面来推论，张载的"为天地立心""为万世开太平"、范仲淹的"天下"观等，实际上已经将天地万物包含在里面了。宋明新儒家积极入世的目的，就是要为"万世开太平"，就是要为天地万物负起自己应该承担的责任，这一切都要奠基于自然万物有内在价值上。

（二）宋明新儒学生态价值论

"传统伦理学把人'当作目的'，自然界是人达到目的的'工具'或'手段'。也就是说，它只承认自然界的外在价值。生态伦理学把道德对象的范围扩大到人与自然的关系，它把'人—自然'系统'当作目的'，承认自然界的内在价值。"[①] 无论是先秦儒家生态伦理、汉朝董仲舒生态伦理，还是宋明新儒家生态伦理，都以"人—自然"整体观为基础，承认自然界的内在价值是确定无疑的。宋明新儒学不仅重视自然整体的内在价值，而且在吸收道家万物平等、佛家众生平等思想的基础上，对万物自身的内在价值也有深入的探讨。我们可以从以下几个方面来理解宋明新儒学生态价值论。

---

① 余谋昌著：《惩罚中的醒悟：走向生态伦理学》，广州：广东教育出版社，1995年，第19页。

第一，自然整体呈现出的内在价值。人是目的，说明人是内在价值的承载者。宋明新儒家从宇宙创生、理和理气一元、身心一元等层面深入论证了人和万物本为一体，"不必言合"，自然整体的内在价值就蕴藏于其中了。周敦颐的"无极"、张载的"太虚即气"等，从宇宙创生角度将人和天地万物统一到一个有机整体中；二程从"理"、朱熹从理气一元层面将人和万物统一到一个有机整体中；程颢和王阳明等人都将人和万物的关系比喻成"心"和"身体"，"心"是精神，精神和身体缺一不可，人是天地心，天地是人身。既然人是目的，并具有内在价值，那么，作为有机整体的"太极"和"气"自然也是目的，也具有内在价值；同样，作为人身体的天地万物整体自然也是目的，也具有内在价值。

第二，天地万物"生"意呈现出的内在价值。天地万物"生"的价值是儒家一贯传统，"生"自身就是目的，就是价值。《周易》"天地之大德曰生"，孔子以生讲天命"四时行焉，百物生焉"，于是，保护动植物的生，"钓而不纲，弋不射宿"，就成为顺天命题中的应有之义。到宋明新儒学这里，万物"生"的目的性和价值性表现得更为明显，也更为自觉。上面我们提到，周敦颐"窗前草不除"、张载"观驴鸣"、程颢"观鸡雏""观盆中小鱼""万物皆有春意"、程颐"谏折柳"等，皆表现出万物"生"意自身具有的内在价值。这种内在价值是不假外求，万物本来就拥有的。

第三，万物自身具有的内在价值。宋明新儒家在吸收道家"万物平等"和佛家"一切众生皆有佛性""众生平等"的基础上，认为万物因为共享自然整体之"太极""诚""气""理""礼"等，而凸显出自身的内在价值。

周敦颐以"诚"释"太极":"诚即所谓太极也。"诚为万物所本有,诚者,"天所赋、物所受之正理也"①。诚是伦理性的"五常之本,百行之源",是万物的本象。"五常,仁义礼智信,五行之性也。百行,孝、弟、忠、信之属,万物之象也。"②周敦颐亦以理释伦理之礼:"礼,理也。""万物各得其理。"③

二程认为,并非仅仅人是至灵之物,万物亦是,于此可知,在价值层面上,人和万物是平等的。"天地之间,非独人为至灵,自家心便是草木鸟兽之心也。"④平等的原因就在于,人和物都共享了天理。"物有自得天理者,如蜂蚁知卫其君,豺獭知祭。礼亦出于人情而已。"⑤因为万物都是有理的,所以,人可以通过"格物穷理"来提升自身修养,实现自我价值。"格物穷理,非是要穷尽天下之物,但于一事上穷尽,其他可以类推。""所以能穷者,只为万物皆是一理。至如一物一事,虽小,皆有是理。"⑥

朱熹继承和发挥了程颐"格物穷理"思想,认为万物因为共享了内在价值载体的理,从而在理的层面是完全平等的,这一点朱子有非常明确的表述:"以其理而言之,则万物一原,固无人物贵贱之殊。"这种平等性首先体现在动物身上:"至于虎狼之仁,豺獭之祭,

---

① ［宋］周敦颐,陈克明点校:《周敦颐集》,北京:中华书局,2009 年,第 13 页。
② 《周敦颐集》,第 15 页。
③ 《周敦颐集》,第 25 页。
④ 《二程集》,第 4 页。
⑤ 《二程集》,第 180 页。
⑥ 《二程集》,第 157 页。

蜂蚁之义，却只通这些子，譬如一隙之光。至于猕猴，形状类人，便最灵于他物，只不会说话而已。"①动物只是不会说话，但是都共享了仁、祭、礼等天理之光。其次，这种平等性体现在植物的"生"意上："动物有血气，故能知。植物虽不可言知，然一般生意亦可默见。若戕贼之，便枯悴，不复悦怿，亦似有知者。尝观一般花树，朝日照曜之时，欣欣向荣。有这生意，皮包不住，自迸出来。若枯枝老叶，便觉憔悴，盖气行已过也。"②再次，为了把"天理"推向极致，朱子甚至指出，枯槁之物也有"极好至善"的太极之理。"问：枯槁之物亦有性，是如何？曰：是他合下有此理，故云天下无性外之物。因行阶，云：阶砖便有砖之理。因坐，云：竹椅便有竹椅之理。枯槁之物，谓之无生意，则可；谓之无生理，则不可。如朽木无所用，止可付之爨灶，是无生意矣。然烧甚么木，则是甚么气，亦各不同，这是理元如此。"③尽管枯槁之物无"生"意，但是，枯槁之物依然有"生"理。因此，从"理"的层面讲，天地万物都是平等的，都有内在价值。

王阳明和朱熹都是在"天人合一""万物一体"的前提下讲万物的内在价值，他们都承认万物有"生"理，这个"生"理就构成了事物内在价值的基础。朱熹认为，动物、植物以及枯槁之物皆有"生"理，拥有"生"理就意味着拥有内在价值；王阳明也认为，天地万物皆是"同此一气"的，"同此一气"即是"生"理，不仅禽兽草木

---

① ［宋］黎靖德编，王星贤点校：《朱子语类》，北京：中华书局，1986年，第58页。

② 《朱子语类》，第62页。

③ 《朱子语类》，第2634页。

有"生"理，而且风雨露雷、日月星辰、山川土石亦有"生"理，同样是拥有内在价值的。他们之间的差别就在于道德主体实现"理"的方式上。朱子认为，既然万物皆有"生"理，那么，可以通过"格物"来实现我们心中的"生"理。王阳明则认为，要实现我们心中之"理"，必须要从主体"良知"着手，要"致良知"，不过，这里的主体，并不是西方主客二元式的主体，而是"天人合一"整体论中的主体。王阳明说："人的良知，就是草木瓦石的良知。若草木瓦石无人的良知，不可以为草木瓦石矣。岂惟草木瓦石为然？天地无人的良知，亦不可为天地矣。盖天地万物与人原是一体，其发窍之最精处，是人心一点灵明。"显然，从人的良知到草木瓦石的良知，并不是从认识论意义上讲的，而是从价值论意义上讲的。"这里暗含着的一个意思是，自然界的万物包括草木瓦石是有价值的，严格地说是有生命价值的，只是未能完全实现出来，因此，有待于人的良知而实现其价值。"[①]

（三）宋明新儒学生态责任论

宋明新儒家"出入于佛老"，吸收了佛道圆融精致的思想体系，不过，在立场上，新儒家反对"出世间"和"超世间"，他们坚持儒家"赞天地之化育"，积极地参与宇宙伦理秩序的构建，并认为这是人类不可推卸的责任。周敦颐讲圣人的责任时说，"圣人在上，以仁育万物，以义正万民"；张载"四句教"首句就是要"为天地立心"；朱子直接讲人天生负有管天下事的责任，"天生一个人，便须着管天下事"。这些观点是儒家的传统观点，然而，以往的论证并不系统和

---

① 蒙培元著：《人与自然：中国哲学生态观》，北京：人民出版社，2004年，第357页。

明确，到宋明新儒家这里，他们吸收和借鉴了佛家"一切众生皆有佛性"和道家"万物平等"思想，详细论证了万物处于相互依赖、相互联系的有机整体中，并且在一切事物都有内在价值的基础上，明确而系统地将人类的生态责任和自我实现紧密地联系起来进行论证，从而深化了儒家生态伦理学的研究。

宋明新儒学生态伦理学是一种实践伦理学，它奠基于天地万物处于一个共同的有机整体的理念中，认为不仅天地万物整体具有内在价值，而且每个事物都有其自身的内在价值。因此，作为道德主体的人类，必须将自己的责任拓展到一切天地万物中，不仅要拓展到有机物中，而且也要拓展到无机物中，这样，就把儒家"仁爱型"或"责任型"的人类中心主义生态观作了极大的发展。只有承担天地万物化育的责任，实现万物的内在价值，人类才能达到一种崇高的境界，才能真正实现人之为人的尊严和价值。宋明新儒家都以不同方式表达了"自我实现"与生态责任间的紧密关系。

"自我实现"属于现代用语，有许多涵义，这里，我们主要从深层生态学角度来使用这个词。所谓"自我实现"，就是指："当人们不再把自己看成分离的、狭隘的'自我'，并使每个人都能够同其他人——从他的家庭、朋友到整个人类——紧密地结合在一起，那么，人自身独有的精神和生物人性就会成长、发育。随着人自身独特精神和生物人性的进一步成熟，'自我'便会逐渐扩展，超越整个人类而达到一种包括非人类世界的整体认同。"[1] 深层生态学的"自我实现"是一种大我，而非狭隘的小我。"修身齐家治国平天下"是儒家思想

---

[1]　雷毅著：《深层生态学思想研究》，北京：清华大学出版社，2001年，第46页。

的一贯传统，"修身"就是要求主体从"小我"拓展到"大我"，"平天下"就是要通过责任承担和现实实践，来实现"大我"的价值和意义。宋明新儒学将实现这种"大我"的人生境界及所要承担的责任进行了精细而系统的论证，将"平天下"的范围推导得更为明确而彻底，从而使其具有了深刻的生态伦理学意蕴。

张载《正蒙·大心》篇以"大其心"来讲"大我"。"大其心则能体天下之物。"[1] 大其心超越了肉体自我的私欲之心，而能体天下万物。"其视天下无一物非我。"[2] 既然天下无一物非我，或者说，天下万物的生命皆为我的生命，那么，"为天地立心"，对天下万物负责，就是对我自己负责，这是人天然的使命所在。

程朱理学创始人程颢、程颐继承张载"大其心"观念，直接讲"天人本无二，不必言合"，"须是大其心使开辟"，"一人之心即天地之心"，"若夫至仁，则天地为一身，而天地之间，品物万形为四肢百体。夫人岂有视四肢百体而不爱哉"。作为道德主体的心，亦是天地万物的心，所以，才有"四肢百体"皆爱的价值判断。既然知晓了我与万物的一体关系，天地万物的事就是我的事，没有任何外在强制性的要求。就此而言，程颢讲得最洒脱贴切："不得以天下万物挠己，己立后，自能了当得天下万物。"[3]挠，指打扰。天下万物能打扰到自己，犹有私意在。己立，指道德上的"大我"立起来了，能以天地万物为一身。"大我"立起来后，处理好宇宙内的事务就是自然而然的事。程颢讲学，少讲古圣经典，也少讲治国平天下的道理，只讲

---

① ② ［宋］张载著：《张载集》，北京：中华书局，1978 年，第 27 页。

③ ［南宋］叶采集解，程水龙校注：《近思录集解》，北京：中华书局，2017 年，第 147 页。

生活。①但是，儒家入世的生态使命和生态责任却得到了更为深刻的表达。

在"自我实现"问题上，朱子通过"天人合一"命题阐释了人对自然的伦理关系问题。他说："一身之中，凡所思虑运动，无非是天。""天即人，人即天。人之始生得于天也。既生此人，则天又在人矣，凡语言动作视听，皆天也。"人只有站在天的立场上"思虑运动""视听言动"，才能实现人的尊严和价值，这里，朱子一方面承认了自然万物的内在价值，另一方面强调了人应对自然负有道德责任和义务。

王阳明"以天地万物为一体"来讲"大人""大我"，继之以责任和担当来讲"大人"的实现问题，使"自我实现"在王阳明那里得到精致而圆融的阐述。他说："大人之能以天地万物为一体也，非意之也，其心之仁本若是，其与天地万物而为一也。岂惟大人，虽小人之心亦莫不然，彼顾自小之耳。"人心本来就与天地万物为一体，不仅大人，小人之心也如此，差别在于，小人使其自己小了而已。既然人心本来与天地万物是一体的，那么，天地万物的流离失所，皆是我的责任未到之处。"仁者以天地万物为一体，使有一物失所，便是吾仁有未尽处。"

"天地之大德曰生"是人类最高的价值追求，"赞天地之化育"是人类应该承担的道德伦理责任，儒家积极入世的目的就是要使人类社会和天地自然更好地生存下去，这是儒家伦理思想的基本传统。宋明新儒学继承了这个传统，同样以天地万物之生作为自己的责任来承

---

① 钱穆著：《宋明理学概述》，北京：九州出版社，2014年，第68页。

担。不过，宋明新儒家在促进天地万物生生不息上有自己突出的特点，他们完全是在"大我"的框架内来论证人类"赞天地之化育"的生态责任。

（四）小结

宋明新儒学在"天人本无二，不必言合""万物一体"的自然整体论和万物普遍具有内在价值的基础上，将人与自然的关系纳入"大我"的范围内进行价值评估，以"大我"积极入世，承担天地自然责任，促使天地万物生生不息，建立天地万物和谐相处的理想社会，是人之为人的价值与尊严的体现，也是实现人生最高境界的必由之路。

第二节　道学"超世"生态伦理思想
内在结构的历史衍化

为了说明礼乐制度的当然性和合理性，儒家以积极入世的态度用人道来塑造天道，同时又以道德化、秩序化的天道来塑造人道。依据"天道"和"人道"合一的原则，以及儒家学说的"爱有差等"观念，儒家思想的出发点首先是爱自己的亲人，然后推导到爱人类，最后推导到爱大自然。人的尊严和价值就体现在对人和自然承担责任上，从而体现出深刻的人文主义精神，也体现出深刻的生态关怀。

和儒家"爱有差等"不同，道家秉持"万物平等"理念，要求人以超越世俗、尊重自然的态度，去对人和自然承担责任。承担责任的起点是从天地万物的自然本性出发，"人法地，地法天，天法道，道

法自然"。"自然"相当于我们今天讲的自然而然。道是道家哲学的最
高范畴和价值追求，"道法自然"的本质就是要求人法自然，尊重万
物自然本性，并以此作为人类行为的最高标准。在"道法自然"基础
上，道家提出了他们治理人类社会的原则——自然无为，其对待人类
的伦理原则源自对待自然的原则。①"是以圣人处无为之事，行不言
之教，万物作焉而不为始，生而不有，为而不恃，功成而弗居。夫唯
弗居，是以不去。"道家主张因任自然，万物平等，将自然作为最高
价值追求，并以此来指导人类生产生活，最终在人和人、人和社会、
人和自然之间要实现一种"配神明，醇天地，育万物，和天下"的境
界。这里，"自然"在人类伦理生活中已经具有至高的地位，人的行
为只有超越世俗、尊重自然才是当然的、合理的。

一、道学"超世"生态伦理思想内在结构基本内涵

超越人和人、人和社会的世俗关系，以因任自然、万物平等为最
高准则来处理人和自然的伦理关系，是道家超世生态伦理的基本特
征。道家"辅万物之自然而不敢为"的"超世"生态伦理内在结构主
要包括以下几个方面的内容：

第一，道家超越世俗生态伦理必然是在"天人合一"整体论背景
下展开的。

第二，道家超越世俗生态伦理以万物都有内在价值为基础，在内
在价值上，万物是绝对平等、没有差别的。

---

① 任俊华：《儒道佛生态伦理思想研究》，湖南师范大学博士论文，2004 年，第 125 页。

第三，道家超越世俗生态伦理要求人所承担的责任，就是要"自然无为"。

第四，道家超越世俗生态伦理所要实现的目标是人和自然的绝对和谐。在这种绝对和谐的秩序中，因为人和万物都是平等的，所以人和人、人和万物、万物和万物之间没有优先顺序，于是人和万物都获得了绝对的自由。

上述是关于道家超越世俗生态伦理的基本内涵，下面我们将以基本内涵为核心，来分析道家生态伦理思想内在结构的历史衍化。

二、先秦道家"超世"生态伦理思想内在结构

老子、庄子是先秦道家学派的代表。作为先秦道家学派的创始人，老子身世神秘，司马迁《史记》对此就颇为疑惑，记录了老子可能是李耳、老莱子、李儋等说法，三者皆为隐君子而不为世人所熟知。其中，周守藏室之史的李耳更可能是撰写道德五千言的作者，写完《道德经》飘然而去，"莫知其所终"。儒家学派创始人孔子曾到东周都城洛阳，问礼于老子李耳后，对老子的评价是："鸟，吾知其能飞；鱼，吾知其能游；兽，吾知其能走。走者可以为罔，游者可以为纶，飞者可以为矰。至于龙吾不能知，其乘风云而上天。吾今日见老子，其犹龙邪！"[①]云行雨施，风调雨顺，万物因风云而兴起；顺万物，乘风云，无为而无不为，即为龙的根本特性。龙千变万化，能乘风云上天，不固执尘俗，而与宇宙万物的变化为一体。无论是老子身

---

① 张大可、丁德科通解：《史记通解》第六册，北京：商务印书馆，2015年，第2407—2408页。

世扑朔迷离，抑或老子龙喻，都可见出作为道家学派创始人的老子超越世俗的人生观和世界观。

庄子继承老子思想，推演道德，旨趣依然在超世无为的自然价值追求上。《史记》记载了庄子拒绝楚威王许以的丰厚财富和宰相高位，这些许诺是一般人难以拒绝的，庄子拒绝的理由是："千金，重利；卿相，尊位也。子独不见郊祭之牺牛乎？养食之数岁，衣以文绣，以入大庙。当是之时，虽欲为孤豚，岂可得乎？子亟去，无污我。我宁游戏污渎之中自快，无为有国者所羁，终身不仕，以快吾志焉。"① 庄子超越世俗的志向跃然纸上。

老庄超越世俗并不意味着他们完全否定所生活的世界，要离开当下的此岸世界，进入彼岸的极乐世界或天堂世界。老庄超越世俗，只是超越了现实社会中人与人、人与社会、人与自然的直接利害关系，而进入人与万物完全平等的关系，并以万物自然而然生存作为人与万物伦理关系的最高评价标准。这种万物平等而自然的生存状态在老庄那里以最高本体"道"的形式表现了出来。"道家哲学是一种自然主义的哲学，其最高范畴就是道"，道"既囊括了人际关系领域，也涵盖了生态关系领域"，"作为最高范畴的'道'对人提出的基本要求就是顺从'自然'，将人际道德和生态道德看作'道'在价值领域中并行不悖的两种表现"。② 也就是说，老庄道家是从超越世俗的态度用自然天道来说明和规约人道，自然天道在伦理价值评估中具有至高无上的地位，这是老庄道家所开创的道学生态伦理内在结构的核心。

---

① 《史记通解》第六册，第 2409 页。

② 雷毅著：《深层生态学思想研究》，北京：清华大学出版社，2001 年，第 77 页。

（一）先秦道家自然整体论

在先秦道家那里，世俗的贪欲分别导致了作为自然整体的"道"的背离；"道"的背离进一步导致了天下大乱，人和万物的生命都遭到无情的伤害。因此，先秦道家认为，人类只有超越世俗的贪欲分别，回到自然整体的"道"，这个世界才会变得和谐美好。

"道"是道家哲学的最高本体和价值追求，是万物的根源，也是万物统一的最终根据。老子曰："道生一，一生二，二生三，三生万物。""一"指"道"，"二"指阴阳之气，阴阳之气相互激荡形成冲气之和，就产生了事物，以此类推，万事万物都产生出来了。这里，我们可以看出，"道"是一种整体性的存在，不仅万物都来自道，而且万物都蕴含有道。

道是万物的本源，存于万物之中，是普遍的存在。庄子认为，万事万物，无论大小，都包含有道："夫道，于大不终，于小不遗，故万物备。广广乎其无不容也，渊渊乎其不可测也。"[①] 广大无所不包，深远不可测度。道是普遍的、神圣的。为了说明道的普遍性，庄子甚至指出，道也存在于丑恶的屎尿中。东郭子问庄子曰："所谓道，恶乎在？"庄子回答说："无所不在"，"在蝼蚁""在稊稗""在瓦甓""在屎溺"。[②] 道是普遍存在的，万物在道的层面上统一于一个自然整体中，并且这个自然整体是"齐一"的，没有任何界限。"夫道未始有封"，封即界限，道本身是没有任何界限的。

---

① [清] 郭庆藩撰，王孝鱼点校：《庄子集释》，北京：中华书局，2013年，第435页。

② 《庄子集释》，第660页。

先秦道家不仅从创生论和存在论角度强调自然整体性，而且还指出了在自然整体中，万物间的关系是相互依赖、相互作用的。在讲"天之道"时，老子提出了一个生态哲学命题："天网恢恢，疏而不失。"宇宙大自然就是一张"天网"，这张网看上去稀疏，却非常宏大，布局严密，没有缺失。正是这张天网使宇宙间人和万物彼此之间相互联系、相互作用，共同维系起宇宙大自然衍生的责任和义务。[①]

老子从"天网"层面来讲万物间存在的有机联系，庄子主要从"气"的层面来讲万物间存在的有机联系。从"气"的层面讲，天地万物始终处于相互转化的状态中，美好的事物和丑恶的事物也是相互转化的。庄子说："人之生，气之聚也。聚则为生，散则为死。若死生为徒，吾又何患？故万物一也，是其所美者为神奇，其所恶者为臭腐；臭腐复化为神奇，神奇复化为臭腐。故曰：通天下，一气耳。"气聚则万物生，气散则万物死；生则美而神奇，死则丑而臭腐；气聚气散，美化为丑，丑化为美，化神奇为臭腐，化臭腐为神奇，都在整体性的"一气"之中。因此，在自然整体论视野中，庄子参透了生死："死生之徒，吾又何患？"生死都是在自然整体之内，有什么可忧虑的？

在《至乐》篇中，庄子以极富想象力的非写实文学语言，为我们理解万物在气的整体性中相互转化、相互作用提供了形象的例证。他说："种有几，得水则为㡭，得水土之际则为蛙蠙之衣，生于陵屯则

---

① 任俊华、刘晓华著：《环境伦理的文化诠释》，长沙：湖南师范大学出版社，2004年，第231页。

为陵舄，陵舄得郁栖则为乌足，乌足之根为蛴螬，其叶为胡蝶。胡蝶胥也化而为虫，生于灶下，其状若脱，其名为鸲掇。鸲掇千日为鸟，其名为乾余骨。乾余骨之沫为斯弥，斯弥为食醯。颐辂生乎食醯，黄軦生乎九猷，瞀芮生乎腐蠸，羊奚比乎不箰，久竹生青宁，青宁生程，程生马，马生人，人又反入于机。万物皆出于机，皆入于机。"①事物千变万化，未始有极，然而无论怎么变化，又都是在气的整体性中运转，变化即为生死，生死互相转化，因此，就没有可以忧虑的，这就是"至乐"。

既然万物生存于一个统一的自然整体中，并且这个整体是相互联系、相互转化的有机整体，那么天地万物也只有在整体中才能显示其存在的价值和意义。老子曰："昔之得一者，天得一以清，地得一以宁，神得一以灵，谷得一以盈，万物得一以生，侯王得一以为天下正。"所谓"一"，就是整体性的"道"或"天网"。"天、地、神、谷、万物、侯王"只有融入整体性的"一"中，才能清澈明净、安宁厚重、灵妙善应、盈满不绝、生生不息、天下和平。反之，天地万物如果离开了自然整体，都会陷入灭亡废竭的悲剧之中。"其致之也，天无以清，将恐裂；地无以宁，将恐废；神无以灵，将恐歇；谷无以盈，将恐竭；万物无以生，将恐灭；侯王无以正，将恐蹶。""天、地、神、谷、万物、侯王"离开了自然整体性的"一"，就会崩裂、塌陷、绝灭、枯竭、死亡、失去权位。因此，自然整体性构成了天地万物生存的基本要求，也构成了天地万物生存价值和意义的归宿。

庄子也认为，自然是一个不能分割的有机整体，人亦包含在其

---

① 《庄子集释》，第 555 页。

中，万物相互蕴涵，相互泯灭。他说："天地一指也，万物一马也"；"天地与我并生，万物与我为一"；"天地虽大，其化均也；万物虽多，其治一也"；"自其同者视之，万物皆一也"；"人与天一也"；等等。[①] 自然整体不能分割的理念贯穿于庄子思想的始终。

自然整体也构成了人和万物生存的大环境，万物与大环境相互依存，万物失去了所生存的环境，就会面临痛苦甚至死亡的命运。庄子说："夫函车之兽，介而离山，而不免于罔罟之患；吞舟之鱼，砀而失水，则蚁能苦之。"万物离开所生活的环境，就会陷入痛苦甚至失去生命。

"天人合一"的自然整体观是先秦诸家共同持有的基本信念，道家在自然整体论中走得更为深远。宋明新儒家是在吸收道佛二家思想基础上建立起来的，其重要代表人物程颐说，"天人本无二，不必言合"，既表明了对此前儒家"天人合一"观念的反思，也表明了对道家思想的吸收，用来诠释老庄所开创的道家思想也是非常合适的。虽然先秦诸家皆以"天人合一"作为自己学说的出发点，并且充满了浓郁的生态关怀意识，但是，在先秦道家看来，其他诸家思想都没有真正地将"天人合一"自然整体论贯彻到底。《庄子·天下》篇详细地梳理了各家各派都持一己之见，终于导致了整体性大道被割裂（"道术将为天下裂"），最终导致天下大乱。在《齐物论》中，庄子深刻地分析了道的整体性被割裂的原因。庄子认为，人往往站在自己的立场上看问题，于是成心就产生了；人有成心，必有是非；每个人都有自己的是非，于是争辩和争斗就产生出来了。所以才有了"儒墨之是

---

① 　任俊华：《儒道佛生态伦理思想研究》，湖南师范大学博士论文，2004 年，第 88 页。

非"。儒家天人合一，更多的是"天人合德"，在儒家看来，人道的"仁、义、礼、智、信"五常就与天道的"水、火、木、金、土"五行相合。然而，提出"仁"，就会出现不仁；同理，提出五常，实际上就蕴涵了"非五常"因素，因为有此就有彼，有是就有非。因此，庄子提出"齐物"命题。所谓"齐物"，就是去掉人类的成见是非，完全以自然整体眼光来看待天地万物。由此可见，先秦以老庄为代表的道家在"天人合一"境遇下，完全超越了人类中心主义立场所带来的成见是非，而进入了与自然不分彼此的超然境界。这种超然境界超越了世俗贪欲分别，回到了作为自然整体的道，亦即得"道"。

世俗之人，因有是非成心，而"与接为构，日以心斗"，看上去生机勃勃，却免不了走向死亡的命运，"一受其成形，不亡以待尽"，"近死之心，莫使复阳也"。得"道"之人，自身与自然整体完全融合起来，没有任何区别；在世俗看来，"形如槁木"；与世俗之心相比，"心如死灰"。然而，在世俗之"心如死灰"的同时，万物生机却同时显现出来，"致虚极，守静笃，万物并作，吾以观复"，自己的生命已经与万物完全融合到一起了。这里，老庄道家是建立在道的整体性思维基础上的最高境界，首先否定了人类的是非成见，以自然整体为中心，肯定其内在价值。其次，老庄不仅否定了人类的是非成见，而且也否定了万物的是非成见，把所有是非成见都否定了。那么，肯定自然整体的内在价值，同时就是在肯定万物的内在价值；肯定万物的内在价值，同时也是在肯定自然整体的内在价值；这样，万物的内在价值就是完全平等而没有分别的，人类并不会因为有主体能动性，而在万物中占有优势。以"道"为核心的整体性思维，以及道存在的普遍性，使"道"成为道家"内在价值"的代名词。再次，既然否定了人类的是非成见，并且万物都是有内在价值的，那么，无论人类的是非成见是以建设（庄子"浑沌之死"寓言即以建设的主观愿望形式出现）或破坏形式出现，都要彻底放下。人类所要做的应该是顺应万物本性、效法自然。这就是人类承担自然万物责任的基本形式。最后，有什么样的人性，就会有什么样的社会制度。既然肯定了万物内在价值的平等性，那么，人类就应该充分尊重每个事物的天性，任其自然生长，不进行任何干预。只有人充分尊重万物的自然属性，万物得到自由，人类也得到了自由。人和万物都获得了自由，先秦道家期望建立"至德之世"的理想社会就呼之欲出了。总而言之，先秦道家以"道"为核心的自然整体论，既是其学说的基石，也是道家生态伦理学的基石，以此为基础，万物的内在价值、人类的生态责任，以及所要建立的理想生态社会，随之自然而然就出现了，共同构成了道家超越世俗生态伦理思想的内在结构。

（二）先秦道家生态价值论

道家超越世俗的生态伦理，超越了世俗的成心，以道观物，超越了人类中心主义立场，并且将自然整体价值和万物个体价值完美地融合到一起。万物个体价值的实现意味着自然整体价值的实现，自然整体价值的实现也意味着万物个体价值的实现。

1."物无贵贱"的价值平等原则

道是道家哲学的最高范畴，是宇宙万物的本源，也是宇宙中一切事物最终的价值源泉。老子说："昔之得一者，天得一以清，地得一以宁，神得一以灵，谷得一以盈，万物得一以生，侯王得一以为天下正。"这里的"一"就是"道"，只有在获得"一"的前提下，万物才获得其存在的价值，这里的"一"超越了天、地、神、谷、万物、侯王等天下一切事物，成为天地间一切价值的唯一来源。

道是宇宙万物价值的来源，普遍存在于万物之中，老子说，"道生一，一生二，二生三，三生万物。万物负阴而抱阳，冲气以为和"；庄子说，道"无所不在""在蝼蚁""在稊稗""在瓦甓""在屎溺"；万物都是由道创生，都含有道之阴阳冲气，道于大不终，于小不遗，是普遍存在的。因此，以道观之，天地万物在价值上都是平等的，这是老庄生态伦理内在逻辑结构的自然推理。

老子认为，道存在于天、地、人中，亦即天包含有道，地包含有道，人包含有道，他说："道大，天大，地大，人亦大。域中有四大，而人居其一焉。"从道的层面讲，"道、天、地、人"四大都是平等而尊贵的（"大"），没有地位高低和贵贱之别。老子肯定人在宇宙中的崇高地位，成为宇宙中的一大，然而，这并不意味着在价值上人比其他三大更高，因为："'吾身非吾有也，孰有之哉？'曰：'是天地之委形也；生非汝有，是天地之委和也；性命非汝有，是天地之委顺也；子孙非汝有，是天地之委蜕也。'"[1]既然人的身体、生命、禀性、子孙皆不为人所拥有，都是大自然和顺之气的凝聚物，[2]那么，在价值上，人和万物都是平等、没有任何差别的。

对这一点（"万物平等""万物齐一"），庄子有更直接的论述。他

---

① ［清］郭庆藩撰，王孝鱼点校：《庄子集释》，北京：中华书局，2013年，第652页。

② 任俊华：《儒道佛生态伦理思想研究》，湖南师范大学博士论文，2004年，第21页。

说："以道观之，物无贵贱；以物观之，自贵而相贱；以俗观之，贵贱不在己。"[①]从事物自身角度来看，都认为自己高贵、有价值，与自己不一样的就下贱、没价值；从世俗角度来看，贵贱依托于功名利禄等身外之物。事物千差万别，如果没有统一标准，价值评估就是不可能的事情。人类是"物"的一员，自然会从自身角度出发，而形成人类中心主义立场。庄子超越人类中心主义立场，以"道"来确定天地万物的价值。"道"是万物价值本源，万物都包含有"道"，从这个意义上讲，任何事物的价值都是平等的，"以道观之，物无贵贱"。

2."万物有道"的内在目的性原则

英国现代哲学家摩尔在《内在价值的概念》一文中指出："说一种价值是内在的，仅仅意味着一个东西是否具有它、在何种程度上具有它的问题，只依赖于那个东西的内在性质。"[②]这就表明了内在价值的客观属性和自成目的性特征。一个事物的价值不取决于外在的任何事物，它自身就是它存在的目的。万物普遍具有"道"的事实，使道、天、地、人、万物在本质上是平等的，"道"构成了一切事物的内在性质，是事物内在价值的基础。

"道"是如何构成一切事物内在性质的呢？道是道家哲学的最高范畴，但与西方静止的、不可分的最高实体完全不同，道无穷地进行着循环变化。道"独立而不改，周行而不殆"，"吾不知其名，强字之曰道，强为之名曰大。大曰逝，逝曰远，远曰反"。"周行"和

---

① 《庄子集释》，第 512 页。

② ［英］乔治·摩尔著：《哲学研究》，杨选译，上海：世界出版集团，上海人民出版社，2009 年，第 202 页。

"逝""远""反"都在说明道运动的无穷性和循环性，也在说明万物生命兴起时的勃勃生机。"天地之间，其犹橐籥乎！虚而不屈，动而愈出。"（《道德经·五章》）"谷神不死，是谓玄牝。玄牝之门，是谓天地根。绵绵若存，用之不勤。"（《道德经·六章》）道是虚的，没有形象，又是存在的，它有无尽的力量，生化无穷的万物。万物禀道而生，显现出道的过程和功用。道的过程和功用是"无为而无不为"的，"无为"彰显道的无目的性，或者说没有任何外在目的来决定万物的生命发展历程；"无不为"彰显道的无目的性中的目的性，这种目的性就是万物生命内在的目的性。毋庸置疑，万物都有生命，都禀赋了内在目的性，这种内在目的性就是"道"。

"道"构成了万物的内在目的性，这种目的性是由事物自身的内在性质决定的，是自己决定自己，是其所是，自然而然，没有任何外在强制力决定万物的生长化育，并且万物在价值层面都是平等的。那么，"自然"既是万物的本性，也构成了万物存在的价值和意义。老子说："道生之，德畜之，物形之，势成之。是以万物莫不尊道而贵德。道之尊，德之贵，夫莫之命而常自然……生而不有，为而不恃，长而不宰，是谓玄德。"（《道德经·五十一章》）道德属于伦理范畴，是事物内在价值的重要判断标准。就像儒家的道德以"仁义"为核心，道家的道德则以"自然"为核心。所谓"自然"，并不是指自然界，而是指万物自然而然的生存状态。万物都是由道创生，由德蓄养，自身获得形体，在环境中长成。这里，道是整体，它在创生万物时流布于具体事物成为德；道是本体，它通过德在具体事物中的功用

表现出来。[①] "物形""势成"是万物形成过程中的形体和发展轨迹，[②]
也是由道德创生蓄养的。因此，对于万物来说，"道德"更具根本性，
"道"是万物的最高本体和最高价值来源，"德"则构成了万物内在
规定性和内在价值。道德之所以尊贵，不是因为道德高于甚至主宰万
物，而是任由万物自然生长，"莫之命而常自然"，这正是"道尊德
贵"的根本原因。也就是说，自然是最尊贵、最有价值的，道德创造
和蓄养万物并不含外在目的性，所以才创生万物而不据为己有，帮
助万物而不求回报，长养万物而不宰制，任由万物按照其内在目的性
自然生长。老子将"道德"这种"生而不有，为而不恃，长而不宰"
的"自然"称为"玄德"。"玄"本义指天的颜色，因天至高无上，故
借之以表示最高最深的意思。"玄德"就是最高的道德。万物皆自然
而然，所以，万物皆有玄德，皆具最高价值。

3. "无用之用"的个体与整体价值融合原则

在价值上，万物都是相等的、没有差异的，人类并未因禀赋天地
之灵而在价值上高于或优于万物。万物之所以是其所是、自然而然而
具有内在价值，之所以是平等的，是因为万物都包含有道。道是普遍
存在的，是没有界限的，是万物有机联系的根本，是有机的整体性存
在。万物离开了道，就失去了存在的价值；亦即万物的价值离不开整
体性存在，离开了与其他事物之间的联系，就会失去其存在的价值和
意义。道是宇宙中个体事物价值的最终来源，道流布于具体事物中，
就是德。德即是具体事物的内在价值，也是对道的整体性价值的体

---

① 任俊华：《儒道佛生态伦理思想研究》，湖南师范大学博士论文，2004 年，第 126 页。

② 蒙培元著：《人与自然：中国哲学生态观》，北京：人民出版社，2004 年，第 198 页。

现。没有具体事物，道的整体性价值就彰显不出来。万事万物共同彰显出了道的整体性价值。就是说，在先秦道家生态伦理价值体系中，事物个体价值的实现离不开生态整体价值的实现，整体性价值的实现同样也离不开个体价值的实现，个体价值和整体价值完全融合、不能分离。因此，将个体事物价值放到生态整体价值系统中，是深入探讨先秦道家生态价值论必须要进行的工作。

现代美国环境伦理学家罗尔斯顿曾指出："自然系统的创造性是价值之母，大自然的所有创造物，只有在它们是自然创造性的实现意义上。才是有价值的。"道是宇宙万物价值的根源，就在于作为整体性的道具有无穷的创造性。道运行的根本规律是"反者道之动"。反即返，天地万物的生命历程无不是循环往复的。春夏秋冬，元亨利贞，生成长养，都是道无限循环往复的过程。就万物个体来讲，有生有死；然而，对于万物整体来讲，无穷的动力蕴藏于循环往复的生命创造历程中，彰显了道作为价值之母的神圣地位。

从人类中心主义立场来看，万物只具有工具价值，而没有内在价值，内在价值只属于人类。从生态中心主义立场来看，人类和万物都是有内在价值的。这是两种立场的不同之处。这里，"工具价值"与"内在价值"有着根本的不同，事实也正是如此，这点不需要辩白。不过，"工具价值"与"内在价值"的不同只存在于人类中心主义立场之中。如果站在生态中心主义立场来讲，"工具价值"和"内在价值"是统一的，而非分裂的。当"我"认识到，"我"和万物处于共同的生命体中，这时，"我"就是万物，万物就是"我"。实现自我价值，也是实现万物价值；实现万物价值，也是在实现自我价值。因此，在"我"与万物构成的生命体中，"我"对万物负责，就是对自己负责，因为"我"与万物是一个不可分割、相互依赖的有机整体。"我"对万物负责体现了"我"对万物的工具价值，这种"工具价值"是内在于"我"，而不是外在于"我"的。通过"工具价值"，"我"实现了"我"的生命的意义和价值。这里，"工具价值"和"内在价值"就实现了统一。如果将这里的"我"看作"万物"，万物对于生态系统的"工具价值"同样构成了它内在于自身的价值。正是在这个意义上，庄子提出了"无用之用"的生态伦理命题，深刻彰显了万物通过在生态系统中的"工具价值"来体现自己的"内在价值"。万物"无用之用"的"工具价值"，不是作为人类外在的工具价值，而是作为万物生活于其中的生命整体的"工具价值"，或者说，是作为万物创造自己的"工具价值"，这种"工具价值"也是事物的内在价值。

庄子认为，"无用之用"是生命存在的本真状态，既是万物实现自身价值的基本方式，也是生命整体实现自身价值的基本方式，二者实际上是一而二、二而一的关系。人类中心主义的"工具价值"是用来实现外在目的的，如皮毛丰厚的狐狸，花纹漂亮的豹子，而被人网罗（《山木》）；狗能捕捉动物，猿猴有灵活的身手，而被人捉来使用（《应帝王》）；擅长种树的荆氏人家，所种的树都被有各种各样需求的人砍走使用（《人间世》）；等等。这些被当做外在"工具价值"使用的事物，并未尽其天年，实现自我价值。对于万物来讲，这种"工具价值"只是外物的评价标准，而非事物本身价值的实现。庄子反对这种外在的"工具价值"，而提倡内在的"工具价值"，这种内在"工具价值"就是"无用之用"。所谓"无用之用",对于人类来讲是无外在的"工具"之用,却有内在的"工具"之用。这种内在的"工具"之用,就是在实现万物各自的本性,万物各自的本性实现了,整个生态系统的价值同时也实现了。如《逍遥游》中,惠子认为"其大本拥肿而不中绳墨,其小枝卷曲而不中规矩"的樗树,《人间世》中,石姓木匠认为"以为舟则沉,以为棺椁则速腐,以为器则速毁,以为门户则液樠,以为柱则蠹"的栎树,通过失去人类中心主义者眼中有用的"工具价值",避免了斧头的砍伐、外物的伤害等。"无所可用,故能若是之寿","无用"是用来实现自己生命历程的工具,实现自己的生命历程,本质上就是在实现整个系统的价值。所以,庄子在回答惠子关于无用的樗树时讲道:"今子有大树,患其无用,何不树之于无何有之乡,广莫之野,彷徨乎无为其侧,逍遥乎寝卧其下?"(《逍遥游》)将无用的大树,置于宽旷无物之处、广漠寂绝之地,经过树下的人类和万物自然而然地翱翔于其侧,寝卧于树下,万物顺应本性,自然而然,那么,由万物构成的整体生命系统就达到了大和谐。

因此,从整个生态系统来讲,尽管万物千差万别,性质、形态、功能各不相同,"梁丽可以冲城,而不可以窒穴,言殊器也;骐骥、骅骝一日而驰千里,捕鼠不如狸狌,言殊技也;鸱鸺夜撮蚤,察毫末,昼出瞋目而不见丘山,言殊性也"(《秋水》),但是,每个生命都有其独特本性,都是道发于流行形成的,对于它们自身以及它们所生存的宇宙系统来讲,都是不可或缺的。道之风吹遍无穷窍穴,都是自己成为自己,"吹万不同,而使其自己也"(《齐物论》),共同演奏出宇宙生命整体的天籁之音。这样,"无用之用"实际上就是自己成为自己之用，自己成为宇宙系统之用；"无用之用"将万物个体和整体价值的实现完全融合为一。

（三）先秦道家生态责任论

儒家基本生态意识是"赞天地之化育"。在儒家看来，天地化育万物并非尽善尽美，也有其不及的地方，因此就需要"人"积极地参与到天地运化中来。道家基本生态意识是"辅万物之自然而不敢为"。辅即赞，二者都有辅助、襄助的意思。在道家看来，天地万物化育已经尽善尽美，没有不及的地方，因此，不需要人类发挥自己的一般主体能动性去干预万物的生存，人类所要做的就是"顺物自然"，不能有更多的作为。

一般认为，儒家积极参与人类社会和自然事务，最大程度地发挥自己的主体能动性，是承担责任的典型做法和方式，道家对于人类社会和自然事务的"无为"式不干预做法，是一种消极逃避、不负责任的态度和行为。

这其实是一种误解。所谓"责任"，就是按照道义做自己应该和必须做的事，承担自己对于自己、他人、社会、自然所要承担的责任和使命。承担责任必须以自己、他人、社会、自然变得更美好为目的，如果不是以此为目的，那就不能称为承担责任。尽管"赞辅"（儒家"赞天地之化育"，道家"辅万物之自然而不敢为"）的形式有差异，但儒道二家的目的都是让天地生生秩序变得尽善尽美，就此而言，儒道二家都在以自己的方式承担对自然的生态责任。其次，承担责任要按照道义原则来做事。"仁义礼智"是儒家的道义原则，"道法自然"是道家的道义原则，二者的评价标准不同，所以二者承担责任的方式必然也是不相同的。我们不能根据承担责任方式的差异来讲道家没有责任感。为了进一步说明儒道承担责任方式的差异，我们举个简单的例子。

在我国，孩子参加高考是家庭中非常重要的事情。考试后，选择学校、专业等是高考的重要程序。在有的父母看来，相比于孩子，自己的人生经历更为丰富，因此就有更多经验来应付孩子人生过程中的选择和决策；并且认为，如果在人生关键时刻，没有给予孩子指导甚至干预，就是对孩子不负责，进一步地，就会有道德负疚感；相反，在这种考虑下，干预孩子的人生选择就成为道德上理所当然的行为。因此，这些父母就会在高考这种关系到家庭、孩子前途和命运的重大事件上，对孩子的学校、专业等选择进行深入指导甚至干预。由于儒家在许多情况下的抉择与此有相似性，所以我们将这种现象称为"儒家式的责任承担方式"。

与"儒家式的责任承担方式"不同，有的父母则认为，每个人都是独立的个体，孩子有孩子的个性，有孩子的理想，孩子对自己要追求什么样的人生是最清楚的，即使孩子的个性和理想与父母的期望有偏离，也不能轻易地去干预。因为最了解孩子的莫过于他们自己，干预孩子的选择，就剥夺了孩子自己对幸福人生的选择，破坏了他们独立的个性。这样做是不道德的，也是不负责的。对于孩子的选择，父母采取充分尊重的态度，并认为这是最适合孩子自己个性的选择。由于道家在许多情况下的选择与这个案例有相似性，所以我们将这种现象称为"道家式的责任承担方式"。

根据以上例子我们可以得出几条结论：（1）在儒家式家长心目中，不干预政策是不负责任的，如果自己采取这种方式，将会产生道德负疚感；在道家式家长心目中，干预政策才是不负责任的，如果自己采取这种方式，就会产生道德负疚感。儒道二家都有自己的道德评判方式。（2）儒家式家长干预政策，如果取得良好的效果，功劳都在家长，产生问题，无论是家长还是孩子都要承担。道家式家长不干预政策，无论产生良好效果，还是没有得到预期效果，最后承担责任的都是孩子自身。因为自己要为自己的选择负责，自己为自己负责是最好的生存状态。（3）道家式家长不干预政策并不是完全不管，而是要在更超然的境界上去负责，这种超然的负责方式，实际上需要更高的能力和技巧。无论成败，都是孩子的自我选择，都彰显了孩子的个性，就此处而言，已经算成功了；相反，采取干预的方式，无论成败，已经让孩子丧失了个性，已经是失败了。这里的关键是如何保持孩子独立的个性，使其本性不至于丧失，只有孩子保持本性，才能获得人生的幸福，才是真正的成功。

虽然这个例子讲的是社会伦理，但也能够很好地说明儒道二家对万物的不同态度。在道家看来，万物皆有道，内在价值是完全平等的，因此，我们把这里的孩子换成万物，其道理是一样的。对应上述几条结论，我们对先秦道家生态责任作一个初步说明。

第一，万物内在价值都是平等没有差别的，"自然"构成万物内在价值的核心。因此，保持万物"自然而然"的生存状态成为人类对万物负责的终极目的。如果没有让万物自然而然地生存，就是一种不负责任的行为。老子讲圣人"辅万物之自然而不敢为"，圣人的智慧达到了最高境界，对万物不是不能为，不是没有为的能力，而是"为"违背了道家的道德原则，所以，才不敢为。在"不敢为"的道德原则约束下，又要圣人"辅"万物之自然，保持万物的本性，就彰显了圣人对宇宙万物负有的责任。从这个角度来讲，"道家式的责任承担方式"在现实生活中可能更为困难，境界更为超越。

第二，干预万物的生存，履行道德义务，必须要发挥主体能动性，这是承担责任的基本要求。从道家角度来看，不干预万物的生存，又要达到让万物更好生存的目的，可能需要无限地发挥主体能动性，以至于这种主体能动性的发挥看上去和没有发挥一样。发挥主体能动性，干预万物生存，这种功劳是显而易见的，所以常常可以为责任主体带来名声、权力、财富等世俗可见的利益。道家超越式主体能动性的发挥，任由万物自由生长，秩序井然，这种功劳一般人是看不到的，所以这种责任承担方式排除了任何功利性目的，充满了对万物自身生命状态的热烈关切。

为了更清楚地阐明此问题，我们引入兵家思想，以说明什么可能是主体能动性的最高境界。唐代王真以为，老子五千言"未尝有一章不属意于兵也"，这种说法未必完全符合老子写作《道德经》的原意，但是，某种程度上却揭示了道家和兵家之间的密切关系，其中，最大程度地发挥人类的主体能动性是道家和兵家同时强调的。相比于许多事情，军事战争面临的是生死存亡的考验，因此，最大程度地发挥主体能动性是题中应有之义。世俗所见，最高明的军事家必然要通过高超的谋略获得战争的胜利，从而在历史上留下智慧的名声和勇敢的功劳，历史上战功卓著者无不如此。然而，《孙子兵法》却指出，军事家的最高境界为"无智名，无勇功，故其战胜不忒"，就是不通过打仗、不通过激烈的竞争就达到目标，使事态自然而然发展，达到国家战略目的，这样军事家就不会留下谋略过人、英勇善战的名声，这样才真正做到了"战胜不忒"。将领通过谋略和勇敢，在战场上战无不胜获得军事胜利，最终是要达到国家战略目标；如果不通过谋略、勇敢，顺物自然，最终也可以达到国家战略目标。显然，这两种方式都是对国家负责任的行为。在世俗层面，前者的主体能动性已经发挥到最大，军事将领通过负责的行为获得了名声和利益，不过战争的成本也十分巨大。后者看上去没有发挥自己的主体能动性，所以才没给人留下"智名勇功"，但是既然达到了和前者同样的目的，又没有付出战争成本，那么，我们不能说军事家没有做任何事情，如此，就不会有"战胜不忒"的结果。显而易见，这是在更高的超越层面发挥自己的主体能动性。既然通过发挥自己的主体能动性，履行自己应该做的事，并达到了最好的效果，这就是一种典型的负责行为。先秦道家对主体能动性的发挥，就是从最高境界来讲的。因此，我们从这个角度来理解先秦道家对生态责任的承担可能会更为清晰。

万物都有内在价值，"自然"是万物本性，也是人类应该遵循的道德原则。如何保持万物的自然本性呢？先秦道家提出了"无为"的实践路径和方法。老子讲："圣人处无为之事，行不言之教。万物作焉而不为始，生而不有，为而不恃，功成而弗居。夫唯弗居，是以不去。""无为之事，不言之教"并不是不关心事物，而是在对事物不施加外在干预的情况下，顺应万物本性，促进万物自然而然地成长。"事"和"教"既表明圣人对万物的关怀和关心，又表明圣人对万物责任的承担；"无为""不言"表明圣人是在最高境界发挥自己的主体能动性。"万物作"即万物的自然发育，"万物作"是圣人所要达到的万物生生不息的目的，也是事物内在本性的实现，二者实现了完全的统一。尽管圣人在"万物作"中发挥了最高的主体能动性，承担了最大的责任，然而，"作焉而不辞，生而不有，为而不恃，功成而弗居"展现了圣人对"万物作"没有任何功利性目的。所以，圣人对万物承担责任是真正内在的、自我的、超越的。综上所述，我们发现先秦道家对于责任承担的目标是最善的，承担责任的方式是最高妙的，承担责任不是为了任何功名利禄等外在的利益，而是把万物的生存看作自己的事情，"万物作"本身已经实现了自己的目标，所以，圣人的功业才不会像世俗的功业那样随着时间流逝而流逝，因为"万物作"已经将圣人的功业蕴涵于其中了。

这就是"无为而无不为"所蕴含的生态意义。"无不为"追求的不是一般的生态目标，而是最高的生态目标。"无为"是实现这种目标的手段。就像兵家最高境界在于摒弃任何功名利禄追求，而真正地为国家负责，最大程度地发挥主体能动性一样，"无智名，无勇功，故其战胜不忒"，道家同样追求摒弃任何外在利益而真正地为天地万物的利益负责，最大程度地发挥主体能动性，这种主体能动性的发挥对世俗来讲就是"无为"。

第三，"无为而无不为"并不是什么也不做，不是不管万物，而是站在更为超越的层面对万物负责。之所以确立超越的目标和采取超越的手段来处理自然和人的关系，是因为在先秦道家看来，天地万物在内在价值上都是平等、没有差异的，人类不能把万物作为自己实现理想、抚平道德内疚感的工具。人类必须要充分相信万物，尊重万物自我本性，遵循万物自身内在规律，才能真正和谐人与自然的关系。如果以自己以为的正确观念来干预万物，也是错误的，因为这种干预始终是外在的。《庄子·达生》中的"鲁侯养鸟"和《应帝王》中的"浑沌之死"案例，深入批判了人类外在目的性对生命的戕害。一切生命都是有价值的，生命就体现了价值，生命的价值不在于对其他事物的"用"，而在于"无用之用"。"桂可食，故伐之；漆可用，故割之。人皆知有用之用，而莫知无用之用也。"（《人间世》）"无用之用"就是"无为而无不为"，就是"顺物自然"，能够维护万物的生命。

道家提出的"人法地，地法天，天法道，道法自然"自然观和"道大，天大，地大，人亦大"四大平等观，既贵人，也贵天地，并把天地人统摄于最高的"道"之下，是一种超越了人类中心主义的四大皆贵的生态伦理观。[①]道家提出的"辅万物之自然而不敢为"责任观和"无为而无不为"人生态度，既通过"辅"强调了人类义不容辞的生态责任，又通过"无为"强调了承担生态责任的手段不是一般手段，而是在尊重万物生命前提下的超越手段。综上所述，我们将道家生态立场称为"无为型超人类中心主义生态伦理观"。

（四）先秦道家生态理想论

有什么样的人性，就会有什么样的社会制度。假设人性善，就需要以德治理社会；假设人性恶，就需要以法治理社会。道家认为，人性和物性都是平等的，都是自由的，因此，就人物关系而言，人类应

---

① 任俊华：《儒道佛生态伦理思想研究》，湖南师范大学博士论文，2004年，第139页。

该充分尊重每一事物的天性，任其自然生长，不进行任何干预。只有人充分尊重万物的自然属性，万物得到自由，人类也得到了自由。当人和万物都获得自由，先秦道家期望建立"至德之世"的理想社会就呼之欲出了。

在人与自然的关系方面，老子明确主张"生之畜之，生而不有，为而不恃，长而不宰"，并将这种顺应万物内在本性、尊重万物内在价值的观念称为最深的道德（"玄德"）。从此出发，老子强调"见素抱朴，少私寡欲"（《道德经·十九章》），倡导人性与道德的复归，主张"复归于婴儿""复归于朴"（《道德经·二十八章》），既表达了对醇厚美德的期望，也表达了对万物自由的追求。当人类不再受到欲望的控制，把万物作为工具，不仅人得到自由，万物也得到了自由，人和万物皆自由，天下自然和谐安定，"不欲以静，天下将自正"（《道德经·三十七章》）。庄子对老子的生态社会理想心领神会，并做了淋漓尽致的发挥。

1. "至德之世"的特征

庄子"主张人类放弃改造自然的企图和人为的仁义礼智，恢复淳朴的人性、真实的自我，保持无拘无束无知无欲的生活，建立返璞归真、回归自然的'至德之世'。在庄子看来，'全德之世'不仅是一幅历史意义上的社会蓝图，也是一种生态意义上的道德理想。"①

> 至德之世，其行填填，其视颠颠。当是时也，山无蹊隧，泽无舟梁；万物群生，连属其乡；禽兽成群，草木遂长。是故禽兽可系羁而

---

① 《儒道佛生态伦理思想研究》，第 92 页。

游，鸟鹊之巢可攀援而窥。夫至德之世，同与禽兽居，族与万物并，恶乎知君子小人哉！同乎无知，其德不离；同乎无欲，是谓素朴；素朴而民性得矣。①（《庄子·马蹄》）

子独不知至德之世乎？昔者容成氏、大庭氏、伯皇氏、中央氏、栗陆氏、骊畜氏、轩辕氏、赫胥氏、尊卢氏、祝融氏、伏牺氏、神农氏，当是时也，民结绳而用之，甘其食，美其服，乐其俗，安其居，邻国相望，鸡狗之音相闻，民至老死而不相往来。若此之时，则至治已。②（《庄子·胠箧》）

至德之世，不尚贤，不使能；上如标枝，民如野鹿。端正而不知以为义，相爱而不知以为仁，实而不知以为忠，当而不知以为信，蠢动而相使，不以为赐。是故行而无迹，事而无传。③（《庄子·天地》）

南越有邑焉，名为建德之国。其民愚而朴，少私而寡欲；知作而不知藏，与而不求其报；不知义之所适，不知礼之所将；猖狂妄行，乃蹈乎大方；其生可乐，其死可葬。吾愿君去国捐俗，与道相辅而行。④（《庄子·山木》）

神农之世，卧则居居，起则于于，民知其母，不知其父，与麋鹿共处，耕而食，织而衣，无有相害之心，此至德之隆也。⑤（《庄子·盗跖》）

---

① ［清］郭庆藩撰，王孝鱼点校：《庄子集释》，北京：中华书局，2013 年，第 305 页。

② 《庄子集释》，第 326 页。

③ 《庄子集释》，第 400 页。

④ 《庄子集释》，第 596 页。

⑤ 《庄子集释》，第 872 页。

从庄子的描述中，可以发现"至德之世"有以下几个方面特征。第一，"至德之世"的人和万物都实现了自己的本性。先秦道家普遍认为，人类因为欲望丢失了自己的本性，人类欲望是向外的，以他人和万物为工具。然而，当人类欲望以外物为工具时，外物同样以人类欲望为工具，万物的异化，伴随的也是人类的异化。老子讲"五色""五音""五味"令人"目盲""耳聋""口爽"(《道德经·十二章》)，庄子说："三代以下者，天下莫不以物易其性矣。小人则以身殉利，士则以身殉名，大夫则以身殉家，圣人则以身殉天下。故此数子者，事业不同，名声异号，其于伤性以身为殉，一也。"当人被外界的色、声、味、利、名、家、天下所吸引的时候，人类必然为了实现目的，以外物为手段；当以外物为手段的时候，自己同样也是实现目标的手段，因而丢失了本性，这就叫作"以物易性"。为了保持自由本性，人类必须要"无知无欲"，不被外物吸引，不被欲望控制，万物不是人类工具，人也不是万物的奴仆，人和万物相忘于江湖，尊崇"无用之用"。无用之樗树，树之于"无何有之乡，广莫之野"，人和动物悠然地徘徊于树旁，逍遥地躺于浓荫下，自然而然，未有任何外在目的。[1](《庄子·逍遥游》)因此，"至德之世"中，人和万物和谐相处，都获得了自己的本性。"同乎无知，其德不离；同乎无欲，是谓素朴；素朴而民性得矣。"所谓"德"，就是"天性"。"至德之世"即为人和万物天性都得到充分满足的时代："至德之世"的人们过着无拘无束的自由生活，[2]"至德之世，其行填填，其视颠颠"，"卧

---

① 《庄子集释》，第42页。

② 《儒道佛生态伦理思想研究》，第93页。

则居居，起则于于"，"上如标枝，民如野鹿"；"至德之世"的万物按照它们天性自由自在地成长，"万物群生，连属其乡；禽兽成群，草木遂长"。

第二，"至德之世"中，人与自然真正实现了"物我同一"、天人和谐。[①]人有成心，则与万物相区分；人摒弃欲望，人和万物皆恢复本性，在本性价值层面上，则与万物同一。所谓"德"，就是道德，道家道德的主要含义是"顺物自然"，"生而不有，为而不恃，长而不宰"，不干预万物生存。"至德之世"是人类道德最完美的时代，在"至德之世"，人类不会以任何方式干预万物生长。这样人和万物都能和谐共处，不分彼此，"禽兽可系羁而游，鸟鹊之巢可攀援而窥。夫至德之世，同与禽兽居，族与万物并"，"与麋鹿共处……无有相害之心"。

第三，"至德之世"中，人们的社会道德是非常淳朴，符合自然天性的。[②]人们"无知无欲"，"民愚而朴，少私而寡欲；知作而不知藏，与而不求其报"，"无有相害之心"。所谓"德"，既是万物天性，也指人类顺应自然的本性；对于人类来讲，遵循道德，自然就会摒弃欲望，淳朴率真。因此，"至德之世"的人性必然是纯真质朴的。有什么样的人性，就会有什么样的社会，人性纯真质朴，整个社会同样是纯真质朴、自然而然的。这样，才可理解老子讲的理想社会："甘其食，美其服，安其居，乐其俗。邻国相望，鸡犬之声相闻。民至老死不相往来。"（《道德经·八十章》）这种"小国寡民"型的"至德之

---

① 《儒道佛生态伦理思想研究》，第 93 页。

② 《儒道佛生态伦理思想研究》，第 93 页。

世",本身即是先秦道家思想内在逻辑结构的自然延伸。

第四,"至德之世"没有仁义礼智等世俗道德观念,[①] 或者说,"至德之世"超越了一般的社会道德观念。"至德之世"的人们,"端正而不知以为义,相爱而不知以为仁,实而不知以为忠,当而不知以为信","不知义之所适,不知礼之所将"。

第五,"至德之世"处于远古时代,那时文明社会尚未形成。[②] 从容成氏到神农氏,都属于人类生活的远古时代,当时人类处于自然状态。构建理想"至德之世"的关键在于控制人类欲望,返归淳朴生活。从这个角度来看,远古"至德之世"反映了老庄时代的乱世特征,而在道家所要回归的"至德之世"中,天地人物都能恢复自己的本性,得到真正的自由。这也是"至德之世"对我们当前构建生态社会的重要意义所在。

2."至德之世"的构建

人心是构建社会的基础,有什么样的人性追求,就会有与之相匹配的社会制度。道家主张人性自然,追求无用之用的自由境界,所以,道家的"至德之世"就以人和万物都得到自由为基本追求。那么,如何构建"至德之世"呢?从先秦道家思想来看,构建"至德之世"需要注意以下几个方面。

首先,以人和万物自由为价值评判的根本标准。在内在价值上,人和万物是绝对平等的。人不能以万物为工具来实现自己的目的,而是要以万物自身的目的为目的。当人类以万物为工具的时候,不仅万

① 《儒道佛生态伦理思想研究》,第93页。

② 任俊华、刘晓华:《环境伦理的文化阐释》,湖南师范大学出版社,2004年,第237页。

物实现不了自由，人类自身因为"机心"而被自由欲望所控制，也得不到自由。所以，人和万物都要做到"无用之用"，如此才能"相忘于江湖"①，都能得到自由。

其次，以"无为"为总的指导原则。所谓"无为"，并非对万物不管不顾，而是完全顺应万物自我生长，当万物都按自我本性成长，天地万物就达到了大和谐，这种大和谐的理想世界就是"无所不为"的"至德之世"。因此，庄子反复强调，君子、帝王、圣人治天下，必须要以"无为"为根本指导原则。"君子不得已而临莅天下，莫若无为。"②（《在宥》）"夫帝王之德，以天地为宗，以道德为主，以无为为常。"③（《天道》）"天地有大美而不言，四时有明法而不议，万物有成理而不说。圣人者，原天地之美而达万物之理，是故至人无为，大圣不作，观于天地之谓也。"④（《知北游》）"无为"而治，万物皆获自由，天下秩序井然。"无为也而后安其性命之情。"⑤（《在宥》）"古之畜天下者，无欲而天下足，无为而万物化，渊静而百姓定。"⑥（《天地》）

再次，大力提倡"绝圣弃知"。庄子认为，君主以智谋治理天下，则天下必乱，"上诚好知而无道，则天下大乱矣"，天下大乱，是从破坏自然生态的智巧之事开始的。"夫弓弩毕弋机变之知多，则鸟乱于上矣；钩饵罔罟罾笱之知多，则鱼乱于水矣；削格罗落罝罘之知多，

---

① 《庄子集释》，第 221 页。

② 《庄子集释》，第 338 页。

③ 《庄子集释》，第 417 页。

④ 《庄子集释》，第 649 页。

⑤ 《庄子集释》，第 338 页。

⑥ 《庄子集释》，第 366 页。

则兽乱于泽矣。"①（《胠箧》）圣人大智，所以"圣人不死，大盗不止。虽重圣人而治天下，则是重利盗跖也"。因此，要建立理想的"至德之世"，必须要绝圣弃知。"绝圣弃知而天下大治。"②（《在宥》）

复次，特别重视"顺物自然而天下治"的社会治理原则。③所谓"顺物自然"，是一切随万物本性，自然而然，放而任之，不以人为干扰无为，如此，人和万物都能得到自由发展。维护万物自由生长是道家最高道德准则（"玄德""天德"）④，"顺物自然"就是在遵循道家自然之天德。庄子主张，"不以心捐道，不以人助天"⑤，天无为，人有为，不以人心捐弃虚通之道，不以人为干扰自然无为。

中国有尚古传统，先秦诸子皆以远古社会为理想社会形态，每有所言，皆以"古"代表美好，"今"代表衰退。儒家大同社会、道家"小国寡民""至德之世"等皆为远古理想社会的典型代表。从先秦道家角度来讲，以远古社会作为人类理想社会的代表，其原因大致有二：一是远古时代，人类尚未进入阶级社会中，社会竞争并不十分激烈，人心淳朴，生态和谐。二是以复古为创新，在先秦道家看来，最好的世界存在于远古，在远古美好世界的映照下，现实社会道德每况愈下。以远古存在过的"至德之世"为参照系，为人类实现理想社会提供了更多的信心。从此处讲，复古即为创新。

---

① 《庄子集释》，第 328 页。

② 《庄子集释》，第 344 页。

③ 《庄子集释》，第 344 页。

④ 《道德经·十章》："生而不有，为而不恃，长而不宰，是谓玄德。"《庄子·天地》："玄古之君天下，无为也，天德而已矣。"

⑤ 《庄子集释》，第 210 页。

三、《阴符经》"超世"生态伦理内在结构

《阴符经》成书的年代和作者已不可考，众说纷纭，相互矛盾。可以肯定的是，今传本《阴符经》在唐代中期已经成书，由道家学者李筌编撰成书并作注，此后，《阴符经》流行开来，受到众多学者的重视，注本众多，对儒、道、佛等诸家思想的发展产生了深远的影响，特别是对道教影响更为重大。北宋道士张伯端《悟真篇》将其放到与老子《道德经》相同的地位："《阴符》宝字逾三百，《道德》灵文止五千。今古上仙无限数，尽于此处达真诠。"[①]《阴符经》仅有三百字，《道德经》只有五千字，自古迄今无数上仙圣人，追求天地之道，都不会超过其范围，可见《阴符经》在道教中的地位。

尽管《阴符经》成书的年代和作者已不可考，然而，通过对其思想进行分析，其思想内在结构的衍化却是比较清楚的。这里，我们主要从生态伦理层面对《阴符经》思想渊源进行简要评述。第一，《阴符经》崇尚自然之道，尊重万物本性，这与老庄道家是一脉相承的。第二，老庄道家强调"无为"，尽管他们的"无为"不是"无所作为"，然而，如何发挥能动性在老庄道家那里并没有得到清楚的说明，却在黄老道家那里得到了突出的强调。黄老道家特别强调人类实践要与天道规律相符合，在与天道相合中最大程度地发挥自身主体能动性。如据《国语·越语下》记载，范蠡就非常强调人类必须要顺应天地之道而为："天道盈而不溢，盛而不骄，劳而不矜其功。夫圣人随时以行，是谓守时。"[②]"持盈者与天，定倾者与人，节事者

---

① ［清］朱元育著：《参同契阐幽·悟真篇阐幽》，北京：华夏出版社，2009 年，第 153 页。

② 陈桐生译注：《国语》，北京：中华书局，2013 年，第 714 页。

与地。"① "夫人事必将与天地相参，然后乃可以成功。"以上显示出，"范蠡上承老子思想而下开黄老学之先河"②。强调天道规律的客观性，重视人类主体能动性，突出人道效法天道，这在黄老学经典《黄帝四经》中也有明确的阐述。《经法·国次》曰："天地无私，四时不息。天地立（位），圣人故载。"③《经法·四度》曰："天道不远，人与处，出与反。"④《十大经·果童》曰："观天于上，视地于下，而稽之男女。"⑤《十大经·前道》曰："圣人之举事也，合于天地，顺于民。"⑥ "治国有前道，上知天时，下知地利，中和人事。"⑦李筌对《阴符经》题名"阴符"的解释是"阴者，暗也。符者，合也。天机暗合于行事之机，故称阴符。"⑧从全文来看，《阴符经》一方面讲从最高境界认识天道，另一方面讲从最大程度发挥人类的主体能动性与天道暗合，这与黄老道家思想是完全一致的。第三，对《周易》三才之道的阐发。儒家积极入世的特征使儒家特别重视"三才之道"中"人"的主体能动性的发挥。在这一点上，黄老道家与《周易》也是一致的，《阴符经》将"三才之道"中"天地之道"与"人类主观能动"的关系从道家立场方面进行了淋漓尽致的发挥。第四，对先秦儒家心性思想的阐发。先秦儒家孟子讲"尽心知性知天"⑨，认为人心和天命

① 《国语》，第 716 页。

② 陈鼓应注译：《黄帝四经今注今译》，北京：商务印书馆，2007 年，第 7 页。

③ 《黄帝四经今注今译》，第 100 页。

④ 《黄帝四经今注今译》，第 100 页。

⑤ 《黄帝四经今注今译》，第 241 页。

⑥ 《黄帝四经今注今译》，第 310 页。

⑦ 《黄帝四经今注今译》，第 314 页。

⑧ 王宗昱集校：《阴符经集成》，北京：中华书局，2019 年，第 29 页。

⑨ 任俊华、赵清文著：《大学·中庸·孟子正宗》，北京：华夏出版社，2014 年，第 317 页。

是相通的，人类可以通过人心窥见天道，并与天道相合，孟子主要是从儒家道德层面来讲的。《阴符经》讲："天性，人也。人心，机也。立天之道，以定人也。"① 从价值上讲，天性与人性相合，从规律上讲，人有把握天道规律的能力，道家自然的价值属性与规律属性是一致的，所以，《阴符经》用道家式的思考方式进行了深入的诠释。第五，对兵家思想的借鉴。《阴符经》以"兵书"的身份存在，通常划分为三卷，其中第三卷命名为"强兵战胜演术章"，更是说明了《阴符经》和兵家思想有着较深的渊源。兵家思想最大的特点就是要在最大程度上发挥主体能动性，把握事物发展规律。李筌在注释"三反昼夜，用师万倍"时说："所言师者，兵也。兵者，凶器。战者，危事。处战争之地，危亡之际，必须三反精思，深谋远虑。若寡于谋虑，轻为进退，竟致于败亡。"② 由此可见发挥能动性对于战争的重要性。

以上我们简要地阐述了《阴符经》对道家、《周易》、儒家、兵家等思想的继承和发挥，除此之外，《阴符经》还对阴阳家、法家等思想都有所吸收。总而言之，《阴符经》以道家自然之道为基础，吸收先秦诸家思想，特别强调人类主体能动性的重要作用，这是《阴符经》的突出特点。理解了《阴符经》这个特点，对我们理解道家、道教生态伦理内在衍化，以及现代生态伦理思想的建构有着重要的理论意义和启发意义。

《阴符经》对人类主体能动性的强调使我们能够更深刻地理解老

---

① 《阴符经集成》，第 32 页。
② 《阴符经集成》，第 45 页。

庄道家生态伦理思想。老子哲学崇尚"无为而无不为"，庄子哲学崇尚"无用之用"。老子的"无为"常有"无所作为"等消极理解，然而，老子"无不为"从根本上是否定"无所作为"的看法的。庄子在"无用之用"命题中，更为强调"无用"的层面。所谓"无用"，就是万物不作为人类手段，从而保持自己的本性；所谓"用"，就是万物在自己本性实现的基础上，间接地成为其他事物的工具。这里，庄子并没有明确人类是否参与自然演化的过程，也就是说，庄子并没有阐明人类主体能动性在天地运转过程中的作用。然而，不可否认的是，我们在保持万物"无用"的基础上，可以根据万物的本性来实现自己的"用"。因此，我们讲，在老庄生态伦理思想中，蕴藏着"人类主体能动性"的发挥，并且道家讲的发挥人类主体能动性必然是最高层面的。老子发挥人类主体能动性必然是"无为"，庄子发挥人类主体能动性必然是"无用"。这里的"无为"和"无用"都是经过否定之否定之后的"无不为""无不用"。《阴符经》正好将老庄哲学内蕴的"人类主体能动性"问题作了最高程度的发挥，为我们更为深入地理解老庄生态伦理思想提供了一把钥匙。

现代生态主义者十分推崇道家自然主义思想，如李约瑟、卡普拉、罗尔斯顿、澳大利亚环境学家西尔万、贝内特等人都给予道家思想很高的评价，对道家顺应自然的态度给予充分的肯定，认为道家超越了人类中心主义立场，是一种真正成熟的深层生态学。不过，也有许多学者认为，在建构现代生态伦理思想时，虽然道家思想充满了深层生态学思想，但是，道家相信事物自己能够管好自己的不干预原则，在现代社会可能存在一些问题。如罗尔斯顿就指出："道教徒的方法是对自然进行最小的干涉：无为，以不为而为之，相信事物会自己照管好自己。如果人类对事物不横加干扰，那么事物就处在自发的自然系统中。但是，在今天的印度、中国、日本和非洲，如果要使生物的保护完全成功，那么就需要有活动能力的环境管理人员和懂野生动植物的内行。人们需要研究生态系统食物链中 DDT 的流向、种群最大数量的存活极限值、外来寄生虫和有蹄类种群有什么影响。"[1] 显然，道家的"无为"和现代科学是对立的，因为现代科学是有为的，是要发挥人类的主体能动性，是一种干预自然进程的行为。从老庄道家文本自身来讲可能会得出这样的结论。但是，依照《阴符经》重新诠释过的道家经典和现代科学并不冲突，并且对于科学技术的利弊来讲，道家有着更为深入的思考。《阴符经》不仅讲"观天之道"，更讲"执天之行"。"观天之道"就是完全认识天道运转规律。"执天之行"就是完全把握天道运转规律，最终达到"动其机，万化安"的生态目的。现代社会使万物处于不安的状态，认识造成生态危机的原因，顺应万物及其系统运转规律，是人类义不容辞的责任。也就是说，《阴符经》发挥主体能动性的理念与现代科学并不矛盾，它要求人类积极地认识自然和改造自然。"愚人以天地文理圣，我以时物文理哲"[2]，一般人敬畏天地文理，但是更重要的是深入认识时物文理，解决当代问题。更为重要的是，从哲学上讲，《阴符经》的视野比现代科学更为深入和宽广，它认为"至静之道，律历所不能契"，"律历"是人类对自

---

[1] 邱仁宗主编：《国外自然科学哲学问题（1992—1993）》，北京：中国社会科学出版社，1994 年，第 269 页。

[2] 《阴符经集成》，第 52 页。

然万象观察的结果，属于科学范畴，任何科学都只是在某种层面上把握真理，并不能完全把握真理，因此，人类对科学亦要因时制宜，要"三反昼夜"，以达到天地人三才和谐的理想世界。总之，《阴符经》既尊崇自然主义天道观，又重视人类主体能动性对天道规律的认识和把握，可以代表道教科学生态主义的基本观念，对我们认识道家生态主义向道教生态主义衍化起到重要的启发意义，对现代科学生态伦理学的建立也有着重要的启示意义。

以因任自然、万物平等的准则来处理人和自然的关系，是老庄道家超世生态伦理基本特征。以《阴符经》为代表的道教经典，探索了在顺应自然生态伦理基础上，如何最大程度地发挥人类主体能动性，不仅要"观天之道"，更要"执天之行"，以实现"万化安"的生态价值理想，从价值和规律绝对统一层面不仅超越了世俗道德，也超越了一般的科学主义。

（一）"三才相盗"自然整体论

"三才相盗"是《阴符经》生态整体论的基本命题。《阴符经》云："天地，万物之盗。万物，人之盗。人，万物之盗。三盗既宜，三才既安。"盗，本义指偷窃，这里引申为利用。天地为自然整体，万物（包括人）属于天地有机组成部分。李筌解释说，天地就是阴阳之气。[①]依照庄子"气"学思想，天地之间充满阴阳之气，气凝聚为万物，万物散为气。[②]自然万物都是借助阴阳之气而成其形体的，

---

① 《阴符经集成》，第 38 页。
② 《庄子集释》，第 647 页。

"以成其体，如行窃盗"[①]。这是万物利用天地。天地亦用阴阳之气生成长养万物，以见天地自然整体蕴藏的无穷功用，"天地亦潜与其气，应用无穷"。这是天地利用万物。万物利用天地和天地利用万物构成了"天地，万物之盗"的基本涵义。也就是说，自然整体和作为整体组成部分的万物在不断地进行能量交换，这种能量交换过程表明自然整体是有机的，也表明万物之间存在着相互生克、相互依赖、相互制约、相互联系的关系。

在"三才相盗"自然整体论命题中，《阴符经》专门将"人"列举出来，就是强调人类实践活动会对自然产生重大影响，这一点必须要引起人的重视。人类顺应自然，利用自然获取基本生存资料，符合万物生长规律，就不会破坏自然系统运行的有效性；相反，如果人类需求超过了基本生存需要，就会破坏自然系统的有效运转，从而造成"天地反复"的生态危机。这是我们必须要注意的事情。"万物，人之盗"，是说万物为人所利用，以之资身，取丝绵为衣，五谷为食，木石为宫室，牛马为交通工具等。物种存在都以自己的生存为目的，人利用万物养活自己，这是本性使然，是无可厚非的事。然而，相比于其他生物，人类不仅有欲望，更有将欲望实现的能力，人可以利用万物滋养自己，万物亦可利用人类欲望控制人类，从而给人类带来灾患，这就是"人，万物之盗"的涵义。所以，对于天地人构成的生态系统来讲，《阴符经》强调了两个重要思想：一是自然之道具有至高无上性，不可违反；二是人类的最高价值和境界就在于参透至高无上的自然之道，进而"执天之行"。前者为天道，后者为人道。天道整

①《阴符经集成》，第 38 页。

体至高无上，人道必须要在最高境界暗合天道，顺应事物的发展规律。如此，三才尽合其宜，万物尽安其性。万物不伤其性，则祸患不生。

综上所述，《阴符经》"天人合一"自然整体论有两个方面的涵义。一方面是"天人合自然"，道法自然是道家思想核心命题。"自然"构成了事物的本性、内在价值和运转规律，三个方面是统一的关系。"自然"也构成了自然整体系统和谐运转的前提。"天人合自然"是道家学派一以贯之的核心观念。另一方面是对"天人合规律"的强调，虽然"道法自然"内蕴有"道法规律"，但是，在老庄道家那里并没有得到突出的强调，或者说，老庄更关注实现万物本性的问题。相对来说，《阴符经》对人类在自然系统中的作用进行了深刻的阐述。《阴符经》认为，人类不仅要利用万物，更要知道如何利用万物，这就是"万物，人之盗。人，万物之盗"所要强调的意思。

（二）"自然之道"内在价值论

阴符者，暗合自然之道。虽然《阴符经》主要对主体能动性发挥进行了浓墨重彩的阐述，并没有专门就自然内在价值进行直接明确的确认，但是，作为道家学派典型著作，其深层次生态伦理内在结构与道家是完全一致的，自然之道是所有道家遵循的基本价值观念，也是《阴符经》所要遵循的基本价值观念。暗合自然之道，不仅要求遵循自然之道，而且也要求与自然之道完全契合，无任何人为痕迹，以此可见自然之道具有至高无上的价值。万物皆具自然之道，故万物皆有内在价值。

1. "自然之道" 至高无上价值原则

道家的天道即 "自然之道"。道流行于天地万物中，故 "道大，天大，地大，人亦大"（《道德经·二十五章》），于是，不仅 "四大" 平等，万物亦平等。万物因皆蕴涵道而平等。《阴符经》云："观天之道，执天之行，尽矣！"[①] 观察天的自然运行之道，遵循而行之，人类价值实现就达到了顶点。万物有道的观念，使人类价值实现依赖于自然价值的实现。这是人类实现自身价值的唯一途径。

"规律" 是道的基本涵义之一。"执天之行" 可解读为按照天道规律来实现人类利益的行为，这是毋庸置疑的。然而，这是否意味着人类不需要考虑万物的价值呢？这是否属于人类中心主义呢？从黄老道家以至《阴符经》确实存在这样的解读，我们把价值因素去掉，《阴符经》等道家经典完全可以以工具主义的态度进行解读和应用，毫无违和感。法家韩非子承继老子，将一切行为都浸入冷冰冰的利害计算之中，一切都还原成冷酷的利己主义。[②]《阴符经》因为强调顺应万物规律，强调人类主体性的发挥，有这种现实主义风格是自然的事情。然而，这并不能完全代表道家的思想，只能表示将道家思想中价值因素抽掉之后，对工具主义的过度发挥。无论是老子、庄子，还是《阴符经》等一切道家思想，都强调我们应该站在 "道" 的角度看问题，"道" 融通万物，超越了时空，每一件事物，无论是我们身边的事物还是遥远的天边，无论现在还是恒久的未来，都蕴含道，当人类 "执天之行" 的时候，首先要考虑的是如何顺道而行。其目的不仅要实现人

---

① 《阴符经集成》，第 29 页。

② 李泽厚著：《中国古代思想史论》，天津：天津社会科学出版社，2003 年，第 88—96 页。

类利益，同时也是在实现万物利益，二者是完全统一的，亦即"观天之道"与"执天之行"是完全统一的，这也是人类自我向自然大我的拓展。这样，人类利益与万物利益是统一的，同时人类价值与万物价值也是统一的；人类顺应万物规律的实践，也是在实现万物的本性和价值。"立天之道，以定人也"，就是将自然天道的价值原则作为人类行为的基础，以"三才安""万化安"作为人类的价值追求。这样，由《阴符经》自然之道至高无上的价值属性可以看出，《阴符经》生态主义立场是超人类中心主义的，既在价值上超人类中心主义，也在工具上超人类中心主义，真正实现了价值和工具、理想主义和现实主义的统一。这与完全发挥工具主义思想的人类中心主义是完全不同的。

"自然之道"价值的至高无上性也表现在对"天发杀机"和"人发杀机"的不同评价上。《阴符经》曰："天发杀机，龙蛇起陆。人发杀机，天地反复。天人合发，万变定基。"① 所谓"杀机"，指阴阳迭运，生死变化。题名张良注曰："杀谓以阳随阴，机谓适时而变。如春分之时，四阳发生，二阴衰弱，即天道宣行号令，雷乃发声。声震彻重泉，惊苏万物，使一切龙蛇蛰藏之类，皆起于陆。此则'天发杀机'也。愚人不知天道，恣发狂机，贪利干名，倾人害物，则天道报应，灾殃祸乱及于身，是谓'大地反复'也。"② 张良以《周易》十二消息卦和二十四节气相结合，清楚地注解了"杀机"的含义。二十四节气中春分对应十二消息大壮卦，雷天大壮，四阳二阴，震彻深渊，龙蛇惊醒，既是万物生机最旺的开始，亦是万物走向衰败的开

① 《阴符经集成》，第 302 页。
② 《阴符经集成》，第 302 页。

始，就衰败而言则为杀机。变化即为生机之显现，亦为杀机之开张；生谓以阴随阳，杀谓以阳随阴；阴阳随时而变。"天生天杀，道之理也。"[①]天发杀机是自然之道的直接表现。四季循环，往复不已；变化迭运，阴阳相随；万物皆以自组织形成秩序，此为天发杀机。人发杀机则不然。"人发杀机"即不知顺应自然之道，受人欲控制，以自我为中心，为了追求眼前利益，不惜竭泽而渔，焚薮而田。人发杀机，只有阴而无阳，只有死而无生，于是造成阴阳淆乱、生灵涂炭、天地颠覆、危及自身的可怕后果。《阴符经》用"杀""盗""贼"这种惊心动魄的词语来进行理论建构，其中一个重要特点就在于，强调天"杀""盗""贼"是自然而然的，人"杀""盗""贼"则是顺人欲而为，是不符合自然的。这样，"自然"就成为评价人类一切价值行为的根本标准。所以，人类要实现自己的价值，前提是实现天地系统的价值。天地系统的价值实现了，人类的价值自然就会实现。这就是"天人合发，万变定基"的价值涵义。

2. "自然之道"目的性价值原则

"自然之道"构成了万物的内在价值。万物皆自然而然地生长收藏，其内在价值就体现在自然而然的生命历程中，就体现在事物是其所是本性的实现上。"自然之道"蕴涵了万物内在目的性价值。这是道家共同持有的基本观念。

在自然整体论视域中，对于任何事物来说，它们既是目的，也是手段；目的是就内在价值而言，手段是就工具价值而言，内在价值与工具价值、目的与手段是统一的。庄子"无用之用"中的"无用"

---

① 《阴符经集成》，第410页。

彰显了事物的内在价值属性，"用"彰显了事物的工具价值属性。相对而言，庄子更为重视事物"无用"目的价值的实现上面，"用"的"工具价值"并没有得到完全突显。《庄子》的《逍遥游》篇里"樗树"因不中规矩而"无用"①，《人间世》篇中"栎社树"因是散木而"无所可用"②，"樗树"和"栎社树"因为"无用"而保持了自己的本性和价值。万物本性和价值得到保持，其工具价值（"用"）也就实现了。这里，庄子"无用之用"，是通过"无用"推出"用"的，具有较强的理想主义色彩。在内在价值与工具价值、目的与手段统一问题上，《庄子》与《阴符经》是一致的。不过，它们实现价值的路径却是不同的。

《阴符经》使用"贼""盗"等字词，本质上是基于万物的工具价值（"用"）而言的，并且讲得很彻底、很透彻，所以就显示出峻烈肃杀的风格。这与庄子讲"无用"的价值追求是很不相同的。"贼""盗"皆有利用之义。人与万物贼盗天地之元气，而能长生久视。万物相生相克，互相利用，共同促进万物生生不息。（庄子"无用之用"中的"用"讲的也是这个意思。）然而，《阴符经》以万物工具价值为立论基础，并没有走向工具主义的道路，而是通过万物的工具价值推导出了万物自然本性的内在价值。首先，"贼盗"是自然界普遍存在的相生相克现象，每一个事物都与其生存环境发生能量交换，每一个事物既是其他事物贼盗（利用）的对象，同时也在贼盗（利用）其他事物。这样，万物既是目的，也是手段，其间的能量

---

① ［清］郭庆藩撰，王孝鱼点校：《庄子集释》，北京：中华书局，2013年，第42页。

② 《庄子集释》，第158页。

交换是自然而然的。天之生杀予夺（"天发杀机"），对每一个人、每一个事物都是平等的。人类并没有权利超越自然之道，人为地改变万物自然发展的进程（"人发杀机，天地反复"）。因此，人和万物在价值上都是平等的，万物按其本性生存就是自然之道内在价值的根本要求。其次，人类在利用自然的时候，必须要对自然讲道德，这是《阴符经》的基本价值理念。从这个价值理念中，也可以推出万物有内在价值的结论。《阴符经》云："其盗机也，天下莫能见，莫能知。君子得之固躬，小人得之轻命。"盗是利用，机是杀机。躬是身体，固躬是保持生命。天下每一个事物都是在利用（"盗机"）其他事物而生存，这是显而易见的。然而，君子、小人所见不同。小人只见"利用"万物，未见万物中蕴藏的善，小人纯粹把自然当成工具使用，当成征服的对象，破坏自然自循环系统，结果不仅使自己受到事物的牵引而成为欲望的奴隶，而且破坏自然可持续发展，其本质就是在损害自身，所以说"小人得之轻命"。与小人不同，君子不仅清楚如何"利用"万物，还能见到万物中蕴藏的善。就是说，君子既将万物视为工具，也将万物视为有内在价值的，这样在"利用"万物的时候，是以万物内在价值作为最高评价标准。题名为李筌和袁淑真解释说："君子则知固躬之机……固躬之机者，君子知至道之中包含万善，所求必致，如响应声，但设其善计，暗默修行，动其习善之机，与道契合。"[1]至道是自然之道。君子是以自然之道的善"盗机"的，是"盗中有道"，是"用"中有"无用"。"善"和"自然之道"构成了万物内在目的的价值性基础。总体而言，庄子"无用之用"是从属于价值

---

[1]《阴符经集成》，第43页。

层面的"无用"推到"用",重心在"无用";《阴符经》以"盗贼"描述人与万物以及万物间的关系,是从"用"推到"无用",其重心依然在"无用"。但是,庄子的生态价值论具有浓郁的理想主义色彩,《阴符经》的生态价值论具有较强的现实主义色彩。

(三)"观天之道"生态规律论

遵循价值到极致,就是工具主义;遵循规律到极致,就是价值主义;价值与自然规律完全统一。这是道家自然之道的内在特征,也是《阴符经》给我们呈现的理解生态价值理想和解决现实生态问题的独特视角。《阴符经》所讲的"自然",与老庄道家是完全一致的,是事物本性、价值与规律的合一。其中,《阴符经》特别强调对万物规律的掌握,以及人类主体能动性的发挥,并且认为把握万物规律对人类生存来讲是非常重要的,这是人类把握自身和自然命运的职责所在。《阴符经》云"观天之道"、"愚人以天地文理圣,我以时物文理哲"、"人知其神而神,不知不神所以神也"等,都是在强调对自然规律的认识和掌握的重要性。

《阴符经》之所以强调认识和掌握自然规律,其根本原因就在于自然规律具有不可违背的客观必然性。遵循自然规律可以促使天地自然以及人类社会美满和谐,违背自然规律就会带来灾乱。阴符即暗合。所谓暗合,指"天地人及万物之间均暗合着相互形成、相互制约、相互生养、相互感应、相互克害、相互扶助、相互依赖的造化之机"。[1] 就是说,在天地人系统中,万物之间存在着相互联系、相互

---

① 任法融:《黄帝〈阴符经〉讲义(一)》,《中国道教》1992 年第 1 期。

影响的暗合关系，这种暗合关系是客观存在，有规律可循的。"日月有数，大小有定""时物文理"就揭示了天道自然运行所具有的客观规律性。"观天之道，执天之行，尽矣！"以"天"道运行规律为人类行为准则，除此之外，"无可观执，故言尽矣"①。"人发杀机，天地反复"，人为了自身欲望，违背自然规律，造成了"天地反复"的生态灾乱。所以"圣人知自然之道不可为，因而制之"②。这里的"不可为"在有的版本中表述为"不可违"③。无论是"不可为"，还是"不可违"，都是在强调自然规律不可违背的客观必然性。

《阴符经》强调认识和掌握自然规律，同时摒弃了自然神学观念，这是《阴符经》的重要特点之一，也是可以和现代生态科学、生态伦理学直接对话的关键特质。《阴符经》曰："愚人以天地文理圣，我以时物文理哲。"所谓"天地文理"，李筌解释为："景星见，黄龙下，翔凤至，醴泉出，嘉谷生。河不满溢，海不扬波。日月薄蚀，五星失行。四时相错，昼冥宵光。山崩川涸，冬雷夏霜。"④中国古代常从天人感应层面来讲自然现象，董仲舒、《太平经》等莫不如此。这句话前七句呈现的是和谐的自然现象，后面六句呈现的是严重的生态危机。生态和谐则为天下太平的象征，生态危机则为天下大乱的征兆。从生态学角度来讲，这种观点有着非常现实的意义。河清海晏，生态环境良好，人类与自然和谐共存，形成良性的生态循环，就会为人类社会生活奠定较好的物质基础。相反，竭泽涸鱼，覆巢毁卵，人类过

---

① 《阴符经集成》，第 30 页。

② 《阴符经集成》，第 53 页。

③ 《阴符经集成》，第 156 页。

④ 《阴符经集成》，第 12 页。

度地破坏自然生态，就会导致严重的生态危机，人类历史上许多古老的文明都因生态破坏而文明衰退以至于消亡，古埃及文明、古巴比伦文明、玛雅文明、印度河文明等皆是如此[①]。剥除天人感应的神学因素，"天地文理"从根本上呈现出人与自然之间深刻的互动关系，这种关系中，无疑自然的地位远远高于人类。然而，《阴符经》不满足于仅仅从现象层面认识和把握人和自然的关系，它不仅要知其然，更要知其所以然。这就表现在对"时物文理"的重视上。所谓"时物文理"，题名太公注曰："观鸟兽之时，察万物之变。"[②]这就不仅剥离了天人感应的神学性，而且要从深层次探索"天地文理"变化的原因与规律，更是要从细节处把握万物变化的原因和规律。《阴符经》讲的"人知其神而神，不知不神所以神也"，亦是要探寻自然之道所以然（"神"）的道理。这和现代科学有着相同的思维结构。

（四）"执天之行"生态责任论

"圣人"是中国传统文化所追求的理想人格。成为"圣人"不仅要承担人类社会的责任，也要承担宇宙自然的责任。《阴符经》中，成为"圣人"，承担生态责任，就要顺应自然之道，把握自然规律，最大程度地发挥主体能动性。

1. 以"自然之道"为最高价值评价标准

人类承担宇宙自然责任，必须要以万物价值为最高评价标准，这一点是毫无商量余地的。"观天之道，执天之行"是以"天"为人类行

---

① 雷毅著：《生态伦理学》，西安：陕西人民教育出版社，2000年，第1—8页。

② 《阴符经集成》，第12页。

为的标准。"天发杀机，龙蛇起陆。人发杀机，天地反复。天人合发，万变定基"是肯定天之杀机、否定人之杀机的，人必须顺应天，才可使祸乱不作、灾害不生。"自然之道静，故天地万物生"，只有"自然之道"，才能使万物生生不息。"是故圣人知自然之道不可为"，圣人承担天地自然责任，要以自然之道为根本标准，不可妄为。可见，顺应自然之道，保持万物本性，是对圣人承担生态责任的根本要求。

2. 以"宇宙在乎手"的魄力发挥主体能动性

人类承担宇宙自然责任，必须要最大程度地发挥人类主体能动性。以"宇宙在乎手"的魄力发挥人类主体能动性，使《阴符经》所持有的自然整体论和希腊自然整体论有着根本的区别，也深化了我们对中国传统"天人合一"自然整体论的理解。

我们过去常常认为，中国"天人合一"自然整体论与希腊自然整体论内在结构是一致的，都属于人类主体没有能力区分自己和自然间关系所形成的必然结论。希腊自然整体论确实如此。恩格斯曾评价希腊哲学家的自然整体论时说："在希腊人那里——正因为他们还没有进步到对自然界的解剖、分析——自然界还被当作一个整体而从总的方面来观察。自然现象的总联系还没有在细节方面得到证明，这种联系对希腊人来说是直接的直观的结果。这里就存在着希腊哲学的缺陷，由于这些缺陷，它在以后就必须屈服于另一种观点。"[1]希腊人所屈服的另一种观点就是人类主体性的发现和张扬。以启蒙运动为契机，人类主体理性开启了一种全新的时代，这个全新时代就是近现代以来的工业文明时代。希腊自然整体论是以人类匍匐在自然脚下为其

---

[1] 《马克思恩格斯全集》第二十卷，北京：人民出版社，1971 年，第 385 页。

根本特征的。工业文明以人类与自然相分、人类主体理性得到极大发展、人类征服自然为其基本特征。工业文明中，人类主体理性的张扬也是造成现代生态危机的根本性原因。

《阴符经》将人类主体能动性的发挥提高到最大程度。"观天之道，执天之行"的主体都是人，人不仅要"观"，更要执。所谓"执"，就是要把握事物变化发展的方向，以为我所用。"观、执"强调了人类主体能动性的发挥。然而，人类主体能动性的发挥并不是一件简单的事情，能够达到"观天之道，执天之行"更是难上加难。于是《阴符经》提出，为了能最大程度地发挥能动性，主体必须要努力修炼，反复考量方可。《阴符经》云："瞽者善听，聋者善视。绝利一源，用师十倍。三反昼夜，用师万倍。"[1]伊尹注释曰："思之精，所以尽其微。"太公注释曰："目动而心应之。见可则行，见否则止。"[2]总之，发挥能动性，必须要以"人心"为中心，三思而后行。其最高境界是"宇宙在乎手，万化生乎身"，四方上下谓之宇，往古来今谓之宙，万化谓无穷尽的变化。宇宙至大，不离我之掌握；万物众多，不出我之胸臆；自然造化之力，皆是我之作用。可见，《阴符经》将人类主体提高到宇宙中心的地位。

《阴符经》以人类主体为宇宙之中心，希腊哲学以人类主体匍匐于自然脚下，二者是根本不同的。《阴符经》里人类主体能动性的发挥是在自然整体论基础上展开的，西方近代以来人类理性主体的张扬是在主客二分的基础上展开，二者亦是非常不同的。现代生态学、生

---

① 《阴符经集成》，第 8 页。

② 《阴符经集成》，第 8 页。

态伦理学的建构基础是自然整体论，现代生态危机需要人类最大程度地发挥主体能动性去解决。《阴符经》生态伦理思想可以为当前生态伦理学建构提供许多启示。

3. 针对上述两点内容的综合评论

首先，《阴符经》以自然之道作为人类行为道德的最高价值评价标准，说明《阴符经》生态伦理思想属于深层生态学。其次，《阴符经》以"宇宙在乎手，万化生乎身"提示人的主体能动性的发挥，根本指向是要求人类对自然价值采取负责态度。再次，上述两点是统一的，既体现了自然至高无上的价值，也肯定并要求人类最大程度地发挥人类主体能动性；从生态伦理角度来讲，二者都超越了一般世俗对自然的看法。

（五）"万变定基"生态理想论

天道秩序构成了人道秩序的基础，这是中国传统生态伦理理想社会建构的基本原理。《阴符经》亦是如此。《阴符经》说："立天之道，以定人也。"《阴符经》以自然之道作为人类最高价值评价标准，其所要建构的生态理想社会就是以自然天道秩序为基础的。

四、《太平经》"超世"生态伦理内在结构

《后汉书》记载，延熹九年（公元 166 年），襄楷上疏汉桓帝称于吉得一百七十卷《太平清领书》，就是流传至今的《太平经》。[①]《太平经》最迟于东汉桓帝时成书。不过，《太平经》并非于吉一人

---

① ［宋］范晔撰：《后汉书》，北京：中华书局，2007 年，第 319—320 页。

所作，而是经过数代众人之手而成。西汉肇其源，东汉承其序，逐渐增扩，至东汉中晚期《太平经》汇编成一百七十卷本。[①] 所以《太平经》思想是极为驳杂的。

道教是东汉末年正式出现的宗教。《太平经》的出现直接促进了道教的诞生，是早期道家最重要的经典之一。关于《太平经》的基本内容，范晔说："其言以阴阳五行为宗，而多巫觋杂语。"[②] 王明论曰："远的说，上承老子的遗教；近的说，受当代图谶、神仙方术的影响。"质言之，《太平经》是以老庄道家、黄老道家为理论基础，以秦汉谶纬之学为骨架，吸收儒家、墨家、阴阳家、易学、天文、地理、医学等诸家思想及诸学科知识，构成了一个囊括宇宙自然和社会的庞大知识体系。这里我们主要从生态伦理学角度对《太平经》的思想渊源进行简要述评。

第一，"自然之道"是道家生态伦理核心命题。作为道教经典，《太平经》以"自然之道"为立论基础是题中应有之义。《太平经》强调，"天地之性，独贵自然"，因为"自然之法，乃与道连，守之则吉，失之有患。比若万物生自完，一根万枝不无有神"[③]，自然构成了万物生长的内在动力。天道不因任自然，则不可成就万物，所以"道畏自然"。于是"自然"成为《太平经》最高价值准则，"自然之道尤有上"[④]。正是在继承道家"自然之道"的意义上，《太平经》超世生态伦理特征才得到突出体现。

---

① 参王明编：《太平经合校》，北京：中华书局，1960 年，第 2 页。

② 《后汉书》，第 320 页。

③ 《太平经合校》，第 472 页。

④ 《太平经合校》，第 193 页。

　　第二，《太平经》"恶杀而好生"更多地受到儒家"生生"思想的影响。尽管道家"自然"与儒家"生生"有着内在的联系，然而其区别依然不容忽视。自然是自然而然。万物自然而然地生，自然而然地亡，这些都是万物本具的内在规定性。庄子"庄周梦蝶"（《齐物论》）"鼓盆而歌""夜梦骷髅"（《至乐》）等案例，都是从死亡角度对万物本性进行的探讨。《阴符经》则详细探讨了"天杀"的意义。先秦老庄"自然"是顺其自然、顺其本性。万物生生不息是自然而然的，人类是不能破坏万物生机的；生生只是自然的一个方面，自然的范围大于生生。老庄生态伦理深层次推崇自然。《太平经》以生配德，这一点与老庄生态伦理思想有些不同，而与《周易》"天地之大德曰生"内在结构却是一致的。《太平经》说："生者，道也；养者，德也；成者，仁也。一物不生，一道闭不通；一物不养，一德不修治；一德不成，一仁不行，欲自知有道德与仁否，观物可自知矣。"[1] 观物之生，即可见其道德，于是"赞天地之化育"成为人类不可推卸的责任，这是儒家"天人合一"的基本特征。《太平经》亦如是，"人者当用心仁，而爱育似于天地"[2]亦成为人之为人的基本责任。对"恶杀好生"的强调，既是道家"自然"本来就蕴涵的思想，也是对儒家"生生"思想的吸收，从而拓展了道家生态伦理思想内涵。

　　第三，"气"论是中国传统哲学的基本范畴。《太平经》"元气"说在承继老庄道家气学思想基础上，融合了管子"精气"说、董仲舒"元气"说，将天地宇宙完全"气"化。"气"不仅是物质的，也是精

---

① 《太平经合校》，第 704 页。

② 《太平经合校》，第 32 页。

神的;"气"不仅创造万物,也构成万物;天地万物因为"气"而融为一体,人和万物间的伦理关系,都可以通过"气"的感应与变化而得到说明。

第四,《太平经》将象数学方法论纳入宇宙有机整体的建构中来。象数学方法论是中国传统思维方式,象即现象,数即表示现象的度数与符号。象数学以模拟现象世界变化发展为其基本特征,是一种动态的系统性思维方式。[①] 象数思维是中国传统文化如儒家、道家、兵家、阴阳家等的基本思维方式。其中,《周易》将象数思维方式系统化、理论化,成为独具特色的象科学方法。"象科学不限于研究哪一种运动形式,它是研究一切现象层面规律的科学。"[②]《太平经》构筑有机宇宙整体时,充分运用和发扬了《周易》象数思维模式,如论述阴阳之象时讲道:"天之格分也,阳者为天,为男,为君,为父,为长,为师;阴者为地,为女,为臣,为子,为民,为母。故东南者为阳,西北者为阴。"[③] "天下凡事,皆一阴一阳,乃能相生,乃能相养。"[④] 这里的阴阳之象主要列举了人间伦理之象,根本言之,阴阳之象是无穷无尽地象征了宇宙万千事物。这和《易传·说卦传》列举的八卦之象道理是一样的,都是通过有限的"象"的列举,象征无穷的事物,通过万物间彼此相互作用,以此建立一种人和人、人和万物、

---

① 王树人著:《回归原创之思:"象思维"视野下的中国智慧》,南京:江苏人民出版社,2012年,第22页。

刘长林著:《中国象科学观:易、道与医、兵》,北京:学苑出版社,2016年,第10页。

② 《中国象科学观:易、道与医、兵》,第17页。

③ 《太平经合校》,第271页。

④ 《太平经合校》,第221页。

万物和万物间的有机宇宙整体观。

第五，《太平经》以象数思维为基础，结合阴阳五行之学、八卦、神仙方术、汉代谶纬之学等，将天地万物都纳入这个体系中来，建构了一套万物相互依赖、相互作用的一套庞大的宇宙论体系。在这个体系中，万物不仅是有内在价值的，而且像人一样都是有精神的，对自然讲道德就如同对人类讲道德一样。

第六，在汉代谶纬之学背景下，《太平经》和董仲舒一样，他们的"天"都有人格神特征；《太平经》的"道"亦有人格神特征。对于有情感意志人格神的天和道，遵循天意、慈爱万物的生态关怀能够受到上天的护佑；违背天意、残害万物的行为必然会遭到上天的惩罚。

鲁迅先生曾说："中国根柢全在道教。"作为道教最重要创教经典之一《太平经》，以先秦道家学说为骨架，融会了当时精英文化和民间文化，既追求超越理想，又回应现实问题，综罗百代，其学说宏大而详细，囊括了宇宙万物、人类社会所面临的一切问题，并给予了中国式的解答。《太平经》对道教以及整个社会产生了深远的影响。《太平经》以有机宇宙整体为其教理的理论基础，蕴藏了丰富的生态伦理思想，可以为我们理解道家、道教以及中国传统生态伦理思想起到积极意义。

（一）"元气行道"自然整体论

1.元气整体论

"元气"自然整体论是《太平经》的理论基础，也是其生态伦理思想逻辑结构的起点。

《太平经》认为，道就是元气，元气就是道（为了表述方便，我们把道与元气这种一体性写作"道·元气"）；元气守道，道与气一；元气行道，创生天地万物。元气创生万物，万物皆是元气创生、运行的结果，这样，天地万物以"元气"为基础统一起来了。《太平经》曰："夫道何等也？万物之元首，不可得名者。六极之中，无道不能变化。元气行道，以生万物，天地大小，无不由道而生者也。"①"道无所不能化，故元气守道，乃行其气，乃生天地。"②"天地人本同一元气。"③"元气恍惚自然，共凝成一。"④天地万物皆由"道·元气"创生，天地万物又统一于"元气"。

"道·元气"有着无穷动力推动万物创生和变化，"道无所不能化"，"元气守道"，"元气行道"，"以生万物"，可见"元气"自然整体论是有机的。

"道·元气"是物质和精神相统一的自然有机整体。元气"一气为天，一气为地，一气为人，余气散备万物"⑤，"元气"构成了天地人万物的物质基础。"惟天地亦因始初，乃成精神"⑥，始初即元气，天地亦依凭元气，而形成精神，"天地之间，凡事各自有精神"⑦，"元气"也构成了天地人万物的精神基础。元气为一，物质与精神同属于

---

① 《太平经合校》，第 16 页。

② 《太平经合校》，第 21 页。

③ 《太平经合校》，第 236 页。

④ 《太平经合校》，第 305 页。

⑤ 《太平经合校》，第 726 页。

⑥ 《太平经合校》，第 581 页。

⑦ 《太平经合校》，第 685 页。

"元气"，共同构成了天地人万物，人的身体和精神不可分，万物的身体和精神亦不可分。

2. 象数整体论

象数思维是一种整体论思维方式。先秦时期，《周易》率先将象数思维模式理论化、系统化，构建了一套能够模拟宇宙万物有机关系的全息信息系统。《太平经》发扬《周易》系统化、理论化象数思维模式，同样构建了一套模拟宇宙万物有机关系的全息信息系统。下面我们根据《周易》构造的太极整体论理论模式（《周易·系辞上传》："易有太极，是生两仪，两仪生四象，四象生八卦，八卦定吉凶。"），结合《太平经》元气整体论符号构造模式，从象数思维角度简要地勾勒出《太平经》全息信息系统的分析框架。这对我们深入理解《太平经》自然整体论和道教生态伦理学具有重要的理论意义。

第一，元气整体之象[①]。"道·元气"是一个融合了物质和精神的动态有机整体。"元气"为自然之气。

第二，"阴阳"之象[②]。"元气"混沌一体，一切皆在其中，包容一切，一切皆为其有机组成部分。元气为一，阴阳为二。元气行道，化生万物。元气通过"阳变于阴，阴变于阳，阴阳相得，道乃可行"[③]，行道而化生万物。就是说，阴阳和合创生万物，"阴阳不交，乃出绝灭无世类也"[④]，"阴阳俱得其所，天地为安"[⑤]。宇宙万物皆俱

---

① 与《周易》太极整体观对应。

② 与《周易》阴阳两仪之象对应。

③ 《太平经合校》，第14页。

④ 《太平经合校》，第37页。

⑤ 《太平经合校》，第17页。

阴阳，阴阳之象可用来分析宇宙一切事物。阴阳变化是"元气行道"的充要条件。阴阳之象无穷，我们根据《太平经》，对阴阳之象进行简要列举：阳者，为天，为白昼，为暖，为龙，为丙午丁巳，为火，为赤，为好生，为道，为善，为君，为父，为师，其于方位也为东为南；阴者，为地，为夜晚，为润，为鬼神，为好杀，为恶，为臣，为子，为女，为民，其于方位也为西为北。[①] 每一个事物中都有阴阳，阴阳中复有阴阳，以至无穷。因此，任何事物在阴阳之象上都处于相互作用、相互影响的有机关系中，这种影响不仅是事实上的，也是价值上的。如《太平经》中，阳为生、为善、为火，就是将事实和价值统一起来了。这和现代生态伦理学建构的内在思路是一致的。[②]

第三，四象：少阳、太阳、少阴、太阴。[③]"四象"是对阴阳关系进一步的细分，"阴阳"之象无穷，"四象"之象亦无穷。以时空论，春天木旺东方，为少阳；阳气持续增长，夏天火旺南方，为太阳；物极必反，一阴复起，秋天金旺西方，为少阴；阴气持续增长，冬天水旺北方，为太阴；一阳复起，太阴变为少阳，如此循环不已。[④] 对于自然的直观把握，四象更为精细化了。

第四，八卦、五行、十天干、十二地支、四时、五方、二十四节气之象等。詹石窗先生指出："在汉易象数学体系中，八卦六十四卦、阴阳五行又与天干地支相配合，组成一个轮转的'自然秩序'，这也

① 《太平经合校》，第 12、47、49、64、65、66 页。
② ［美］霍尔姆斯·罗尔斯顿著：《环境伦理学：大自然的价值及对大自然的义务》，杨通进译，许广明校，北京：中国社会科学出版社，2000 年，第 3—6 页。
③ 与《周易》四象对应。
④ 《太平经合校》，第 65、263、264、265、266 页。

被《太平经》所取用。"① 至此，《太平经》对"元气"自然整体的分析愈发精细。

（二）"凡物自有精神"生态价值论

1. "元气"精神价值论

《太平经》认为，自然整体的"元气"不仅是物质性的，更是精神性的。《太平经》说："惟天地亦因始初，乃成精神。"② 始初就是元气，元气是天地精神的来源。作为宗教著作，《太平经》将"元气"的化身树立为最高人格神——天君。"天君者，则委气，故名天君，尊无上，所敕所教，何有不从令者乎？"③ 元气因有精神，而成为天地万物所有价值的来源。

2. "凡物自有精神"价值论

"元气"既是物质性的，也是精神性的。万物禀元气而生，所以万物皆是有精神的，不仅动物有精神，"蠕动之属皆有知"④，草木也有精神⑤，以至于"天地之间，凡事各自有精神"⑥。就是说，万物都是有内在价值的。于是《太平经》里面"恶杀好生"的价值导向、"人乃天地之子，万物之长"的责任承担、"育养万物而致太平"的生态理想社会构建，都是基于"凡物自有精神"的内在价值之上。

---

① 詹石窗著：《易学与道教思想关系研究》，厦门：厦门大学出版社，2001 年，第 106 页。

② 《太平经合校》，第 581 页。

③ 《太平经合校》，第 715 页。

④ 《太平经合校》，第 174 页。

⑤ 《太平经合校》，第 172 页。

⑥ 《太平经合校》，第 685 页。

3. "万物各自有宜" 内在价值论

道家 "道法自然" 的关键就是要尊重万物本性和价值,《太平经》亦如此。《太平经》说:"天地之性, 万物各自有宜。当任其所长, 所能为, 所不能为者, 而不可强也。万物虽俱受阴阳之气, 比若鱼不能无水, 游于高山之上, 及其有水, 无有高下, 皆能游往; 大木不能无土, 生于江海之中。"[1] 其中, "万物各自有宜" 就是万物皆有适宜其成长的本性。在 "道法自然" 道学传统中, 万物本性构成了事物存在的内在价值, 人类必须要予以足够的尊重。

4. "恶杀好生" 的价值取向

《太平经》将 "生" 视为 "道", 将 "养" 视为 "德",《太平经》说:"道者, 天也, 阳也, 主生; 德者, 地也, 阴也, 主养。""夫道兴者主生, 万物悉生, 德兴者主养, 万物人民悉养。"[2] 天地生养万物, 天地皆有道德, 生养构成了天地最高的价值取向, 也是实现事物内在价值的根本要求。所以, "天道恶杀而好生, 蠕动之属皆有知, 无轻杀伤用之也"[3]。

《太平经》"好生" 的价值偏向, 与其极力推崇五行 "火德" 的观念是一致的。在《太平经》看来, "火" 是五行中生养功能最大的。《太平经》说:"火能化四行自与五, 故得称君象也。"[4] 火能变化其他四行 (指金木水土), 又归于五行之中。所以君主火象, 君主以生养的价值取向治理万物, 使万物生生不息, 这是君主权力合法性的基

---

① 《太平经合校》, 第 203 页。

② 《太平经合校》, 第 218 页。

③ 《太平经合校》, 第 174 页。

④ 《太平经合校》, 第 20 页。

础。火之象为阳为天，有生养之象。[①] 火为人心。"火之精神，为人心也。人心之为神圣，神圣人心最尊真善，故神圣人心乃能造作凡事，为其初元首，故神圣之法，乃一从心起，无不解说（通'脱'）。故赤之盛者，为天，为日，为心。"[②] 人心"能造作凡事"，成为万物"生"之元始，所以最尊真善，最神圣。火之象为天、日、心，本质皆为"生"之意象。

（三）"人者，是中和万物之长"生态责任论

老子说："道大，天大，地大，人亦大。域中有四大，而人居其一焉。"庄子说："以道观之，物无贵贱。"老子和庄子都是从万物有道的角度，确立了万物平等的价值原则，他们都没有特别突显人类的价值优越性或责任优越性。和老庄有所不同，《太平经》特别重视"人"在天地中的地位和作用，"人者，乃理万物之长也"[③]，"人乃天地之子，万物之长也"[④]，"人者，在阴阳之中央，为万物之师长"[⑤]，"人者，是中和万物之长也"[⑥]。人和万物一样，都是天地子嗣。人和万物又不一样，人是天地的长子，是万物的师长。这里的"长子""师长"不是在价值上具有优越性，而是在责任上具有优越性，就是说，人类作为天地的"长子"和万物的"师长"，必须要对万物

---

① 《太平经合校》，第 678 页。

② 《太平经合校》，第 678 页。

③ 《太平经合校》，第 88 页。

④ 《太平经合校》，第 124 页。

⑤ 《太平经合校》，第 205 页。

⑥ 《太平经合校》，第 644 页。

生生价值的实现负责。《太平经》说:"天者主生,称父;地者主养,称母;人者主治理之,称子。"①天主生,地主养,天地生养万物,构成了世间一切价值的源泉。人以天地为父母,孝顺父母成为人天然的责任。"子者生受命于父,见养食于母。为子乃当敬事其父而爱其母。"②违背父母生养的命令犯了大逆不道的罪过,为天地所不容。"天地,人之父母也,子反共害其父母而贼伤病之,非小罪也。故天地最以不孝不顺为怨。"③"夫天地至慈,唯不孝大逆,天地不赦。"④于是助天地生养万物成为人不可推卸的道德责任。"人生皆具阴阳,日月满乃开胞而出户,视天地当复长,共传其先人统,助天生物也,助地养形也。"⑤人类降生皆具阴阳二气,自出生至成长,共同传承天地祖先的传统,协助天地生养万物。可见,在《太平经》看来,人类为天地之子、万物之长,并不是就人类价值优越性而言,而是就责任优越性而言的。相比于万物来讲,人类拥有主体能动性是显而易见的事实。对于主体能动性的看法,儒家讲"赞天地之化育",老庄道家讲"辅万物之自然而不敢为",《阴符经》讲"观天之道,执天之行";儒家生态假设是天地化育万物尚显不足,所以需要人类参与到天地化育中来,并以此作为人类与天地并列,实现自身价值的根本;老庄道家生态假设是天地化育已经完备,人类的首要任务是顺应大地自然而不敢妄为;《阴符经》继承老庄道家遵循自然假设、人类顺

---

① 《太平经合校》,第 113 页。

② 《太平经合校》,第 113 页。

③ 《太平经合校》,第 115 页。

④ 《太平经合校》,第 116 页。

⑤ 《太平经合校》,第 116 页。

应自然不敢妄为的思想，并且特别强调人类主体能动性的发挥，认为人类的主体能动性可以和宇宙自然律动完全一致。显然，在天父地母的社会伦理假设、天地生养的价值追求、人为万物师长的责任承担等方面《太平经》和儒家生态责任观念是一致的，都属于人类责任中心主义立场。① 不过，这只是就生态责任层面而言的，具体到生态整体、生态价值以及生态责任承担的思路等，问题要复杂得多。关于《太平经》生态责任论，我们还可以从以下几个方面对其进行进一步的阐释。

三才之责。《太平经》生态责任论是在三才自然整体论背景下展开的。《太平经》说："夫天地中和凡三气，内相与共为一家，反共治生，共养万物。"② 天地人三气皆以生为其本质和责任，三者血脉相连，共同养护万物。

中和之责。在《太平经》看来，人类追求理想的社会形态是太平，太平世界弥漫了和谐的中和气。"阴阳者，要在中和。中和气得，万物滋生，人民和调，王治太平。"③ 阴阳的关键，在于阴阳和合形成中和气，这样，万物滋生，人民和谐，天下太平。可见，"中和之气"在建构理想社会中具有重要的作用。天为阳，地位阴，人为中和，"清者著天，浊者著地，中和著人"④。人处于天地之间，为中和之气

---

① 人类责任中心主义立场并不归属于弱人类中心主义，也不归属于生态中心主义。人类责任中心主义有自己的独特思路。儒家生态立场就属于人类责任中心主义。详见本书第四章第二节中"儒学'仁民爱物'"部分的论述。

② 《太平经合校》，第113页。

③ 《太平经合校》，第20页。

④ 《太平经合校》，第15页。

的聚集物，中和之气是人，人是中和之气，对中和之气负责就是对自己负责。这就是人之为人应该承担的道德义务。

五、《太上感应篇》"超世"生态伦理内在结构

现代西方生态伦理学奠基人史怀泽（Albert Schweitzer，1875—1965 年）曾指出："《太上感应篇》，中国宋代的一部 212 条伦理格言集，其中同情动物具有重要的地位。这些格言本身也许是非常古老的。这部至今仍然很受民众推崇的格言集表达了这样的思想，'天'（上帝）赋予一切动物以生命，为了与'天'和谐一致，我们必须善待一切动物。《太上感应篇》将喜欢狩猎谴责为下贱行为。它还认为植物也有生命，并要求人们在非必要时不要伤害它们。这部格言集的一个版本还用一些故事来逐条解释同情动物的格言。"[1] 这里的《太上感应篇》是道教史上最著名的劝善书，也是中国历史上劝善书正式形成的标志。[2] 作为生态伦理学家史怀泽欣赏的劝善书，蕴涵了丰富的生态伦理思想，它要求人们善待一切生命，这些生命不仅包含动物，也包含植物。这些思想对中国古代道德教化产生了深刻的影响，因而受到上至统治阶级，下至半民白姓的推崇和信仰。

从道家生态伦理历史衍化来讲，以《太上感应篇》为代表，宋代形成的劝善书既反映了道教生态伦理思想的基本价值取向，延续了

---

① ［法］阿尔贝特·史怀泽著：《敬畏生命》，陈泽环译，上海：上海社会科学院出版社，1992 年，第 72—73 页。

② 陈霞著：《道教劝善书研究》，成都：巴蜀书社，1999 年，第 1 页。

《太平经》《抱朴子内篇》蕴涵的"恶杀好生"的传统，而且更为深入地融合了儒佛等诸家的生态伦理思想。《感应篇》所由作，而注者之功，出入三教，网百家。"①这是对《太上感应篇》融合三教、网罗百家的准确评价，这从《太上感应篇》引用了大量的儒佛生态保护等也可以看出。

（一）"万物同体" 自然整体论

《太上感应篇》"慈心于物"属于一种深生态伦理学思想。整体论是生态伦理基本特征，深生态伦理学更是以自然整体论为基本特征。《太上感应篇》生态伦理自然也以整体论为基础。

《太上感应篇》融合了道家"气学论"和佛家"缘起论"而形成了"万物同体"的自然整体论。李昌龄为《太上感应篇》"射飞"一词注释说："混沌既分，天地乃位。清气为天，浊气为地。阳精为日，阴精为月，日月之精为星辰。和气为人，傍气为兽，薄气为禽，繁气为虫。种类相因，会合生育，随其业报，各有因缘。然则人之与飞，有以异乎？《肇论》所谓'天地与我同根，万物与我一体'，非诳语也。然飞之所以与人异者，特福业不同，躯壳异耳。"②人与万物都是一体之气，都是天地同根所生，所不同者，在于表现形式的差异，天为清气，地为浊气，人为和气，兽为傍气，禽为薄气，虫为繁气，人与飞禽走兽的区别就在于福业的不同，可见《太上感应篇》自然整体论将价值和规律完全统一起来了。于是人类所

---

① ［宋］李昌龄、郑清之等注：《太上感应篇集释》，北京：中央编译出版社，2016年，第2页。
② 《太上感应篇集释》，第98页。

需要做的就是要"慈心于物","视物犹己，仁术乃全"①，这是人类所要承担的基本责任。

显然，《太上感应篇》自然整体论是对此前中国传统生态伦理自然整体论的继承和发挥，并且是儒道佛等诸家生态伦理整体论的一种融合，这和宋明新儒学自然整体论、唐宋禅学自然整体论的发展方向是一致的。

（二）《太上感应篇》生态价值论

《太上感应篇》认为，动植物等自然物都是有生命、有知觉、有情感的，本质上和人类价值属性是一样的。这蕴涵了深刻的生态价值思想。

首先，万物皆有生命。《太上感应篇》"昆虫草木，犹不可伤"的注释中说："无明为卵生，烦恼包裹为胎生，爱水浸润为湿生，歘起烦恼为化生。于此四生，人复析为十二类生。于十二类生，每类又各有八万四千种类差别。总而言之，则一十二类，便有一百万八千之多。然则众生种类差别，何其多欤？"②自然界有无穷的万物，这些事物都是有生命的。生命是有价值的，这是人类必须尊重万物的根本原因。正因如此，李昌龄在注释"慈心于物"时甚至指出，"灯焰"之上还有细微生命存在，所以佛教就警告人类不要用口气吹灯灭烛。"按经所说，灯烛焰上，别有一种微细众生，吞食其光，以为性命。人气一吹，随吹即死。是故诸佛戒人，不得以口气

---

① 《太上感应篇集释》，第25页。

② 《太上感应篇集释》，第33页。

吹灭灯烛。"①

其次，万物皆有知觉。李昌龄注"昆虫草木，犹不可伤"认为，不仅昆虫有知觉，而且草木也有知觉。"佛言：此一国人，于往昔世，本一聚蜂。目连本一樵夫，因采薪触着树枝，群蜂惊扰，争欲蛮之。目连谓曰：汝等本有佛性，以恶业流转至此……是时，群蜂若有所悟，领纳在心。"②可见，蜜蜂有佛性，并能"若有所悟，领纳在心"。就是说，蜜蜂是有知觉的。于是李昌龄总结道："昆虫一类，虽曰微物，其为有知，与人异乎？又如草木一类，在吾儒言之，固若有生而无知，验以佛书，则亦不可一概谓为无知。"③动植物和人一样都是有知觉的。

再次，万物皆有情感。《太上感应篇》引诗曰："劝君莫打三春鸟，子在巢中忘母归。"如同人类对自己母亲有着深厚的感情一样，鸟儿对自己母亲同样有着深厚的感情。不仅动物子女对母亲有着深切情感，动物母亲对子女也有着深切的舐犊之情。"鸶雏才破壳，即出巢外。其母防其颠坠，或为日晒，必取带叶树枝，周插巢畔，日常两换。"甚至许多动物母亲在面临死亡时，首先想到的是子女的安危，这一点在《太上感应篇》注释中有着大量的描述。李昌龄注"伤胎"讲了一个故事："人知爱胎，彼不爱乎？按仙传，白龟年因入仙洞，得一轴素书，遂能辩九天禽语、九地兽言。一日过潞州，太守知其能，延与之坐。适将吏驱三十羊过庭下，中有一羊，鞭不肯行，又

---

① 《太上感应篇集释》，第 24 页。

② 《太上感应篇集释》，第 24 页。

③ 《太上感应篇集释》，第 33 页。

且悲鸣。守曰：羊有说乎？龟年曰：羊言腹有羔，将产。俟产讫，甘就死。守乃留羊，不杀验之。既而，果生二羔。"人知爱胎，动物亦有爱胎之情。郑清之赞曰："鹿以麛觳，肠断而死。鳝或就烹，屈身护子。物之牵爱，甚于爱己。人亦有娠，以续以嗣。胡不反思，举思加彼。"就爱子情感而言，人与动物是一样的，所以，人应该以爱子之情理解动物爱子之情。这里因为动物具有情感而获得内在价值，人对动物讲道德是理所应当的事情。

复次，万物皆有灵。动物有知觉有感情，这是人们较易接受的生态观念。不过，《太上感应篇》将动物有灵这种观念又向前推进一步，认为植物也是有灵的。李昌龄注"用药杀树"举了几个例子来证明这个观点："大抵大道好生，虽一物亦不可辄伤其生，况树木中，亦有圣人托生其中。如《水经》所载，伊尹生于空桑是也。又有修行错路，精神飞入其中，如《业报经》所谓韩元寿化为木精是也。又有中含灵性，无异于人。"树木中有圣人托生其中，如伊尹、韩元寿等皆托生于树木。因此，树木同样有灵，和人是一样的。

《太上感应篇》是一部神学劝善书，书中充满了宗教性的生命循环思想，认为人和万物时间上是不断流转的，根源上具有亲属关系，就这点而言，万物和人一样都是有内在价值的。因此，就价值层面来讲，人和万物都是平等的。动植物与人生命流转的例子在该书中有大量的描写，此处不再赘述。

（三）"慈心于物"生态责任论

《太上感应篇》是神学劝善书，充满了因果循环思想，"祸福无

门，唯人自召"①，一念起处，善恶不同，即祸福之门，为善则有福
报，为恶则有祸端。为自己负责是万物的本性。从人类角度来讲，对
自己负责，就要摒弃为恶之心之行，树立为善的价值导向和为善之
行。李昌龄说："大抵慈为万善之本，心若不慈，善何以立？"②所
以，"慈心于物"③就成为人为自己负责的必由之路。

（四）"大道之世"生态理想论

《太上感应篇》以"万物同体"的自然整体论为核心信念，万物
皆有生命、知觉和情感为主要价值理念，"慈心于物"的生态责任论
为理论基础，其所要建立的必然是人与自然和谐的"大道""盛德"
之世。"大道之世，人无杀机。乌鹊之巢，可俯而窥。"④"昔闻羽族，
巢必近人。欲远蛇鹳，惟人是亲。"⑤这里，"大道之世"和庄子"至
德之世"的描述是一致的。"盛德之主，泽及昆虫。板筑必时，闭藏
在冬。"⑥"洪荒之初，其人穴处。所谓营窟，鹿豕为侣。圣人既作，
上栋下宇。人兽虽殊，均乐丘土。蠢动含灵，其可失所。"⑦尊重秩
序，尊重万物的生命，这和儒家思想具有内在的一致性。综上，无论
要构建哪种理想的社会秩序，其根本都将人与自然的和谐相处纳入其
中了。

---

① 《太上感应篇集释》，第 10 页。

② 《太上感应篇集释》，第 24 页。

③ 《太上感应篇集释》，第 25 页。

④ 《太上感应篇集释》，第 98 页。

⑤ 《太上感应篇集释》，第 103 页。

⑥ 《太上感应篇集释》，第 100 页。

⑦ 《太上感应篇集释》，第 102 页。

第三节　佛学"出世"生态伦理思想
内在结构的历史衍化

地球，一个蔚蓝的神秘星球，因为孕育了丰富多彩的生命体成为茫茫宇宙诞生的一个星球奇迹。迄今为止，在地球之外，科学界也没有断定出任何一个存在生命的星球。生命究竟是怎样起源的？这个问题存在着多种臆测和假说，虽然存在种种争议，也没有阻挡住古往今来中西哲人对生命起源问题的探索。时至今日，生命的起源依旧是自然科学正在努力解决的重大问题，并形成了丰富的研究成果。西方学界以达尔文的《物种起源》为代表。东方早在先秦时期，就形成了多家具有中国特色的宇宙生成理论，如《周易》中有"易有太极，是生两仪，两仪生四象，四象生八卦"①的太极生成论；道家的《道德经》中阐发了"道生一，一生二，二生三，三生万物"②的道本原论；儒家的张载提出了"太虚即气"的气本论思想。

佛学对生命的理解，有一套自身独特的理论模式，"生命"主题是佛学研究的基本问题。佛家的生命观包容广大，涵盖了生态环境中所有的生命体、非生命体，及有情无情、有形无形的众生。这种涵容的生命气象，源自佛家理论宏大的宇宙观与包容气度。惠能在论及《摩诃般若波罗蜜》的含义时说："何名摩诃？摩诃者，是大。心量广大，犹如虚空……空能含日月星辰、山河大地、一切草木、恶人

---

① 黄寿祺、张善文撰：《周易译注》，上海：上海古籍出版社，2018年，第392页。

② 陈鼓应注译：《老子今注今译》，北京：商务印书馆，2016年，第233页。

善人、恶法善法、天堂地狱，尽在空中。"①佛家的"摩诃"是梵文音译，中文的意思是"大"，"心量广大，犹如虚空"，以"虚空"的无边无际、广大涵容形容佛家拥有的心量。"空"者包含万有，宇宙中的日月星辰、地球的山河大地、人间的善法恶法，无不包含在内。生命理论是佛家理论建构的基础环节。佛家创始人乔达摩·悉达多正是因为对生命现象孜孜不倦的探索，在菩提树下"觉悟"成佛，为众生演说佛法，创立了佛家。所以佛家是一种关注人生、追求人生解脱和人生智慧的宗教，对宇宙众生的生命形态、生态流程以及生命本质有着独特的阐发。

一、佛学"出世"的宇宙生成论

基于对"生命"本质问题的追问，佛家将其研究的对象名为"众生"，梵语为 bahu-jana、jantu、jagat 或 sattva，音译为仆呼那、禅头、社伽、萨埵。意译作有情、含识（即含有心识者）、含生、含情、含灵、群生、群萌、群类。"众生"一语有多种含义，一般指有情识的生命形态，所以又名"有情"，如在《杂阿含经》卷六中说道："佛告罗陀，于色染着缠绵，名曰众生；于受、想、行、识染着缠绵，名曰众生。"从生命产生的原因看，"众生"解释为——众多之法，集众多因缘和合而生，故名众生，如《大乘同性经》卷上云："众生众生者，众缘和合名曰众生。"②从生命的运行过程看，"众生"指经历了众多的生死流转过程，如《阿弥陀经疏》曰："谓有情者，数数生

---

① ［唐］慧能著，郭朋校释：《坛经校释》，北京：中华书局，2012 年，第 59、61 页。

② 《大乘同性经》，《大藏经》第 14 卷，第 642 页。

故，名为众生。"①《妙法莲华经义句》曰："若言处处受生，故名众生者。"②通过"众生"的概念，佛家将生态学上"生物"的概念进一步深入剖析，用"众生"阐发了"生物"的三个方面："含识"的生命本质、生命产生的"因缘和合"之因、生命流转的基本过程。从这个意义上说，佛家对生命的本质具有独特的理解，对"生物"的生命形态进行了丰富的理论探索和思想阐发。

佛家起源于古天竺，东汉明帝时正式传入中国。汉魏之交，佛学与魏晋玄学融合取得了巨大发展。外来思想与本土思想的碰撞交流，开启了佛学的中国化进程。"缘起论"是佛学核心命题。根据"缘起论"，世间万物皆是因缘和合聚集而成，万物处于永恒的变化之中，否定不变的实体。这就是说，现象界万事万物，皆是因缘和合而生，"此生故此生，此灭故彼灭"，任何事物都不是孤立的存在，任何"因"皆是"因"生，任何"缘"皆是"缘"起。

"缘起论"把整个人生和宇宙间的一切现象都看作是因缘和合而生。佛家强调万法缘起，小乘主张"业感缘起"，业力感应生起了世间万法。大乘始教主张"阿赖耶缘起"，万法的种子含藏在阿赖耶识中，由阿赖耶识生出了万法。大乘终教主张"真如缘起"，由于真如随缘，衍生出了万法。一乘圆教主张"法界缘起"，认为遍法界的一切事物，成为一大缘起。《杂阿含经》卷十阐述了缘起说的最基本形式："此有故彼有，此生故彼生……此无故彼无，此灭故彼灭。"③唐

---

① 《阿弥陀经疏》，《大藏经》第37卷，第319页。

② 《妙法莲华经文句》，《大藏经》第34卷，第55页。

③ 《杂阿含经》，《大正藏》第2卷，第67页。

玄奘翻译《缘起经》云："佛言云何名缘起初？谓依此有故彼有，此生故彼生。"①《佛本行集经》说道："诸法因生者，彼法随因灭，因缘灭即道，大师说如是。"②南朝刘宋时，阿跋多罗译的四卷本《楞伽经》卷二用"六因四缘"说解释佛家"缘起论"："一切都无生，亦无因缘灭。于彼生灭中，而起因缘想。非遮灭复生，相续因缘起。唯为断凡愚，痴惑妄想缘。有无缘起法，是悉无有生。习气所迷转，从是三有现。"③"因缘"，就是事物"生""灭"的原因和条件。

从"缘起论"出发，佛学把宇宙中万物生成、运转、消亡的存在性状称为"空"。因缘起故，万物无常无我，现象的世界不是真实的世界，而是随着条件不断变化着。《金刚经》说："如来说一合相，即非一合相，是名一合相。"④现象世界是虚妄的，没有实体，只是命名为"一合相"而已。无论是"小乘佛教"，抑或"大乘佛学"，都是以"缘起性空""性空缘起"的"缘起论"为基础。当然，佛学的"空"并不是一般意义上的"虚无"，只是万物变化，没有自性，皆是因条件和合而成。就是说，世间万物，不变的、独立的实体是不存在的，任何事物都是变化的、暂时的。"缘生"包含了一个动态的生成过程，原始佛家主张"诸行无常，诸法无我"⑤。所谓"诸行无常"，意思是说一切物质现象和精神现象无不处于迁流变化过程中，没有常住性，实际上揭示的是存在的过程性。所谓"诸法无我"，是说一切事物和

---

① 《缘起经》，《大正藏》第 2 卷，第 547 页。

② 《佛本行集经》，《大正藏》第 3 卷，第 876 页。

③ 《楞伽阿跋多罗宝经》，《大正藏》第 16 卷，第 490 页。

④ 《金刚般若波罗蜜经》，《大正藏》第 8 卷，第 752 页。

⑤ 《佛说法身经》，《大正藏》第 17 卷，第 700 页。

现象均是因缘和合而生成，时刻处于变化之中，没有恒常不变的"自性"。"由因得果，非无作无受，以时节和合。须众缘和合，得果报也。"① 所以，佛家的"缘起论"是从万物生成的条件性、过程的流变性两个角度来阐发宇宙中生命的存在性状。

佛学生态伦理思想中，"缘起论"奠定了"出世"生态伦理内在结构的基础部分。缘起法可以总结为"诸行无常、诸法无我、涅槃寂静"② 三部分，又称佛家"三法印"。其中，"诸行无常"衍生出动态的、变化的、互相联系宇宙万物的整体性存在方式，建立起佛学世界观的基本图景。"诸法无我"从价值观的角度要求我们破除人类中心主义的思想窠臼，以融合的、平等的态度对待自然万物，爱护生命。"涅槃寂静"通过描绘佛家的"极乐净土"，为我们勾画出一幅和谐、优美的理想生态蓝图。

二、佛学"出世"的生命运行论

佛学的生命观包含两个重要维度："缘"和"识"。"缘"指的是生命体生成、运转、灭亡整个过程形成的外在条件以及条件的变化本质，由此阐发出生命体与生存环境之间的一体性关系；"识"是生命体本身具备的对外在环境的感知、分别、求取的能力，是生命体运转的内因。没有"识"，生命体就捕捉不到自身的生存境遇，从而失去了与生存环境互动的观感前提；没有"缘"，生命体就失去了形成、

---

① 《大般涅槃经集解》，《大正藏》第37卷，第570页。
② 《佛说法身经》，《大正藏》第17卷，第700页。

运转的外在条件，"识"的作用难以发挥出来。从"识"和"缘"双重维度，佛家阐发了生命从出生到死亡的十二个重要环节，称作"十二因缘"。十二因缘以生命体为中心，通过生命体能动的"识"与外在环境之间的互动关系，揭示出生命体轮回于"六道"的生存本质。

1."出世"的原因——"十二因缘"

所谓"十二因缘"，是从"无明、行、识、名色、六入、触、受、爱、取、有、生、老死"十二个因果环节探讨生命轮回于六道的痛苦境遇。宏观层面的宇宙演变，微观层面的众生生灭，都可由"十二因缘"理论得到深刻的解释。就是说，一切宇宙众生，都在"十二因缘"中循环，于是就有了佛学"三界六道轮回"之说。众生的轮回流转，即由众生善恶行为而定。《阿含经》记载释迦牟尼于菩提树下由谛观十二因缘而成等正觉，可见"十二因缘说"是佛家的根本教义。

佛学"出世"的生态伦理思想，以生命体的精神活动——识的能动作用建构整个理论的基础部分。唯识学将"识"深度划分为"八识"，分别为眼、耳、鼻、舌、身、意六识，第七识是末那识、第八识是阿赖耶识。阿赖耶识又名"藏识"，"藏"有能藏、所藏、执藏三义。"能藏"是说阿赖耶识能摄藏前七识（又名"七转识"）诸法的种子；"所藏"是指其所摄藏的种子和"七转识"现行所熏习的种子；"执藏"指阿赖耶识恒常被末那识执持为"我"，对"我"的执着产生了与外界生命体的差异性、对立性观念。八识当中，阿赖耶识是其余七识的依靠和落脚点，因而是众生的根本心识。唯识学对"识"的能动作用进行深入阐发，提出了"识转变说"。唯识学将"识"的能动作用称为"三能变"。《唯实三十颂》说："由假说我法，有种种相转，彼依识所变。此能变唯三，谓异熟思量，及了别境识。"① 其中，"异熟"指阿赖耶识之能变，第七识叫作"思量"能变，第六识叫作"了别"能变。具体而言，阿赖耶识在内表现为众生的有漏种子、根身（身体），在外变现出器界（生存境界）。三能变中，阿赖耶识是根本，其余七识都是阿赖耶识所派生的。唯识学认为，阿赖耶识涵藏了世间一切法种子，世间诸法的生起、存在根源于阿赖耶识；第七识"末那识"执取第八识"阿赖耶识"的见分为实我，有了这个"我"，眼、耳、鼻、舌、身五识分别对色、声、香、味、触的五法起了了别作用。按照唯识学的观点，生命体本身和生存境界都是由阿赖耶识变现出来的。而生命体将自身与生存境界区分为二，由第七识执持"我"为基本起点。

十二因缘中，"识"指的是心识、精神活动。人的精神活动通过眼、耳、鼻、舌、身、意（六入）六种认识器官接触（触）身体外面的生存环境，产生了苦、乐、不苦不乐的心理感受（受）。心识对生存环境有了感知之后，产生了贪爱（爱）、想要占为己有（有）的心理和行为。而佛家认为，这种贪爱、执取的心理是生命体痛苦的根源，导致"识"永远在六道中轮回，经历出生（生）、衰老（老）、死亡（死）的过程，这种贪爱是愚昧无知的（无明），会促成一种继续追逐占有外物的意志力和活动（行），推动"识"对下一轮生存环境的执有，形成"触""受""爱""取""有"的观感和心理流程。"十二因缘说"主要从个体自身的无明、贪欲、执取探讨生存境遇的根源。基于人自身对"识"的理性认知，而区分出了"明"和"无明"。

① 《成唯识论》，《大正藏》第 31 卷，第 60 页。

按照佛家的观点，"明"代表了觉悟、智慧、对真理的洞达、可以出离痛苦的轮回，是一种"出世"的智慧；而"无明"则是愚昧无知的代表，无法脱离世间痛苦的贪执，因而永远在"六道"中轮回。

2. 痛苦的根源——"我"的贪执

从第七识"末那识"执持有"我"开始，人类的意识中产生了主体"我"与客观生存环境的主客二分。由于执持有"我"的立场，把生存环境作为"我"的对立面而开展唯意志的主观改造，这种现象成为一种群体性的类行为，成了"人类中心主义"的价值源头。从工业革命以来，人与自然之间的关系表现为人类主导型模式，对工具理性的过度追求使人类视域中的自然界为人类服务，自然界的物资以满足人类社会效益为最终目的。与之针锋相对的非人类中心主义学派，是西方学界比较著名的一派，其著作之多、争论之激烈，都显示出西方对于生态伦理问题的关注。非人类中心主义者认为，自然界的其他类别，包括有生命的不同个体、所有物种、整个或部分生态系统等，在道德上同样存在价值，因为存在道德价值就应该有道德地位，人类对于自然系统中的其他类别物有着直接的义务。尽管在表面上这门学科提出了一种看似更优的思维理念，但无论在理论上还是实践中，非人类中心主义都被束之高阁，变成一种无法执行的学说。原因在于，非人类中心主义的几乎所有要点问题都得不到确定的相对定论，如同指点的人多，奉行的人少，以致在实践层面并无人愿意执行。所以一般各种非人类中心主义学说只是为一些激进派所推崇，且主要在组织内部推崇，落实到个人则又回到了人类中心主义的状态，理论上难以突破，在实践层面就更难以对主流政治决策产生有意义的影响。

　　佛家追溯生态伦理学的这种理论困境，认为人类对生态环境的主导心理源自对"我"的贪执。佛家生态伦理思想认为，只有破除了这种对"我"的贪执，才能从价值立场上真正平等地爱护一切众生，关爱我们生存的自然环境。如《金刚经》云："佛告须菩提：诸菩萨摩诃萨应如是降伏其心。所有一切众生之类：若卵生、若胎生、若湿生、若化生，若有色、若无色，若有想、若无想、若非有想非无想，我皆令入无余涅槃而灭度之。如是灭度无量无数无边众生，实无众生得灭度者。何以故？须菩提！若菩萨有我相、人相、众生相、寿者相，即非菩萨。"①此处把生态环境中的众生从三个维度进行分类，从"出生"的形态而言，众生包括卵生、胎生、湿生、化生四类。卵生，如鸟在卵壳成体而后出生者；胎生（《十二因缘经》作"腹生"），如人类在母胎成体而后出生者；湿生（《十二因缘经》作"寒热和合生"），如虫依湿而受形者；化生，无所依托唯依业力而忽起者，如诸天道与地狱道众生。第二个维度是从有无物质形体的角度，分为"有色"和"无色"两种（佛家的宇宙论中有色界、无色界）。第三个维度从意识的角度，分为"有想""无想""非有想非无想"三种。这些众生合起来称为"一切众生"，佛陀认为一切众生都能脱离痛苦，进入寂静的涅槃境界。要进入这样的清净之境，最重要的就是去除贪执。因为执着于有"我"，就会有与"我"相对立的"人"（他人）。执着于"众生相"，就会对不同的众生产生分别之心，有分别，就会产生价值、地位、形态的高下之分，远离众生平等的慈悲心境。有"寿者相"，即产生了时间上的分别，佛法认为要进入永恒的涅槃寂静

---

① 《金刚般若波罗蜜经》，《大正藏》第 8 卷，第 748 页。

的境界，就是"来无所来，去无所去"①，一切法都不离开当下，从意识上破除对"我"的贪执。

在佛家看来，生命烦恼痛苦的根源在于意识执着于"我"产生的贪嗔痴，要解脱人生的痛苦，必须去除贪嗔痴。围绕这个问题，不同流派对心性染净说进行了理论阐发。心性染净说的"染"指的是人心的污染，即贪嗔痴等烦恼；"净"则是与"染"相对的人心清净状态，也就是人生痛苦解脱的状态。关于人性的清净本性，佛家在不同阶段不同流派中有不同的认识。部派佛教指的是人性本然的清净状态，般若中观学派指的是人性的空性，如来藏—佛性说指的是与心相相对应的清净本体。"心性染净说"分为两个不同的观点指向：心性本净说与性本不净说。所谓"净"与"不净"皆就"烦恼"而言。认为"人性"本质上是清净的，没有烦恼的，就是"心性本净说"；认为"人性"本质上充满了烦恼，是不清净的、受到污染的，就是"性本不净说"。其次，在解脱人生痛苦的人性基础上，心性本净说认为清净本性与烦恼不相应，是我们解脱人生烦恼痛苦的人性基础。性本不净说从人性本身染著的角度出发，认为人性本身具有转染成净、革凡成圣的愿望和能力。如瑜伽行派肯定人心的染杂性质而并未否定人性中具有清净的一面，肯定阿赖耶识中本身具有清净无漏的种子。心性染净说为克服人性贪欲寻找人性论的理论基础，对于转变现代文化建立在感官欲望基础上的人性论观念、缓解生态危机具有重要意义。

3. "识"的出世——"转识成智"

佛家唯识学探索了人类无限贪欲形成的根本原因在于执我，而固

———————
① 《佛说大乘无量寿庄严经》，《大正藏》第 12 卷，第 321 页。

执于"我",形成了贪欲、控制、占有等痛苦的念头。佛家生命观认为,一切有情识的众生都可以破除我见,从而从根本上转变对自然万物的看法,学会平等地关爱万物,实现人与自然和谐一体的整体性生存关系。如《金刚经》提出破除我见,修平等法:"是法平等,无有高下,是名阿耨多罗三藐三菩提;以无我、无人、无众生、无寿者修一切善法,即得阿耨多罗三藐三菩提。"①佛家从破除"我执"的角度提出了"转识成智"的实践目标,从转变人类自身的价值意识出发寻找人与自然和谐相处之道。

唯识学的修习目的在于"转识成智"。所谓"转识成智",就是去掉人的"遍计所执性",认识万事万物皆是因缘生灭,最终达到圆满的、智慧的"圆成实性"。其中,"识"属于世俗的心识,"智"属于出世的智慧。具体来讲,就是将"眼识、耳识、鼻识、舌识、身识、意识、末那识、阿赖耶识"等八识转为"四智",即将前五识转为"成所作智",第六识转为"妙观察智",第七识转为"平等性智",第八识转为"大圆境智"。第一,关于大圆镜智的功能,《大乘庄严经论》说:"镜智诸智因,说是大智藏;余身及余智,像现从此起。"②"镜智缘无分,相续恒不断,不愚诸所识,诸相不现前。"③意思是说,平等性智、妙观察智、成所作智,都从大圆镜智所生;大圆境智从整体的视角认识事物,不分别事物的相状,能了知一切境界没有障碍。第二,末那识转为平等性智,即破除自我中心的价值立

---

① 《金刚般若波罗蜜经》,《大正藏》第 8 卷,第 751 页。
② 《大乘庄严经论》,《大正藏》第 31 卷,第 607 页。
③ 《大乘庄严经论》,第 607 页。

场，确立一切众生平等的智慧。如《成唯识论》说："平等性智相应心品，谓此心品观一切法，自他由情悉皆平等，大慈悲等恒共相应，随诸有情所乐示现，受用身土影像差别。"[①]菩萨从平等性智出发慈悲普度众生，随着众生的喜恶，运用善巧方便的方法引导众生。第三，转意识为妙观察智。妙观察智与意识都是人的认识思维和活动，意识从"我"的立场出发认识事物，而"妙观察智"从"大圆镜智"出发认识事物；"意识"认识到万物皆是千差万别的，而"妙观察智"则泯灭了事物间的差别，因此能够应机说法，利乐有情。《成唯识论》中说："妙观察智相应心品，谓此心品善观诸法自相共相，无碍而转……于大众会能现无边作用差别，皆得自在，雨大法雨，断一切疑，令诸有情皆获利乐。"[②]第四，转前五识为成所作智，即利用身、口、意"三业"与众生交流，行度化众生之事。《成唯识论》说："谓此心品为欲利乐诸有情故，普于十方示现种种变化三业，成本愿力所应作事。"[③]

转识成智的"出世"观念，在佛家生态伦理思想中具有重要意义。第一，转识成智观念将生命体的价值观念、认知思维方式以及生存方式的转变放在生态实践的主导地位。在人与生态环境的互动中，人的主体之"识"具有能动地改造主观世界的功能，通过改变自身的价值观而引导行为的展开。佛家通过"四智"与"八识"的对比，阐发了两种截然不同的价值观，转识成智的过程，就是让人类破除自身

---

① 《成唯识论》，《大正藏》第 31 卷，第 56 页。

② 《成唯识论》，第 56 页。

③ 《成唯识论》，第 56 页。

的"私意""私见",用整体性的思维将大自然与人类融合为一体,以平等的视角关爱自然界。第二,佛家对末那识"我执"的深入剖析,为破除"人类中心主义"的价值论提供了重要的认识论依据。按照佛家的观点,"末那识"对"我"的执取是"人""我"分别、我与生存环境分别的认识根源,当"我"的自我意识存在之后,人类就产生了满足"我"需求的各种心理和行为,对外物产生占有、控制的观念,这种观念是"人类中心主义"价值观的根本立场。而佛家提倡的"转识成智",正是要打破这种对"我"的贪执,这与树立"非人类中心主义"的价值观具有内在的一致性。

三、佛学"出世"的生态优化智慧

佛学"出世"宇宙观,深刻剖析了自然界生命痛苦产生的根源——对"我"的贪执。佛家的出世论,以"心""识"的能动性为理论前提,引导人类从傲慢、贪执、嗔恚、分别的价值立场中走出来,回归到清净、平等、慈悲、理性的心境中去。佛家生态伦理思想追求的"非人类中心主义"价值观,提倡以慈爱、平等心关爱一切众生,拥有如同母亲保护孩子般的真诚、无私,在这个心灵净化的过程中获得心灵的觉悟与现前的梵住。

佛学"出世"的生态伦理思想以提升内心的品质为目的,引导人心恢复本有的寂静、清净、平等、觉悟的心智,这对人类的生态实践具有重要意义。由于人心对外物的贪执,人类社会中产生了过度消费、浪费等各种不良现象,对自然环境造成严重的压力。自从人类社会确立了货币的交换价值之后，自然资源的角色在满足人类基本的生存所需之外，还成了资本积累的原始材料。然而在有限的时期内，自然资源的生成是有限的，资本积累的额度是无限的，当自然资源的生成能力赶不上资本积累的欲求，地球的生态环境遭遇到了前所未有的打击。所以在近百年的历史中，伴随着人类工业技术水平的迅速提升和商品流通市场的成熟，人类对自然环境的破坏程度达到了几千年漫长的人类生存史之最。技术的发展让人类对自然万物的掌控和应用达到了前所未有的水平。在这样的社会背景之下，重新审视人类与自然界之间的生存关系显得十分迫切，但无论是从理论上还是实践上，破除"人类中心主义"的价值观仍然面临着很大的挑战。

1. "无情有性"的出世佛性论

"无情""有情"的观点，源自佛家的生命缘起观。在佛家看来，"有情"主要指人类、动物等有情识的生命存在；"无情"主要指花草树木、山川大地等无情识的自然事物。尽管"无情"主要用来指称无情识的自然事物，但也是从"依正不二"的角度来讲的。法藏《华严经探玄记》曰："成佛具三世间，国土身等皆是佛身。"[1]这里"无情"构成了人类生存于其中的自然环境。所谓"无情有性"，是指花草树木、山河大地等"无情识"的自然事物均具有佛性。"无情有性"是佛教思想史上的重要论题。大乘经典《大宝积经》说："一切草木树林无心，可做如来身相具足，悉能说法。"[2]中国天台宗湛然大师系统阐发了"无情有性"思想，在佛家信徒中引起了很大的争论。

---

[1] 《华严经探玄记》，《大正藏》第35卷，第405页。
[2] 《大宝积经》，《大正藏》第11卷，第150页。

关于佛性的问题，佛家信徒有着不同的看法。三论宗的嘉祥大师吉藏（549—623 年）说："若于无所得人，不但空为佛性，一切草木并是佛性也。"①在吉藏大师看来，不但人有佛性，一切草木皆有佛性。南朝的时候，鸠摩罗什的高足竺道生由于宣扬"一阐提人亦有佛性"而受到非议。这与法显与佛陀跋多罗合译的六卷本《泥洹经》的观点是一致的，其中的卷四说道："一切众生皆有佛性，在于身中无量烦恼悉除灭已，佛便明显，除一阐提。"②这里的意思是"一阐提"者没有佛性，如该经卷四所说，一阐提者，即断了善根的极恶之人和世人讲的"活死人"，是医生也无法救治的病人，他们犹如受损的核和烧焦的种，据说当年连佛祖世尊也对这种人无可奈何。但到了南朝宋永初二年（421 年），在昙无谶译四十卷本《涅槃经》中，已经能读到一阐提人亦有佛性、可以成佛的说法了。

"无情有性"说的争论点，在于佛性的超越性、神圣性和普遍性、大众性之间的内在矛盾，尤其是在关乎人的层面，它是否会贬低人的意义？比如禅宗的慧能、神会、慧海都站在人的角度反对"无情有性"，认为"若无情是佛者，活人应不如死人，死驴死狗亦应胜于活人"③。认同"无情有性"论的一些禅僧多是站在"真如""法性"的层面论人与万法的平等性。古德云："青青翠竹，尽是法身；郁郁黄花，无非般若。"④杨岐方会说："雾锁长空，风生大野，百草树木作大师子吼，演说摩诃大般若，三世诸佛，在尔诸人脚跟下转

① 《大乘玄论》，《大正藏》第 45 卷，第 42 页。
② 《佛说大般泥洹经》，《大正藏》第 12 卷，第 881 页。
③ 《景德传灯录》，《大正藏》第 51 卷，第 442 页。
④ 《大慧普觉禅师语录》，《大正藏》第 47 卷，第 875 页。

大法轮，若也会得，功不浪施。"①五祖法演禅师云："千峰列翠，岸柳垂金，樵父讴歌，渔人鼓棹，笙簧聒地，鸟语呢喃，红粉佳人，风流公子，一一为汝诸人，发上上机开正法眼。"②这些表述灵巧地运用中国文化中的修辞手法，给大自然增添了人性的色彩，有人称其为"泛性论"。

天台宗的"中兴"大师湛然（711—782 年）是"无情有性"说的代表人物。他在《金刚錍》中说："随缘不变之说，出自大教，木石无心之语，生于小宗。"在他看来，万法皆由因缘所生，山川、草木、大地、瓦石也是由因缘现起的，形态变化万千，这是"变"的层面，而"不变"的是佛性，即便是渺小的植物也是有佛性的，这是"大教"，也就是大乘佛法的观点。他说："我及众生皆有此性，故名佛性，其性遍造遍变遍摄。世人不了大教之体，唯云无情不云有性，是故须云无情有性。"而在"小宗"，也就是小乘的观点中，"草木无心"，植物没有情识则无佛性，这与万法皆有佛性的观点形成了矛盾，所以湛然认同"无情有性"。

西方深层生态学家尤其重视中国的吉藏、湛然等揭示出的"无情有性"论——不仅"有情"的人和动物，连"无情"的草木等物亦有佛性——和与此观念相关的"青青翠竹，尽是法身；郁郁黄花，无非般若"的人生态度，提倡尊重生物的生存权利。美国环境伦理学家纳什（R.F.Nash）在其所著《大自然的权利》中提出了自然权利的观点：在地球生态系统中，任何一种生命形式都有发挥其正常功能的权

① 《杨岐方会和尚语录》，《大正藏》第 47 卷，第 640 页。

② 《法演禅师语录》，《大正藏》第 47 卷，第 650 页。

利，生长、繁殖、衰老、死亡不仅符合自然规律，也是一种自然权利，自然权利是"生物固有的、按生态规律存在并受人类尊重的资格"①，比如在自然权利中，生存权是一种基本的权利。在自然中，生物多样性的产生是不同生命自然萌发、成长的结果，在自然生态链条中，生物之间形成了一种自然平衡的生态，这种整体的协调功能既符合自然规律，也不以人的意志为转移。就此而言，所有生物都享有平等的生存权。

2. "心净则佛土净"的出世心性论

在有情众生与无情众生具备了出世（成佛）的基本条件之后，接下来就是众生如何出世（成佛）的问题。佛家出世的生态伦理实践与众生成佛的心性实践具有密切的关系，生态伦理实践是成佛实践的展开方式，成佛是生态实践的最终目标，两者在方向上具有一致性，在佛家看来可以合一为生命的德性实践。佛家出世的生态伦理实践表现为"心净则佛土净"的出世德性论。"心净则佛土净"出自《维摩诘所说经》，其文本为：

> 如是宝积，菩萨随其直心，则能发行；随其发行，则得深心；随其深心，则意调伏；随其调伏，则如说行；随如说行，则能回向；随其回向，则有方便；随其方便，则成就众生；随成就众生，则佛土净；随佛土净，则说法净；随说法净，则智慧净；随智慧净，则其心净；随其心净，则一切功德净。是故宝积，若菩萨欲得净土，当净其心；随其心净，则佛土净。②

① 李培超著：《自然与人文的和解》，长沙：湖南人民出版社，2001年，第142页。

② 《维摩诘所说经》，《大正藏》第14卷，第583页。

僧肇之《注维摩诘经卷》说：

> 众生之净，必因众行。直举众生，以释土净。今备举众行，明其所以净也。夫行净则众生净，众生净则佛土净。此必然之数，不可差也。[①]

从经文中可知，大乘佛家从菩萨度化众生的修行实践来阐发"心净则佛土净"的实践过程，其中包含"心净——行净——众生净——佛土净"几个环节。"心净"即是心意清净，在经文中包含"直心""发行""深心"三个环节。关于"直心"，鸠摩罗什注解道："直心，以诚心信佛法也。"[②] 可知"直心"是真诚地相信佛法。"发行"即"解行心"，"发求出世间行，故名发行"[③]。发行的内容是出离世间的行愿。"深心"，《维摩义记》解释道："得深心者初地心也。初地已上信乐愍至故曰深心。"[④] 深心是对佛法的诚信心，原乐心到达了极致。行净之行清净，在上段引文中包括"调伏""如说行""回向"三个环节。"调伏"指调伏贪嗔痴等烦恼执着，主要通过"持戒"的方式；"如说行"指如佛所说修行；"回向"是一种法布施，希望众生都能脱离痛苦，觅得出世善法。菩萨修出世的善法，脱离烦恼苦海，希望众生也能够修习净法，所以因材施教度化众生，以使"众生净"。大乘佛家认为，"众生净"是"佛土净"的前提和基础，世界的清净是通过众生清净实现的。《大智度论》说："若不利他，则不能成就众

---

① 《注维摩诘经卷》，《大正藏》第 38 卷，第 335 页。

② 《注维摩诘经卷》，第 337 页。

③ 《维摩义记》，《大正藏》第 38 卷，第 437 页。

④ 《维摩义记》，第 437 页。

生。若不能成就众生，亦不能净佛世界。何以故？以众生净故，世界清净。"①吉藏《维摩经义疏》解释道：

> 凡土有二：一、有情世间，二、器世间。圣土有二：一菩萨，二宝方。合此二种，假名为土。离有情等，无别土故。由有有情，方有器界。有情成菩萨，器界及宝方。菩萨本欲化诸有情，令得出世，方便变秽而为宝方。根本不为变器成净土，器是末故，所以今标诸有情土，是为菩萨修行所严清净佛土。②

这段文字阐发了"依正不二"的众生与环境一体论，即有众生，才谈得上其所依住的生态环境。在众生与其居住的生态环境之间，众生占据主体地位，环境的改变随着众生的变化而变化。"有情成菩萨，器界变宝方"，众生的心性境界提升了，心灵远离了染污执着，那么众生居住的有形的"器界"就随之发生改变，佛经把这种美好的居住环境称为"宝方"。按照"依正不二"的观点，菩萨希望让众生的居住环境变得美好，与希望众生"出世"，其实是同一个愿望："菩萨本欲化诸有情，令得出世，方便遍秽而为宝方。"而为了实现这个善愿，菩萨从根本入手，本为"众生"，"器是末故"，有形的自然环境较之众生而言处于末梢，众生得到了出世的清净解脱，其所依住的自然环境相应地转化为"净土"。所以，在"心净""众生净""佛土净"这个生态优化过程中，有情的生命体处于转变提升的核心环节。对于人类而言，我们要深刻反思"人类中心主义"的

---

① 《大智度论》，《大正藏》第 25 卷，第 463 页。

② 《说无垢称经疏》，《大正藏》第 38 卷，第 1023 页。

价值观念，在佛家宇宙生成的"缘起法""十二因缘"的生命运行论中汲取智慧的养分，树立与大自然你中有我、我中有你、共存于一个整体系统的生态理念。"心净则佛土净"，我们在心性修养实践过程中感受大自然的运行、和谐万物的智慧，为实现生态环境的优化建设贡献自己的力量。

第三章

儒道佛学生态伦理思想内在结构的基本精神

第一节　儒学生态伦理思想
内在结构的"民胞物与"精神

儒学"入世"生态伦理思想关注的核心是人。"三才者，天地人"，人秉承了乾坤父母的生生大道，将自然界的运行规律转化为人类社会的认知规律，以"厚德"友爱同胞，涵容万物，与天、地并列为"三才"。《周易·坤·象传》云："地势坤，君子以厚德载物。"[①]人类在生存境遇中充满着各种挑战，所以要以自强不息的精神积极应对挑战，秉承天的刚健正气，谐和万物。《周易·乾·象传》云："天行健，君子以自强不息。"[②]本节主要探讨自然的运行规律如何成为人类社会的认知规律，为人类的社会治理、生态治理提供不竭的生态智慧。这种智慧通过建立人类与自然万物之间的"大家庭"关系，表现

---

① 黄寿祺、张善文撰：《周易译注》，上海古籍出版社，2018年，第18页。

② 《周易译注》，第5页。

为"民胞物与"的生态伦理精神。"民胞物与"精神从自然万物的运行规律中提炼而来，成为一种价值形态之后，反过来服务于人类的社会实践、自然实践，如同万物的生命流程，从自然之中来，又回归到自然之中去，通过自然的价值转换而实现人类社会与自然界在价值层面的融合。

儒学从整体性的思维方式出发，将人与人、人与自然万物之间的生存关系整合到地球这个大家庭中，在当代以"地球村"为背景的人类生存视域下具有跨越时代的精神价值。商品经济时代，伴随着信息科技的快速发展和交通方式的飞跃式发展，我们的生活方式发生了巨大的变化。人们走出了狭小的生活天地，走向了不同的城市和国家，有机会与不同族群、地域、文明的人们交往互动，世界文明进入了深度融合、频繁交往的过程之中。"民胞"包含的内在精神价值认为，人民百姓是我的兄弟姐妹，情同手足，人与人之间的关系是亲切的、互助友善的，由此将人类联结成为一个家族的命运共同体，为不同文明形成平等、友善、和谐的交往关系提供了中国传统文化的优秀智慧。"物与"精神在"民胞"精神的基础上，进一步将自然万物纳入人类家族之中，认为自然界万物是我们的朋友、伴侣，人类应该以"大心体天下之物"，爱护大自然，共同营造美好的地球生态环境。

一、乾坤父母——人与自然和谐的根源

"民胞物与"思想由北宋思想家张载提出，将天、地、人、自然万物纳入同一个生存境遇中，成为亲切的一家人，以此构建人与人、

人与自然万物之间的和谐生态关系。《西铭》开篇说道："乾称父，坤称母；予兹藐焉，乃混然中处。故天地之塞，吾其体；天地之帅，吾其性。民吾同胞；物吾与也。"[①] 乾、坤两卦出自《易经》，乾卦代表天，天道创造了万物，所以称为万物之父；坤卦代表地，大地孕育了万物，称作万物之母。人处于天地之间，虽然渺小，却能以人之"性"率领天地万物。百姓是我的同胞兄弟姊妹，而自然万物是我们的朋友伙伴。张载从宇宙生成论的角度肯定了天地对于自然万物的生成性地位，人类也是天地之"子"，受到天地万物的哺育才能孕育和成长起来。同时，自然万物又是我们的朋友，我们同处于地球这个大家庭，获得阳光、水源、空气，互相之间通过物资的流动交换能量，延续生命，所以以地球生态的角度观之，万物是一个生命共同体，互相之间血脉相连，呼吸一处，共生共荣。

有父母然后有兄弟，所以乾坤父母是"民胞物与"产生的根源。"民胞物与"精神内在包含了两个层次，一是以宇宙间纵向上下关系为特征的"父子"结构，二是以地球上横向平行关系为特征的"民胞""物与"关系结构。纵横二者如同房屋的栋梁和横梁，两者相互结合，共同打造出一栋完整的儒家生态伦理思想大厦。首先，有父母才有兄弟姐妹，"民胞物与"精神的创新之处在于，它把人与人之间的关系看作同胞关系，把人与万物之间的关系视为伙伴关系，其中隐含的大前提是兄弟姐妹有共同的父母，所以乾坤是"民胞物与"产生的根源。《西铭》开篇就挺立起乾坤的家长地位："乾称父，坤称母；予兹藐焉，乃混然中处。"张载从宇宙生成论的角度探讨了乾

---

① ［宋］张载著：《张载集》，北京：中华书局，1978 年，第 62 页。

坤与人类、自然万物的关系，提出"乾称父，坤称母"，这句话出自《易传》。《易传·说卦传》提出了乾为父、坤为母的观点："乾，天也，故称乎父；坤，地也，故称乎母。"①乾、坤为父母卦，震、坎、艮、巽、离、兑这六卦为六子女，"乾坤生六子"，易传将父母子女的基本关系通过卦象的性质表现出来。值得注意的是，张载对"乾坤"和"天地"二者加以区分，他说："不曰天地而曰乾坤，言天地则有体，言乾坤则无形，故性也者，虽乾坤亦在其中。"②天地是有形的实体世界，故"有体"，而乾坤是无形的，可以作为万物生成根源的"性"，具有形上意义。"性者万物之一源"③，而"言乾坤则无形，故性也者"，所以"性"和"乾坤"都是从宇宙本源的角度作为宇宙万物生成的根源。

张载的"诚"与"性"思想可以追溯到《中庸》，《中庸》提出了"天命之谓性，率性之谓道，修道之谓教"④的总纲领，而张载进一步把"性"作为宇宙万物的生成根源。《中庸》对乾坤父母的"至诚"载物之道作了详细的阐发："故至诚无息，不息则久，久则征；征则悠远，悠远则博厚，博厚则高明。博厚所以载物也；高明所以覆物也；悠久所以成物也。博厚配地，高明配天，悠久无疆。如此者不见而章，不动而变，无为而成。天地之道，可一言而尽也。其为物不贰，则其生物不测。"⑤天地的"至诚"之道生生不息，没有停驻，所

---

① 《周易译注》，第 437 页。

② 《张载集》，第 69 页。

③ 《张载集》，第 21 页。

④ ［宋］朱熹撰：《四书章句集注》，北京：中华书局，2011 年，第 19 页。

⑤ 《四书章句集注》，第 35 页。

以具有"悠远""博厚""高明"的特点。朱熹认为用一句话概括天地运行之道,"不过曰诚而已"①。不贰,所以诚。至诚不息的大道,生出了不知其数的品类万物。"天地之道,博也,厚也,高也,明也,悠也,久也。今夫天,斯昭昭之多,及其无穷也,日月星辰系焉,万物覆焉。今夫地,一撮土之多。及其广厚,载华岳而不重,振河海而不泄,万物载焉。今夫山,一卷石之多,及其广大,草木生之,禽兽居之,宝藏兴焉。今夫水,一勺之多,及其不测,鼋、鼍、蛟龙、鱼鳖生焉,货财殖焉。"②天地之道,不贰不息,生生万物,以致盛大。一撮土增添积累以至厚重,可以承载华岳、拯救河海、承载万物。一卷小石头,经过积累以至广大,可以生养草木、居住禽兽、生出宝藏。一勺水,积累到无法测量的广度,成为广阔的江海,鼋、鼍、蛟龙、鱼鳖都可以在此生长,增殖无数物类和财宝。所以万物皆由乾坤孕育。"洋洋乎!发育万物,峻极于天。优优大哉!礼仪三百,威仪三千。"③乾坤大道至大至高,充裕有余,等待人们尊崇德性,"率性"修道,以人性之"诚"奉行乾坤父母之大道。

乾坤天道是人类万物的生成根源,而人之德性在天地万物中具有能动的引领作用:"故天地之塞,吾其体;天地之帅,吾其性。"④乾坤父母与人类万物之间的关系是一种宇宙论意义上的"父子"关系,张载认为,人在宇宙间应该要承担起"仁人孝子"的角色。"天所以长久不已之道,乃所谓诚。仁人孝子所以事天诚身,不过不已于

---

① 《四书章句集注》,第 35 页。
② 《四书章句集注》,第 35、36 页。
③ 《四书章句集注》,第 36 页。
④ 《张载集》,第 62 页。

仁孝而已。故君子诚之为贵。"①张载通过"诚"把宇宙运行的自然之道与人的天性结合以来，提出"事天诚身"，使人类承担起宇宙父母的"仁人孝子"的道德义务。"诚"在现实展开的过程中，也是从人类、万物、天地三个对象逐步推演开来的："唯天下至诚，为能尽其性；能尽其性，则能尽人之性；能尽人之性，则能尽物之性；能尽物之性，则可以赞天地之化育；可以赞天地之化育，则可以与天地参矣。"②人真诚己心，可以通达人性、物性，赞助天地万物的化育，从而于天地并列为三。

二、"民胞物与"——人与自然和谐的原则

"民胞物与"思想典型体现了儒家思想"能近取譬"的方法论，从而抵达儒家思想的精神核心"仁"的精神理念。孔子云："能近取譬，可谓仁之方也已。"儒家论"仁"，并没有用一种概念去定义它，而是将这种思想理念浸润到思维方式、价值形态（"德"）、行为表现（"礼"）的日常生活展开之中。张载将"仁"的理念从事亲出发，推广到爱民、爱物，从宇宙整体的维度看待人类的生存境遇，体现了一种宏大宽厚的博爱思想。

1. 仁爱——"民胞物与"精神的本质

儒学认为，仁爱是一切美善德性的根本。子曰："君主务本，本立而道生；孝弟也者，其为仁之本与。"③这里提出"务本"，就是行

---

① 《张载集》，第21页。

② 《四书章句集注》，第34页。

③ 杨伯峻译注：《论语译注》，北京：中华书局，2018年，第2页。

孝悌之道，根本立住了，"仁爱"的大道自然就显现出来。在家中礼敬父母兄弟，将此心推广开来，自然能够礼敬朋友、人民百姓，以至于自然万物。即使仁爱的对象不一样，真诚的"仁"心却是不变的，关爱之心、爱护之情不会随着时间、对象、环境的改变而变化，正如大地平等地承载万物、滋润万物一般，生生不息，未曾停止。有子所说："其为人也孝弟，而好犯上者，鲜矣；不好犯上，而好作乱者，未之有也。"[1]意思是说，在家庭之中能够行孝悌之道，是知礼敬之礼，那么像侵犯长上那样不礼敬的行为，是很少有发生的，再去为非作乱，扰乱社会秩序，违反国家法律，就更不可能了。

儒学"民胞物与"精神以"仁爱"为本质，立足于个体日常生活的修身实践。"樊迟问仁。子曰，爱人。"[2]"泛爱众，而亲仁。"[3]仁者心怀雅量，广泛地周济大众，亲近仁人，这是仁者的胸怀。而在实践的过程中，仁者首先是反躬自问，以自己为基本的价值参照而逐步推广到别人，这是行仁的方法："能近取譬，可谓仁之方也已。"[4]"夫仁者，己欲立而立人，己欲达而达人。"[5]"己所不欲，勿施于人。"[6]仁者在处理家庭关系中学会孝敬父母，友爱兄弟姐妹，在处理社会群体性关系的时候，就会对他人给予诚挚的关怀和无私的帮助，以至于爱护大自然中的生命。孔子以"仁"的价值内涵阐发儒家的生态伦理思

---

① 《论语译注》，第 2 页。

② 《论语译注》，第 185 页。

③ 《论语译注》，第 6 页。

④ 《论语译注》，第 93 页。

⑤ 《论语译注》，第 93 页。

⑥ 《论语译注》，第 175 页。

想，将对人的"仁爱"之心扩展到对自然万物的爱护之心。孔子爱护自然，在对待自然万物的时候以"仁德"存心。"子钓而不纲，弋不射宿。"① 夫子用鱼竿钓鱼而不用渔网捕鱼，用弋射的方式获取猎物，但是从来不射取休息中的鸟兽。孟子提出了以"不忍人之心"关爱万物，认为"人皆有不忍人之心"②，这种不忍心表现为"恻隐之心"，即怜悯同情心。"恻隐之心，仁之端也。"③ 恻隐之心是仁的发端，是每一个人本性所固有的。孟子以"孺子入井"为比喻，讲道："今人乍见孺子将入于井，皆有怵惕恻隐之心，非所以内交于孺子之父母也，非所以要誉于乡党朋友也，非恶其声而然也。"④孟子从人性论的角度论证了"民胞物与"精神天然地存在于人的本性之中。梁惠王坐在堂上，看到一头牛将要因为祭祀被杀，"不忍其觳觫，若无罪而就死地"，不忍心看到牛哆嗦的样子，没有罪却要进屠宰场，但为了祭祀能够正常进行，"以羊易之"⑤。孟子高度评价了梁惠王的这种做法："今恩足以及禽兽，而功不至于百姓者，独何与？"⑥能够以恻隐之心对待动物，而不能恩惠百姓，只是因为不去做罢了。"故王之不王，不为也，非不能也。"⑦

"仁爱"精神在家庭生活的日常中萌芽，表现为孝悌之道。"仁者

---

① 《论语译注》，第 105 页。

② ［清］焦循撰，沈文倬点校：《孟子正义》，北京：中华书局，2017 年，第 193 页。

③ 《孟子正义》，第 194 页。

④ 《孟子正义》，第 193 页。

⑤ 《孟子正义》，第 68 页。

⑥ 《孟子正义》，第 13 页。

⑦ 《孟子正义》，第 71 页。

人也，亲亲为大。"①一个人从出生开始，家庭是最初的生存环境。仁爱之德在人心之内，天然地表现在家庭内部与父母、兄弟姐妹关系的处理中。将对亲人的相处之道推广开来，诚信待人，周济大众，爱护自然，是儒家"民胞物与"精神的展开方式，如《孟子》云："老吾老以及人之老，幼吾幼以及人之幼。"②孔子认为，以孝敬父母、尊敬兄长、友爱朋友为代表的仁爱实践，是学习文化知识的前提和基础。"弟子入则孝，出则弟，谨而信，泛爱众而亲仁，行有余力，则以学文。"③为人弟子在家庭中孝养父母，侍奉兄长，以顺亲心。离开家庭进入社会，推此兄弟之道对待年长于自己的朋友，行为谨慎，言而有信。与社会大众相处，博爱众人，并且择取仁者而亲近之，向仁者学习。行此五事之外，即是"余力"，弟子求学，以前面五事为根本。因为在行此五事之中，已经包含了"仁义"大道。"入则孝"后紧跟的一节，子夏就是这么认为的。子夏曰："贤贤易色，事父母能竭其力，事君能致其身，与朋友交，言而有信。虽曰未学，吾必谓之学矣。"④伦常之义，是儒家学说关注的根本点。正确地处理好伦常关系是为学的根本。伦者是五伦，常者不变也，时代有变迁，人类社会关系中的夫妇、父子、君臣、兄弟、朋友这五种基本关系却不会变迁，始终存在。儒家的"仁爱"之道，是在处理这五种伦常关系之中实践展开的。

---

① 《四书章句集注》，第 30 页。

② 万丽华、蓝旭译注：《孟子》，北京：中华书局，2010 年，第 14 页。

③ 《论语译注》，第 6 页。

④ 《论语译注》，第 6 页。

2. 敬——"民胞物与"的处事心态

"民胞物与"精神包含了对他人、对大自然的敬意。《礼记》开篇云："毋不敬。"①这是礼的总纲，也是孝道的总纲。子游问孝，子曰："今之孝者，是谓能养。至于犬马，皆能有养；不敬，何以别乎？"②子游问孔子行孝之道，孔子从两个角度展开了回答，例如以饮食奉养父母，这是物资层面的能养，孔子认为以这种方式养父母之外还要心存敬意。"至于犬马，皆能有养"，至于犬马都能以体力服侍主人，但不知敬，唯有人能恭敬父母，知道礼节。而内心能够时常涵养这份恭敬心是最难的。子夏问孝，子曰："色难。有事，弟子服其劳，有酒食，先生馔，曾是以为孝乎？"③这里的"色"是颜色，"难"是不容易。以饮食养父母，不算难事，唯有以和颜悦色侍奉父母，才是难得。和颜悦色，由内心的敬爱之心发出，内心和顺欣悦，形之于外，自然是和颜悦色的流露。这种自然的和顺仪态是恭敬心、孝心的表现，所以最难。孔子说了"色难"之后，接着举例说明，先生有事，弟子代劳。有酒食，弟子奉请老师饮食，如果内心没有恭敬之心，这难道就是"孝"吗？显然，孔子论"孝"，以内心的"恭敬"为实质，以食物的奉养为行事，两者能兼备，当然最好，如"质胜文则史，文胜质则野。文质彬彬，然后君子"④。敬为"质"，饮食奉养为"文"，两者结合起来，"文质彬彬"，是行孝之善美。

---

① ［清］孙希旦撰，沈啸寰、王星贤点校：《礼记集解》，北京：中华书局，1989 年，第 3 页。

② 《论语译注》，第 19 页。

③ 《论语译注》，第 20 页。

④ 《论语译注》，第 87 页。

　　孔子将孝道的敬爱之心一以贯之，用于治国安百姓的政治应用中。"子曰：修己以敬。曰：如斯而已乎？曰：修己以安人。曰：如斯而已乎？曰：修己以安百姓。修己以安百姓，尧舜其犹病诸。"[①]子路问君子之道，孔子答复："一个人以敬来修饬自己，使身心言语统归于敬，这样就不会损害他人，以这种修养待人接物，便是安人。"修己是修身，安人即齐家，孔子所说的"安百姓"则是"治国平天下"的大道了。安百姓就不简单了，所以孔子感叹："修己以安百姓，尧舜其犹病诸。"意思是说，修己以安百姓，别说是君子，纵然尧舜那样的圣君，恐怕也很难做得周到。孔子的政治理想是"安百姓"，仁爱百姓的工作没有止境，但是其基本功夫还是"修己以敬"。修己的功夫在家庭伦理实践中是奠定基础的。孔子注重德性的根本，把孝道提升到了为政的高度。"或谓孔子曰：'子奚不为政？'子曰：'《书》云，孝乎惟孝，友于兄弟，施于有政。是亦为政，奚其为为政？'"[②]有人问孔子，夫子为什么不从政？孔子认为虽然不在官位，只要在家施行孝友，就是为政。孝敬父母、友爱兄长是为政的根本，除此之外，何事算是为政？君子在家庭中施行孝悌之道，以身作则，国民就会兴起为仁。君子不遗弃他的老朋友，那么国民的风俗就不会浇薄。"君子笃于亲，则民兴于仁。故旧不遗，则民不偷。"[③]孝悌是行仁的根本，所有的美善德性都从家庭伦理的孝道中成长而来，这是"修己"的功夫。

---

① 《论语译注》，第 225 页。

② 《论语译注》，第 27 页。

③ 《论语译注》，第 113 页。

3."民胞物与"的"大我"精神

张载从"大我"的角度阐发了对自然万物的仁爱之心。他说："大其心则能体天下之物，物有未体，则心为有外。世人之心，止于闻见之狭。圣人尽性，不以见闻梏其心，其视天下无一物非我，孟子谓尽心则知性知天以此。天大无外，故有外之心，不足以合天心。见闻之知，乃物交而知，非德性所知；德性所知，不萌于见闻。"①张载认为，人的"德性"以天下万物为一体，其实就是"民胞物与"的精神境界，而要达到这样的仁爱心境，需要"大其心"，不要以世间的见闻来区分物我，用人的"德性"之知观察天下万物，那么万物与我为一体。"视天下无一物非我"，万物都是一个"大我"，以"大我"之心去体认天下万物，没有一物不在"大我"之外，是为"合天心"。王阳明说："大人者，以天地万物为一体者也，其视天下犹一家、中国犹一人焉。若夫间形骸而分尔我者，小人矣。"②王阳明进一步阐发了张载"民胞物与"精神中的万物一体理念："夫圣人之心以天地万物为一体，其视天下之人无外内远近，凡有血气，皆其昆弟赤子之亲，莫不欲安全而教养之，以遂其万物一体之念。"③意思是说，圣人视天下万物为一家，凡是有血气生命的，都是我的兄弟姐妹，希望他们都够安其身，全其体，并且获得良好的教养。怀有"大我"之心的圣人，以仁爱为精神实质，从自身出发，推己及人，推恩万物，博施济众，以"万物一体"的视域团结同胞，关爱生命，爱护自然。

---

① ［宋］张载著：《张载集》，北京：中华书局，1978年，第24页。

② ［明］王阳明撰：《王阳明全集》，北京：线装书局，2012年，第70页。

③ 《王阳明全集》，第132页。

建立在对"仁"的深入体认、追求之上，宋明理学家在"万物一体"的仁者情怀中，追寻大自然生命的乐趣。如程颢所说："学者须先识仁。仁者，浑然与物同体。"[①] "医书言手足痿痹为不仁，此言最善名状。仁者，以天地万物为一体，莫非己也。"[②] 这里从整体性的视角阐发了"仁"的内涵。传统的中医理论将人的身体视为一个整体，气血在全身运转，有一处滞涩就会影响牵连到其他器官，所以就有传统中医"头痛医脚""脚痛医头"看似奇怪的做法。手足痿痹，根源在于气血不能贯通，就是不仁，不仁在症状上表现为麻木无知。现实生活中，人们之所以只看重自己的生命而不管他人、他物的生命，只是被私欲所蒙蔽。"人只为自私，将自家躯壳上头起意，故看得道理小了佗底。"[③] 将万物与自身对立起来，这是"小我"之见，并不能得到真正的"大乐"，所以宋明理学家提倡要"反身而诚""以物待物""放这身来，都在万物中一例看，大小大快活"[④]，大其心，将自己与万物放在整体的境地里，感受"民，吾同胞；物，吾与也"的博大胸怀与浩然气象。

三、和合之道——人与自然和谐的原理

儒学从社会治理出发，以"和合""大同"的伦理观念，构筑理想的生态世界。"大同世界"出自《礼记·礼运》篇："大道之行也，

---

① ［宋］程颢、程颐著：《二程集》，北京：中华书局，2004 年，第 16 页。

② 《二程集》，第 15 页。

③ 《二程集》，第 33 页。

④ 《二程集》，第 33—34 页。

天下为公，选贤与能，讲信修睦。故人不独亲其亲，不独子其子，使老有所终，壮有所用，幼有所长。鳏寡孤独废疾者皆有所养，男有分，女有归。货恶其弃于地也，不必藏于己；力恶其不出于身也，不必为己。是故谋闭而不兴，盗窃乱贼而不作，故外户而不闭，是谓大同。"①大同世界所描述的理想和合的生态世界，是人与人、人与自然和谐的生态世界，政治清明，百姓和睦，生态和美，贯穿着儒家的民本思想。

1. 德——和合万民的伦理基础

儒学的德治思想是和合万民的重要方法。子曰："道之以政，齐之以刑，民免而无耻；道之以德，齐之以礼，有耻且格。"②儒家认为，只有以道德教导百姓，以礼整饬之，民心才能诚心归顺。为政治制定施政条文，令民遵行，如果百姓不遵行就用刑罚来整饬之，这样得到的效果，就是百姓为了免除刑罚而服从政令，不是心悦诚服。"季康子问政于孔子曰：'如杀无道，以就有道，何如？'孔子对曰：'子为政，焉用杀？子欲善，而民善矣。君子之德风，小人之德草。草上之风，必偃。'"③孔子主张治国之道，重在以道德感化人民，不主张用杀人的刑政来治民，所以答复季康子："你从政何必用杀呢？"杀人毕竟不是好办法，不能收到理想的治理效果。如果想要民众向善，那就必须从季康子自身开始，所以说："子欲善，而民善矣。"君子的德行如同风，小人的德行如同草，君子以道德感化人民，就像草

---

① ［清］孙希旦撰，沈啸寰、王星贤点校：《礼记集解》，北京：中华书局，1989年，第582页。

② 《论语译注》，第15页。

③ 《论语译注》，第183页。

随风而倒伏。所以德治思想注重执政者自身的德性，季康子问政于孔子，孔子回答："政者正也。子帅以正，孰敢不正？"①孔子把"政"字解释为"正"。正是公正无私，执政者处处行得正，以身作则，修身涵德，百姓就会效法之。如此把持政治，用道德引导百姓，为"仁民"之道。子曰："爱之能勿劳乎？忠焉能勿诲乎？"②爱护一个人，就要勉励他，使他走正路。执政者爱护百姓，就要劳心劳力地帮助百姓，引导百姓走向正道。忠于百姓，不能不教诲百姓，使百姓明白人伦大道。如果事先不教导百姓，人民犯罪就杀，这叫作虐。孔子提出了为政的"四恶"："不教而杀谓之虐；不戒视成谓之暴；慢令致期谓之贼；犹之与人也，出纳之吝谓之有司。"③为政不在事先一再地告诫百姓，而立刻就要看到成果，这就是暴。政令发布很慢，限期完成却是紧急而刻不容缓，这就是贼害人民。国家的府库充实，应当救济百姓的时候，而吝啬出纳，这就与酷吏无异。

"德治"思想以满足百姓日常的基本物质需求、保证国土安全为执政基础，以"得民心"为根本宗旨。"子贡问政，子曰：'足食，足兵，民信之矣。'子贡曰：'必不得已而去，于斯三者何先？'曰：'去兵。'子贡曰：'必不得已而去，于斯二者何先？'曰：'去食。自古皆有死，民无信不立。'"④孔子把足食、足兵、民信之列为治国三要素，三者于治国，不可或缺。兵字原指武器而言，此处所说的兵含有国防的意思。执政者爱护百姓，不会穷兵黩武。但受到外国侵

① 《论语译注》，第183页。
② 《论语译注》，第208页。
③ 《论语译注》，第296页。
④ 《论语译注》，第178页。

略，不能不以武力抵抗。所以平时教民，除了道德教育与职业教育以外，也有军事训练，并以道德教育为主。子曰："善人教民七年，亦可以即戎矣。"①朱熹解释道："教之孝悌忠信之行，务农讲武之法。"②兵力充足保证了国家的安全，粮食充足则保障了国民的生存安全。在不得已的情况下，三者必须减去其一，孔子认为可以去兵。民以食为天，"仁民"至少要满足百姓的基本生活用度。鲁哀公就曾遇到"年饥"，用度不足，粮食不足，于是问有若怎么办。有若回答："盍彻乎？"彻是周朝的税法，规定农民缴十分之一的税。这也是天下的通法。鲁国自宣公十五年改变税制，征税十分之二，鲁哀公的时候也是十分之二。有若建议鲁哀公恢复十分之一的税法，哀公说："二，吾犹不足，如之何其彻也？"③意思是征收十分之二的税尚且感到费用不足，何以能恢复十分之一的税制呢？有若回答说："百姓足，君孰与不足？百姓不足，君孰与足？"④有若的见解是，百姓富足了国家就富足，执政者就不会不足。有若希望执政者站在百姓的立场，考虑国民的整体利益，建立起人民对政府的信任。只要人民信赖政府，即使没有足够的粮食，仍然可以与国家共患难。所以，在必不得已的情况下，再减去其一，孔子认为可以去食，但不能去民信。如果去掉民信，即使没有外患，也会有内乱，国家内部不能安定，百姓的利益就更难以得到保障，所以"自古皆有死，民无信不立"。

孟子从置民恒产、均土地、办教育几个方面阐发了"仁政"思

① 《论语译注》，第 203 页。

② 《四书章句集注》，第 139 页。

③ 《论语译注》，第 179 页。

④ 《论语译注》，第 180 页。

想，认为"民事不可缓也"，老百姓的事情不能拖。首先，孟子认为爱护百姓、让百姓安定的前提是"置民恒产"。"民之为道也，有恒产者有恒心，无恒产者无恒心。苟无恒心，放辟邪侈，无不为已，及陷乎罪，然后从而刑之，是罔民也。"①孟子认为老百姓有固定的产业便有坚定的心志。如果没有坚定的心志，就会为非作歹，无所不为。等到老百姓犯罪了，就处罚他们，这叫作陷害百姓。所以执政者爱护百姓，不会做出陷害百姓的事情来。孟子重视国家对百姓的伦理教育："设为庠序学校以教之。庠者，养也。校者，教也。序者，射也。夏曰校，殷曰序，周曰庠；学则三代共之，皆所以明人伦也。"②夏商周三代的君主都设置学校，引导百姓明白人伦大道，这样百姓之间就可以向善去恶，人与人之间以礼相待、和睦相处、诚信相交，如同一家人一样互助互爱。否则，百姓不明白人伦之理，就会争夺而不知礼让，以至于互相斗争，严重扰乱社会秩序，不仅严重背离了"民胞"精神的仁爱宗旨，也不利于社会的安定和谐、国家的长治久安。

2. 时中——和合万物生发的规律性

儒学的"时中"思想包含两个维度，第一，遵循大自然发展的时节性，顺时而为。第二，指行为合度，无过与不及。"时中"思想构成了儒家和合生态思想的重要内容。按照中国人的理解，"时"的第一要义是时间。孔子说："四时行焉，百物生焉。"③"四时行焉"，大自然的四个季节交替运行着，不以人的意志为转移。大自然按照一定

---

① [清]焦循撰，沈文倬点校：《孟子正义》，北京：中华书局，2017年，第275页。

② 《孟子正义》，第283、284页。

③ 《论语译注》，第267页。

的规律发展变化，那么，人们的行为举止就要顺应时节发展的变化而调整，尤其是农业生产要"顺乎天而应乎人"①。"中"在儒家思想中表现为"中庸"之中道，其中包括至诚无妄的心态、从实际出发的原则、无过和不及的思想方法。"中庸"之道对于和合人类与生态环境具有重要的指导意义。

孟子深刻认识到自然界生发万物的规律性，提出了三项有利于农业生产的举措："不违农时"②"数罟不入污池"③"斧斤以时入山林"④。他陈述了这样一个生态逻辑：自然界具有生发万物、滋养万物的能力，人类想要通过对自然物质的长期索取满足自身的生命运行，这是常理。但是，人类必须明白"取"和"予"要同时进行，人类所能给予自然的，就是学会关爱自然，尊重自然界生发运行的客观规律。自然界的生发时间与再生能力不以人的意志为转移，孟子多次强调"时"，正是提醒人们爱护自然的前提是掌握自然万物的生发规律。无限制地索取自然的结果，必然危及人类自身。在这个意义上，生态伦理思想是政治伦理思想的基础。为了达到"使民养生丧死无憾"⑤的养民目的，孟子首先强调的是人与自然相处的可持续发展模式。统治者"爱物"，需要深刻意识到"农时"的重要性，人类顺应大自然的节奏开展农业生产、渔业打捞工作，才能取得可持续性的物资补充。

荀子将"时中"思想用"天行有常"的自然观进行了深刻的阐

---

① 黄寿祺、张善文撰：《周易译注》，上海：上海古籍出版社，2018年，第286页。

② 《孟子正义》，第44页。

③ 《孟子正义》，第45页。

④ 《孟子正义》，第45页。

⑤ 《孟子正义》，第46页。

发。在《荀子·天论》中，他说："天行有常，不为尧存，不为桀亡。应之以治则吉，应之以乱则凶。强本而节用，则天不能贫；养备而动时，则天不能病；循道而不贰，则天不能祸。故水旱不能使之饥，寒暑不能使人疾，祅怪不能使之凶……受时与治世同，而殃祸与治世异，不可以怨天，其道然也。故明于天人之分，则可谓至人矣。"①在大自然的规律面前，人类只能顺应之，吉凶之道作为事情发展结果的好坏，其中的要害在于人类能否认识到规律的客观性，"应之以治"。在自然和人文之间，荀子还画出了一条职分的分界线，天有天道，人有人道，一心指望上天的恩赐是不行的，人们要充分发挥自身的人为优势，强本节用、养备动时、循道不贰。荀子站在人的立场上，认知天道是为了更好地处理人事，提出了"制天用命"的生态实践观。他说："人之命在天，国之命在礼。君人者，隆礼、尊贤而王，重法、爱民而霸，好利、多诈而危，权谋、倾覆、幽险而尽亡矣。大天而思之，孰与物畜而制之！从天而颂之，孰与制天命而用之！望时而待之，孰与应时而使之！因物而多之，孰与骋能而化之！思物而物之，孰与理物而勿失之也！愿于物之所以生，孰与有物之所以成！故错人而思天，则失万物之情。"②这段话中，荀子提出了"人"的主体性地位，认为良好的社会环境和自然生态环境，都可以通过执政者"爱民""隆礼""尊贤"的政治活动而营造出来，人居天地人"三才"之一，要充分发挥出人的爱物之德，顺应自然，爱护自然，与大自然展开和谐的交流互动。

---

① 〔清〕王先谦撰，沈啸寰、王星贤整理：《荀子集解》，北京：中华书局，2012年，第301页。
② 《荀子集解》，第310页。

第二节　道学生态伦理思想内在结构的"至美至乐"精神

道家思想提出了"道"生万物的宇宙生成论。本源之"道"具有三个方面的特征，第一，道实然存在，化生万物，而不以万物的生灭为转移，具有永恒性，所以为"真"。第二，道化生万物之后，由无形的超越形态转化为有形的万物，以自然规律、社会规律的形式存在于宇宙之中，这种规律，在道家看来就是"善"，它超越了人们对善恶的区分，以不以人的意志为转移的客观规律的形式呈现出来，所以为"至善"。第三，道家的美学观建立在至真、至善的本体论、价值论基础上，阐发道学生态伦理思想的"至美至乐"精神——道家之"美"是万物"至真"性状的自然呈现，也就是道化生万物，万物复归于道的这个自然真实的生命运行历程，即"道法自然"。

道学生态伦理思想的"至美"精神，是对生命万物产生于道、复归于道这个运动过程真实性的感知、体会和欣赏。道家论"美"，并不是一种以人的价值判断为依据的主体"审美"，道家甚至解构了这样一种以人为标准为依据的审视视角。"天下皆知美之为美，斯恶矣。"[①] "故为是举莛与楹，厉与西施，恢恑憰怪，道通为一。"[②] 美的前提和标准是真，即真实的存在，道家将万物生命运行的真实之"美"称为"至美"。道家之"乐"，源于对自然万物的生命运行规律的深度发掘。人之乐多以自我需求的满足为标准去理解自然万物，道家意识到这种快乐的片面性，"子非鱼，安知鱼之乐"[③]。道家的"至乐"

---

① 陈鼓应注译：《老子今注今译》，北京：商务印书馆，2016年，第80页。
② ［晋］郭象注、［唐］成玄英疏：《庄子注疏》，北京：中华书局，2011年，第38页。
③ 《庄子注疏》，第329页。

精神，以寻找生态中自然万物的快乐为目标，而不是人类个体生命的主观快乐，所以称为"至乐"。那么，自然万物的快乐从何而来呢？基于"道"的宇宙本源论的建构，道家认为生命万物的运行本质是"道"的运行展开，"道"在生命万物运行的过程中体现为自然规律——"鱼处水而生，人处水而死；彼必相与异，其好恶故异也"①。鱼喜欢水，处水而生，人则未必然，由于自然万物的秉性不一样，喜好不尽相同。大鹏鸟身形巨大，"鹏之背，不知其几千里也。怒而飞，其翼若垂天之云"②。大鹏鸟飞翔在天际获得了自由快乐。而燕雀身形小，飞翔于大树之间就感到自由快乐。道家的"至乐"精神，以万物的生命运行符合自然本性的展开为标准，阐发"道法自然"的本质规律，而以这种万物各自顺应天性的规律性去审视万物的价值标准，称为"至善"。道家的"至美至乐"精神，通过对天道运行的阐发，形成了真、善、美三个不同视域的和谐统一。

一、道学的"至美"精神

古往今来，"美"是人类哲学探讨的基本问题。中国古代的哲学家们热爱自然，敬畏自然，在自然万物的生发运转中探索"美"的本质，赋予大自然以"大美""至美"，道学就是生态美学的代表学派。《庄子》云："天地有大美而不言，四时有明法而不议，万物有成理而不说。圣人者，原天地之美而达万物之理。"③美的全体就是生生不息

---

① 《庄子注疏》，第338页。
② 《庄子注疏》，第2、3页。
③ 《庄子注疏》，第392页。

的真实的自然存在——天地在我们俯仰之间，头顶天，脚踏地，这是人类生存的基本空间；春夏秋冬，四时交替，亘古轮转，这是人类生存的时间范畴；大自然生养动物、植物，成为地球上人类朝夕相伴的伙伴，这是人类生存的基本环境，也就是今天的"生态环境"。天地、四时、万物的存在是客观真实的，道家洞察它们的自然性状，由此构筑"美"的基本内涵。天地秉承了"道"的无言性状，抚育万物而无私无我，称为"大美"。四时循环，开展得秩序井然，"有明法而不议"，呈现了"美"的秩序性、条理性。"万物有成理而不说"，是指万物的本性具有客观性、规律性，不以人的意志为转移，所以人类不可以拔苗助长，违背事物的本性。总而言之，道家之"美"是自然万物顺其本性而为、生命自然展开的运动过程。

1. 真——美的本质

什么是美？对这个问题的看法学者们众说纷纭。在道家看来，美的全体是真实运转、生生不息的大自然，人类是自然万物的一分子，包含在自然万物的生命体之中。道家从"道"的本体论视角观察万物运行的常理，从自然万物的运生之道中提炼出"美"的本质——普遍性、真实性。"美"不是高高在上的抽象之理，不是从人的思维、情感之中形成一套形而上的理论体系，反之，"美"是真实客观的生命运动——四时之变、生命流转、风霜雨雪，无不呈现出"美"的真实性状。从这个意义上说，大自然的"真实"不仅是美的标准、载体，"真"就是"美"的全体、"美"的本质。

道家探寻自然之"真"，主张还原自然万物的本来面目，探求万物运生的实情。《庄子》意识到了以"人类中心主义"视角探寻真理的弊端，发出了"夫随其成心而师之，谁独且无师乎？"①的感叹。"成心"，是指依据个体固有的成见，以自身观念为是、以别人的观点为非的价值判断标准。道家对"成心"观物提出了质疑。"果且有彼是乎哉？果且无彼是乎哉？"②每个人都有"成心"，所以人皆师其成心，按照这种视角去观察自然万物，是无法找到万物运行的大道的。"如求得其情与不得，无益损乎其真。"③人们按照自己的"成心"去追求万物的存在之真实性状，结果是"彼亦一是非，此亦一是非"④。不同的人对万物的看法形成不同的价值判断，是非曲直随个人的"成心"而定。那么，"真"的认知视角是怎样的呢？道家认为，彼与是两者是相对存在的，圣人知道其中的道理，"是以圣人不由而照之于天，亦因是也"⑤。圣人不由己意去衡量万物，生出是非之心，而是顺应天道运行的常理——"彼是莫得其偶，谓之道枢。枢始得其环中，以应无穷。是亦一无穷，非亦一无穷也"⑥。"枢"是要的意思，"道"之枢要，就是超越因"成心"而生起的是非之心，明了价值的相对性生成之理，"故曰：莫若以明"⑦。明了是非彼我生成之理，除其"成心"，才能以"道"观物，还原万物的自然真实性状。

以"道"观物，方能呈现自然万物运行的真实性状。《庄子》从"正处""正味""正色"三个角度切入，探问什么是万物真实的存在

---

① 《庄子注疏》，第 32 页。
② 《庄子注疏》，第 36 页。
③ 《庄子注疏》，第 31 页。
④ 《庄子注疏》，第 36 页。
⑤ 《庄子注疏》，第 36 页。
⑥ 《庄子注疏》，第 36 页。
⑦ 《庄子注疏》，第 37 页。

性状。"民湿寝则腰疾偏死，鰌然乎哉？木处则惴栗恂惧，猨猴然乎哉？三者孰知正处？"①这里探问什么是"正处"，即万物真实的居所。人在潮湿的地方卧寝，就会得病，而泥鳅就不会；人处于树上会感到惊恐不安，猿猴在树林之间跳蹿，却安然其中。所以万物的本性不一样，处所也不一样。适合其本性的居所，就是"正处"。什么是"正色"呢？道家从真实的视角审视万物："毛嫱丽姬，人之所美也；鱼见之深入，鸟见之高飞，麋鹿见之决骤，四者孰知天下之正色哉？"②道家将万物处于平等的主体视域互相审"美"，从而彻底打破了人所建立的对"美"的"成心"标准。这里举了四个例子，毛嫱是越王的宠妾，丽姬是晋国的宠嫔，她们的美貌人人称叹，可是鱼儿见到她们就沉入水底，鸟儿看到她们就飞离了，麋鹿见之立马就走开了。人、鱼、鸟、鹿，到底谁是谁非呢？万物的本性不一样，对事物的看法也不一样，这些都是万物存在的真实性状。所以说："物故有所然，物固有所可；无物不然，无物不可。故为是举莛与楹，厉与西施，恢恑憰怪，道通为一。"③万物都有自己的审美视角，本性不一样，所以真实呈现的性状也不一样。以"道"观之，万物皆是天道运化而成，按照符合自然本性的方式呈现其真实性状，这个道理是相通的。

从万物的运行性状出发体察"道法自然"的最高真实之理，称为"至美"。《庄子》举出了自然界中的三种音声，分别为"人籁""地

① 《庄子注疏》，第50页。

② 《庄子注疏》，第51页。

③ 《庄子注疏》，第38页。

籁""天籁",三者层层递进,直至于"道"。子游曰:"地籁则众窍是已,人籁则比竹是已,敢问天籁。"子綦曰:"夫吹万不同,而使其自己也。咸其自取,怒者其谁邪?"①人籁是人吹响洞箫竹管的声音,地籁是风穿过地面中的大小孔窍的声音,风有缓急,孔窍的形状千变万化。"山林之畏佳,大木百围之窍穴,似鼻,似口,似耳,似枅,似圈,似臼,似洼者,似污者,激者,謞者,叱者,吸者,叫者,譹者,宎者,咬者,前者唱于而随者唱喁。泠风则小和,飘风则大和,厉风济则众窍为虚。"②音乐是各种音声的组合,音声产生于气流与物体的摩擦,这点道家已经有深入的阐发:"夫大块噫气,其名为风,是唯无作,作则万窍怒号。"③风力大小由气流的缓急决定,大风与万窍的摩擦,产生了千万种不同的声响,这是大地发出的声响。什么是天籁呢?天籁与"道"相近,"道法自然",以自己为法,万物效法"道","使其自己""咸其自取",按照万物自己的本性之道而自然展开。这里的"天"指生生万物之"道",以天籁之音形容"道"的运行之理,就是"至美""至善"了。天道自古而存,不以人的意志而改变。"夫道有情有信,无为无形;可传而不可受,可得而不可见;自本自根,未有天地,自古以固存。神鬼神帝,生天生地;在太极之先而不为高,在六极之下而不为深,先天地生而不为久,长于上古而不为老。"④所以道以自己为法,在运生万物的过程中呈现事物的真实之美。

---

① 《庄子注疏》,第 27 页。

② 《庄子注疏》,第 25 页。

③ 《庄子注疏》,第 24 页。

④ 《庄子注疏》,第 137 页。

2. 运——美的展开

道家之"美"是动态的、生成的。道家的哲思灵感来源于大自然的生生之道，《庄子·天道》云："天道运而无所积，故万物成。帝道运而无所积，故天下归；圣道运而无所积，故海内服。"[①]由天道而追踪至人道，以天道贯穿人道，天人合于"无所积"之道。无所积，则无滞塞，无积蓄，与万物同体，覆育苍生。人道效法天道，"帝道""圣道"皆无积滞，在道家看来，"美"并不是脱离现实生存根基的主观审美，美的依据首先是现实的、活活泼泼的存在物，脱离了大自然、人类、生命的生发运转，美的存在就失去了现实的载体，所以，美的前提是万物之"生"，即"天道运""帝道运""生道运"的"运"字。运则生，生则动，动则衍生出了大千世界的多姿多彩。从万物生成的根源入手，天道、人道皆以"运"而成，所以道家的"美"是生成性的、不断展开的。"日月星辰行其纪，吾止之于有穷，流之于无止。"[②]日月星辰的变化有其纲纪，可是流动变化的状态没有止境，人们想要追逐这种不停息的"变化"是无法办到的。"予欲虑之而不能知也，望之而不能见也，逐之而不能及也。"[③]

天道生生不息，运化出了万物的差异之美，这种差异性体现为自然法则。万物存在的差异性是合理的，是"道"运生万物的正常状态。庄子认为："天下有常然。常然者，曲者不以钩，直者不以绳，圆者不以规，方者不以矩，附离不以胶漆，约束不以纆索。故天下诱

---

① 《庄子注疏》，第 247 页。

② 《庄子注疏》，第 274 页。

③ 《庄子注疏》，第 274 页。

然皆生,而不知其所以生;同焉皆得,而不知其所以得。"①天道运生万物,自然而然,常然即正常状态,相当于自然规律或事物本性。自然万物顺其本性,呈现出曲、直、圆、方、附离、约束的性状,这些性状是事物的本真状态,不需要外在的钩、绳、规、矩、胶漆、缰索去丈量它们的形制、大小、规格。因为差异本身是本然的,顺其本性的,这是道运生万物的常态。老子云:"则天地固有常矣,日月固有明矣,星辰固有列矣,禽兽固有群矣,树木固有立矣。"②"明"为日月之性,"列"为星辰之性,"群"为禽兽之性,"立"为树木之性。万物秉承于道的自然法则是客观存在的,人们只有循着自然之理,才能感知"运生"之美,诚如:"梁丽可以冲城,而不可以窒穴,言殊器也;骐骥骅骝,一日而驰千里,捕鼠不如狸狌,言殊技也;鸱鸺夜撮蚤,察毫末,昼出瞋目而不见丘山,言殊性也。"③万物生命的本性不同,其器用、技能和性能也不同。不同的事物存在千差万别,即使是同一类事物,其间也有差异。④"有能与不能者,其才固有巨小也。"⑤比如同样是鸡,"越鸡不能伏鹄卵,鲁鸡固能矣"⑥。

道学认为,美的动态性、生成性源自"顺物自然",遵循"道"的规律性、生发的自然本性。一切事物都按照本性生活着,成长着,

---

① 《庄子注疏》,第 176 页。
② 《庄子注疏》,第 261 页。
③ 《庄子注疏》,第 316 页。
④ 任俊华:《儒道佛生态伦理思想研究》,湖南师范大学博士论文,2004 年,第 139 页。
⑤ 《庄子注疏》,第 415 页。
⑥ 《庄子注疏》,第 414 页。

这个过程包含了动态的、灵动的、生生不息的美，它源于生命体的本性，充分展现了自然生命的本然状态。什么是生命的本然状态？庄子说："马，蹄可以践霜雪，毛可以御风寒，龁草饮水，翘足而陆，此马之真性也。虽有义台、路寝，无所用之。及至伯乐，曰：'我善治马。'烧之，剔之，刻之，雒之。连之以羁絷，编之以皁栈，马之死者十二三矣。饥之，渴之，驰之，骤之，整之，齐之，前有橛饰之患，而后有鞭筴之威，而马之死者已过半矣。"①马按照其本性而存活着，吃野草，喝湖边的水，自由地飞驰在草原上，马蹄可以践踏冰冷的霜雪，皮毛可以抵御凛冽的寒风，这个自然而然的生命状态是马的本性、本真，在动态的生命开展中全然呈现出马的生命魅力，发挥出其性格中的真性情。所以，道家认为美的本质是生命特征的全面展开，人类可以顺应之，激发之，而不能违背之。"顺物自然而无容私焉，而天下治矣。"②而"伯乐"以自己的私心改造马，背离了马的本真，所以经过他的一番折腾，马死去了大半。又如："昔者海鸟止于鲁郊，鲁侯御而觞之于庙，奏九韶以为乐，具太牢以为膳，鸟乃眩视忧悲，不敢食一脔，不敢饮一杯，三日而死。此以己养养鸟也，非以鸟养养鸟也。"③又如："凫胫虽短，续之则忧；鹤胫虽长，断之则悲。"④人为地背离自然生命的本真性情，失去了生命体本有的灵动展开、生生不息的个性之美，会让动物感到受折磨、悲伤，甚至造成死亡。

---

① 《庄子注疏》，第 183 页。

② 《庄子注疏》，第 161 页。

③ 《庄子注疏》，第 338 页。

④ 《庄子注疏》，第 174 页。

3. "人与天一"——美的视角

道学追求"人与天一"的审美境界。"道"运生自然万物，万物遵循着"道"的规律而展开。"夫道，覆载万物者也，洋洋乎大哉，君子不可以不刳心焉。"[1]君子站在天道运化的视角观察万物，万物同体而生，同状而灭。"天地一指也，万物一马也。"[2]"天地虽大，其化均也；万物虽多，其治一也。"[3]"人与天一也。""万物一府，死生同状。"[4]

在道家的语境中，"天"是人类一个独特的审美视角，称为"无为"——"无为为之之谓天，无为言之之谓德"[5]；"无为也而尊，朴素而天下莫能与之争美"[6]。以"无为"论"天"，包含了"人与天一"的审美内涵。人如何与"天"合一？老子和庄子都提出了"无为"之道，并以"无为为之"定义"天"。"忘乎物，忘乎天，其名为忘己。忘己之人，是之谓入于天。"[7]人如何做到"无为"？道家提出了忘我之法，"忘乎物，忘乎天"。物我两忘，天地万物皆与我一体。"天下莫大于秋豪之末，而大山为小；莫寿乎殇子，而彭祖为夭。天地与我并生，万物与我为一。"[8]《庄子》进一步分析忘我的方法，提出了"坐忘""心斋"之说。"堕肢体，黜聪明，离形去知，同于大通，此谓坐忘。""通"是通达于"道"，"道通为一"指的是万物遵循"道"

---

① 《庄子注疏》，第 220 页。
② 《庄子注疏》，第 37 页。
③ 《庄子注疏》，第 219 页。
④ 《庄子注疏》，第 222 页。
⑤ 《庄子注疏》，第 220 页。
⑥ 《庄子注疏》，第 250 页。
⑦ 《庄子注疏》，第 232 页。
⑧ 《庄子注疏》，第 44 页。

的运行规律。"其分也，成也。其成也，毁也。凡物无成与毁，复通为一。唯达者知通为一，为是不用而寓诸庸。"①万物有成有毁，"道"却一以贯之，通于万物。"达者"知晓"通用"之道，"堕肢体，黜聪明，离形去知"，去掉人的主观立场、是非判断，与万物融合一体。老子在《道德经》中阐发了同样的观点："五色令人目盲，五音令人耳聋，五味令人口爽，驰骋畋猎，令人心发狂；难得之货，令人行妨。是以圣人为腹不为目，故去彼取此。"②道家认为，"忘我"是虚静、淡漠的内心状态，五音、五色、五味、驰骋畋猎、难得之货，这些都会使内心追逐外物，失去了本来的平静恬淡。"夫虚静恬淡、寂寞无为者，万物之本也。"③道家将这种心境修养的过程称为"心斋"："若一志，无听之以耳而听之以心，无听之以心而听之以气。听止于耳，心止于符。气也者，虚而待物者也。唯道集虚。虚者，心斋也。"④虚其心，内心不被外物牵绊、扰乱，还要除去私意："天无私覆，地无私载，天地岂私贫我哉？求其为之者而不得也！"天地没有私意，平等地抚育万物。"天之道，利而不害。圣人之道，为而不争。"⑤天地平等地利益万物，无私无我，圣人之道也是如此。在天道和人道二者中，道家尊崇"天道"。"何谓道？有天道，有人道。无为而尊者，天道也。有为而累者，人道也。"⑥圣人效法天道，行无为之

---

① 《庄子注疏》，第38、39页。

② 陈鼓应注译：《老子今注今译》，北京：商务印书馆，2016年，第118页。

③ 《庄子注疏》，第249页。

④ 《庄子注疏》，第81页。

⑤ 《老子今注今译》，第349页。

⑥ 《庄子注疏》，第217页。

行。"故圣人观于天而不助，成于德而不累，出于道而不谋，会于仁而不恃，薄于义而不积，应于礼而不讳。"[①]

"人与天一"的审美视角站在自然万物的立场以物观物，通过"物化"达到"天与人不相胜"[②]的一体融合视域，将自然万物的本性真实地呈现出来。"物化"出自"庄周梦蝶"的典故："昔者庄周梦为蝴蝶，栩栩然蝴蝶也。自喻适志与！不知周也。俄然觉，则蘧蘧然周也。不知周之梦为蝴蝶与？蝴蝶之梦为周与？周与蝴蝶则必有分矣。此之谓物化。"[③]庄周与蝴蝶是两种不同的物类，庄周与蝴蝶之间的运化源自庄周内心的视角转化，这种转化与其"志"相适应，从中获得人与物"同情"的愉悦。人与万物之间的"物化"转化，为"人与天一"的审美视角提供了重要的方法。比如，惠子有一棵大樗树让他发愁。"吾有大树，人谓之樗。其大本拥肿而不中绳墨，其小枝卷曲而不中规矩。立之涂，匠者不顾。今子之言，大而无用，众所同去也。"[④]这棵树在普通人看来，味道臭，枝丫卷，无所取材，匠人完全看不上眼。庄子却有不同的看法："今子有大树，患其无用，何不树之于无何有之乡、广莫之野，彷徨乎无为其侧，逍遥乎寝卧其下？不夭斤斧，物无害者。无所可用，安所困苦哉！"[⑤]庄子站在大树的视角评价樗树——大树因为没有为人所取材的地方，所以免去了遭遇斧头砍伐的灾难，得以终其天年。以人观树，树呈现出不利的因素，以

---

① 《庄子注疏》，第 216 页。

② 《庄子注疏》，第 132 页。

③ 《庄子注疏》，第 61 页。

④ 《庄子注疏》，第 21 页。

⑤ 《庄子注疏》，第 21 页。

树观树，树的本性表现出对自身有利的条件。当然，这棵树也并非全然无用，人们顺其天性而用，可以把它放在野外空旷的地方，为人们遮阴避阳，作为落脚歇息、睡觉的场所。《庄子》通过"物化"的视角转化，达到了无为而为、顺应万物本性的"人与天一"的一体融合视域。

二、道学的"至乐"精神

道家对万物的认识有一个基本的次序："是故古之明大道者，先明天而道德次之，道德已明而仁义次之。"[①]道家的"至美至乐"精神中，"至美"精神侧重于"明天"，阐发了人观察自然万物而形成的宇宙观、世界观，其核心标准是"真"。"至乐"精神侧重于"道德仁义"，乐是万物给予人内心的愉悦情感，情感的生成包含着一个价值评判的尺度，其核心标准是"善"。道家论"善"，并非强调与"恶"相对的性质，而是崇尚返璞归真，合于自然之"道"："与人和者谓之人乐，与天和者谓之天乐。"[②]天乐的实质是体察"道"化生万物，万物复归于"道"的自然过程。"䪥万物而不为戾，泽及万世而不为仁，长于上古而不为寿，覆载天地刻雕众形而不为巧，此之谓天乐。故曰：知天乐者，其生也天行，其死也物化。"[③]道在运生万物的过程中，无声无息，自然而然，从不以"戾""仁""寿""巧"等价值自诩，按照自身的轨迹展开着，超越了一切价值是非美丑，所以为"至

---

① 《庄子注疏》，第256页。

② 《庄子注疏》，第251页。

③ 《庄子注疏》，第250页。

善"，道家以体悟"至善"之"道"而为"天乐"。

1."上善"——至乐的本质

道家之乐，源于人秉承于"道"的本源之性。"中纯实而反乎情，乐也。"①人的志性纯正和实，通过反乎其朴实的真情而得到恒常的快乐。这种快乐与"道"相适应，所以超越了相对性的善恶两边，回归于"上善"的本真性状。老子在《道德经》中提出"上善"思想，"上善若水"，通过水无争、顺物的性状形容"上善"。百姓居于"上善"，可以获得"至乐"。庄子和老子都对至美至乐的生活场景进行了描绘，成为道家治世的理想社会图景。"子独不知至德之世乎？昔者容成氏、大庭氏、伯皇氏、中央氏、栗陆氏、骊畜氏、轩辕氏、赫胥氏、尊卢氏、祝融氏、伏牺氏、神农氏，当是时也，民结绳而用之，甘其食，美其服，乐其俗，安其居，邻国相望，鸡狗之音相闻，民至老死而不相往来。若此之时，时至治已。"②"小国寡民。使有什伯之器而不用；使民重死而不远徙。虽有舟舆，无所乘之；虽有甲兵，无所陈之。使民复结绳而用之。甘其食，美其服，安其居，乐其俗。邻国相望，鸡犬之声相闻，民至老死，不相往来。"③道家崇尚返璞归真的生活状态，人心淳朴，无有争斗，安居乐业，在生命的自然流转中与"天"和，与自然相融合，形成一幅理想和美的自然生活图景。

道学在追求返璞归真的"上善"中获得"至乐"。老子在《道德

---

① 《庄子注疏》，第 298 页。

② 《庄子注疏》，第 196、197 页。

③ 《老子今注今译》，第 345 页。

经》中对"上善"进行了阐发:"天下皆知美之为美,斯恶已;皆知善之为善,斯不善已。有无相生,难易相成,长短相形,高下相盈,音声相和,前后相随。是以圣人处无为之事,行不言之教,万物作而不为始,生而不有,为而不恃,功成而弗居。夫唯弗居,是以不去。"[①]人以是非标准树立"美",在形成这种美的标准的同时,将对立面——"恶"的标准也确立出来了,所以美的标准与非美(恶)的标准相伴而生;同理,人以是非标准确立"善",这种"善"是通过人的价值判断区分出来的相对性的善,善的对立面"不善"也同时生成,所以这种善不是"上善",通过人的标准确立的"善",可以"与人和",获得"人乐",而不能"与天和",获得"天乐"。道家认为只有意识到有无、难易、长短、高下、前后这些相对性而产生的性状,才能不执泥于某一面,回归到至善、至乐之境。"故知天乐者,无天怨,无人非,无物累,无鬼责。故曰:其动也天,其静也地。"[②]"去小知而大知明,去善而自善矣。"[③]庄子主张人类放弃改造自然的企图和人为智巧,恢复淳朴的人性真实的自我,保持无拘无束无知无欲的原始生活,返璞归真,回归自然。[④]"其民愚而朴,少私而寡欲;知作而不知藏,与而不求其报。""同乎无知,其德不离;同乎无欲,是谓素朴,素朴而民性得矣。"[⑤]人们"无知无欲",处于纯真质朴的生活状态之中。

---

① 《老子今注今译》,第 80 页。

② 《庄子注疏》,第 251 页。

③ 《庄子注疏》,第 488 页。

④ 任俊华:《儒道佛生态伦理思想研究》,湖南师范大学博士论文,2004 年,第 143 页。

⑤ 《庄子注疏》,第 185 页。

　　庄子把人与自然的和谐称为"天乐"，认为"与天和者，谓之天乐"①，人与自然的关系是"物我同一"、天人和谐的。在庄子心目中，天、地、人和物是相互依存，彼此和谐的。②"天地与我并生，而万物与我为一。"③为了回归自然，道家反对奇巧技艺，提出"绝圣弃知""毁绝钩绳"的观点："故绝圣弃知，大盗乃止；擿玉毁珠，小盗不起；焚符破玺，而民朴鄙；掊斗折衡，而民不争；殚残天下之圣法，而民始可与论议。擢乱六律，铄绝竽瑟，塞瞽旷之耳，而天下始人含其聪矣；灭文章，散五采，胶离朱之目，而天下始人含其明矣；毁绝钩绳而弃规矩，攦工倕之指，而天下始人含其巧矣。故曰：大巧若拙。"④道家的"上善"思想是回归的、返本的，在价值对立性生成的情况下，超越价值，就是回归于道的本体性状。"天地不仁，以万物为刍狗。"⑤所以天道运行的状态具有超价值性、超思维性，道家谓之"上善"，人的行为效法之。"善行无辙迹，善言无瑕谪，善数不用筹策，善闭无关楗而不可开，善结无绳约而不可解。是以圣人常善救人，故无弃人；常善救物，故无弃物，是谓袭明。故善人者，不善人之师；不善人者，善人之资。不贵其师，不爱其资，虽智大迷，是谓要妙。"⑥上善至乐的行迹善于利益万物，平等地普施万物，与道合，与天和，老子以水作了形象的比喻："上善若水。水善利万物而不争，

----

① 《庄子注疏》，第250页。

② 《儒道佛生态伦理思想研究》，第93页。

③ 《庄子注疏》，第44页。

④ 《庄子注疏》，第195页。

⑤ 《老子今注今译》，第93页。

⑥ 《老子今注今译》，第179页。

处众人之所恶，故几于道。居善地，心善渊，与善仁，言善信，政善治，事善能，动善时。夫唯不争，故无尤。"[1]"上善"之道如同水流滋润万物一样，居其卑微而随顺万物，不与万物相争，静默流淌而生生不息。

2."无为"——至乐的展开

道家认为，圣人以"道"治天下，顺物而畜天下，所以获得了"天乐"。"天乐者，圣人之心以畜天下也。"[2]圣人能够体悟"道"，顺应"道"。庄子认为宇宙的本源是道，由道而生气，由气而生天地万物。[3]"杂乎芒芴之间，变而有气，气变而有形，形变而有生。"[4]"道"运生万物，包含了两个维度的性状：第一，"法自然"；第二，无为而无所为。所谓"法自然"，是指一切以自然为法，凡事顺应自然，不用人为干扰无为。[5]"法自然"的目的在于效法天德，维护自然之德的完美。庄子主张："不以心捐道，不以人助天。"[6]也就是说，不要用思虑损害大道，不要以人为干扰无为。那么什么是无为？什么是人为？庄子认为："牛马四足，是谓天；落马首，穿牛鼻，是谓人。故曰，无以人灭天，无以故灭命。"[7]

无为是"道"的展开相状，其本质是顺应万物的自然性状。庄

---

① 《老子今注今译》，第102页。

② 《庄子注疏》，第251页。

③ 《儒道佛生态伦理思想研究》，第98页。

④ 《庄子注疏》，第334页。

⑤ 《儒道佛生态伦理思想研究》，第94页。

⑥ 《庄子注疏》，第128页。

⑦ 《庄子注疏》，第321页。

子说:"无为可以定是非。""天无为以之清,地无为以之宁,故两无为相合,万物皆化。"① 人也应当"从天之理"以无为,"汝徒处无为而物自化"②,因为"万物职职,皆从无为殖","无为也,则用天下而有余;有为也,则为天下用而不足"③。庄子所理解的"无为"乃是顺应万物生发的自然规律,最终实现"无所不为"。庄子云:"天地有大美而不言,四时有明法而不议,万物有成理而不说。圣人者,原天地之美而达万物之理。是故至人无为,大至不作,观于天地之谓也。"④ 又云,无为可以达至"天德"。"玄古之君天下,无为也,天德而已矣。"⑤

"无为"作为一种"天德",包含了对万物生命的爱护。《庄子》云:"物得以生谓之德。"⑥ 万物自然生长,符合大自然的天然节奏,《庄子》把这种自然而然的性状称为"德"。"能尊生者,虽贵富,不以养伤身;虽贫贱,不以利累形。"⑦ "夫生者,岂特随侯之重哉?"⑧ "重生,则利轻。"⑨ 庄子认为,尊重生命,是一种高尚的美德,万物皆有其存在生长的理由;人不能因有利于自身,而对万物的存在予以高度的评价,因无利于自身,就摈弃和排斥它们。"桂可

---

① 《庄子注疏》,第 333 页。
② 《庄子注疏》,第 212 页。
③ 《庄子注疏》,第 251 页。
④ 《庄子注疏》,第 392 页。
⑤ 《庄子注疏》,第 218 页。
⑥ 《庄子注疏》,第 230 页。
⑦ 《庄子注疏》,第 505 页。
⑧ 《庄子注疏》,第 507 页。
⑨ 《庄子注疏》,第 510 页。

食，故伐之；漆可用，故割之。人皆知有用之用，而莫知无用之用也。"[1]"无用之用"就要"顺物自然"，维护每一个生命存在的价值。"今子有大树，患其无用，何不树之于无何有之乡、广莫之野，彷徨乎无为其侧，逍遥乎寝卧其下？不夭斤斧，物无害者。无所可用，安所困苦哉！"[2]出于对生命的爱护，道家提出了"万物不伤"的思想："生之畜之，生而不有，为而不恃，长而不宰。"[3]这就是说，让万物生长繁殖，养育了万物却不据为己有，为万物尽力而不自恃有功，导引万物而不主宰万物。"天之道，利而不害；人之道，为而不争。"[4]天道利益万物，生养万物。所以人道效法天道，也要爱护万物而不伤害它们。著名英国哲学家罗素曾说："如果人类生活要想不变得无聊和索然无趣的话，重要的就是认识到存在着各种其价值完全不依赖于效用的东西。"[5]

如何才能做到"万物不伤"呢？《庄子》以圣人为例，讲道："圣人处物而不伤物，不伤物者，物亦不能伤也。唯无所伤者，为能与人相迎也。"[6]圣人与万物和谐共处，并没有伤害的念头，万物也不伤害圣人，双方和谐相处，其乐融融，这是一种反归于"自然"的高超生存境界。"古之人，在混茫之中，与一世而得澹漠焉。当是时也，阴阳和静，鬼神不扰，四时得节，万物不伤，群生不夭，人虽有知，

---

① 《庄子注疏》，第 101 页。

② 《庄子注疏》，第 22 页。

③ 《老子今注今译》，第 108 页。

④ 《老子今注今译》，第 349 页。

⑤ ［英］罗素著：《权威与个人》，肖巍译，北京：中国社会科学出版社，1990 年，第 97 页。

⑥ 《庄子注疏》，第 407 页。

无所用之，此之谓至一。当是时也，莫之为而常自然。"①从"万物不伤"的生态爱护观出发，庄子还提出了"物物而不物于物"的宽容精神。正是由于人贪得无厌地追求自然物质，导致人自身被物所累而失去了逍遥，大自然也产生了种种失衡现象。庄子一针见血地指出："夫弓弩毕弋机变之知多，则鸟乱于上矣；钩饵、罔罟、罾笱之知多，则鱼乱于水矣；削格罗落罝罘之知多，则兽乱于泽矣。"②人类的"机巧"之心扰乱了自然生态的本来秩序，鸟、鱼、兽相继出现了本能的反抗。面对日益脆弱的生态环境，庄子的生态伦理智慧为我们打开了一扇对"大自然"的全新思考尺度之窗。

第三节　佛学生态伦理思想内在结构的 "大慈大悲"精神

在探索宇宙生命本质的基础上，佛学确立起了万物平等、尊重生命的价值观。"慈悲"是古代印度语 maitri 和 karuna 合起来的译词，"慈"就是"与乐"，"悲"就是"拔苦"，前者意味着给予生命万物以快乐，后者意味着拔除所有生命的痛苦，"大慈与一切众生乐，大悲拔一切众生苦"③，"慈、悲，是佛道之根本"④，"一切诸佛法中，慈、悲为大"⑤。佛家认为，有生命的众生都会受到不同程度的烦恼和

① 《庄子注疏》，第 299 页。

② 《庄子注疏》，第 197 页。

③ 《大智度论》，《大藏经》第 25 卷，第 256 页。

④ 《大智度论》，《大藏经》第 25 卷，第 256 页。

⑤ 《大智度论》，《大藏经》第 25 卷，第 256 页。

痛苦，都值得怜悯，需要解脱。佛家的慈悲精神在强调对自身生命本能保护的同时，要对他人、他物给予关怀和帮助。[①]"常以仁恕居怀，恒将惠爱为念，若梦、若觉，不忘慈心；乃至蠕动蜎飞，普皆覆护。"[②]生命在因缘和合的过程中变动不居，变化无常，但以"惠爱"这一念恒久地留住在心中，以慈心爱护一切众生，甚至是微不足道的虫类，这是人类所本有的智慧能力，所以要以"慈心愍伤一切蠢动、含识之类"[③]。

佛学以尊重生命、关爱自然、慈悲万物为特点的生态伦理精神，源于对一切依缘而生的事物之间的相互关联性、依存性的哲理认知。佛家从整体论的宇宙观看纷繁的生命现象，生命体之间互相依存，互相联系，"生"是"因缘和合"，条件具足而生起，所以一个生命现象的产生，必然具足了相关性条件的产生，事物的消亡，也根源于相关环境赋予条件的消亡，所以事物不是独立存在的，而是依托于一个适当的外在生存环境和自身的内在条件。唐代华严宗祖师智俨说："举一为主，余即为伴；主以为正，伴即是依。"[④]生命主体是"主"和"正"，那么生命所生存的这个生态环境就是"伴"和"依"。这里的主、伴是相对而言的，指事物之间的关联性、依存性。在地球的生态网络中，任何一个生命体在它的生存空间中，都属于"主"；而对于其他生命体的生存空间而言，它就是"伴"。在自然的生态环境中，

---

① 任俊华：《儒道佛生态伦理思想研究》，湖南师范大学博士论文，2004 年，第 119 页。

② 《万善同归集》，《大正藏》第 48 卷，第 982 页。

③ 《万善同归集》，《大正藏》第 48 卷，第 982 页。

④ 《华严一乘十玄门》，《大正藏》第 45 卷，第 515 页。

大到整个地球（生成与宇宙空间），小到一个家庭，不论是人、动物、植物，还是山、水、土壤，都离不开一个整体性、条件性的关系网络。在这张整体的大网中，一个小的局部空间都处于与之密切相连的大的系统空间之中，空间之间相互交织、重叠、交换，如同灯光之间互相交错，互相交融，互不妨碍。而且，佛学的整体生态观是动态生成的，生态系统内的各种条件都在变化着、运动着，整个生态系统的所有条件处在一个动态的交流、碰撞、转化过程之中。通过一个整体变化的宇宙运动模式，佛家阐发了生命生存的"一体"样式，即万物其实是一个整体，地球所创造的整体自然生态环境是一切生命生存的前提条件。

从"缘起论"出发，佛学建立起了人与自然万物彼此相依的共生关系。人类作为大自然中的一个物种，依存于自然环境之中，通过与大自然进行着能量交换而获得物资滋养生命、延续生命，所以人类与万物共生共荣，不可分离。面对当下的地球生态问题，我们要深刻反思"人类中心主义"价值观念，发扬佛法的"大慈大悲"精神，从整体性的眼光审视人与大自然之间的一体关系，爱护自然如同爱护我们血脉相连的同胞，与大自然建立起互助互融、和谐友善的良好生态关系。

一、慈悲的心体

慈悲是佛法的根本，《普贤行愿品》云："诸佛如来，以大悲心而为体故。因于众生而起大悲；因于大悲生菩提心；因菩提心成等正觉。"①慈悲是一种对生命万物的悲悯心、关爱心，希望生命万物在整个生命流程中脱离苦难，获得安乐。这种慈悯心理产生于"同体大悲"的"一体"心理，即自然万物与我为一体的精神：众生希望获得生存的权利，感知生存的愉悦，所以"我"就给予众生快乐，这是"慈"的"与乐"义。众生希望脱离苦难，远离伤害，"我"就帮助众生远离苦难，给予各种条件安抚众生，引导众生，这是"悲"的"拔苦"义。"同体大悲"是人性中本有的能力，存在于"本觉真心"之中。"本觉真心"即人人本有的觉知心、真心，又称作"佛性""真如"等，是慈悲的心体，其中包含了菩提智慧，是佛家思想中的核心理念。

1. 慈悲——"本觉真心"

在佛学看来，慈悲心是人人具有的"本觉真心"。《观无量寿经》云："佛心者大慈悲是，以无缘慈摄诸众生。"②"佛心"就是"大悲心"，"无缘慈"就是无条件地关爱众生，给予众生快乐。在所有的善法中，慈悲为万善的基础，众多美好的德性都汇聚在慈悲中。《大般涅槃经》云："所有善根，慈为根本。"③慈悲的悲悯精神源自人的"本觉真心"，"本觉真心"指人人具有的佛性，天台宗的宗密在《原人论》中云："一乘显性教者，说一切有情皆有本觉真心，无始以来常住清净，昭昭不昧了了常知，亦名佛性，亦名如来藏。从无始际，妄相翳之，不自觉知，但认凡质故，耽著结业受生死苦。大觉愍之，

---

① 《大方广佛华严经》，《大正藏》第 10 卷，第 846 页。

② 《佛说观无量寿经》，《大正藏》第 12 卷，第 343 页。

③ 《大般涅槃经》，《大正藏》第 12 卷，第 456 页。

说一切皆空，又开示灵觉真心清净全同诸佛。"①宗密所说的"本觉真心"，在佛家中又名"佛性""如来藏""真如""法性""实际"，这些从不同层面表达了同一个意思，就是人本有的觉悟本性。《大乘玄论》卷三称："经中有明佛性、法性、真如、实际等，并是佛性之异名。"②"佛性有种种名，于一佛性，亦名法性、涅槃，亦名般若一乘，亦名首楞严三昧、师子吼三昧。"③"本觉真心"具备"常住清净""昭昭不昧""了了常知"三个特点。这种本有的"真心"不生不灭，永恒存在，不垢不净，不增不减，所以说它"常住清净"。真心有觉照万物的能力，就像镜子一样照见万物本来的面貌，所以说它是"昭昭不昧""了了常知"。众生的这种先天的本觉心，"灵知本觉，就其体方面言，是一心；就因方面言，是如来藏；就果方面言，则称为圆觉"④。禅宗六祖惠能大师在悟道之后说："何期自性，本自清净；何期自性，本不生灭；何期自性，本自具足；何期自性，本无动摇；何期自性，能生万法。"⑤惠能大师从清净、永恒、本有、本定、生万法五个方面形容"自性""真心"，自性本体是清净无染的，它恒常存在，具足一切智慧，不会因为外物的干扰而有所动摇。

佛家认为一切众生皆有"本觉真心"，所以众生都有大慈大悲的护生之心。《菩萨戒经》云："我本元自性清净，若识自心见性，皆

---

① 《原人论》，《大正藏》第45卷，第710页。

② 《大乘玄论》，《大正藏》第45卷，第41页。

③ 《大乘玄论》，《大正藏》第45卷，第41页。

④ 方立天著：《中国佛教哲学要义》，北京：中国人民大学出版社，2005年，第339页。

⑤ 《六祖大师法宝坛经》，《大正藏》第48卷，第349页。

成佛道。"①佛家致力于引导众生明了本有的佛性，佛性是人的本性。"本性是佛，离性无别佛。何名摩诃？摩诃是大。心量广大，犹如虚空。无有边畔，亦无方圆大小，亦非青黄赤白，亦无上下长短，亦无嗔无喜，无是无非，无善无恶，无有头尾。诸佛刹土，尽同虚空。世人妙性本空，无有一法可得。自性真空，亦复如是。"②这里指出了本性的基本性状，心量广大，就像虚空一样没有边际、没有形状、没有色彩，也没有是非善恶的价值分别。本性有"无住"的特点，"没有一法可得"，所以"自性真空"，"真"指恒常不变，"空"是无有执住，真空的本性包含了觉悟的智慧。《坛经》云："何名波罗蜜？此是西国语，唐言到彼岸，解义离生灭。著境生灭起，如水有波浪，即名为此岸；离境无生灭，如水常通流，即名为彼岸，故号波罗蜜。"③这里解释了"波罗蜜"的意思，翻译成汉语为"到彼岸"，即觅得了本有的佛性，远离了生灭现象。这里把佛性比作"水"，波浪如同烦恼，此岸众生烦恼不断，如水面涌动着波浪。波浪是暂时的，有生有灭，而水的"流通性"是永恒的，如同"本性"常住。《大般涅槃经》云："佛性常恒无有变易，无明覆故令诸众生不能得见。"④佛性没有生灭，恒常存在，众生不能见到佛性的原因在于"无明"的烦恼遮盖住了。

慈悲心包含在"本觉真心"之中，慈悲心的显现，需要人寻觅本有的佛性。惠能在《坛经》云："善知识，菩提般若之智，世人本自

---

① 《六祖大师法宝坛经》，《大正藏》第48卷，第351页。
② 《六祖大师法宝坛经》，《大正藏》第48卷，第350页。
③ 《六祖大师法宝坛经》，《大正藏》第48卷，第350页。
④ 《大般涅槃经》，《大正藏》第12卷，第523页。

有之；只缘心迷，不能自悟，须假大善知识，示导见性。当知愚人智人，佛性本无差别，只缘迷悟不同，所以有愚有智。"① 人皆有的佛性不能显现，只在"迷"与"悟"的差别，迷者为愚痴，悟者得智慧。"善知识，凡夫即佛，烦恼即菩提。前念迷即凡夫，后念悟即佛。"② 把人性中的乌云拂去，本性的智慧就焕然而显，明净如初。《十地经》云："众生身中，有金刚佛性。犹如日轮，体明圆满，广大无边。只为五阴重云所覆，如瓶内灯光不能显现。"③《华严经》中也有"人性光明""云雾遮光"的比喻："广大如法界，究竟如虚空，亦如瓶内灯光，不能照外；亦如世间云雾，八方俱起，天下阴暗，日光起得明净，日光不坏，只为雾障。一切众生，清净性，亦复如是。只为攀缘妄念诸见，烦恼重云，覆障圣道，不能显了。若妄念不生，默然静坐，大涅槃日，自然明净。俗书云：冰生于水而冰遏水，冰泮而水通；妄起于真而妄迷真，妄尽而真现。即心海澄清，法身空净也。故学人依文字语言为道者，如风中灯，不能破暗，焰焰谢灭。若静坐无事，如密室中灯，则解破暗，昭物分明。"④ 这里的"日光"即是"佛性"，日光不坏，为"真"；云雾障碍住日光，为"妄"，妄尽真现，本有的慈悲佛性就显现出来了。

2. 慈悲——菩提心的根本

菩提心是大乘佛法的根本要义，菩提心的根本是生起大慈大悲之心。"菩提"是梵语 bodhi 的音译，意思是觉悟、智慧。《成唯识

---

① 《六祖大师法宝坛经》，《大正藏》第 48 卷，第 350 页。
② 《六祖大师法宝坛经》，《大正藏》第 48 卷，第 350 页。
③ 《少室六门》，《大正藏》第 48 卷，第 367 页。
④ 《楞伽师资记》，《大正藏》第 85 卷，第 1285 页。

论述记》卷一云："言正解者，正觉异号。梵云菩提，此翻为觉，觉法性故。"①《大集经》云："菩提心是安一切佛法根本，一切法住菩提心故，便得增长。"②菩提心是一切佛法的根本，如同种子、大地、净水、大风、盛火、净日、明月。《华严经》卷五十九云："菩提心者，则为一切诸佛种子，能生一切诸佛法故。菩提心者，则为良田，长养众生白净法故。菩提心者，则为大地，能持一切诸世间故。菩提心者，则为净水，洗濯一切烦恼垢故。菩提心者，则为大风，一切世间无障碍故。菩提心者，则为盛火，能烧一切邪见爱故。菩提心者，则为净日，普照一切众生类故。菩提心者，则为明月，诸白净法悉圆满故。"③菩提心以慈悲为根本。《劝发菩提心集》云："谓为求无上菩提故，菩萨发心以何为根，乃至何为障难究竟等者？以大悲为根本。"④菩提心需要慈悲的浇灌，才能成长。《华严经》云："譬如旷野沙碛之中，有大树王，若根得水，枝叶华果悉皆繁茂。生死旷野菩提树王，亦复如是。一切众生而为树根，诸佛菩萨而为华果，以大悲水饶益众生，则能成就诸佛菩萨智慧华果。何以故？若诸菩萨以大悲水饶益众生，则能成就阿耨多罗三藐三菩提故。是故菩提属于众生，若无众生，一切菩萨终不能成无上正觉。"⑤这里以一棵大树为比喻，指出了慈悲与智慧的关系，一切众生是树根，觉者为华果，慈悲精神为水，没有慈悲水的浇灌，大树就无法存活、长大乃至开花结果，所以慈悲

---

① 《成唯识论述记》，《大正藏》第 43 卷，第 235 页。

② 《大方等大集经》，《大正藏》第 13 卷，第 120 页。

③ 《大方广佛华严经》，《大正藏》第 9 卷，第 775 页。

④ 《劝发菩提心集》，《大正藏》第 45 卷，第 377 页。

⑤ 《大方广佛华严经》，《大正藏》第 10 卷，第 846 页。

心可以长养菩提智慧。

菩提心是利益一切众生之心，其中包含担当、大悲、真诚、无我的精神，为当代人类的生态实践提供了积极的价值导向。《华严经》云："为发大悲心，专求佛菩提。"[1]无上菩提之心，又称无上道心、无上道意。慈悲心为善法，善法可以滋养菩提心。《华严经》卷六十三云："应以善法扶助自心；应以法水润泽自心；应于境界净治自心；应以精进坚固自心；应以忍辱坦荡自心；应以智证洁白自心；应以智慧明利自心；应以佛自在开发自心；应以佛平等广大自心；应以佛十力照察自心。"[2]慈悲心为善法，以慈悲滋养心灵，不仅可以调和人的内心，净化心灵，提升人类的道德，以慈悲心爱护生命以及自然万物，还可以协调人与自然之间的关系，缓解地球的生态难题。《法句经》有"不杀为仁，慎言守心"[3]"智者乐慈，昼夜念慈，心无克伐，不害众生"[4]"履仁行慈，博爱济众"[5]的观点，提倡不应该杀害众生，应当施行仁慈善法，爱护一切生命。与慈悲心相对的，是贪执之心，佛家将贪欲、执取作为人生痛苦的根本，以这种心理为基础，产生了对身边的人、事乃至自然万物的占有、控制、杀害的心理，严重破坏了人类社会、人与自然的和谐生态关系。现代社会，人类为了满足自身过度的欲望，没有意识到自然界自身的规律性、人与自然的一体性，向大自然无限制地排放未加处理的工业废气、污水，向自然索

---

① 《大方广佛华严经》，《大正藏》第 9 卷，第 774 页。

② 《大方广佛华严经》，《大正藏》第 10 卷，第 340 页。

③ 《法句经》，《大正藏》第 4 卷，第 561 页。

④ 《法句经》，《大正藏》第 4 卷，第 561 页。

⑤ 《法句经》，《大正藏》第 4 卷，第 561 页。

取过多的资源，导致了生态环境的严重污染、自然再生能力的严重
失衡。然而，生态环境是人类赖以生存的家园，破坏生态环境造成
的结果最终还是由人类自身承担。从这个意义上说，佛家的慈悲心、
菩提心蕴含着长远的生态眼光，为人类的可持续发展提供了佛学的生
态智慧。

二、大慈大悲的精神内涵

佛学提倡"无缘大慈"[①]"同体大悲"[②]的利他思想。"无缘"就是
平等地、无条件地帮助一切众生。慈悲心的对象是一切有情、无情众
生，佛家认为众生的生命过程中充满着种种痛苦，而佛法的目的是帮
助众生，拔除诸苦，给予安乐。这里从四个方面阐发大慈大悲的精神
实质：悲悯心、包容心、平等心、和平心。其中，悲悯心是菩提心
的实质，即以"同体大悲"的一体之心同情万物、仁爱众生。包容
心为大慈大悲精神的气象和广度，之所以为"大"，既有空间上的
四方远近，也有对象上的无情、有情，所以慈悲涵盖了自然界的生
命万物。平等心是慈悲的原则，所谓"无缘大慈"，在佛家的观念
里，就是所有的生命都是平等的，万物都有生存的权利，也有被尊
重的权利，所以悲悯万物，即是将人与万物置于一个整体的视角之
下，理解万物的互为条件、互相依存之理。和平心是维护地球自然
生态和谐的保障，维护好人与人之间的关系是保证人与自然关系的

---

① 《大乘本生心地观经》，《大正藏》第 3 卷，第 313 页。
② 《大毗卢遮那经广大仪轨》，《大正藏》第 18 卷，第 91 页。

前提，人和人之间产生斗争、战争，会对自然界的生态和谐造成不利影响，甚至是毁灭性的打击。所以佛家从慈悲心出发，倡导和平，远离战争。

1. 大慈大悲的悲悯精神

大慈大悲精神的核心内涵是对自然界万物的悲悯情怀。佛家提倡爱护包括人类在内的一切众生，用"同体大悲"的感念之心对待一切生灵，帮助众生解脱痛苦，培养一种厚道的、仁爱的、报恩的、喜悦的精神品质。《华严经》主张恒顺众生，平等地爱护一切众生："卵生、胎生、湿生、化生，或有依于地、水、火、风而生住者，或有依空及诸卉木而生住者，种种生类、种种色身、种种形状、种种相貌、种种寿量、种种族类、种种名号、种种心性、种种知见、种种欲乐、种种意行、种种威仪、种种衣服、种种饮食，处于种种村营、聚落、城邑、宫殿，乃至一切天龙八部、人、非人等，无足、二足、四足、多足，有色、无色，有想、无想、非有想、非无想，如是等类，我皆于彼随顺而转，种种承事，种种供养，如敬父母，如奉师长，及阿罗汉乃至如来，等无有异。"[①]佛家以平等、一体的视角看待自然万物，体会万物生命流转过程中的种种苦难而悲悯之，以破除人类征服自然的优越感和统治欲。

悲悯精神源自对生命痛苦的深刻体察，希望帮助众生脱离苦难。佛家所谓的"苦"，不仅是生命可以感知的痛苦，而且还是万物经历变化无常的规律而引起的无奈和困惑。所以，"苦"还具有烦恼、迁

---

① 《大方广佛华严经》，《大正藏》第 10 卷，第 845、846 页。

流、毁坏的意义。佛陀从感知生命流程中的"苦"而开始思索人生的真谛。《佛说八大人觉经》云："生死炽然，苦恼无量。发大乘心，普济一切。愿代众生，受无量苦。令诸众生，毕竟大乐。"①生命流转的过程中充满了各种痛苦，尤其是出生与死亡。佛家对"苦"进行了详细的分类，《大智度论》说："身苦者，身痛、头痛等四百四种病，是为身苦；心苦者，忧、愁、瞋、怖、嫉妒、疑、如是等是为心苦。二苦和合，是为内苦。"②不仅身体要遭受到痛苦，心理同样会遭受到痛苦，这是不可避免的。《金刚经》将"苦"分为八类，即"八苦煎熬"：生、老、病、死、爱别离、怨憎会、求不得、五阴炽盛。所以佛家的悲悯情怀，以救度众生脱离苦难为目的。《金刚经》云："所有一切众生之类，若卵生、若胎生、若湿生、若化生、若有色、若无色、若有想、若无想、若非有想非无想，我皆令入无余涅槃而灭度之。"③悲悯精神如同雨水滋润万物一般，润物无声，令所有的有情、无情众生都受到雨水的滋润。《坛经》云："譬如雨水，不从天有，元是龙能兴致，令一切众生，一切草木，有情无情，悉皆蒙润。百川众流，却入大海，合为一体。众生本性般若之智，亦复如是。"④慈悲精神平等地施予万物，乃至微小的草木，无不如此。

佛学以悲悯精神敬畏生命、尊重生命，所以珍惜万物生存的权利，不主张恃强凌弱、以大欺小、杀害众生，因为"一切众生皆有佛

---

① 《佛说八大人觉经》,《大正藏》第 17 卷，第 715 页。

② 《大智度论》,《大正藏》第 25 卷，第 202 页。

③ 《金刚般若波罗蜜经》,《大正藏》第 8 卷，第 748 页。

④ 《六祖大师法宝坛经》,《大正藏》第 48 卷，第 350 页。

性"①，所以主张慈悲放生。《宝王三昧念佛直指》云："杀业最重，通于贵贱，人所难除。故于正行之道，先令断杀。"②佛家认为，所有的生命体最珍视的就是自己的生命，即使是微不足道的虫子都有逃生的本能，万物无不如此。《放生文》中说："盖闻世间至重者生命，天下最惨者杀伤。是故逢擒则奔，虮虱犹知避死；将雨而徙，蝼蚁尚且贪生。"自然界的动物也有情感，畏惧生命的死亡。"怜儿之鹿，舐疮痕而寸断柔肠；畏死之猿，望弓影而双垂悲泪。恃我强而凌彼弱，理恐非宜；食他肉而补己身，心将安忍？"佛家从悲悯心出发，认为万物都有生存的权利，所以要爱护万物，不要伤害动物的生命。放眼当下，地球上的物种迅速消失，生物的多样性遭受到了前所未有的破坏，佛家的生命观给予我们深刻的反思。《金光明经》记载了一个救鱼护生的故事：天自在光王国有一位叫流水长子的大医王，一天带着他的两个儿子"渐次游行城邑聚落"，路上遇到一群群"虎狼狐犬鸟兽"朝着一个地方奔去，流水长子跟随着它们，发现这些禽兽奔向一个快干涸的水池里吃鱼，池中的鱼数量"足满十千"。长子看到这个情况，心生大悲悯，四处找水救鱼，找来了大树叶为鱼遮阴挡日。眼见着水池里水不多，长子跑到国王那里借来了二十头大象和许多储水皮囊，以最快的速度赶着大象，带着水救鱼，池中的鱼因此而得救。

2. 大慈大悲的包容精神

佛学的大慈大悲精神具有博大的胸怀气度包容万物，以海纳百川之量给予万物平等的悲悯关怀。而佛家告诉我们，这种包容精神源自

---

① 《大般涅槃经》，《大正藏》第 12 卷，第 404 页。

② 《宝王三昧念佛直指》，《大正藏》第 47 卷，第 368 页。

人人本有的"自心"。《佛祖历代通载》记载："六祖云：汝等诸人自心是佛，更莫狐疑，外无一物而能建立，皆是本心生万种法。故经云：心生种种法生，心灭种种法灭。"①慈悲的精神以悲悯的情感关爱万物，立足于每一个生命的本心中。这种博爱包容的心灵视域，以佛家"万物一体"的宇宙观、价值观为理论基础。

佛学的慈悲包容精神，表现为"世界"的时空观。"世界"源于佛家，"世"指万物在"时间"中不断流逝，"界"指万物生存于宇宙"空间"中。《楞严经》云："云何名为众生世界？世为迁流，界为方位。汝今当知东西南北东南西南东北西北上下为界，过去未来现在为世。"②什么是"世界"？"世"为"迁流""变化"，万事万物处于无穷迁流变化中；"界"为方位。东、南、西、北、东南、东北、西南、西北、上下为"界"；过去、现在、未来为世。"世"为时间范畴，"界"为空间范畴，人类生存于其中的现象即是"世界"。"世界"包容万象，从内容上可以划分为两个部分：一是有情世界，即一切有知觉、有感情的生命，包括人类以及地球上形形色色的动物；二是器世界，指一切生命赖以生存的地球以及山河大地等物质世界。佛家把世界看作一个整体，万物之间互相联系，互为条件。华严宗以"毛孔""微尘""师子毛""因陀罗网"等现象为比喻，精辟地阐述了一与一切的关系。

天台宗从"一念三千"的角度，阐发了一念慈悲心包容大千世界的思想。天台宗的理论基石是"性具"说，"性"指真如、法性，

① 《佛祖历代通载》，《大正藏》第49卷，第588页。
② 《大佛顶如来密因修证了义诸菩萨万行首楞严经》，《大正藏》第19卷，第122页。

"具"指具足、具有，"性具"指世界上每一事物本来具足大千世界的本质、本性。"毛容巨海，芥纳须弥。"① 芥子、毛孔是极其微小的东西，须弥、刹海代表广阔的空间，芥子、毛孔涵容广阔的空间，是从其本质、本性的角度阐发义理的。天台宗创始人智顗提出了"十界互具""一念三千"的理论："夫一心具十法界，一法界又具十法界、百法界。一界具三十种世间，百法界即具三千种世间，此三千在一念心。若无心而已，介尔有心即具三千。"② 这里的"一念"指"一念心"，即心念起动的刹那，"三千"指"三千大千世界"，即宇宙万物，全部的现象世界。"一念三千"是对"性具"说的进一步发挥，"性具"说是从本性、实相的角度论证世界万物的一体性，即万物具足实相，实相包含万法。"一念三千"指心的"一念"包含"三千世界"，一念中具有的慈悲佛性与三千世界的佛性是一体无碍、无二无别。所以一念慈悲的心性，包含了三千大千世界万物平等无二的法性。唐代《永嘉证道歌》云："一性圆通一切性，一法遍含一切法。一月普现一切水，一切水月一月摄。诸佛法身入我性，我性同共如来合。"③

慈悲心的广大无边称作"四无量心"：慈无量心、悲无量心、喜无量心、舍无量心。无量，指无有限量，慈悲喜舍之心包容广大，无有边际。佛家说的四无量包含：希望众生得到安乐，即慈心；希望众生永远脱离苦难，即悲心；希望众生内心愉悦，获得"无苦之乐"，即喜心；舍是让众生获得"慈""悲""喜"的途径与方法，就是远离

---

① 《仁王护国般若波罗蜜多经疏》，《大正藏》第 33 卷，第 480 页。
② 《观音经玄义记会本》卷二，《续藏经》第 55 卷，第 41 页。
③ 《永嘉证道歌》，《大正藏》第 48 卷，第 396 页。

贪嗔的执着，以此法平等地施舍众生。《大般涅槃经》云："为诸众生除无利益，是名大慈；欲与众生无量利乐，是名大悲；于诸众生心生欢喜，是名大喜；无所拥护名为大舍。"[1]慈悲心包容万千，帮助一切众生脱离苦难，得到安乐。永明大师在《万善同归集》中用"慈航普渡"为比喻，以慈悲心救度众生脱离苦海："驾大般若之慈航，越三有之苦津，入普贤之愿海，渡法界之飘溺。"[2]佛陀的慈悲胸怀，以众生之苦为己之苦，如同众生与我一体，所以称为"同体大悲"。又以其悲愿之心广大无边，因此也称作"无盖大悲""无上大悲"。

3. 大慈大悲的平等精神

大慈大悲精神包含了平等心。佛家主张给予万物平等的关怀、爱护，在人类之外，还包括所有有情、无情的众生。《法华经·随喜功德品》："若四百万亿阿僧祇世界六趣四生众生，卵生、胎生、湿生、化生、若有形、无形，有想、无想，非有想、非无想，无足、二足、四足、多足，如是等，在众生数者——有人求福，随其所欲娱乐之具，皆给与之。"佛家的大慈大悲精神，普及于一切万物，给予安详快乐。《大宝积经》云："譬如忉利诸天，入同等园，所用之物皆悉同等。菩萨亦尔，真净心故，于众生中平等教化。"[3]菩萨平等教化众生，属于智慧的开导、精神的安乐布施。帮助众生的时候，佛家注重平等原则。《金刚经》云："不住色布施，不住声香味触法布施。"[4]佛

① 《大般涅槃经》，《大正藏》第 12 卷，第 454 页。

② 《万善同归集》，《大正藏》第 48 卷，第 987 页。

③ 《大宝积经》，《大正藏》第 11 卷，第 633 页。

④ 《金刚般若波罗蜜经》，《大正藏》第 8 卷，第 748 页。

家认为布施要"无住生心""三轮体空"。所谓"三轮",首先要没有布施的"我"执,若是在帮助众生的时候"有我相、人相、众生相、寿者相",就会有人我的分别,从而生起傲慢之心,由于居高临下而丧失了平等心。第二,对被布施者一视同仁,以真诚心帮助大众。第三,不要计较布施的物品是否贵重,关注对方的真实需要,以救急、安抚众生为本。

佛学主张众生平等,平等心即是众生本有的慈悲佛性。《华严经》云:"以大悲为所住处,于一切众生心平等故。"[①] 众生心平等,所以众生皆能成就圆满的大悲心。佛家的《大乘起信论》阐发了"一心二门"的思想。其中,"一心"指"众生心",指一切众生皆有的心性。《大乘起信论》将众生本有的心性作为修行解脱的根据,说:"是心则摄一切世间法、出世间法。"[②] 所谓"二门","一者心真如门,二者心生灭门。是二种门,皆各总摄一切法",且"不相离"[③]。"心真如门"显示的是"众生心"不生不灭、无差别的相状、离名字言说、恒常不变的平等一面,是"一切法"的本性及真实相状。《起信论》肯定众生先天具有的"真心"(如来藏)具足无量功德,可以含摄一切的世间法、出世间法。这实质上肯定了众生皆有佛性,佛性清净,无有差别,是众生平等的根据。"心生灭门"表述的是"众生心"的相用,体现的是众生心生灭变化、相对的、有差别的一面。具体而言,真如本是不生不灭、离言绝相的,但因无明念起,心又随缘显现生灭

---

① 《大方广佛华严经》,《大正藏》第 10 卷,第 303 页。

② 《大乘起信论》,《大正藏》第 32 卷,第 576 页。

③ 《大乘起信论》,《大正藏》第 32 卷,第 576 页。

现象，产生染净之别、万象之分。"真如"与"生灭"二门互不相碍，如同海水本来湛然清净，因风而起波浪，不会改变海水本身的性状。《大乘起信论》肯定了现象世界是真如缘起的产物，而"众生心"是一切万法的基础。众生心平等的理论，一方面为众生生起慈悲心提供了人性的依据，人人都可以生起慈悲心，爱护自然万物；另一方面，为慈悲度生的行为目标——希望众生解脱成佛——提供了目的论的理论依据。因为众生皆有成佛的"佛性"，所以能够以慈悲心帮助众生脱离苦难，得到安乐。

　　佛学的平等观建立在"无我"论的基础之上，以"诸行无我"生起慈悲心行。《五灯会元》上说："天平等故常覆。地平等故常载。日月平等故四时常明。涅槃平等故圣凡不二。人心平等故高低无净。"[①]这句话可以与《礼记》里的"三无私"互解，子夏曰："敢问何谓三无私？"孔子曰："天无私覆，地无私载，日月无私照。奉斯三者以劳天下，此之谓三无私。"[②]天地日月因"无私"而平等关爱万物，"无私"是建立在"无我"的基础之上。佛家的"缘起论"认为，一切万物皆是因缘和合而生，生命是由色、受、想、行、识五种要素构成的集合体，由于"五素"聚而复散，常住不流，因此生命现象也是一种"空"的状态。"我"既由五蕴和合条件而生，则并无一个恒常不变、独立生成的"我"。所以，佛家提出了处理主体与对象之间的原则是诸法无我、自他不二。人作为万法之一，与万事万物发生着各种各样的关系。一棵树的成长需要适合的环境条件，种子、土壤、阳

---

① 《续传灯录》，《大正藏》第 51 卷，第 521 页。

② ［清］孙希旦撰，沈啸寰、王星贤点校：《礼记集解》，北京：中华书局，1989 年，第 1277 页。

光、水分，人的生命也是如此，需要以万法为增上缘，以大自然中的资源为生命的依托。所以在佛家看来，一切现象都处于相互依赖、相互作用的因果链条中。一切生命都离不开自然界，自然界也是由一切生命及其生存环境构成的，一即一切，一切即一。可见，每一个生命体都存在于整体条件的大环境中，丧失了自然环境的"大我"，个体的生命就因失去赖以生存的条件而难以继续存活了。从这个意义上说，慈悲关爱自然万物就是关爱人类自己赖以生存的家园，守护人类生存的命脉。

4.大慈大悲的和平精神

佛家认为，人心的贪欲、嗔恚是人与人、人与自然之间造成矛盾冲突的重要原因。《涅槃经》云："慈息贪欲，悲止嗔恚。"[①] 慈心可以减少和止息人类贪婪的欲望，悲心可以减轻和止息人类的嗔怒、仇恨心理。所以大慈大悲精神以协调人与人、人与万物的关系为目的，化解人类社会由于过度的贪欲造成的种种灾难。佛家认为，贪欲是烦恼的根本，从整个人类社会的角度来看，贪欲是一切人为灾难产生的根源。一方面，由于人类对自然资源的过度索取，造成了地球资源的急速消耗，人与自然的和谐关系陷入了危机的境遇：森林过度砍伐，矿藏盲目开发；河流的水源由于过度的化工污染物排放而变质，河海中的鱼类面临着生存危机；空气污染造成雾霾天气，对地球上的生命健康造成了不利影响。另一方面，贪欲引发的占有心理、控制心理、斗争心理打破了人与人之间、民族之间、国家之间的和谐关系，严重威胁到社会的有序运行、国家的和平发展、人类的安定生活。佛家认

---

① 《大乘义章》，《大正藏》第44卷，第687页。

为，以嗔恚心为代表的嗔恨心理、恼怒心理是人类战争产生的根源。嗔心与慈心是相对的概念，"慈"是予乐，给予众生安乐；而"嗔"是予恨，发泄不安的情绪，使人与人之间不能和睦相处。对于国家而言，嗔心的升级，会引发斗争心理，进一步导致毁灭性的战争。所以，佛家以慈悲心止息贪欲、嗔恚，慈悲心是守护世界和平的心理根源。《佛说无量寿经》云："佛所游履，国邑丘聚，靡不蒙化，天下和顺，日月清明，风雨以时，灾厉不起，国丰民安，兵戈无用，崇德兴仁，务修礼让。"①佛法以慈悲的理念教导众生，和谐万民，爱护万物。所以在佛家看来，慈悲心对于化解社会矛盾、增进淳朴民风具有重要的作用，有助于百姓安居乐业，互相礼让，不起兵戈，对于营建和谐优美、风调雨顺、粮食丰足、万物和顺的生态环境，具有积极的推动作用。

佛经中记录了佛陀劝化众人反对战争、促进和平的诸多事迹。《长阿含经·游行经》记载，摩揭陀国阿阇世王准备讨伐邻国跋祇族，国王派遣雨舍大臣拜访佛陀，佛陀与大臣进行谈话，阻止了这次战争。还有一次，释迦族同邻族克萨喇人因为灌溉水源的问题发生了激烈争执，相持不下。佛陀得知此事后，前往劝阻，调和矛盾，使两族和平相处。当琉璃王发动战争攻打迦毗罗卫国的时候，佛陀安详地坐在一株没有枝叶的舍夷树下，以大慈无畏的精神说服和感动了琉璃王，使其放弃了战争的念头，避免了一场残酷的杀戮。"战胜增怨敌，败苦卧不安，胜败二俱舍，卧觉寂静乐。"②在战争中，胜方和败方都

---

① 《佛说无量寿经》，《大正藏》第 12 卷，第 278 页。

② 《杂阿含经》，《大正藏》第 2 卷，第 338 页。

不会得到安乐，皆处于苦海之中。在人类历史上，大范围的环境破坏与人类的极端行为有关，比如发动战争，不仅伤害了人类自己，也对地球的生态环境造成了无法挽回的损失。《道德经》云："大军过后，必有凶年。"① 人类发动战争之后，对自然生态气候造成了不利的影响，最终危及人类与自然万物的生存。佛家大慈大悲的和平精神，主张人们从破除对"我"的贪执出发，解除人类社会的纷争、矛盾、冲突。万物共同生存于一个地球家园，命运相连，生死相依，人类要以整体性的视角"忘我"而利人，以众生与我一体的观念和睦大众，利乐有情，维护世界的和平，如《增一阿含经》云："为家忘一人，为村忘一家，为国忘一村，为身忘世间。"

---

① 陈鼓应注译：《老子今注今译》，北京：商务印书馆，2016年，第192页。

第四章

儒道佛学生态伦理思想"三位一体"
内在结构比较分析

第一节　生态伦理意识观

"生态"一词源于希腊语 oikos，意为住所或栖息地。"学"指学科、学问。从词源上说，生态学是研究生物与栖息地（生存环境）之间相互关系的学问。随着时间的推移，"生态学"研究对象由生物与环境的相互关系逐渐转变到生态与环境所形成的相互影响、相互作用的整体上，研究范围也由自然生态系统逐渐转变到人类生态系统。[①]总之，生态学始终以生态系统为核心，生态系统即有机的自然整体。

在古希腊语中，"伦理"（ethos）有两层涵义：一是人格，二是习惯。亚里士多德最早从严格学术术语的意义上对"伦理学"进行了

[①] 参［英］杰拉尔德·G.马尔腾著：《人类生态学：可持续发展的基本概念》，顾朝林、袁晓辉等译，北京：商务印书馆，2012 年，第 1—12 页；曹凑贵主编：《生态学概论》，北京：高等教育出版社，2006 年，第 1—6 页；周长发编著：《生态学精要》，北京：高等教育出版社，2010 年，第 1—3 页。

界定。他认为，伦理学是研究人们在社会生活中必须遵循的习惯的学问。这就给西方伦理学作了界定，即伦理学主要以人际道德为研究对象。现代以来的生态危机拓展了传统的人际道德，生态伦理学应运而生。生态伦理学研究的是人类与自然之间的道德关系。[①]

意识是物质世界的产物，是客观存在的反映，并对存在产生能动的反作用。从意识内容来看，意识表现为知、情、意的统一。知即认识，是意识对客观存在的反映；情即情感，是意识对客观事物产生的感受和评价等；意即意志，指意识在追求目的和理想时表现出的克制、保护、毅力等品质，是能动作用的直接表现。人类的实践活动将知、情、意统一起来，表现为对世界的认知、情感体验和改造世界的心理指向。

生态伦理意识是基于对生态整体性的认知，反映人与自然的和谐关系，树立爱护自然和维护生态平衡的情怀和责任，以及建立为解决生态问题和建设理想生态社会所具备的价值取向和态度。

现代生态伦理学最先产生于西方。中国古代虽然没有现代意义上的生态伦理学，但却有着丰富的生态伦理思想。中国传统的"伦理"一词最早见于《礼记·乐记》："乐者，通伦理者也。"[②]所谓伦理，本义指"事物之伦类各有其理也"[③]，既包括人伦之埋（人际道德），也包括自然之理（生态伦理）。"礼乐"与"伦理"相通，"知乐则几于礼矣。礼乐皆得，谓之有德"[④]。陈澔《礼记集说》解释说："伦理之

① 刘湘溶著：《生态伦理学》，长沙：湖南师范大学出版社，1992年，第1页。

② ［元］陈澔注：《礼记集说》，北京：中国书店，1994年，第319页。

③ 《礼记集说》，第319页。

④ 《礼记集说》，第319页。

中，皆礼之所寓，知乐则通于礼矣。"①"乐由中出，礼自外作。"②乐反映人的内心秩序，礼反映人的外在行为秩序，内外皆有秩序，即为皆符合事物伦理，内外皆得，谓之有德。"礼"—"乐"—"伦理"属于不同范畴，然而其内在结构却是相通的。从《乐记》"伦理"涵义来讲，生态伦理是根本，人际伦理是落脚点。《乐记》曰："大乐与天地同和，大礼与天地同节。和故百物不失，节故祀天祭地。"③"乐者天地之和也。礼者天地之序也。和故百物皆化，序故群物皆别。乐由天作，礼以地制。过制则乱，过作则暴。明于天地，然后能兴礼乐也。"④天地秩序是礼乐伦理的根源。

"通伦理"的"乐"，"其本在人心之感于物也"⑤，从而产生"哀、乐、喜、怒、敬、爱"六种情感。人的情感易被万物牵引而激发欲望，欲望满足则快乐、欢喜，不满足则悲伤、愤怒；畏惧则尊敬，悦服则爱戴。"礼乐"所要做的就是对人类欲望进行认知、节制、调和，最终达到人与人、人与自然共同发展，万物和谐的伦理目标。"宫为君，商为臣，角为民，徵为事，羽为物。五者不乱，则无怙懘之音矣。"⑥总之，"乐"源自人心对事物的反映，又高于人类欲望，对世界和谐发展具有重要的现实意义。并且"乐"所要达到的最高目标是

---

① 《礼记集说》，第 320 页。

② 《礼记集说》，第 321 页。

③ 《礼记集说》，第 322 页。

④ 《礼记集说》，第 323 页。

⑤ 《礼记集说》，第 317 页。

⑥ 《礼记集说》，第 318 页。

天地万物的和谐。可见，"通伦理"的"乐"已经蕴含深刻的生态伦理意识。这是中国传统"伦理"的基本涵义。对于作为中国传统文化主干的儒道佛学，都从天道自然层面论述其学说的形而上追求，同样充满了深刻的生态意识。

一、儒学"天人三才"

"天人三才"是儒家哲学和伦理思想的基本命题，指的是天、地、人三才之道。在儒家经典《周易》中，"三才之道"有明确的表述。《周易·说卦传》曰："昔者圣人之作《易》也，将以顺性命之理，是以立天之道曰阴与阳，立地之道曰柔与刚，立人之道曰仁与义。兼三才而两之，故《易》六画而成卦。"《周易》六十四卦模拟了宇宙大系统的运转方式。六十四卦每卦六爻，六爻分三个层次，初、二爻为地道，三、四爻为人道，五、上爻为天道，每卦都是由天地人所构成的整体系统。天道运转规则是无形的阴阳变化，地道承天道，形成有形的万物，天地相参，万物生生不息，这也是天地之大德；人承天地之大德，以仁义参与到天地运转中去。这样，由天地人构成的宇宙大系统的运转方式包含三个方面涵义：一是天地人构成的宇宙大系统是有机的，其运转规则是"阴阳""柔刚"。二是天地人构成的宇宙大系统是有德的，"天地之大德曰生"，"阴阳"变化不是一般的客观变化，而是生生之变化。三是人必须要参与到天地构成的宇宙大系统中，这是人性的内在要求，儒家强调人之为人的关键就在于人必须要践行仁义之德。三、四爻为人道，当人类发挥主体能动性参与到宇宙系统运化中去的时候，必须要有强烈的谨慎恐惧意识，因为人类行为既可能促进自然的利益，也可能损害自然的利益，"三多凶""四多惧"就是儒家对人类行为的警告。只有尊重万物的价值和规律，"顺性命之理"，以"仁义"与阴阳相合，才能使人类由人道进入"五爻"的天道，"五多誉"指的就是人追求的一种最为理想的生存状态。这样，我们发现，在《周易》"三才之道"中，存在这样几种生态伦理意识：第一，宇宙运转的有机生命系统意识；第二，天地生生的生命意识和道德意识；第三，人类极强的责任意识和忧患意识。人类既要参与到天地生命的运转中，积极承担应有的责任，又要极为小心地发挥自己的主体能动性，以防事情向损害自然的方向发展。而且，儒家仁义不是无差别的，而是有差等之爱，这是儒家区别于佛道二家的重要标识。

二、道学"天人四大"

《道德经·二十五章》曰："道大，天大，地大，人亦大。域中有四大，而人居其一焉。人法地，地法天，天法道，道法自然。"因为宇宙运转规则是"反者道之动"，万物总是循环往复的，所以，人与天、地、道共同构成了有机的宇宙整体，并且以自然作为最高遵循标准，这里的自然是万物自然而然的发展规律，也是万物的自然本性，还是道家的最高价值追求。如是，道家"天人四大"思想蕴涵了整体、自然、平等、无为等生态伦理意识。

（一）整体意识

"在老、庄那里，平衡独立的自我意识，正确对待物质欲望，是以同宇宙合一的整体意识作为根本前提的。"[①]道是老庄哲学的最高范畴和最高境界。老子曰："道生一，一生二，二生三，三生万物。"（《道德经·四十二章》）道创生万物，万物源于道，道和万物是整体和部分的关系。在道的层面上，万事万物都生存于相互依赖、相互联系的有机整体中，作为部分的万物只有融入道之中，才能获得存在的价值和意义。老子曰："昔之得一者，天得一以清，地得一以宁，神得一以灵，谷得一以盈，万物得一以生，侯王得一以为天下贞。"（《道德经·三十九章》）"一"就是"道"，万物皆有道，皆因道而存在，万物与道之间存在着命运与共的关系。万物如果失去了整体性的道，就失去了存在的基础。庄子曰："天不得不高，地不得不广，日月不得不行，万物不得不昌，此其道与！"[②]只有在整体性的道中，天地才得以高广，日月得以运行，万物得以昌盛。

老庄道家以"道"为核心展开他们的思想体系，要求人类树立整体意识是他们追求的根本目标。因为万物的生存离不开整体，人类生存同样离不开整体，所以，老子强调："圣人抱一，为天下式。"（《道德经·二十二章》）式为法式、规范，为整体性的道，圣人以道守身，从而为天下的楷模。庄子也强调："万物一也，是其所美者为神奇，其所恶者为臭腐；臭腐复化为神奇，神奇复化为臭腐。故曰'通天下

---

① 余正荣著：《生态智慧论》，北京：中国社会科学出版社，1996 年，第 17 页。

② ［清］郭庆藩撰，王孝鱼点校：《庄子集释》，北京：中华书局，2013 年，第 654 页。

一气耳'。圣人故贵一。"①以"一气相通"为依据，万物相互转化，共同存在于宇宙整体内，这是客观存在的事实。圣人认识到作为整体"一"的客观性、真理性，而"贵一"就是理所当然的了。

如果人类失去整体性意识，人类社会、自然界、人类自身都会陷入混乱之中。老子说："大道废，有仁义；慧智出，有大伪；六亲不和，有孝慈；国家昏乱，有忠臣。"（《道德经·十八章》）仁义、孝慈、忠臣出现的时候，其相反的方面也就出现了。"慧智"即人类的聪明才智，欲望是万物与生俱来的本能，当人类拥有智慧，就会运用智慧来达到利益的目的，这样，严重的虚伪就会横行，人类也会在智慧的运用中迷失自己。智慧就是人类的成心，有成心就有是非，仁义、孝慈、忠臣就是是非分别的结果，因此，智慧就是人类的分别心。仁义、智慧、孝慈、忠臣皆是分别心在作祟，分别心使作为整体性的家庭不和睦，使作为整体性的国家陷入动乱。以理推之，分别心也会使作为整体性的人和万物生存家园的自然界变得危机四伏。人的分别心的出现，使人始终被欲望牵着走，也使自己走入了"与接为构，日以心斗""与物相刃相靡""终身役役而不见其成功"的人生悲剧中。

老庄道家自然意识、平等意识、无为意识等生态伦理意识都是以"整体意识"为基础，我们理解老庄道家的生态伦理思想，也要考虑他们的"整体意识"背景。尽管老庄"道"的涵义"无状之状，无物之象"（《道德经·十四章》），恍兮惚兮，扑朔迷离，然而，道的"整体性"涵义却是贯穿始终的。因为道的"整体性"并不是一个实体性

---

① 《庄子集释》，第 647 页。

概念，而是"周行而不殆""逝""远""反"(《道德经·二十五章》)的，也要把自己完全融入作为整体性的自然之中。把握道是非常简单的，"吾言甚易知，甚易行"(《道德经·七十章》)，然而，把握整体性的道要人类放弃分别心，"少私寡欲"，这对世俗之人来说，又是非常艰难的，"天下莫能知，莫能行"，所以，人们才感觉到"道"恍兮惚兮，惚兮恍兮，微妙难识。这表明人类树立生态"整体意识"的难能可贵。"知我者希，则我者贵。是以圣人被褐怀玉。"(《道德经·七十章》)

(二)自然意识

"自然"是万物的本性，是道家最高的道德标准，也是天地万物运转所遵循的客观规律。"自然"是万物本性、价值、规律的统一体。当人类意识到和自然命运与共的时候，他就会对自然整体产生强烈的感情；当人类意识到和自然万物在价值上平等的时候，他就会对自然产生充分的尊重情绪。那么，人类如何处理人和自己、人和人、人和万物间的关系？老子提出的"道法自然"命题成为理解老庄哲学和生态伦理学的核心密码。老庄以"自然"为核心的生态伦理意识主要包含以下三个方面。

首先，自然构成了万物的本性。老子说，"功成事遂，百姓皆谓：我自然"(《道德经·十七章》)，"(万物)莫之命而常自然"(《道德经·五十一章》)，"辅万物之自然"(《道德经·六十四章》)。这里"自然"的核心涵义就是本性。圣人无论是处理人与人，还是处理人与自然之间的关系，最重要的是要顺应百姓和万物的本性。"自然"

作为万物本性的涵义贯穿老子思想始终，与此相近的词还有自宾、自正、自化、自富、自朴等。对自然本性的尊重同样贯穿《庄子》全书。《庄子·应帝王》强调"顺物自然"[1]，就是强调要顺从万物本性。在庄子看来，一切事物都应按照自然本性而存在生长，用不着干预，干预违反了事物本性，背离了事物的本真。庄子举了很多例子来说明这个问题。"马蹄践踏霜雪，毛御风寒，饥则食草，渴则饮水，举足跳跃，这是马真正的本性。纵有高台大殿，对它毫无用处。至伯乐出现，善于治马，他就烧剔马毛，刻削其蹄，笼络其头，把它们圈养在马棚里，马死亡者十之二三。又使马饥渴，训练它们疾驰奔跑，步伐整齐，前有马勒装饰之祸患，后有鞭打之威胁，马死亡者已过半。"[2] "从前有海鸟至于鲁国郊区，鲁侯迎接其入太庙，举行宴会，奏九韶之乐，以太牢为膳。鸟目眩心悲，不敢食一块肉，不敢喝一杯酒，三日而死。"[3] 鲁侯以自己的方式养鸟，违背了鸟的本性，使鸟很快死亡。庄子甚至认为，就连死亡也有其本性，相比于生存面临的诸多烦恼，"死亡，无君于上，无臣于下。亦无四季时间变化造成的忧愁之事，悠然以天地为春秋，纵然南面而王的快乐，亦不能过也"[4]。在庄子看来，任何事物只要顺应本性就是最为幸福快乐的，"汝梦为鸟而厉乎天，梦为鱼而没于渊"[5]。《齐物论》中的"庄周梦蝶"故事，所昭示的也是这个道理，无论是成为庄周还是蝴蝶，无论是面临生

---

[1] 《庄子集释》，第 268 页。

[2] 《庄子集释》，第 301 页。

[3] 《庄子集释》，第 552 页。

[4] 《庄子集释》，第 549 页。

[5] 《庄子集释》，第 250 页。

存还是死亡，都要顺应本性而为之。总的来说，老庄的自然本性意识，藏有两个基本要求：一是保存自己的本性。"五色""五音""五味""驰骋畋猎""难得之货"，令人"目盲""耳聋""口爽""心发狂""行妨"（《道德经·十二章》），"丧己于物，失性于俗者"[1]（《缮性》），以上因为失去自己的本性而受到老庄的批判。二是不破坏万物的本性。"无以人灭天，无以故灭命，无以得殉名。"[2]（《秋水》）前者要求控制人类的欲望，后者要求不以外物为工具，二者是相互统一的。

其次，自然是宇宙最高的道德标准。老子说："道生之，德畜之，物形之，势成之。是以万物莫不尊道而贵德。道之尊，德之贵，夫莫之命而常自然。"这里的自然涵义是自然而然，道德因为万物自然而然本性的成就而变得异常尊贵。庄子说："天在内，人在外，德在乎天。"（《秋水》）自然本性蕴藏于内，人为显露于外，道德的本质源于自然。有什么样的人性，就有什么样的社会，人性与社会建设是一致的。庄子把他理想中的社会称为"至德之世""建德之国"，对于人性建设而言，"至德""建德"就是完全顺应事物的本性，万物都能自然而然地生活。

再次，自然是宇宙万物运转的基本规律。老子说："人法地，地法天，天法道，道法自然。"（《道德经·二十五章》）道有规律义。人有人的规律，地有地的规律，天有天的规律，道是规律本身，是最普遍的规律，四大以道为首，即是强调最普遍规律。"道法自然"意味

---

[1] 《庄子集释》，第 250 页。

[2] 《庄子集释》，第 524 页。

着规律存在于万物自然本性之中，不是任何外在的机械目的所能决定的。大自然本身符合自然规则，四季变化，万物生成长养都有其特定的节律，对于这些规律，人类只能遵循，而不能以自己的主观成见去改变，这样才符合万物运转的法则，所以老子讲"希言自然"（《道德经·二十三章》）。自然有其既定规则，这些规则人类是可以发现的，自然向人类显示的是"无言之教"。老子称自然法则为天道，人类效法自然法则的行为为人道。对于自然规律的强调，是道家群体共同尊崇的一条最为基本的准则。如道教《阴符经》对天地人"三才相盗"的阐述，对"日月有数"的强调等，就是要求人能从根本上把握万物变化的规律，顺应万物规律，"圣人知自然之道不可违，因而制之"，"观天之道"，掌握自然造化之力，宇宙在手，万化生之。《阴符经》对自然规律有着最为深入的揭示。

（三）平等意识

老庄道家认为，人源于自然并统一于自然，自然构成了人类和万物共生的家园。人和万物有明显的区别，人其有能动性而成为"万物之灵"，这是许多思想家都认同的真理。然而，在老庄看来，拥有能动作用仅仅是人类本性而已，在价值上，人类并不会因此而有高于万物的合法性。老子说："道大，天大，地大，人亦大。域中有四大，而人居其一焉。"庄子说："以道观之，物无贵贱"[1]。万物皆禀道而生，都有其存在的价值和意义，本质上讲，都是平等的。

---

[1] 《庄子集释》，第 512 页。

（四）无为意识

"无为"意识是道家责任意识的典型表现。人和万物生存于共同的宇宙有机自然整体中，事物之间既是命运相连的，又在本性和价值上是完全平等的，所以，每一个事物都有按其自然本性生存的权利，也有承担自然系统良好运转的责任和义务。万物都依照其本性自然生长，都以实现自我为目的，其独特功能也为其他事物的生长提供了条件，共同促进了自然生态系统能够可持续发展下去。庄子"无用之用"中的"用"体现的正是每一个事物对生态系统和其他万物所承担的责任。自然生态系统中，万物的生存本来就是自然而然的，本来就是"无用之用"的。在道家看来，这种"自然而然""无用之用"的生存状态是最好、最符合道德的。与自然物相比，人在宇宙演化历程中，丢失了素朴的本性，贪婪的欲望和改变世界的能动性得到极大的加强，"毁道德以为仁义"①，残万物以为工具，不仅无情地残杀了万物的生命和生存空间，也使自己成为自身欲望的奴隶。因此，对人类来讲，在自然整体中的责任就是控制自己的欲望，以及为了自身欲望所使用的能动性。对这种"责任"的简单直接表达就是"无为"。关于"无为"生态伦理意识，我们主要从以下几个方面进行简要的阐释。

第一，"无为"生态伦理意识要求人类必须控制自身欲望。"有为"是人类欲望的表达，控制人类欲望是"无为"的根本要求。老子说："道常无为而无不为。侯王若能守之，万物将自化。化而欲作，

---

① 《庄子集释》，第 307 页。

吾将镇之以无名之朴。无名之朴，夫亦将不欲。不欲以静，天下将自正。"(《道德经·三十七章》) 以无为治理天下，万物都能按自己本性生长。私欲产生，将以自然无为之道正（镇）之，使人"少私寡欲"，天下就会秩序井然。庄子也说："顺物自然而无容私焉，而天下治矣。"[①]（《应帝王》）"顺物自然"即"无为"，"容私"即"私欲干预"，"顺物自然"本质要求不容私欲干预，如此，天下自然就会太平。

第二，"无为"不是不关心，不是冷酷无情，而是不妄为，要求顺应万物的本性和规律。老庄道家诞生在民不聊生、生态恶化的春秋战国时代，他们对万物个体生命以及自身生命的尊重，使他们深刻认识到"有为"干预政策带来的危害，因此，他们提倡"无为"不干预的人性观和治理观。然而，将"无为"视作无所作为，对世界漠不关心，自古至今都大有市场，老子"天地不仁，以万物为刍狗，圣人不仁，以百姓为刍狗"（《道德经·五章》）成为许多人行冷酷无情之事的借口；当代也有学者将老庄"不干预"理解为"不拯救"，即认为古典道家（老庄道家）对受到破坏的生命会采取一种不干预、不拯救的态度和方式。[②] 无可否认，老庄道家以极其冷静的眼光看待这个世界，顺应万物的规律必须要有这样的态度，所以，老子思想在法家、兵家那里得到了极大发展。庄子反对一切干预，包括好心的干预，"拯救"就是一种好心的干预。上述这些批评为我们的理解提供了一

---

①　《庄子集释》，第 268 页。

②　佐治亚大学柯克兰比较了儒道二家对生态破坏的态度之后指出，儒家会积极地采取行动来解决问题，道家则会顺应自然，采取不拯救政策。参［美］安乐哲主编：《道教与生态——宇宙景观的内在之道》，陈霞、陈杰等译，南京：凤凰出版传媒集团、江苏教育出版社，2008 年，第238—255 页。

个独特的视角，使我们不得不更为深入地阐发老庄道家的"无为"思想。从生态伦理意识上讲，我们认为，老庄道家充满了对世界的关心。"无为"有两层涵义：第一，无所作为，对其结果不管不顾；第二，无为是手段，追求最好的结果。显然，要从第二层涵义来理解老庄的"无为"。道家"无为而无不为"命题中，"无为"是根本，"无不为"是落脚点。自然本来自然而然，自己最了解自己，"无为"就是对所有生命自我实现能力的尊重。所谓"无不为"，就是天地万物的生机都能够得到实现，这是生态学的最高理想，也是非人类中心主义的最高理想，人和自然之间的关系得到了大和谐。这种"无不为"的最高生态理想在老子那里是"谷神不死，是谓玄牝，玄牝之门，是谓天地根。绵绵若存，用之不勤"（《道德经·六章》），"万物并作，吾以观复"（《道德经·十六章》），"玄牝""并作"表示万物勃勃生机；在庄子那里是"无物不然，无物不可""天地与我并生，而万物与我为一"，"然""可""并生""为一"表示所有的事物本性都能得到实现。由"无不为"反推出"无为"并不是无所作为，由对万物生机和本性的强调反推出"无为"并不是对万物"漠不关心"，而是充满了深深的感情。所以，"无为"就是要求人类"不妄为"，尊重事物本性。并且老庄道家"无为"对十万物规律的认识和把握达到了宇宙境界，其能动性的发挥也是经过否定之否定之后所达到的境界。老子将这种最高能动性的发挥称为"无为之事""不言之教"，圣人能够使万物自然生长，圣人能够辅助万物生长，圣人能够使万物成功，但是，圣人从来不将万物据为己有，不自以为有功；可见万物的生长、成功，圣人的功劳是非常大的，只不过圣人不将这份功劳据为己有而已。（"是以圣人处无为之事，行不言之教；万物作而不为始，生而不有，为而不恃"[《道德经·二章》]）当然，工业文明和农业文明所面临的生态问题是完全不同的，所以，在新时代背景下，老庄道学生态伦理思想也要针对时代问题进行创造性转化。

第三，"无为"使万物（包括人类自身）都得到自由，"有为"使万物异化。如上所述，自然构成了万物的本性，万物都是有价值的，因此，顺从万物本性让其自然而然地发展是符合道家道德要求的，这就要求人类对于万物要采取"无为"态度，"无为"解放了万物外在约束，使外物获得自由；"无为"也解放了人类受到自身欲望的约束，使人类获得内在自由。相反，"有为"不仅使外物成为工具，也使人类自身异化。

第四，"无为"符合道家最高道德"自然"的本质要求。老子说真正的德是无为的（"上德无为"）（《道德经·四十四章》），最高的德是"生而不有，为而不恃，长而不宰"的，"生""为""长"表现了圣人对万物的关心，"不有""不恃""不宰"表现了圣人对万物实现自身价值的信心和尊重，二者合起来就是"无为"，"无为"是道家最深的德，"是谓玄德"（《道德经·五十一章》）。在老庄看来，帝王践位的合法性根源于天地之德，"帝王之德配天地"，践履天地之德关键在于无为，"夫帝王之德""以无为为常"[①]。无为治国则天下治，有为治国则天下乱，庄子说："乱天之经，逆物之情，玄天弗成；解兽

---

① 《庄子集释》，第 417 页。

之群，而鸟皆夜鸣；灾及草木，祸及止虫。意，治人之过也！"①失去无为天治，有为人治兴起，生态遭到严重破坏，兽群解散，鸟哀鸣于夜，灾乱降临于草木，及于昆虫，一幅世界末日景象。这种有为而治严重违背了自然道德，造成了天地失序的悲剧。

三、佛学"依正不二"

佛教认为，众生作业必然产生正报和依报。"所谓正报，是指有情众生的自体；所谓依报，是指众生所依止的国土世界。"②简言之，正报指生命主体，依报指生存环境。"依正不二"指生命主体和生存环境作为同一整体，是相互依赖、密不可分的。三论宗创立者吉藏大师在《大乘玄论》中讲道："依正不二，以依正不二故，众生有佛性，则草木有佛性，以此义故，不但众生有佛性，草木亦有佛性也。若悟诸法平等，不见依正二相，故理实无有成不成相，无不成故，假言成佛。以此义故，若众生成佛时，一切草木亦得成佛。"③"依正不二"而"不见依正二相"，亦即生命主体就是生存环境，生存环境就是生命主体，二者是完全融合而不可分离的有机整体。生命主体和生存环境只是方便说法，本质上讲，生命主体就是系统的有机整体，生存环境亦是系统的有机整体，二者是相同的。当众生生命主体有佛性时，其所生存的有机整体全部都有佛性，所以，众生有佛性。依照佛学内

① 《庄子集释》，第353页。

② 方立天著：《佛教哲学》（增订本），北京：中国人民大学出版社，1991年，第213页。

③ 石峻、楼宇烈等编：《中国佛教思想资料选编·隋唐五代卷一》，北京：中华书局，2014年，第366页。

在逻辑，不仅众生有佛性，草木亦有佛性，甚至无机物也有佛性。其次，既然众生与草木皆有佛性，则草木与众生互为依正。"不可强以众生为正，草木为依，亦不可以草木为正，众生为依，二者一而非二，无二无别。"① 可见，众生和草木都有佛性，互为依正，所以，众生和草木在佛性上是平等的。再次，涅槃是佛教追求的最高境界。大小乘佛教对涅槃的解释差别较大。小乘佛教以灭绝欲望为主要内容。大乘佛教反对小乘佛教的主张，认为涅槃和世间是一致的，毫无差别，"小我"与宇宙"大我"是完全融合在一起的，也就是说，人和人、人和环境是一个有机整体，得救一起得救，涅槃一起涅槃。即使自身觉悟已经达到涅槃的境界，也绝不进入。② 这就是佛教常说的"以大智故，不住生死；以大悲故，不住涅槃"。所以，大乘佛教并非反对欲望本身，而是以中道超越了享乐主义与禁欲主义。③ 使"小我"在慈悲欲望的引导下，将自己关心的范围扩大，并使整个"大我"也容纳进去。④ 所以，"自利利他""普度众生"成为大乘佛教趋向涅槃道路的基本意识。这是"依正不二"本来就蕴涵的意思，也是"若众生成佛时，一切草木亦得成佛"所要追求的目标。本部分内容，我们立足于"依正不二"，衍生出三个方面内容，据此构成了大乘佛教基本的生态伦理意识。

① 赖永海著：《中国佛性论》，北京：中国青年出版社，1999 年，第 226 页。

② 方立天著：《佛教哲学》（增订本），北京：中国人民大学出版社，1991 年，第 99 页。

③ ［日］阿部正雄著：《禅与西方思想》，王雷泉、张汝伦译，上海：上海译文出版社，1989 年，第 241 页。

④ ［日］池田大作、［英］阿·汤因比著：《展望 21 世纪：汤因比与池田大作对话录》，荀春生、朱继征、陈国樑译，北京：国际文化出版公司，1985 年，第 398 页。

（一）整体意识

"缘起"是佛教思想的基石。所谓"缘起"，指现象界万事万物都是诸条件和合聚集而成，条件不断变化，事物亦在不断变化中。万物间的关系是"此有故彼有，此生故彼生""此无故彼无，此灭故彼灭"（《杂阿含经》）。小至微尘，大至宇宙，旁及一切生灵，包括人类，都在"因缘"之网中互为条件、互为依存。"缘起论"是佛教哲学的核心，它包含的宇宙整体观念成为佛教哲学的基本意识，它将一切人类和非人类都编织进一个因缘之网中，又使其成为佛教最基本的生态伦理意识。以"缘起论"为基础的佛教整体论，贯穿于佛教各家思想建构的始终，其中，以中国佛教天台宗和华严宗对佛教整体意识发挥得最为透彻。

"一念三千"和"十界互具"是天台宗的核心教义。天台宗创始人智顗大师在《摩诃止观》云："夫一心具十法界，一法界又具十法界、百法界。一界具三十种世间，百法界即具三千种世间，此三千在一念心。若无心而已，介尔有心，即具三千。亦不言一心在前，一切法在后；亦不言一切法在前，一心在后。"[①]"一念"具足"三千世间"（宇宙万物），一念即三千，三千即一念，一界内含其余九界，其余九界亦内含另外九界，十界（即地狱、饿鬼、畜生、人、阿修罗、天、声闻、缘觉、菩萨、佛）互具，溟灭时空（不言心、法前后），一切事物，皆具足宇宙整体。

华严宗将佛教圆融整体观念推向了高峰。其中，华严宗以因陀罗

---

① 《中国佛教思想资料选编·隋唐五代卷一》，第36页。

网和金狮子比喻将佛教缘起整体观阐明得最圆满、最究竟。华严二祖智俨大师在《华严一乘十玄门·因陀罗网境界门》中云："今言因陀罗网者，即以帝释殿网为喻。帝释殿网为喻者，须先识此帝网之相以何为相。犹如众镜相照，众镜之影现一镜中。如是影中复现众影，一一影中复现众影，即重重现影，成其无尽复无尽也。"①帝释天宫殿里有因陀罗网，网线由宝珠交织而成，宝珠如同镜子相照，每一个宝珠会照尽其他宝珠，宝珠中的宝珠亦复照出所有其他的宝珠，重重相照，重重现影，无穷无尽。华严三祖法藏大师在《华严金师子章·勒十玄第七》也举了相似的例子："师子眼、耳、支节，一一毛处，各有金师子。一一毛处师子，同时顿入一毛中。一一毛中，皆有无边师子，又复一一毛，带此无边师子，还入一毛中。如是重重无尽，犹天帝网珠，名因陀罗网境界门。"②这头金狮子的眼、耳、关节、每一根毛发都包含整个金狮子。每一根毛发包含的金狮子的每一根毛发又包含有整体的无边金狮子。如此反复，一一毛中，总是同时包含有（顿入）无边的金狮子，以至于无穷无尽。无穷无尽的毛中，包含有无穷无尽的金狮子整体。金狮子比喻是对华严宗因陀罗网境界门的进一步发挥，二者完全是一致的。综合言之，华严宗"微尘现国土，国土微尘复示现"③"一切诸世界，如一微尘中"④"一即一切""一切即一"⑤等皆最为殊胜地展现出佛教缘起整体论。在佛教缘起整体中，因为万事

---

① 《中国佛教思想资料选编·隋唐五代卷二》，第 24 页。

② 《中国佛教思想资料选编·隋唐五代卷二》，第 202 页。

③ 《中国佛教思想资料选编·隋唐五代卷二》，第 24 页。

④ 《中国佛教思想资料选编·隋唐五代卷二》，第 25 页。

⑤ 《中国佛教思想资料选编·隋唐五代卷二》，第 201 页。

万物彼此互相包含、互为条件，都包含有整体，因此，万物都是绝对平等的。"一即众生，众生即一"表示世界上所有生命都是相通的，所以，华严宗阐述的整体意识深刻地蕴涵了大乘佛教"普度众生"的"利他"意识。

（二）平等意识

"众生平等"是佛教的一个基本观念。在佛教看来，世间万物都是因缘和合而成，皆无自性，并且万物都随缘而不断转化。以无自性故，万物之间没有任何高低贵贱，众生平等。

"众生平等"必然包含人与人之间的平等。《长阿含经》云："尔时，无有男女、尊卑、上下，亦无异名，众共生世，故名众生。"

"众生平等"必然包含人与有情众生的平等。《大乘起信论》云："一切众生真如平等无别异故。"真如即佛性。佛性是众生涅槃的根据。众生因有佛性而毫无分别、完全平等。狭义的众生指有情众生，有情众生指人和一切有情识的动物。"一切众生悉有佛性"，即一切有情众生完全平等。在佛教看来，鸟兽虫鱼皆为有情众生，悉有佛性，和人类是完全平等的。佛教"不杀生"戒律首先指向的就是"有情众生"。

"众生平等"也包含人、有情众生、无情众生的平等。尽管无情众生是否具备佛性，曾经是一个有争议的问题。然而，从佛教"缘起论"内在逻辑结构必然会推导出无情众生亦有佛性的结果。天台宗湛然大师通过佛教真如佛性和现象界万物关系推论说："万法是真如，由不变故。真如是万法，由随缘故。子信无情无佛性者，岂非万法无真如耶?"① 如果无情无佛性,岂不说明万法皆无真如。所以,"无情众生"亦是"有佛性"的。所谓"无情众生",是指大地山川、草木瓦石等没有情识的事物。湛然在《金刚錍》中云:"随缘不变之说出自大教,木石无心之语生于小宗。"② "大教"指大乘佛教,"小宗"指小乘佛教。"随缘不变"指真如佛性的不变性,万物都有佛性,都是平等的,这是大乘佛教的观点。小乘佛教则认为"无情众生"没有佛性,那不仅否认了佛性的普遍性,也否认了缘起的普遍性。这和佛教的根本教义是矛盾的。因此,他说:"我及众生皆有此性,故名佛性,其性遍造遍变遍摄。世人不了大教之体,唯云无情,不云有性,是故须云无情有性。"③ "无情有性"将草木瓦石等无情识的事物都纳入道德共同体里面,使万物在宇宙层面达到了完全的平等。这是佛家思想推向极致的根本趋向,也是将佛家平等理念推向极致的根本要求。

总之,"无情有性"是佛教平等意识的最高体现,它不仅将"众生平等"道德共同体扩展到包含无机物在内的一切事物,也将非人类中心主义立场推臻极致,破除了人类中心主义的"迷妄"(阿部正雄语),从理论和实践上形成了一种破妄型反人类中心主义的生态伦理意识。

(三)利他意识

"依正不二"表明生命主体与生存环境是浑然一体、不可分离的,"人类只有和自然即环境融合,才能共存和获益。此外,再没有创造

---

① 《中国佛教思想资料选编·隋唐五代卷一》,第236页。

② 《中国佛教思想资料选编·隋唐五代卷一》,第235页。

③ 《中国佛教思想资料选编·隋唐五代卷一》,第240页。

性地发挥自己的生存的途径"①。依照"依正不二",自利利他,甚至以利他为主,成为佛教生态伦理情理中的事。

"利他"要求"无我"。"缘起性空",变化永恒,一切如梦幻泡影,诸法无常,故诸法无我,人无我,法亦无我。这样在破除了人类对自身和万物的执着之后,自然就会以一种"无我"的胸怀包容宇宙整体,并将宇宙整体中一切众生的涅槃作为自我涅槃的充要条件。日本著名佛教学者阿部正雄评价建立在无我基础上的涅槃是反极端人类中心主义的,是宇宙主义的。他说:"佛教关于人与自然关系的见解可以提供一个精神基础,在此基础上当今人们所面临的最紧迫问题之一——环境的毁坏——可有一个解决办法。这个问题与人类同自然的疏离紧密联结。它起因于人类中心主义,由此人们把自然仅仅视为一个障碍或实现其自私目标的手段,因而不断地寻找利用它或征服它的方法。作为佛教涅槃之基础的宇宙主义观点并不把自然视为人的附属,而是把人视为自然的附属,更准确地说,是从'宇宙'的立场将人视为自然的一部分。因此,宇宙主义的观点不仅让人克服与自然的疏离,而且让人与自然和谐相处而又不失其个性。"②因为"越是以宇宙主义作为解脱的基础,解脱就越是存在彻底"③。这种"宇宙主义"态度当然是以利他为实现基础的,也构成了宇宙生命的原动力。

---

① [日]池田大作、[英]阿·汤因比著:《展望21世纪:汤因比与池田大作对话录》,荀春生、朱继征、陈国樑译,北京:国际文化出版公司,1985年,第30页。

② [日]阿部正雄著:《禅与西方思想》,王雷泉、张汝伦译,上海:上海译文出版社,1989年,第247页。

③ 《禅与西方思想》,第246页。

第二节　生态责任观

一、儒学"仁民爱物"

"人类中心主义"是西方生态伦理秉持的基本观念。在"人类中心主义"语境中，人是价值和意义的根本，天地万物的价值都是依靠人来体现的，判断事物存在的意义就是看它是否对人类有用，亦即万物只有工具价值，而没有内在价值。从责任伦理角度来讲，"人类中心主义"里的"人"只负有对"人类"的责任，而没有对自然的责任。

在儒家思想传统里，"人"的地位是非常高的。《礼记·礼运》曰："人者，天地之心也。"[1]朱熹遵循儒家传统，强调人的崇高地位时指出："人者，天地之心。没这人时，天地便没人管。"[2]王阳明亦如是说："夫人者，天地之心。天地万物本吾一体者也。生民之困苦荼毒，孰非疾痛之切于吾身者乎？"[3]从"人类"地位而言，儒家似乎与西方人类中心主义有着相同的立场。我们赞同这种说法，即将儒家生态伦理观归于人类中心主义倾向；不过，我们修正上述说法，即在人与万物的关系中，万物不仅有工具价值，也有内在价值。

这种修正的说法来自儒家对"人"如何实现价值这个问题的理解上，人为天地之心并不意味着天地万物存在的意义完全要以人类利益为中心，而是指人必须要承担起对天地万物的整体责任。《周

---

[1]　［元］陈澔注：《礼记集说》，北京：中国书店，1994 年，第 194 页。

[2]　［宋］黎靖德编，王星贤点校：《朱子语类》，北京：中华书局，1986 年，第 1165 页。

[3]　［明］王守仁撰，吴光、钱明等编校：《王阳明全集》，上海：上海古籍出版社，2014 年，第 89 页。

易·乾·文言传》曰："大人者，与天地合其德。"天地之德何意？
《周易·系辞下传》曰："天地之大德曰生。"天地氤氲，万物化生，
是为天地之大德。大人、圣人是实现了人存在的最高尊严和价值的
人。如何成为大人、圣人？赞天地之化育，方能成就圣人之功，而与
天地并参，彰显人存在的价值和意义。因此，"赞天地之化育"成为
人内在的、义不容辞的责任和义务。

"赞天地之化育"要求人不仅要承担社会生生不息的责任，也要
承担自然生生不息的责任。社会责任和自然责任的结合在孟子那里被
表述为"仁民爱物"。"仁民"是人类要承担的社会责任，"爱物"是
人类要承担的自然责任，二者结合，才能建构和谐美好的、能够生生
不息存在下去的天地人相参的宇宙秩序。

人为什么要承担起对自然的责任呢？原因就在于，在儒家看来，
天地万物是一种有温情的、有内在价值的存在，《周易》曰："天地之
大德曰生。"董仲舒曰："天地者，万物之本，先祖之所出也。"[①]朱子
曰："万物一原，固无人物贵贱之殊。"[②]王阳明曰："人的良知，就是
草木瓦石的良知。"[③]可见，天地万物是有德的、是先祖所出之地、与
人是无差别的、是有良知的，一句话，天地万物是有内在价值的。既
然天地万物是有内在价值的，那么，在处理人与天地万物的关系上，
人必然要承担自身应该承担的责任。承担天地万物的整体责任是人实
现自我价值的充要条件。

---

① 曾振宇、傅永聚注：《春秋繁露新注》，北京：商务印书馆，2010年，第194页。
② ［宋］朱熹撰：《四书或问》，上海：上海古籍出版社，2001年，第3页。
③ ［明］王阳明撰：《传习录》，南京：江苏古籍出版社，2001年，第288页。

综上所述，责任意识是儒家生态伦理的核心特征，儒家所强调的"人为天地之心""天地之性，人为贵"[①]"惟人也，得其秀而最灵"[②]等以人类为天地中心的观念，本质上讲，就是人类责任中心主义，这是儒家和西方生态伦理在人类中心主义命题上的根本差别。

"忧患意识""内圣外王""仁民爱物"等皆是能够突显儒家思想特征的核心命题，我们将从这些命题出发，论证儒家和西方在人类中心主义立场上有着较大的区别。儒家人类中心主义不是人类利益中心主义，而是基于天地人整体利益的"人类责任中心主义"，人类的责任就是"仁民爱物"。因此，儒家人类中心主义也可以称作"仁爱型人类中心主义"或者"责任型人类中心主义"。

（一）"忧患意识"蕴涵的生态责任

习近平同志强调："我们共产党人的忧患意识，就是忧党、忧国、忧民意识，这是一种责任，更是一种担当。"[③]"忧患意识"是一种责任和担当，这是毋庸置疑的。

"忧患意识"是儒家的基本精神。所谓"忧患意识"，是指主体对未来不确定性风险的忧虑与担心，并提前采取各种措施来防范和化解这些风险。西周时，"德"的勃兴来自对"天命靡常"的忧虑和反思，充满了强烈的"忧患意识"。"以德治国"就成为解决当时社会问题的基本原则，也是解决生态问题的基本原则。《周易》小畜卦上九爻爻

---

① 汪受宽译注：《孝经译注》，上海：上海古籍出版社，2016年，第42页。

② ［宋］周敦颐著，陈克明点校：《周敦颐集》，北京：中华书局，2009年，第6页。

③ 中共中央文献研究室编：《习近平关于全面从严治党论述摘编》，北京：中央文献出版社，2016年，第5页。

辞较早地将人类高尚的道德与风调雨顺的生态平衡联系起来,"既雨既处,尚德载",下雨止雨,以德为则,"德"和谐了人类与自然界的关系,因此,我们不仅要对人讲道德,也要对自然讲道德,以此防范破坏自然界带来的风险。对自然讲道德也成为人应当履行的责任和义务。

对自然讲道德带来农业的风调雨顺、生活的丰衣足食,这是古代人民共有的梦想。然而,人类为了自身欲望,常常做出向自然过度索取和破坏自然的行为。《史记·孔子世家》曾记载了破坏自然的行为将会带来什么样的可怕后果,"刳胎杀夭,则麒麟不至郊;竭泽涸鱼,则蛟龙不合阴阳;覆巢毁卵,则凤凰不翔。"①对自然过度的索取,带来的只能是自然的报复,这里的"麒麟""蛟龙""凤凰"不仅指稀有动物,更是指自然遭到过度破坏之后,乱世将临的信号。荀子曾指出,自然形成的奇怪现象并不可怕,这些现象只是按照自然节律运转而已,真正可怕的,则是人类造成的社会失序、生态破坏,"人祆则可畏也",人祆指人的行为带来的怪异可怖现象。荀子释人祆曰:"楛耕伤稼,耘耨失岁,政险失民,田秽稼恶,籴贵民饥,道路有死人,夫是之谓人祆。""政令不明,举措不时,本事不理,夫是之谓人祆。"②粗放型耕种除草会伤害庄稼,失去收成,举措不符合时令等,导致粮食昂贵,百姓陷入饥饿死亡的境地,这就是人祆,人祆与社会混乱现象同时出现。荀子是从农业生态伦理角度来阐释人祆的,据荀子思路推而广之,一切破坏生态造成严重危机的事件,都是由人造成

① 张大可、丁德科通解:《史记通解》第五册,北京:商务印书馆,2015 年,第 2052 页。

② 方勇、李波译注:《荀子》,北京:中华书局,2015 年,第 271 页。

的，也可称为人祆。在现代社会，由于工业文明突飞猛进，以及西方人类中心主义观念深入人心，造成了当下环境污染、病毒肆虐的可怕后果，从荀子思路出发，这些情况亦可称为人祆。

破坏自然带来巨大风险的现实，使儒家思想家们对生态环境充满了深沉的忧患意识，以及通过忧患意识衍生出的防范和化解可能出现的重大风险，就成为人类必然要承担的责任和义务。这也是理解儒家"人为天地心"含义的一个重要视角。

防范和化解生态环境破坏造成的重大风险，承担人对于自然界的责任和义务，就要求我们对生态环境进行保护。儒家保护生态环境的方式，我们这里简要地概述几点，以见出在承担自然界责任和义务的方式上，儒家的环保观念是什么样的。

第一，顺应自然万物本性，保护万物生存环境。鱼潜于渊，鸟翔于天，树育于山，万物皆有自己的独特本性，保护生态环境的首要原则就是要顺应它们的本性。《礼记·礼运》谈到圣王治理天下就要遵循顺应事物本性这个基本原则："圣王所以顺，山者不使居川，不使渚者居中原，而弗敝也。"[①]顺应事物的本性，也要保护它们生存的环境，所以，人类必须要"毋竭川泽，毋漉陂池，毋焚山林"[②]，川泽、陂池、山林是许多动植物生存的环境。

第二，养长杀生，注意时令。天地万物的生长成熟都有一定的时令节点，按照天地万物的时令节点进行养长杀生，增加宇宙的整体利益，是典型的儒家生态保护理念。孟子曰："鸡豚狗彘之畜，无失其

---

① ［清］孙希旦撰，沈啸寰、王星贤点校：《礼记集解》，北京：中华书局，1989 年，第 622 页。
② 《礼记集解》，第 426 页。

时。""不违农时，谷不可胜食也。""斧斤以时入山林，材木不可胜用也。""谷与鱼鳖不可胜食，材木不可胜用，是使民养生丧死无憾也。养生丧死无憾，王道之始也。"①荀子曰："养长时则六畜育，杀（砍伐）生（种植）时则草木殖，政令时则百姓一。"②"圣王之制也，草木荣华滋硕之时则斧斤不入山林，不夭其生，不绝其长也；鼋鼍、鱼鳖、鳅鳣孕别之时，罔罟毒药不入泽，不夭其生，不绝其长也；春耕、夏耘、秋收、冬藏四者不失时，故五谷不绝而百姓有余食也；洿池、渊沼、川泽谨其时禁，故鱼鳖优多而百姓有余用也；斩伐养长不失其时，故山林不童（山无草木）而百姓有余材也。"③循天地万物时令而动，宇宙的整体利益达到最高，符合人类最长远的利益，王道计万世，保护生态环境，天地万物遂可持续发展，王道之始也。

第三，消费节俭，爱护资源。儒家重节俭，《周易》曰"君子以俭德辟难"，孔子讲"节用而爱人"，孟子强调"贤君必恭俭礼下"，荀子指出"足国之道，节用裕民"等等，皆体现出节俭在儒家思想体系中的重要地位。节俭可减少人类对自然的索取，本质上体现了人类对自然资源的爱护。除此之外，在生产实践中，儒家也有许多爱护资源的方法措施，如《周易》的"三驱"法，孔子"钓而不纲，弋不射宿"④等都是儒家爱护资源、保持自然资源可持续增长的重要表现方式。

---

① 任俊华、赵清文著：《大学·中庸·孟子正宗》，北京：华夏出版社，2014 年，第 64 页。

② 方勇、李波译注：《荀子》，北京：中华书局，2015 年，第 127 页。

③ 《荀子》，第 129 页。

④ 杨伯峻译注：《论语译注》，北京：中华书局，2018 年，第 103 页。

就儒家生态伦理而言，人类和自然处于天地命运共同体中，自然和谐与社会和谐是相互感应的。人类向自然的过度索取，不仅破坏自然本身，还终将威胁到人类生存。儒家思想家们对人类破坏自然的行为有着普遍的忧虑，为了化解破坏生态环境带来的重大风险，人类必须要对自然讲道德。对自然讲道德就要求我们必须爱护自然，在生产生活实践中，要注意顺应事物的本性，保护它们生存的环境；养长杀生，注重时令；消费上要节俭，还要爱护资源等。总之，对自然讲"德"，对自然命运有着较强的忧患意识，体现出了一种责任，一种担当。

（二）"内圣外王"蕴涵的生态责任

"内备圣人之德，外施王者之政"①，即"内圣外王"，为儒家思想的基本结构。这种基本结构还可以用"修身齐家治国平天下"来表达。社会秩序的基础是人心，外王的基础在于内圣，平天下的基础在于修身，内圣外王、修身平天下是统一的。

自然万物都为自己的本性而生存着。儒家认为，人要实现自我价值，闪耀人性的光辉，必须要超越自身的动物本性和私欲，才能使人的真正本性显现出来。"内备圣人之德"的"修身"基础，就在于要使人类认识到自身真正的本性。人为天地心，天地为人身，身心一元，这才是人真正的本性。既然人为天地心，为天地人整体利益负责就成为题中应有之义。孟子的"仁民爱物"、张载的"民胞物与"、二程的"以天地万物为一体，莫非己也"、朱熹的"理气一元"、王阳

---

① 何九盈、王宁、董琨主编：《辞源》，北京：商务印书馆，2010 年，第 390 页。

明的"一气流通"等命题都蕴涵了人类对宇宙万物所要承担的责任和义务。

责任和义务要通过实践来体现。"齐家、治国"是我们实现社会责任的手段，平天下既是我们实现社会责任的重要手段，也是我们实现生态责任的重要手段。如何从生态层面来理解儒家平天下观念呢？《春秋经》开篇即言："元年春王正月。"①董仲舒释曰："一元之意，一者万物之所从始也，元者辞之所谓大也。谓一为元者，视大始而欲正本也。《春秋》深探其本，而反自贵者始。故为人君者，正心以正朝廷，正朝廷以正百官，正百官以正万民，正万民以正四方。四方正，远近莫敢不壹于正，而亡有邪气奸其间者。是以阴阳调而风雨时，群生和而万民殖，五谷孰而草木茂，天地之间被润泽而大丰美，四海之内闻盛德而皆徕臣，诸福之物，可致之祥，莫不毕至，而王道终矣。"②元者，万物之始生也。自然万物（包括人类）都是肇始于元，元的生生不息属性构成了万物秩序的基础。人类社会秩序（朝廷、百官、万民）奠基于"元"上，不仅要保证人类更好地繁衍生息，也要保证自然万物更好地繁殖生长，于是祥瑞毕至，天下太平。可见，王政的合法性来自对自然万物"元"的尊重和保证，这也是《春秋经》以"元年""春""正月"与"王"相结合的微言大义，充满了深刻的生态主义关怀。因此，儒家平天下的最高追求就是使天地万物能够更好地生存下去，这不仅是形而上的哲思，更是实现天下大治的现实实践要求。因此，保证风调雨顺、草木繁茂、天地润泽，就

---

① 王维堤、唐书文译注：《春秋公羊传译注》，上海：上海古籍出版社，2016 年，第 1 页。

② ［汉］班固撰：《汉书》，北京：中华书局，2007 年，第 563 页。

构成了人类治理天下不容推脱的责任。

通过修身使我们深刻理解了天地人一体的事实，认识到"人为天地心"所要承担的责任。"修身"为"平天下"的基础，既然认识到人类应该承担的责任，那么，通过"平天下"使万物生生不息则是人类应该承担的现实实践责任。修身平天下（内圣外王）就构成了统一的整体，内在地蕴涵了深刻的生态责任意蕴。诚如杜维明先生所言："从修身齐家到治国天下，人类繁荣昌盛的这样一幅图景实际上展现了一种世界观：在整个宇宙的背景下看待人类的处境。这样的眼光使'家'的观念越出了地域共同体的界限，人因此成为宇宙进程的积极参与者，肩负着关怀环境的责任。"①

（三）"仁民爱物"——"人类责任中心主义"辨析

"仁民爱物"是儒家亚圣孟子提出的伦理命题。这个命题精确地概括了儒家处理人与人、人与自然关系上的基本立场。何谓"仁民爱物"？孟子曰："君子之于物也，爱之而弗仁；于民也，仁之而弗亲。亲亲而仁民，仁民而爱物。"②我们需要从两个方面来理解"仁民爱物"的生态伦理意蕴。一方面，人必须要对一切自然万物充满仁爱之心，无论是自己的亲人、同类，还是动物、植物、天地等皆是如此，仁爱之心必然衍生出仁爱之行，于是人对自然万物负责成为理所当然的伦理学要求。另一方面，人类面对的对象毕竟是不同的，不同的对象显现出的情感状态也是不一样的，这就是"亲亲""仁民""爱

---

① ［美］安乐哲主编：《儒学与生态》，彭国翔、张容南译，南京：凤凰出版传媒集团、江苏教育出版社，2008 年，第 286 页。

② 任俊华、赵清文著：《大学·中庸·孟子正宗》，北京：华夏出版社，2014 年，第 339 页。

物"之间有差异的原因，这种不同要求我们对不同的对象要有相异的负责态度，从而使所承担的责任符合人类基本情感，并且具有现实可行性。根本言之，儒家"仁民爱物"的伦理意涵就是，人类必须要对自然万物负责，对万物负责又要根据不同的对象和情境采取不同的方式。

人类中心主义和生态中心主义是当代西方生态伦理学立场的两个重要流派，我们常常将儒家归类为人类中心主义，也有将儒家归类为生态中心主义的观点，那么，在生态伦理学视域中，儒家到底属于哪一类？还是说西方生态伦理学立场根本不能完全将儒家生态伦理立场囊括于其中？要回答这个问题，我们需要回顾一下人类中心主义和生态中心主义的不同含义，并与儒家生态伦理立场进行相应的比较和辨析。

第一，人类中心主义。人类中心主义可划分为强人类中心主义和弱人类中心主义，弱人类中心主义有不同的表现形式。强人类中心主义被称为人类沙文主义，"根据这种观念，人类是惟一的道德考虑的主体，是惟一的有着内在价值的对象。非人类的物种没有成为道德共同体成员的资格，它们所共有的价值仅是就它们可作为人类利益或目的的追求的工具而言的"[①]。强人类中心主义认为，自然万物只有工具价值，没有内在价值，人类利益是一切事物价值的评价标准，这样，人类根本不需要对万物负责。因此，我们首先要否定儒家属于强人类中心主义这个观点。

---

① 尼古拉斯·布宁、余纪元编著：《西方哲学英汉对照辞典》，北京：人民出版社，2001 年，第 448 页。

弱人类中心主义有不同的表现形式。20世纪美国哲学家诺顿认为，人类应该以理性偏好评价万物的价值，或者说以人类长远利益来评价事物的价值，而非强人类中心主义完全依据人类欲望来评价万物的价值，这在某种程度上限制了人类为所欲为征服自然的行为，表现了弱人类中心思想倾向。然而，与强人类中心主义内在结构一致，诺顿同样未将内在价值赋予自然万物，认为人类对自然只有权利而没有义务。这和儒家对万物负责也是完全不同的。

美国埃默里大学植物学家墨迪的弱人类中心主义表现出另外一种形式。墨迪认为，每个物种都以自身存在为目的和价值，这是自然事物本性决定的。这样，一方面，人类通过代际积累起来的文化知识，逐渐统治地球，成为地球生态链的顶端生物，对其他生物的生存产生了绝对的影响；另一方面，既然万物都以自身存在为存在目的，那么，每个事物对其自身来讲都是有内在价值的。于是，"人类在地球上占统治地位，实际上是指人类肩负着更为繁重的任务，承担着更大的责任和义务"[①]。从上述内容我们可以看出，根据每个事物的本性，墨迪承认自然万物都是有内在价值的，并且认为，作为具有文化属性的人类来讲，承担着对万物生存更大的责任，这点与儒家生态伦理立场有一致性。

但是，墨迪的弱人类中心主义又与儒家生态伦理立场有着极大的差异。墨迪认为，每个物种都有自身存在的目的和价值，就人类来讲，以人类利益为核心是事物的本质要求，这样自然万物对于人类来讲，就仅仅具有工具价值而失去了内在价值。从这个意义上讲，墨迪

---

① 叶平著：《回归自然：新世纪的生态伦理》，福州：福建人民出版社，2004年，第170页。

所承认的自然万物的内在价值本身就具有不可克服的内在矛盾。因此，就本质而言，人类对自然承担的责任，就具有一定程度的虚幻性。事实是，这种责任的承担最终指向的还是人类自身的利益。于是，我们可以看出，墨迪的弱人类中心主义依然属于传统的人类中心主义范畴，而与儒家生态伦理立场有着根本的不同。

第二，生态中心主义。生态中心主义提出："环境伦理学的中心问题应该是生态系统或生物共同体本身或它的亚系统，而不是它所包括的个体成员。生态中心论的根据是，生态学揭示了人类和自然的其他成员既有历时性（时间过程）也有共时性（同一时间）的关系。因此，我们应该考虑整个生态系统，而不是把个体于其中的母体与个体分隔开。"[1] 生态中心主义是以生态系统整体利益为价值追求的。《周易》"天地人"三才整体论、张载"民胞物与"、程颢"仁者，以天地万物为一体"等，都体现出儒家以宇宙系统整体利益为价值追求的特点。作为人类来讲，承担起生态系统整体利益，是人的根本责任和义务。

然而，儒家生态伦理思想与生态中心主义又有着极大的区别。从儒家生态思想角度来讲，人类以生态系统整体利益为核心而对其承担责任和义务，并不意味着人类对待万事万物的情感和方式都是一样的。这在儒家"爱有差等"命题中有着明确的表达。"爱有差等"要求人们面对不同的对象和在不同的情境中，其情感表达和负责的方式是不同的。"爱有差等"如同一个同心圆，亲亲是圆的核心，仁民是

---

[1] 尼古拉斯·布宁、余纪元编著：《西方哲学英汉对照辞典》，北京：人民出版社，2001 年，第 282 页。

圆的外围，爱物则是圆的边界。亦即人始终处于圆的中间地带。不过，无论从哪种角度讲，人类对自然的责任都是不容置疑的。

综上所述，儒家生态伦理立场的基本特征有两个方面：一是儒家尊崇生态系统整体利益，从此处论，儒家生态伦理与西方那种人类中心主义有较大差别；二是儒家生态伦理思想重视"爱有差等"观念，从此处论，儒家生态伦理与生态中心主义也有较大差别。这样，在回答儒家生态伦理立场归属问题时，我们认为，西方生态伦理学立场根本不能完全将儒家生态伦理立场囊括于其中。

儒家"爱有差等"观念使其充满鲜明的人文主义色彩，就此而言，我们说儒家属于中国式的人类中心主义范畴。在儒家以生态系统整体利益为价值追求的特征中，儒家又强调人为天地心、天地为人身的天地关系论，人既然为天地心，那么，人为生态系统整体利益负责就成为理所应当的事了，这里"人"的地位再次得到强调。只不过这种强调与西方人类利益中心主义截然不同。我们可以将儒家生态伦理这种立场称为"人类责任中心主义"，以与西方人类中心主义相区别。孟子"仁民爱物"命题精确地反映了儒家上述生态伦理立场，因此，我们也可以将其称为"仁爱型人类中心主义"。

二、道学"宽容于物"

儒学以"民胞物与"为己任，其任事的担当和热血值得敬重，道学生态伦理中，其谈及责任又有另外一番风格，也用一个词来表达，就是"宽容于物"。

"宽容于物"出自《庄子·天下》中对老聃、关尹的形容：

> 以本为精，以物为粗，以有积为不足，澹然独与神明居。古之道术有在于是者，关尹、老聃闻其风而说之……常宽容于物，不削于人，可谓至极。关尹、老聃乎，古之博大真人哉！

"宽容于物，不削于人"，就是说，对万事万物持宽容的态度，对人不刻削计较，这是道家的代表者老聃、关尹的特点。"宽容于物"不仅仅是老聃等个人的特点，也是整个道学在生态伦理方面的基本特点。

儒学生态伦理强调"民吾同胞，物吾与也"，生态万物是我的朋友，应当施以救助，这是将儒学的社会五伦中朋友一伦扩而充之，用于生态。道学生态伦理基于"自然"的原则，不强调"物吾与也"这种主动的作为，而认为应当"宽容于物"，给自然万物足够的生存空间，不因人类的好恶而横加干涉自然界的运行，强行赋予价值，这就是人对于生态所负有的责任。这种责任的内涵，可以从三个方面进行说明。

（一）相对于"民胞物与"，"宽容于物"属于限制性的责任

所谓限制性的责任，是与作为型的责任相对而言的，"民胞物与"强调的是，人要主动作为，将生态看做人类社会的延伸，站在社会发展的角度为生态自然谋发展，所谓"裁成天地"，就是这类意思。而"宽容于物"则不同，要求人从负向的角度去审视这个问题，在对生态负责之前，反思一下自己是否有这个为生态负责的资格，这也是一

种负责任的态度，生态不需要人的过多作为，就像"浑沌"不需要别人给它凿出七窍一样。

> 南海之帝为儵，北海之帝为忽，中央之帝为浑沌。儵与忽时相与遇于浑沌之地，浑沌待之甚善。儵与忽谋报浑沌之德，曰："人皆有七窍以视听食息，此独无有，尝试凿之。"日凿一窍，七日而浑沌死。(《庄子·应帝王》)

"宽容于物"的限制性责任，首先要求人们不能将社会伦理价值强行施用于生态。人类根据自己的想法去管理万物，往往会出现这种用人类社会的价值去衡量自然好坏的情况，当人类自以为将自然生态治理得极好的时候，也就是生态受到很大破坏的时候，所谓"七窍"就相当于是人伦的各方面要求，譬如仁义礼智信等等，这些原本是自然界所没有的，纯粹属于人类的创造，但人类在自己的社会组织中长期习惯于用这些标准来评判事物，分出好恶、黑白、美丑，用之于自然界，就会出现各种各样的问题，正如庄子在《齐物论》中所讲的那样，自然界的生物并不会以人类所认为的善为善。

> 民湿寝则腰疾偏死，鰍然乎哉？木处则惴栗恂惧，猨猴然乎哉？三者孰知正处？民食刍豢，麋鹿食荐，蝍蛆甘带，鸱鸦耆鼠，四者孰知正味？猨猵狙以为雌，麋与鹿交，鰍与鱼游。毛嫱丽姬，人之所美也；鱼见之深入，鸟见之高飞，麋鹿见之决骤，四者孰知天下之正色哉？(《庄子·齐物论》)

譬如在人类的价值中，倚强凌弱是恶的，人们厌恶伤害生命、欺负弱小的事情，这在人类社会中是为了维持和平保持种族延续的价值标准，但强行放在自然界中，就会导致一些动物遭受没来由的"非议"，狼、虎、熊、狐狸、毒蛇等都在一定程度上被看作非正义的一方，人类自作聪明地主持正义，杀害这些野兽，最后的结果却不是想象的那样，生态系统破坏了，羊、鹿、兔等看起来弱势的群体反而遭受了毁灭。这样的事情在历史上和今天都可以说不胜枚举。之所以会有这种错误的"治理"生态，是因为人们没来由地将社会伦理价值用在生态伦理上面，造成两种伦理混为一谈，但是，人和自然毕竟不是同样的范围，社会伦理只适用于人类自身，不适用于此外的各类事物，正如羊羔跪乳、乌鸦反哺并不是孝道的体现，鸠占鹊巢也不是打家劫舍的恶事，啄木鸟吃虫子不是为了给树治病，水獭摆放捉到的鱼也不是祭祀，这些种种的比附想象，都是根源于社会伦理的想法，如果强行认为其中有正义和非正义的区别，甚至要人类去"负责"主持正义的话，那么生态自然必然受到极大的破坏。因此，道学认为，为了保护生态，人类要对生态本身的存在价值保持"宽容"的态度。

错误的评判会导致错误的"负责"，强行将生态自然纳入社会体系也是被道学所限制的。

> 庄子钓于濮水。楚王使大夫二人往先焉，曰："愿以境内累矣！"庄子持竿不顾，曰："吾闻楚有神龟，死已三千岁矣。王巾笥而藏之庙堂之上。此龟者，宁其死为留骨而贵乎？宁其生而曳尾于涂中乎？"二大夫曰："宁生而曳尾涂中。"庄子曰："往矣！吾将曳尾于涂中。"（《庄子·秋水》）

乌龟作为一种生物，首先需要的是生存，人类将它捕捞上来杀死，留下龟甲进行占卜，在人类来看，这是实现了它的价值，这只乌龟获得了无上尊荣，但在乌龟看来，这实在是糟糕得不能再糟糕的事情了。

> 惠子谓庄子曰："吾有大树，人谓之樗。其大本臃肿而不中绳墨，其小枝卷曲而不中规矩。立之涂，匠者不顾。今子之言，大而无用，众所同去也。"庄子曰："子独不见狸狌乎？卑身而伏，以候敖者；东西跳梁，不辟高下；中于机辟，死于罔罟。今夫斄牛，其大若垂天之云。此能为大矣，而不能执鼠。今子有大树，患其无用，何不树之于无何有之乡、广莫之野，彷徨乎无为其侧，逍遥乎寝卧其下？不夭斤斧，物无害者。无所可用，安所困苦哉！"（《庄子·逍遥游》）

一棵大树生长在那里，根本不会考虑人需不需要它来做栋梁，人如果觉得这棵树做什么都不行，是一棵毫无用处的树，那么反而是这棵树的幸运，因为这样它就可以自由自在地生长了。由这些寓言可见，仅仅凭借在人类社会中生态的使用价值来确定生态的存在价值，是一件十分荒谬的事情。在庄子那个年代，人们觉得一种动物或者植物没有用处，顶多也就是放任不管，时至今日，如果有大量没有"用处"的草木占据了地理空间，人就会毫不留情地将其砍伐殆尽。因此，在现代，更应该发挥"宽容于物"的这种限制性的责任要求，对人类有用的生态自然要保护，没有用处的也要保护，要普遍地给它们留出生存的空间。

综上所述，在道学生态伦理中，人为自然负责，不是积极的作为的责任，而是首先反思自身，限制人类想法和欲望的责任，生态自然本来如此，人类所需要做的，就是给生态的存在留出足够的空间，不要处处做绝，样样做尽。

（二）"宽容于物"基于"自然"的根本原理

道学生态伦理之所以坚持"宽容于物"的要求，是因为在道学看来，生态和人一样，都是自然而然地存在的，并不需要特别的人为工作去维持，顺其自然就可以了，反而是对生态自然的强行作为会导致恶果。

"人法地，地法天，天法道，道法自然。"在生态伦理意识观一节中，已经对道家"四大"有了详细的论述，"自然"是道、天、地、人的根本，却也并非一种实体，比"道"更为虚化，它指代的是一种自然而然的状态。"道"正是秉持了自然的原则，才可以成为"道"，因而能够"道生一，一生二，二生三，三生万物"。庄子说：

> 夫道有情有信，无为无形；可传而不可受，可得而不可见；自本自根，未有天地，自古以固存；神鬼神帝，生天生地；在太极之先而不为高，在六极之下而不为深，先天地生而不为久，长于上古而不为老。（《庄子·大宗师》）

"道"是"自本自根"的，天地鬼神都是由道生成，人也是由道生成的：

> 道与之貌，天与之形，无以好恶内伤其身。今子外乎子之神，劳乎子之精，倚树而吟，据槁梧而瞑。天选子之形，子以坚白鸣。（《庄子·德充符》）

天地万物，包括人在内，有着同样的根源，而由于"天地不仁，以万物为刍狗"，这种根源无差别地生成万物，在生成的意义上，人并没有独特的地方，人之所以成为"四大"之一，是因为人有选择的能力，人可以选择遵循自然或者不遵循自然，倘若不遵循自然，就是所谓的"天选子之形，子以坚白鸣"。

由于这种从根源上的"不仁"和平等，人不能够自以为是地对万物负责，万物本身能够自生自长，在没有人类的情况下，也可以生存下去，人类的存在本身并不影响生态自然，但人是否选择"自然"的方式，却决定了会不会破坏生态的情况。

在儒学生态伦理中，天地万物都是围绕着人为中心而运转的，人对万物负责，是一种主人翁的态度，而道学生态伦理中的认识与之相反。道学认为，人与万物生来同为自然，人的负责不应当是自以为是地积极作为，而应当是消极的自我限制，人对自我不自然的欲望譬如价值评价、崇尚奢华等限制越深，"见素抱朴，少私寡欲"，对万物的存在也就会越宽容，生态也就能够更为健康地运行。

（三）"宽容于物"促进了人们对生态多样性的思考

在道学生态伦理中，天地生人，但并不仅仅生人，也不是为了人类而造就各种各样的生物，人和万物一样，都是自然而然地产生的，基于这种观点，道学不以对人有用与否来评价各种生命体的优劣，更不会以人的好恶来决定自然界万事万物的价值。相反，凡是自然而生、事实存在的东西，都是有价值的，即都是有"道"存在的。

东郭子问于庄子曰："所谓道，恶乎在？"庄子曰："无所不在。"

> 东郭子曰："期而后可。"庄子曰："在蝼蚁。"曰："何其下邪？"曰：
> "在稊稗。"曰："何其愈下邪？"曰："在瓦甓。"曰："何其愈甚邪？"
> 曰："在屎溺。"（《庄子·知北游》）

东郭子以为，道这种珍贵的价值，只有少数事物中才会存在，蝼蚁、稊稗这种微小低端的生命体中是不会存在的，更何况瓦片这种无机物，而庄子告诉他，即使屎溺之中也是存在的，这种回答打破了以东郭子为代表的一般人的想法，道是一种普遍的价值，凡是自本自根、自然而生的万事万物，其中都有这个最为普遍且珍贵的价值，屎溺在有道的根本层面上，与圣人君子都是一样的。

这样一种"宽容于物"的态度，使得道学生态伦理在生态多样性方面，有着极为可贵的看法。在人类历史发展中，由于不能够理解生态之价值，除了在资源上任意索取外，还在根本的生存模式上随意改造自然、驯化自然，使之按照社会的想法来展现形态。近代以前，人类没有大规模改变自然的能力，这种"改造"自然的态度在一定程度内尚可被生态所容许，人与自然还处在一种基本和谐的状态。但是近代技术革命以后，人类有了灭绝物种的能力，其面对自然生态的任意妄为，已经超过了生态自我修复的能力。在这个时代，有这样一些情况是屡见不鲜的，即，人们仅仅凭借一己好恶，或者短期实验所得出来的结论，蔑视生态多样性的可贵和脆弱，而贸然展开一次物种灭绝或者物种引进，导致一些地方的生物链断了一环就再也续不上了，从而系统性地损害了整个生态。在这种情况下，要求人类认清生态多样性的价值就十分重要。

道学"宽容于物"的生态责任观，首先要求人们从根本上认清，一切的生态存在者，都有着共同的存在价值。这种价值不仅仅是生存的价值，也是一切存在者按照自然的方式生存和发展的价值。人为地改变这些林林总总多样的生存方式，是不符合自然的，是错误的，因为人类社会认为正确的、美好的那些生存方式，都只不过是人类自己生存的样式，根本不足以拿来约束、改变其他种群的样态。这就好比是，给黑猩猩穿衣服、让鹦鹉学说话、让大象自己买香蕉，这些在人类看来是实现了动物价值的方式，对它们本身来讲，都是痛苦的生存。

> 马，蹄可以践霜雪，毛可以御风寒。龁草饮水，翘足而陆，此马之真性也。虽有义台、路寝，无所用之。及至伯乐，曰："我善治马。"烧之，剔之，刻之，雒之。连之以羁絷，编之以皂栈，马之死者十二三矣！饥之，渴之，驰之，骤之，整之，齐之，前有橛饰之患，而后有鞭笑之威，而马之死者已过半矣！陶者曰："我善治埴。圆者中规，方者中矩。"匠人曰："我善治木。曲者中钩，直者应绳。"夫埴木之性，岂欲中规矩钩绳哉！然且世世称之曰："伯乐善治马，而陶匠善治埴木。"此亦治天下者之过也。（《庄子·马蹄》）

> 彼正正者，不失其性命之情。故合者不为骈，而枝者不为跂；长者不为有余，短者不为不足。是故凫胫虽短，续之则忧；鹤胫虽长，断之则悲。故性长非所断，性短非所续，无所去忧也。（《庄子·骈拇》）

马的本性是逐水草而居，泥土本无方圆，树木生非曲直，但匠人将它们都改造成了人类需要的样子。鸢飞戾天，鱼跃于渊。每种生物都有着其自我的生存方式，以人为的要求，强行改变这些方式，是对生态多样性的一种摧残。原始的山林草木，是数千年甚至数万年延续下来形成的生态系统，人一进入就要设计道路、砍伐林木、拔除荆棘、消灭猛兽毒蛇，这样一来就符合人的生存要求了，但是不出数年，这里的飞鸟也就不再栖息，游鱼也就不再靠岸。人以为美的、和平的世界，在这些动物的眼中，大概就像炼狱一般，这就如同庄子所说的，鹤腿长、鸭腿短，强迫让它们的腿变得一样长，整齐好看是符合社会审美了，但鹤要承受断腿之殇，鸭也不免无妄之灾。

"宽容于物"一方面是理性上分析的结果，一方面也是感情上的自发，中国传统文化中始终有着一缕山水之情，究竟为何如此已经不可考，但研究者可以在道学生态伦理中看到道学家们，对生态存在的那种"宽容"之心，旷达之意，和温情脉脉的情怀。

三、佛学"普度众生"

佛教的创立表达了广大民众要求摆脱现实世界的苦难，向往幸福的强烈愿望。列宁说："被剥削阶级由于没有力量同剥削者进行斗争，必然会产生对死后的幸福生活的憧憬，正如野蛮人由于没有力量同大自然搏斗，就产生对上帝、魔鬼、奇迹等的信仰一样。"因此，正是苦难的社会现实，促使佛陀这样有正义感和同情心的智者，去对不合理和不平等的现象进行理性反思，寻求走出社会危机、解脱人生苦难的答案，因而产生了他们各自创立的佛学思想体系，并在其体系中包涵了丰富的生态伦理思想。[1]

---

[1] 任俊华：《儒道佛生态伦理思想研究》，湖南师范大学博士论文，2004年，第10页。

（一）"普度众生"产生的现实根基

佛教思想史是印度农业文明发展到一定程度，在特定的历史条件和背景下产生的思想学说。而佛教"普度众生"的强烈的社会责任意识，诞生于苦难的社会现实的温床。佛陀所生活的时代，政治黑暗、社会腐败、道德沦丧、战争残酷、生态破坏的程度堪比于孔子、老子生活的春秋时代。

当时正是古印度奴隶制经济急剧发展，大批小城邦国兴起的时期。这些城邦国在公元前 6 世纪时约有 60 多个，还有 180 个不同的种族和部落，这些小城邦和部落之间争斗日趋激烈，民族矛盾逐渐激化，战争频繁，此间在北印度建立了 16 个奴隶主占有制国家。原来雅利安人实行的种姓（等级）制度中各个等级自己开始分化，第一等级婆罗门已不再是一个单纯以祭祀为业的祭司贵族集团，他们完全靠剥削奴隶来维持生活。第二等级刹帝利是当时新形成的专制国家的统治者，他们因不断扩大自己的权力与传统种姓制度的障碍（婆罗门最高）发生争斗。第三等级吠舍发生分化，其中一小部分人成为工商奴隶主，而大部分人沦于奴隶地位。第四等级首陀罗所受的剥削和压迫更加残酷，他们被剥夺了一切宗教和社会生活的平等权利，奴隶主可以任意宰割他们。《摩奴法典》规定："杀死首陀罗的人只需简单地净一次身，同杀死牲畜一样。"[1] 奴隶们不堪重重压迫，通过各种方式，如大量逃亡、破坏农业与水利设施、谋杀奴隶主等进行斗争。

当时因 60 多个新的城邦国兴起，统治阶级为了追求奢侈生活，

---

[1]　任继愈主编：《中国佛教史》第一卷，北京：中国社会科学出版社，1981 年，第 493 页。

大兴土木,建造金碧辉煌的宫殿、城堡。"为了修建他们那些庞大的神殿和宫殿……印度河流域的人们也仍用泥砖,但是他们是用窑来烧制。这个过程就需要数量极大的木柴。很快这一地区的林木就被砍光。土地暴露在风吹日晒雨打之下,导致了迅速的侵蚀,土壤质量下降。"[1]另一方面,大量发展农业经济,兴修水利工程,反而导致了大量土地盐碱化的生态恶化后果。"印度河流域的定居者们面对着一个重大的问题——这条河总是要发洪水,淹没大片地区,改变它的河道。人们修建了许多工程来稳定河道,灌溉土地,生产用以支撑和养活组织阶层、神职人员和军队的粮食。在印度河流域那种炎热的气候中,灌溉……提高了水位,增加了水涝,土地的盐碱化越来越严重,最终在地表结成盐层,导致粮食产量逐渐下降。"[2]奴隶们采取毁坏农田、破坏水利设备的办法去对抗奴隶主的残酷压迫,也在一定程度上加剧了生态环境的恶化。[3]

佛陀在佛经中大量描绘了"一切皆苦"的苦难和没落的社会现实,他正是从"苦谛"中悟出了教义,创立了佛教。他宣称其教就是为了要普度众生,解脱苦难的人生。马克思说:"宗教的苦难既是现实苦难的表现,又是对这种现实苦难的抗议。"[4]苦难不仅表现在大量奴隶受着残酷的压迫,还表现在宫廷斗争的残酷。据史载,与佛陀同时代的摩揭陀国君王频毗娑罗王是被其子阿阇世王所杀,阿阇世王亦被其子部达衍波达所杀,而部达衍波达又是被其子阿奴达伽所杀,阿

① C.Ponting, A Green History of the World, Penguin Books, 1991.

② C.Ponting, A Green History of the World, Penguin Books, 1991.

③ 任俊华:《儒道佛生态伦理思想研究》,湖南师范大学博士论文,2004年,第8—9页。

④ 《马克思恩格斯全集》第一卷,北京:人民出版社,1956年,第453页。

奴达伽最后也被其子孟达所杀，宫廷内部父子无情，互相残杀，更何况统治者对奴隶们的镇压和剥削之凶残了。佛陀创立的佛教是一种宗教哲学，有丰富的辩证法思想，也是"哲学的突破"阶段之典型代表之一。苏联哲学家谢尔巴斯基在《佛教涅槃的概念》中肯定了佛陀的独创性，他说："佛陀立场的独创性是在否认一切实体而相信世界的过程乃是生灭重化的各个原素和协的表现。佛陀既舍弃了奥义书一元论和数论二元论，便建立了最彻底的多元论思想系统。"①佛陀把世界当作一个发展过程，充满了一种自发的社会辩证法思想，他用这种辩证法思想观察和解释了当时的某些社会现象，如他认为专制统治、种姓制度、社会暴虐和阶级划分，都是可变的，一切苦难的社会原因和自然原因都是可改变的。他提出了"缘起论"，从缘起理论出发，他对宇宙和人生进行了分析，提出了"四谛说""十二因缘说""八正道说""五蕴说""涅槃论""无我观"和"种姓平等论"等，建立了一个庞大的佛学宗教体系。英国历史学家汤因比在评价佛教引导人们进入没有苦难的涅槃境界之说时指出："除了佛陀牟尼教派之外，这种绝对的遁世境界恐怕从来就无人达到过，或者至少从未有人永久地保持过这种状态。作为一项思想成就，它是令人叹服的；作为一项道德成就，它是极为动人的。"②

（二）"普度众生"的责任观

2500 年前，释迦牟尼佛本着"三界皆苦，吾当安之"（《修行本

---

① 任继愈主编：《中国佛教史》第一卷，北京：中国社会科学出版社，1981 年，第 512 页。

② ［英］阿诺德·汤因比著：《历史研究（修订插图本）》，刘北成等译，上海：上海人民出版社，2000 年，第 229 页。

起经》卷上）的慈悲精神与宏大誓愿出家修行，自我觉悟之后度化众生。所以，"佛教本是一种出世法，但它具有积极的入世精神和人间性格。这一方面与佛教教义中强烈的人文精神有关，同时也是与释迦牟尼创立佛教的本怀大愿相一致的。"①《金刚经·第三品大乘正宗分》提出了普度众生的宏大理想："所有一切众生之类，若卵生，若胎生，若湿生，若化生，若有色，若无色，若有想，若无想，若非有想非无想，我皆令入无余涅槃而灭度之。"即举凡卵生的、胎生的、湿生的、化生的，有形象的、没形象的，有思想的、没思想的，非有想的、非无想的，这几大类众生，我们都应设法使他们进入"常、乐、我、净"的涅槃国度。②《大智文殊菩萨十大愿》的经文中，第一大愿中提到："所有水陆四生，胎卵湿化，九类蠢动，一切含灵，同生三世，愿佛知见。"一切水生动物、陆生动物，含有灵性的不同种类的动物，都能闻得佛法，觉悟正见。南怀瑾先生认为，《金刚经》这种壮观的论调同儒家一样，也是走"亲亲、仁民、爱物"的推己及人路线。在这方面，儒、佛的确是相通的。

建立在对世间疾苦深刻认知的基础上，佛教以"四弘誓""四愿"的形式阐发了普度众生的强烈责任意识。《道行般若经》卷八《贡高品》云："诸未度者悉当度之，诸未脱者悉当脱之，诸恐怖者悉当安之，诸未般泥洹者悉皆当令般泥洹。"未度者、未脱者、恐怖者、未般泥洹者，都是身心不安、处在烦恼之中的苦难众生，是佛法平等普

① 楼宇烈：《大乘佛法的悲智精神与人间佛教》，载《纪念中国佛教协会成立五十周年论文集》，2003年，第18页。

② 任俊华：《儒道佛学生态伦理思想研究》，湖南师范大学博士论文，2004年，第118页。

度的对象。对不安者怀揣的深切责任感，佛教的诸多经典作了不同形式的阐发，如《法华经》卷三《药草喻品》云："未度者令度，未解者令解，未安者令安，未涅槃者令得涅槃。"《长阿含经》卷八云："瞿昙沙门能说菩提。自能调伏，能调伏人；自得止息，能止息人；自度彼岸，能使人度；自得解脱，能解脱人；自得灭度，能灭度人。"这段经文，从自、他两个角度论述普度众生的基本次第，第一步，自己得到解脱，度到彼岸，这是度人的前提。自己知道如何止息烦恼、调伏身心，再以正确的方法帮助他人、引导他人，将"普度众生"的责任意识进一步深化到具体的实施步骤。《菩萨璎珞本业经》《大乘本生心地观经》正式提出了"四弘誓""四愿"："所谓四弘誓，未度苦谛令度苦谛，未解集谛令解集谛，未安道谛令安道谛，未得涅槃令得涅槃。"（《菩萨璎珞本业经》）"谛"是真理的意思，苦谛、集谛、安道谛阐发了"苦"从形成、集聚、消散的整个过程。"四弘誓"，就是希望引导众生远离苦痛，达到"涅槃"的理想境界。众生通过学习佛法，断除烦恼，证得觉悟，普度众生，这是"四愿"说的基本内涵："一切菩萨复有四愿，成熟有情住持三宝，经大劫海终不退转。云何为四？一者誓度一切众生，二者誓断一切烦恼，三者誓学一切法门，四者誓证一切佛果。"（《大乘本生心地观经》）菩萨"四愿"中，将普度众生的愿望放在了首位，彰显了佛教悲悯苦难、普施大爱的人文精神，希望众生远离苦恼，得到身心安乐的宏大胸怀。

禅宗作为中国大乘佛教最重要的一支，始终秉持悲智双运的济世情怀。禅师怀着"利他"之心，留下了诸多为后人称道的历史公案。赵州禅师是禅宗史上的著名僧人，他用自己的人生诠释济世精神，留下了一则"石桥公案"：

> （僧）问："久向赵州石桥，到来只见略彴？"师曰："汝只见略彴，
> 且不见石桥。"曰："如何是石桥？"师曰："度驴度马。"（《五灯会元》
> 卷四《赵州》）

"略彴"指简单的木桥，来僧的眼中只看到木桥却不见石桥。哪
里有石桥呢？赵州禅师回答"度驴度马"，石桥不是河上挺立的可见
之桥，而是甘愿为众生践踏却坚固如初、荷载过往来客的慈悲"心
桥"，赵州"系以石桥比拟菩萨的慈悲心"①。普度众生的大愿坚定不
移，风雨不动，屹立如磐石。石桥不仅渡人过河，还渡包括驴、马等
来去的动物，可知禅师以慈悲心平等地关爱人类，以至自然万物，以
救度众生脱离苦海为己任，毅然献身而不辞劳苦。另一段关于赵州禅
师的公案如下：

> 官人问："和尚还入地狱否？"师曰："老僧末上入。"曰："大善知
> 识为什么入地狱？"师曰："若不入，阿谁教化汝？"

我不入地狱，谁入地狱？禅师入地狱，为了在地狱中度化苦难众
生，这是禅师的慈悲。《说无垢称经疏》卷三说道："菩萨发愿度众
生尽，方入涅槃，以众生界无尽期故，菩萨毕竟不入涅槃。"只要还
有一个众生未得解脱，菩萨就不会离开众生生存的环境，不会究竟涅
槃，而留住世间广度众生。在佛教的典籍中，释迦牟尼佛有"我不下
地狱谁下地狱，不但下地狱，而且庄严地狱"的宏愿；地藏菩萨立下

---

① 吴言生著：《禅宗哲学象征》，北京：中华书局，2001年，第170页。

"地狱不空，誓不成佛"的大愿；观世音菩萨"随类化现""循声救苦"，"住大悲行门"；普贤菩萨以"十大行愿"在世间救度苦难。佛教通过经典中菩萨所发的弘誓大愿与僧人们的自觉躬行，彰显出平等普度一切众生的大慈大悲济世精神与强烈的责任意识。

（三）"悲智双运"的生态实践原则

佛教以大悲宏愿表达深厚的济世情怀。可是只有愿望也是不行的，将普度众生的愿望落实到具体行为之中，愿才有现实的效力，否则愿望就是空洞的、虚假的。正如龙树《十住毗婆沙论》所言："空自发愿，不如说行，欺诳众生，是名欺佛。"永明延寿《万善同归集》卷四云："有愿无行，其愿必虚。行愿相从，自他兼利。"为了将普度众生宏愿真正落实到实际的生活中去，佛教提出了"行愿"，"行"以"愿"为根本动力，"愿"以"行"为落脚与归宿。《大日经》中说道："菩提心为因，大悲为根本，方便为究竟。"以大悲的本心本愿为决策宗旨，以智慧为指导实施执行，悲智双运，是佛教生态实践的基本原则。

在佛教典籍中，智慧称为"般若"，引导众生获得智慧，首先是明了因果的道理。印光大师说："诸佛成正觉，众生堕三途，皆不出因果之外。"什么是因果？佛法所说的因果是佛法最核心的部分，范围十分广泛，世间的一切都在因果的法则之中。但佛法所看重的，在于思想与行为的因果律，要指导人该怎么做，怎样做才能做得好。就小的方面说，自己能够得到快乐；就大的方面说，则能够使世界得到快乐，乃至得到究竟解脱。[①] 因果的道理，旨在引导众生从内心对身

---

① 印顺法师著：《佛法概论》，上海：上海古籍出版社，1998 年。

边的人、事、环境生起敬畏之心。正如印光大师说："信因果者，其心常畏，畏则不敢作恶；不信因果者，其心常肆，肆则无所忌惮。经所谓：菩萨畏因，众生畏果，正是如此。"反观历史，人类在推进工业化过程中对大自然造成的危害，已经逐渐危及人类自身。全球正面临着资源枯竭、气候变暖、空气污染、水源污染的生态难题，地球上物种的消亡达到了前所未有的速度。佛教从人心的"贪欲""嗔恚""邪见"的不良观念入手，分析人类"杀生""偷盗"等不良行为的产生原因。人心的贪、嗔、痴念头，佛教称为烦恼，这些烦恼遮蔽了人们本有的般若智慧，产生了"我相"（对自我私意的执着）。个人的贪欲不能节制，就会在衣食住行上铺张浪费，由过度使用物资造成资源短缺，进而引发一系列社会问题。当个体之间相互竞争，盲目攀比，以自我为中心的价值观就逐渐代替了对人、对大自然的尊重和敬意，违背了人类社会可持续发展的自然因果律。种族之间、国家之间执着于"我相"，以自我为价值衡量标准实施决策，全然不顾及他国与全球的利益，就会产生分歧、隔阂，进而影响到世界的和平安定，甚至导致战争的爆发。历史上，发动战争不仅对人类自身造成了毁灭性打击，更是对地球的自然生态产生了无法估量的伤害。

佛教的经典启示我们，人类与自然是一体的，在地球生态这张大网中，人类的生存实践是地球生态网中的一个环节，人类对待自然环境的"因"，会以反馈给人类自身之"果"的形式呈现出来。在《大方广佛华严经》中，有一个著名的因陀罗网比喻："忉利天王帝释宫殿，张网覆上，悬网饰殿。彼网皆以宝珠作之，每目悬珠，光明赫赫，照烛明朗。珠玉无量，出算数表。网珠玲玲，各现珠影。一珠之中，现诸珠影。珠珠皆尔，互相影现。无所隐覆，了了分明。相貌朗然，此是一重。各各影现珠中，所现一切珠影，亦现诸珠影像形体，此是二重。各各影现，二重所现珠影之中，亦现一切。所悬珠影，乃至如是。天帝所感，宫殿网珠，如是交映，重重影现，隐映互彰，重重无尽。"因陀罗网是佛教传说之妙高山上帝释天宫殿中伫立庄严的一张缠有无数宝珠的悬珠网。其中，每一颗宝珠都会映现所有其他的宝珠，这样，网上所有宝珠无限交错，层层珠竞交映，重重无尽。这就说明世界万物是一种互相含摄、互相渗透的关系，你中有我，我中有你，你离不开我，我离不开你，我和自己面对的对象世界互为存在和发展的条件，整个宇宙就是一个因缘和合的聚合体（"一合相"）。这张"网"的合相表达了宇宙万物处在复杂的多层次的相互关联之中的思想，这也是对现象世界整体性最贴切、真实的比喻。[①] 同时，每一颗宝珠都是一个单独存在的实体。但是，当处在一个无尽的镜子网中审视任何一颗宝珠之时，我们看到的就只是其他宝珠的映像，以及其他种种事物的映像。因而，每一宝珠都能呈现出这张网的全景。[②]所以，以宝珠作比喻，我们每一个个体所作的因，以个体的形式投射到整体，对整体产生影响；而无数个体集合成的整体之因，又会以整体性的形式反馈给个体。因果相连，互相转化，层层无尽。在现实生活中，每一个人虽然微不足道，如同一颗宝珠，但是处在地球生态这张大网之中，每一种思想、言行都汇聚成一道映像，我们互相交错，映照对方，塑造着生态环境整体的映像。

---

① 任俊华：《儒道佛学生态伦理思想研究》，湖南师范大学博士论文，2004 年，第 27 页。

② ［美］安乐哲主编：《佛教与生态》，何则阴、闫艳、覃江译，南京：凤凰出版传媒集团、江苏教育出版社，2008 年，第 180 页。

第三节　生态社会蓝图观

一、儒学"大同世界"

儒家关于理想社会的描述主要体现在《礼记·礼运》篇中。《礼记·礼运》将理想社会划分为"大同"社会、"小康"社会、"大顺"社会三个方面。儒家关于理想社会的构建，不仅涉及人与人、人与社会之间的和谐关系，更涉及人与自然之间的和谐关系。人与自然之间的和谐是构建理想社会的核心指标。从伦理学角度来讲，《礼记·礼运》文本中关于"大同""小康""大顺"的侧重点是不同的。"大同"社会重点从人与人、人与社会的关系论述了儒家的最高理想形态。"小康"社会以"礼"为核心："夫礼，必本于大一，分而为天地，转而为阴阳，变而为四时，列而为鬼神，其降曰命，其官于天也。"[①]"小康"社会建立在生态观念基础上是毋庸置疑的。"大顺"社会直接提出了相应的生态社会蓝图观："天不爱其道，地不爱其宝，人不爱其情。故天降膏露，地出醴泉，山出器车，河出马图，凤凰麒麟皆在郊棷，龟龙在宫沼，其余鸟兽之卵胎，皆可俯而窥也。则是无故，先王能修礼以达义，体信以达顺故。此顺之实也。"[②]这体现了一幅盛世祥瑞的景象，这种盛世祥瑞真正实现了天、地、人关系的和谐。从《礼记·礼运》篇文本来看，"大同"社会理想高于"小康"社会，"小康"社会之"礼"发展到高级阶段，就是"大顺"；"小

---

① ［元］陈澔注：《礼记集说》，北京：中国书店，1994年，第196页。

② 《礼记集说》，第200页。

康""大顺"社会的特点都是生态和谐，"大顺"社会理想高于"小康"社会的关键，不仅因为其是接着小康讲的，更因为"大顺"社会在生态方面达到了天地人完全和谐的理想境界。这里"大同"没有描述生态理想，并不意味着"大同"社会不讲生态，而是"大同"社会本身就体现了一种深刻的生态观和理想的生态社会蓝图观。

（一）时间序列与生态社会蓝图的构建

"大同"社会与"小康"社会之间的区别首先体现在时间序列上。《礼记·礼运》曰："大道之行也，与三代之英，丘未之逮也，而有志焉。"[①]"大道之行"与"三代之英"分别描述了"大同"与"小康"，其中，"大同"社会存在于远古的五帝之世，小康社会存在于近古夏商周的明君贤臣之际。"以五帝之世为大同，以禹汤文武成王周公为小康"。[②]显而易见，这里的"大同"与"小康"都属于过去时，相比之下，"大同"时代更为遥远。作为远古存在过的"大同"之世，是儒家最高的社会理想，这种最高社会理想随着时间的推移，已经渐渐远去。接下来就是以"礼"为核心的"小康"社会。在"大同"社会，人们自然而然地"选贤与能，讲信修睦"，社会运行井然有序、安稳和谐。"小康"社会必须要运用"礼"来维持君臣、父子、兄弟、夫妻之间的和谐关系。"大人世及以为礼，城郭沟池以为固，礼义以为纪，以正君臣，以笃父子，以睦兄弟，以和夫妇。"[③]"大同"社会

---

① 《礼记集说》，第184页。

② 《礼记集说》，第184页。《礼记正义·礼运》孔颖达疏："今此经云'大道之行也'，谓广大道德之行，五帝时也。'与三代之英'者，'英'谓英异，并与夏殷周三代英异之主，若禹汤文武等。"

③ 《礼记集说》，第196页。

的崩溃，意味着人心从"公"转向了"私"，"公心"直接导向和谐秩序；"私心"为己，如果不加约束，则"谋用是作，而兵由此起"，天下陷入混乱之中；既然"私心"已起，我们必须要对其进行相应的约束，约束的根本原则就是依靠"礼"来"著义考信，刑仁讲让，示民有常"，"禹、汤、文、武、周公"通过"礼治"，实现了社会秩序井然、人民安居乐业的社会理想，这就是"小康"社会。到了孔子生活的春秋时代，具有稳定社会秩序、自然秩序的"小康"社会已经崩溃，因此，孔子及其弟子基于现实考虑，首先要恢复的就是"小康"社会秩序。"言偃复问曰：'如此乎礼之急也？'孔子曰：'夫礼，先王以承天之道，以治人之情，故失之者死，得之者生。'"① 如何治理春秋时期混乱的局面，是非常急迫的事情，孔子提出要回到三代之中，依照三代以"礼"治国、以"礼"治天下的治国实践来解决当前的时代问题。根据"礼治"，可以解决当时棘手的社会失序问题，而使社会从混乱走向有序，这个有序的社会首先就指向了"小康"，这是解决问题的第一步。因此，比照当时混乱的社会现实，"大同""小康"社会都起到了批判现实的作用。但是，一下子回到"大同"理想社会，因时间久远而不可能，并且当时的社会现实也不允许，而"小康"社会离当时时代比较近，可以通过"小康"社会的实践而逐渐进入"大同"社会。

"大同"社会是否存在"礼"，这在思想史上是一个有争论的问题。我们通过"大同""小康"历史演变阶段的分析，主张"大同"社会是存在"礼"的，只不过"礼"的表现形态不同而已。"礼"和

---

① 《礼记集说》，第 196 页。

理想社会的构建有什么关系呢？要深刻地理解"礼"，首先必须要明确"礼"在三个方面的含义：①"礼"具有外在的纲纪功能，小康社会要"礼义以为纪"。②"礼"体现了人类最基本的生存状态，"夫礼之初，始诸饮食"。"礼"的转变体现了人类的进步。在原始社会，人类生活处于"食草木之实鸟兽之肉，饮其血茹其毛"①的阶段，圣人通过"礼"而改善了人类的生活质量，以"礼""养生送死"，"事鬼神上帝"，这些都与"礼"的产生之初密切相关，"皆从其朔"②。③最为重要的是，"礼"具有至高无上的神圣性。"礼"的神圣性来自天地自然，"夫礼，必本于天，殽于地，列于鬼神"③，"夫礼，必本于大一，分而为天地，转而为阴阳，变而为四时，列而为鬼神"④。"礼"是天地自然的本来属性，也是人类社会建构的本然属性，天地自然与社会本然构成了"礼"的本质，为了处理人与人、人与社会、人与自然之间的关系，人们制定了相关规则、制度、习俗等，这些构成了"礼"的外在形式。社会混乱的外在表现就是对社会规则、制度的破坏；内在原因则在于人心对天地自然、社会本然的背离，以及对自身欲望的放大。上述"礼"的三层含义中，第一方面的纲纪功能体现了"礼"的外在形式，第二方面"人类最基本的生存状态"、第三方面"天地自然的神圣性"，体现了"礼"的本质。"人类最基本的生存状态""天地自然的神圣性"突显了"礼"不是存在于某种社会，而是存在于一切社会。由此推论，"礼"存在于一切社会之中，"礼"的

① 《礼记集说》，第 187 页。
② 《礼记集说》，第 187 页。朔：初也。
③ 《礼记集说》，第 186 页。
④ 《礼记集说》，第 196 页。

评价指标包含人和人、人和社会之间的关系，也包含人和自然之间的关系，二者密不可分。也就是说，"大同""小康"都是以"礼"作为评价标准的，社会秩序结构都是以"礼"作为指标的。区别在于"大同"之"礼"是自然之礼，或曰"大道之礼"，自然而然地形成了稳定和谐的社会秩序。而"小康"之"礼"首先是人为之礼，"大道既隐，天下为家""谋用是作，而兵由此起"的社会背景，使得以"纲纪制度"为特征的"礼仪"成为这样社会的必须，"小康"社会由此而起，可见，"小康"社会主要是从"著义考信""刑仁讲让，示民有常"[①]等外在形式来约束人类的欲望，以此来形成稳定和谐的社会秩序。

从历史角度讲，"大同"社会属于原始共产主义社会范畴，生产力较为低下，自然的地位、力量和价值远远高于人的地位、力量和价值。因此，在人类社会早期，提高人类的价值，使人类的价值与天地万物的价值相等，具有重要的现实意义。西方古希腊哲学家普罗泰戈拉有句名言："人是万物的尺度。"《礼记·礼运》篇云："人者，其天地之德、阴阳之交、鬼神之会、五行之秀气也。"[②]从当前来看，这些论断提高了"人"的地位，具有人类中心主义的嫌疑，然而，就远古时代而言，只有人文主义的觉醒，才能真正将"人"从蒙昧的自然环境中解放出来。不过，"人是万物的尺度"完全强调以"人"为中心，西方思想史主要沿着这条道路前进，人和自然的关系亦渐行渐远；"人者，天地之德"强调的是"人"对包括人在内的天地万物的责任

---

① 《礼记集说》，第 185 页。

② 《礼记集说》，第 193 页。

问题，中国思想史沿着这条路前进，始终将自然整体置于非常高的神圣地位，人的尊严和价值就体现在对自然的责任上。因此，对于中国远古社会强调的人类理想社会的构建，并不意味着对自然的忽视，相反，自然的价值已经蕴含于其中了。"大同"社会早于"小康"社会，其时代更为久远，人类刚从蒙昧走向文明，强调"选贤与能，讲信修睦，故人不独亲其亲，不独子其子"等社会关系，也就不意味着对自然的忽视，而是对人类文明的强调。

"大道之行也，天下为公"描述的是远古时期的大同社会。"大道既隐，天下为家"描述的是近古时期社会的基本构成形式，这种形式将会导致两种结果：一是"天下为家"的私欲未受到约束，导致"天下无礼"的混乱结局；二是"天下为家"的私欲受到约束，使"礼仪"成为建构社会的基本形式，这就是小康社会，小康社会是次于大同社会的。然而，由于小康社会是建立于礼仪基础上的和谐社会，因此，"小康"也是孔子思想中的理想社会，"禹、汤、文、武、成王、周公"治理国家的时代，是小康社会建构的典范。沿着历史的足迹，我们可以得到这样的发展规律：大同—小康—天下失序—小康—天下失序……。孔子生活在天下失序的时代，基于现实的选择，接下来理想的历史演变应该是：小康—小康向大同过渡—大同。从历史演变角度讲，小康社会之所以会演变到天下失序，就在于对"礼仪"的背弃。如前所述，"大同"社会的"礼仪"是无意识的，"小康"社会的"礼仪"是有意识的，"大同""小康"和谐稳定的社会秩序，都是以"礼仪"作为基础的。因此，小康社会的历史演变可能有两个路径：一是背弃"礼仪"，社会陷入混乱之中，二是顺应"礼仪"，使小康社会向着更高阶段发展。毋庸置疑，后一种发展趋势是儒家的理性选择，使小康社会发展到更高阶段的关键就是要顺应"礼仪"的要求。

《礼记·礼运》篇中，正是基于对"礼仪"的重视，孔子深刻地论述了小康社会向大顺社会转变的过程。有许多学者观察到，大顺社会既包含有小康社会的特征，也包含有大同社会的特征。

中央党校田杰英在博士论文《〈礼运〉社会理想研究》中讲解"大同""小康""大顺"社会时指出："'大顺'是接着'小康'之礼治而讲，所以它有着关注社会政治生活的一面，《礼运》的作者将'大顺'理想置于篇末，意在强调自然生态方面。我们认为这正是《礼运》篇的奥妙所在：以'大同'政治理想开篇，次级阶段'小康'紧随其后，二者其实在说一个内容即社会政治，篇末'大顺'生态理想与之相互呼应、补充，从而使得《礼运》中的社会理想更为完整丰满。"① 这种观点主要认为，"大同""小康"强调了社会政治理想层面，"大顺"则强调了社会生态理想层面。（注：论文第一章"大同"理想、第二章"小康"理想的基本结构主要从社会政治角度论述《礼运》社会理想，论文第三章"大顺"理想主要论述儒家的社会生态理想。）社会理想与生态理想相辅相成，共同构成了儒家对于理想社会的追求，"大同""小康"社会都要以生态社会理想为基础，"大顺"同时表达了"大同""小康"生态社会理想。"大同""小康"的社会政治理想与"大顺"的社会生态理想是一体两面的关系。这种观点注意到"大同""小康"都包含有生态理想，这种生态理想主要体现在"大顺"社会之中。

---

① 田杰英:《〈礼运〉社会理想研究》，中共中央党校博士论文，2014 年，第 104 页。

　　山西农业大学李静在《〈礼运〉中的大同与小康》①一文中也描述了她对"大顺"与"大同""小康"之间关系的印象:"饶有兴味的是,对话末尾的大顺一时像大同,一时又似小康,它似与对话开头的大同、小康有着某种渊源。"问题是,"它(大顺)究竟与大同相应,还是与小康相合,或者,它自成一体?"作者主要从三个方面来回答这个问题:①从社会政治层面,"大顺"与小康相类。"大顺处处以礼为则,讲究正君臣、笃父子、睦兄弟、和夫妇,讲求仁义礼智信,礼制极其完备,如此与小康相类。"②②无论是社会政治层面,还是生态理想层面,"大顺"与大同都相类。"大顺之礼又效法天地之德、阴阳之气、五行之运转,这与处处合于天地之义的五帝之道暗暗相应"③,这是"大顺之礼"与"大同之道"(五帝之道)在生态层面上相通的地方;"大同的特点在'让'","大顺之世礼乐并置、讲信修睦、礼行于货力辞让,又似乎对应着大同之'让'",这是"大顺之礼"与"大同之让"在社会层面上相通的地方;最后,在最高境界上,"大同"与"大顺"是一致的,"大顺最后能达到'天不爱其道,地不爱其实,人不爱其情'这样一个天人合一的理想境界,小康似还不能比拟"④。③因为时代的发展,世易时移,"大顺"与"大同"有着根本的区别。"照前人所疏,大顺类似于大同,但它不是大同,也不可能成为大同,因为五帝时的大同之世奠基于特定的历史背景,以敦厚朴实的民风为起点,又加上生而知之德先圣,占尽天时地利人和,所以才能成就大

---

① 李静:《〈礼运〉中的大同与小康》,《山西农业大学学报(社会科学版)》2017年第4期。

② 《〈礼运〉中的大同与小康》。

③ 《〈礼运〉中的大同与小康》。

④ 《〈礼运〉中的大同与小康》。

道。后代时势不同，机运不再，很难再复制一个大同之世。"① 这里，"大同""小康"与"大顺"的区别就在于时间的转换。

我们认为，"大同""小康""大顺"都是以"礼"为核心的理想社会，这是儒家"大同"和道家、墨家大同相异的地方（在儒家话语体系中，道墨是不讲"礼"的）。"大同"之"礼"突显的是人民的"公心"，"大道之行也，天下为公"，这与"大道既隐，天下为私"的"小康之礼"有着重要区别，有学者将"大同"社会治理天下的模式称为"道治"②，或者将"大同"时代称为"前礼乐生活"③。然而，从实质角度上讲，"道治""前礼乐生活"都是符合儒家礼治的最高境界。

论证"大同""小康""大顺"社会都存在"礼"意义何在？如前所述，"礼"源于天地自然，"夫礼，必本于天，殽于地，列于鬼神"，"夫礼，必本于大一，分而为天地，转而为阴阳，变而为四时，列而为鬼神"，"礼必本于天，动而之地"。④ 亦即"礼"的神圣性在于自然，如同我们前面所论证的，"大同""小康""大顺"等理想社会的构建都是以生态和谐为基础的，也是以生态和谐为基本目标的。

综上所述，"大同"与"小康"的区别体现在时间序列上，"大同""小康"与"大顺"的区别也体现在时间序列上。"大同"存在于远古时代，体现了人类对理想社会的最高价值追求；"小康"社会

---

① 《〈礼运〉中的大同与小康》。
② 盖立涛：《道治与礼治之间：〈礼记·礼运〉篇大同小康关系新论》，《哲学动态》2017 年第 5 期。
③ 陈赟：《大同、小康与礼乐生活的开启：兼论〈礼运〉"大同"之说在什么意义上不是乌托邦》，《福建论坛（人文社会科学版）》，2006 年第 6 期。
④ 《礼记集说》，第 197 页。

存在于近古时代，体现了人类基于现实而能够实现的理想社会。"大同"属于过去时，"小康"既属于过去时，也属于现在时。"大顺"社会则是将来时，通过努力，"小康"社会继续保持礼治，不会走向天下失序，而是走向更为和谐的"大顺"社会。从"小康"走向"大顺"，首先要有一个过渡期，这个过渡期，使"小康"与"大顺"相类；经过过渡期，社会高度和谐，进入了"大顺"的高度发展阶段，这里的"大顺"与"大同"相类。上古五帝时期，自然资源丰富，人口匮乏，人们相互帮助，尊老爱幼，自然生态和谐，这是"大同"时期的真实事件；近古三代时期，人口增多，自然资源匮乏，兵争由此而起，圣人制礼作乐，恢复社会和谐，强调礼乐的生态本质，这是"小康"时期的真实事件；春秋时期，天下失官，社会陷入混乱之中，生态也遭到极大的破坏，以至于"凤鸟不至，河不出图"[①]，这是"天下失序"时期的真实事件。"天下失序"要走向"天下有序"，第一步就是要恢复到"小康"社会，"礼"之急，针对的是春秋时期的"礼崩乐坏"、战争残酷、生态破坏的社会现实，这是解决现实问题的一种现实选择；第二步就是要在"小康"社会基础上，继续推进社会前进，这一步属于"大顺"发展的初级阶段，"大顺"发展的初级阶段与"小康"相类，又不同于历史上的"小康"，我们可以称为"新小康"；第三步就是要在"大顺"初级阶段基础上，继续推进社会前进，这一步属于"大顺"发展的高级阶段，"大顺"发展的高级阶段与"大同"相类，又不同于历史上的"大同"，我们可以称为"新大

①　［宋］朱熹注：《四书集注》，北京：中国书店，1994年，第100页。

同"。我们发现历史发展趋势应该是这样的："茹毛饮血"阶段[①]——原始"大同"社会——"大道既隐,天下为家"的"小康"社会——天下失序——"小康"社会——天下失序……"小康"社会——春秋时期的"天下失序"(以上为历史真实发生过的事件)——进入"小康"社会(急迫的现实事件)——"新小康"社会——"新大同"社会。对于上述历史发展趋势的分析,我们发现,儒家对历史发展阶段的论述并不是完全理想化的,而是基于现实时势的一种理性安排(李泽厚先生认为中国儒家文化具有"实用理性","实用理性"的突出特点就是讲究经验的合理性,一切改变都是基于现实和经验的改变)。在这个意义上,华东师范大学陈赟做出了"大同"社会不是"乌托邦"的判断。"这一生活样式(大顺)立足于现实之时势,因而不是空想,但同时又在现实的时势中与大同的理想保持了一种向往。由此而形成了理想与现实之间的张力性结构,在这一结构中,就不是撇开礼乐时代回到大同,而是如何在礼乐时代的小康理想中建立与大同的连续性。"[②]不仅现实的时势与大同理想保持着一种张力性结构,而且"小康"与"新小康"、"大同"与"新大同"也保持着一种张力性结构,这种张力性结构始终是以自然之"礼"作为基础的。从生态伦理角度看,"大同"是人类历史上真实存在的生态理想社会,"大同"社会之"礼"是无意识的;"新大同"则是人类对于未来生态理想社会的追求,"新大同"之礼是奠基于"小康""新小康"之"礼"的进一步发展,"新大同"的

---

① "食草木之实鸟兽之肉,饮其血茹其毛",参《礼记集说》,第187页。
② 陈赟:《大同、小康与礼乐生活的开启:兼论〈礼运〉"大同"之说在什么意义上不是乌托邦》,《福建论坛(人文社会科学版)》,2006年第6期。

生态性同样是"小康""新小康"的进一步发展，人与自然之间的关系更是达到了最高的和谐，出现了一幅盛世太平的图景。"故天降膏露，地出醴泉，山出器车，河出马图，凤凰麒麟皆在郊椒，龟龙在宫沼，其余鸟兽之卵胎，皆可俯而窥也。则是无故，先王能修礼以达义，体信以达顺故。此顺之实也。"①

（二）公心、私心与生态社会蓝图的构建

人心与社会秩序的建构有着紧密的联系。有什么样的人心，就会有什么样的社会秩序；建构什么样的社会秩序，就要求有相应的人心去适应。当今时代，我们进行生态社会建构，首先必须改变西方"人是万物的尺度"观念，树立人与自然和谐的生态观念，这样才能为理想社会的构建奠定人心基础。

儒家建构理想社会也是从人心与社会秩序之间的关系来论述的，《礼记·大学》将这个关系描述为"修身、齐家、治国、平天下"。修身的关键在于"正心"。"心者，身之所主也。"②人心有"公、私"，建立理想社会必然以"公心"为基础，"齐家、治国、平天下"都是按"公心"逐渐扩大的路径前进的。"平天下"不仅包括人类社会的和谐，更包括人与自然之间的和谐，"平天下"的人心基础就是"天人合一"。

"大道之行也，天下为公"，这是"大同"社会中人心的基本特征；"大道既隐，天下为家"，这是"小康"社会中人心的基本特征。

---

① 《礼记集说》，第 200 页。

② ［宋］朱熹撰：《四书章句集注》，北京：中华书局，2011 年，第 5 页。

二者人心一公一私，构成了人类理想社会的基本形态。

"大同"社会的人心以"公"为基本特征，《礼记·礼运》篇是这样描写"大同"式社会理想的："选贤与能，讲信修睦，故人不独亲其亲，不独子其子。使老有所终，壮有所用，幼有所长，矜寡、孤独、废疾者，皆有所养。男有分，女有归。货，恶其弃于地也，不必藏于己。力，恶其不出于身也，不必为己。是故谋闭而不兴，盗窃乱贼而不作。故外户而不闭，是谓大同。"①"公心"针对的不仅是人与人之间的关系，更是人与自然之间的关系，这是"公心"必然要推至的边界。"天人合一""民胞物与"等儒家思想的核心特点都是这种"公心"边界的推广。

"小康"社会的人心以"私"为基本特征。然而，如果不控制人心之"私"，社会秩序就会变得混乱。"谋用是作，而兵由此起。"②只有将"私"控制起来，才能真正建立"小康"式的理想社会。控制"私心"的关键在于"礼"。"饮食男女，人之大欲存焉。死亡贫苦，人之大恶存焉。故欲恶者，心之大端也。人藏其心，不可测度也。美恶皆在其心，不见其色也，欲一以穷之，舍礼何以哉？"③人心之"公私""美恶"不可测度，"礼"却可以成为评价人心的核心标准。因此，在人心转向"天下为家"的"私欲"现实背景卜，"礼义"成为建立稳定和谐社会的关键性指标，因而"克己复礼"才是非常急迫的。所谓"克己"，就是要克制自己内心的私欲；所谓"复礼"，就是

---

① 《礼记集说》，第 200 页。

② 《礼记集说》，第 185 页。

③ 《礼记集说》，第 193 页。

返回到礼制的和谐社会中去。可见，要建立小康式礼制社会，在人心上必然是以"化私为公"为其鹄的。要建立最高的理想社会，使"小康"社会进一步变得更为美好，人心上必须克去私欲，使公心的边界达至中国、天下，"故圣人耐以天下为一家，以中国为一人者"，这是"小康"式理想社会向"大同"式理想社会转变的人心基础。

依据现实的时势，"小康"向"大顺"的转变，必须要有一个过渡期，我们将这个过渡期称为"新小康"。"新小康"进一步发展，就进入"大顺"社会的高级阶段，我们将这个高级阶段称为"新大同"。"小康"向"大顺"的转变有其相应的次序，这种次序与"公心"逐渐深化的过程是一致的。"治国不以礼，犹无耜而耕也。为礼不本于义，犹耕而弗种也。为义而不讲之以学，犹种而弗耨也。讲之以学而不合之以仁，犹耨而弗获也。合之以仁而不安之以乐，犹获而弗食也。安之以乐而不达于顺，犹食而弗肥也。"[1]这段话用农业耕种、收获、养生来比喻治国深化的过程，这个过程是以人类公心逐渐深入为基础的。人类公心是如何逐渐深入的？首先，以"礼"治国。"礼"属于外在的规范制度，治国如果没有规范制度，就如同无耜而翻土犁田也。因此，"礼"是规范人们行为、稳定社会秩序、激发人类公心的第一个步骤。其次，"礼"本于"义"。"义"的基本含义是道德规范。"礼"必须要符合人类基本的道德规范，这就把激发人类公心继续向前推进了一步，如果"礼"不以道德为基础，就如同翻土犁田之后，而不在土地上播种一样。因此，"礼"与"道德规范"是一物两面，缺一不可。再次，"礼""义"之后必须强调"学"的重要性。作

---

① 《礼记集说》，第199页。

为道德规范的"义",如同播种到土地上的种子,为了使这些种子更好地发芽、成长、收获,人们还要用耨除草,人心之耨(除草工具)即是"学"。"辨其是非"[①]就是"学","辨其是非"就是通过认识"公心"之是、"私欲"之非,进而除去"私欲"、培养"公心"。通过"学",人们的公心的边界又向前推进了一步。第四,仅仅"讲之以学"并没有真正使"公心"得到完全的安顿,犹如播种、除草等所有工作做完之后,尚未收获一样。使"礼""义""学"等都合于仁心,才真正收获了"公心"。"仁者,爱人"。仁者的本质就是"利他",从生态意义上讲,"利他"不仅指利他人,也包括利他物。第五,"仁"属于有意识的"利他","乐"是有意识的"利他"向无意识的"利他"转变的关键。"公心"真正进入人的心灵指的就是"乐"。"孔颜乐处"的内在涵义,指的就是人无论身处何种环境,都会保持较高的精神境界的追求,就如同享用了自己耕种、收获的劳动产品。最后,从"乐"到"顺"的转变,要注意两个方面:一方面,"顺"是"乐"的高级阶段,"顺"具有无意识的利他公心;另一方面,"顺"真正实现了"礼"的纲纪功能、社会本质、自然本质三位一体结构的统一。[②]这样,"顺"就将"人心"与"社会"密切地联系了起来。"顺"则人和人类社会皆肥也。陈澔在分析上述公心不断深化的过程时引刘氏说指出:"盖安之以乐以前,皆是成己之功,《大学》明德

---

① [清]鄂尔泰、朱轼等编撰:《日讲〈礼记〉解义》,北京:中国书店,2017年,第413页。

② 在前面"时间序列与生态社会蓝图的构建"部分,我们分析了"礼"的三个方面含义:(1)礼的纲纪功能;(2)礼体现出人类最基本的生存状态(礼的社会本质);(3)礼体现出天地自然的神圣性(礼的自然本质)。

之事也，达之于顺以后，方是成物之效。"①成己成物是一个整体的两个方面，成己就是自我实现，成己必须要成物，成物的目的亦在于成己。这就将人与社会、人与自然完全统一了起来。

人心与社会秩序的建构是一体的。"公心"的逐渐深入，也是理想社会不断完善的过程。《礼运》篇说道："安之以乐而不达于顺，犹食而弗肥也。四体既正，肤革充盈，人之肥也。父子笃，兄弟睦，夫妇和，家之肥也。大臣法，小臣廉，官职相序，君臣相正，国之肥也。天子以德为车，以乐为御，诸侯以礼相与，大夫以法相序，士以信相考，百信以睦相守，天下之肥也。是谓大顺。"②"肥者，充盛而无不足之意。"③从个人之肥（精神、物质丰富），到家庭之肥、国家之肥、天下之肥，这种充盛是不断地扩大深入的。其最高层面是包容了所有个人、家庭、国家利益的"天下之肥"，"天下之肥"是大顺的真正涵义。"大顺"社会秩序之所以能够稳定和谐、人民生活幸福，其中本质性原因就在于人民"公心"启蒙的成功。

大顺的最高境界就是无为而治，《礼运》曰："大顺者，所以养生送死事鬼神之常也。"从形式上讲，儒家讲的大顺既遵循自然规则，也遵循以礼乐为核心的伦理传统。道家也讲大顺，《道德经·六十五章》："玄德深矣，远矣，与物反矣，然后乃至大顺。"④《庄子·天地》曰："其合缗缗，若愚若昏，是谓玄德，同乎大顺。"⑤道家之顺的着

---

① 《礼记集说》，第 185 页。

② 《礼记集说》，第 199 页。

③ 《礼记集说》，第 199 页。

④ 任继愈译注：《老子全译》，成都：巴蜀书社，1992 年，第 157 页。

⑤ ［清］郭庆藩撰，王孝鱼点校：《庄子集释》，北京：中华书局，2013 年，第 382 页。

眼点在于顺应天地自然规律。从顺应自然规律层面上讲，儒道有其相似性，这是儒道互补的思想基础。然而，儒家之顺的着眼点更多的是从"礼"的层面来讲述如何顺自然秩序和伦常天理。陈澔引刘氏说诠释大顺涵义时指出："大顺则无为而治，所以养生送死事鬼神，各得其常也。"[①]"无为而治"的"大顺"是"大顺"社会的高级阶段，前面我们讲的"大同"社会采用的也是"无为而治"，这也是许多研究者常常将"大同"与"道家"联系起来的主要原因。不过，儒家的"无为而治"主要是从"礼"的层面来讲的，"礼"的人性论基础就在于"公心"。如果人人都具有"利他"公心，就不需要用"礼"外在的纲纪功能来约束"私欲"。"大顺"社会的高级阶段就是人人都具有了"利他"的公心，任何人的行为自然都符合礼的要求。这样，就无须从外在来规范人的行为了，自然形成了"无为而治"的社会现象。其中，"养生"层面就会使"幼有所长，矜寡、孤独、废疾者，皆有所养"，"送死"层面就会使"老有所终"，这既是历史上已经存在的"大同"社会，也是人类努力追求的"新大同"世界。由此可见，建设大顺理想社会的突出特点是"无为而治"，儒家"无为而治"的本质则在于人人都有利他的公心。

构建理想世界需要最大程度的人们利他的公心，这是毋庸置疑的。但是，如果将利他的公心仅仅局限于人类自身，也就意味着人类并未最大程度地发挥这种利他的公心，进而就意味着人类构建的社会秩序并非最高的理想世界。由此我们可以得出结论：人类追求的最高理想世界必然是生态性的，人类最大程度地发挥利他的公心，

---

① 《礼记集说》，第 199 页。

这里的"他"指称的就不仅是他人，更是将天地自然万物纳入其中的他物了。

在儒家语境中，"大同"是人类社会追求的最高的理想世界，历史上的"大同"人心基础就是"天下为公"，未来的"新大同"人心基础亦是"天下为公"。儒家讲天地人三才之道，"天下为公"不仅指人不吝惜自己的情感，向他人他物投入自己的爱惜之情，一切都以利他为行为旨归；而且还指天地不吝惜自己的天理宝藏，天地的公心亦是人类公心的形而上基础。"天不爱其道，地不爱其宝，人不爱其情"就深刻地表达出了"新大同"社会"天地人"三者都具有"公心"这样的事实判断。"天地人"三才都有"公心"之后，理想社会才会真正出现。"天降膏露，地出醴泉，山出器车，河出马图，凤凰、麒麟皆在郊椒，龟龙在宫沼，其余鸟兽之卵胎，皆可俯而窥也。则是无故，先王能修礼以达义，体顺以达顺故，此顺之实也。"

二、道学"至德之世"

儒学"大同之世"是一种将社会伦理完善到极致的状态，由此德及鸟兽，惠及草木，相比而言，道学"至德之世"的蓝图观，更有一种鲜明的生态社会的意蕴。

"至德之世"最初是《庄子》一书中提出的，字面意思就是有着最高德行的时代，也就是说最好的时代，庄子在论述了马、泥土、树木被匠人改造以致失去天性之后，讲述了他心目中"至德之世"的模样：

> 吾意善治天下者不然。彼民有常性，织而衣，耕而食，是谓同德。一而不党，命曰天放。故至德之世，其行填填，其视颠颠。当是时也，山无蹊隧，泽无舟梁；万物群生，连属其乡；禽兽成群，草木遂长。是故禽兽可系羁而游，鸟鹊之巢可攀援而窥。夫至德之世，同与禽兽居，族与万物并。恶乎知君子小人哉！同乎无知，其德不离；同乎无欲，是谓素朴。素朴而民性得矣。及至圣人，蹩躠为仁，踶跂为义，而天下始疑矣。澶漫为乐，摘僻为礼，而天下始分矣。故纯朴不残，孰为牺尊！白玉不毁，孰为珪璋！道德不废，安取仁义！性情不离，安用礼乐！五色不乱，孰为文采！五声不乱，孰应六律！（《庄子·马蹄》）

"善治天下者不然"，是说真正善于治理天下的，不会像戕害马性而驯服马那样，违逆万物的自然天性去治理。百姓自然而然有着常性，织布穿衣、耕作吃饭，这种一切自然的常性是百姓所同有的德行，这种德行的同一，不是依赖于社会团体的要求，而是天然自然，并不是受到束缚所带来的结果。那么什么算是好的治理呢？庄子说，在这个最好的时代，人们心满意足地走路，淳朴直爽地看待一切，这时，不仅人自然而然地生活，生态也按照其本来的样子存在着。山里面没有人设计的道路，湖泊里没有渡人的船只，各种各样的生物都能够自由行动，不会因为人划分的边界而受到隔离，整个生态系统都是连接在一起的，飞禽走兽成群生长，各样草木任意萌发。在这个纯粹地展现大自然神奇美妙的时代，人不伤害生物的天性，反而能够更好地亲和，随便往鸷禽猛兽身上挂一个绳子，就可以随之一同遨游，鸟儿的巢穴也都可以任意地攀爬观看，并不受到惊吓。在这样一个最好的时代，庄子说，人和禽兽一样自然地生活，人的族群真正地融于生态自然之中，与万物同生共长。人为的种种分别是不存在的，君子与小人这种社会分别并不存在，人人同样是无知的，同样是无欲的，有着一样的素朴的德行，这正是百姓的本性。

这种生态社会图景，并不是《庄子》首创的，它根源于老子的"小国寡民"。

> 小国寡民。使民有什伯之器而不用，使民重死而不远徙，虽有舟舆，无所乘之，虽有甲兵，无所陈之，使人复结绳而用之。甘其食，美其服，安其居，乐其俗，邻国相望，鸡犬之声相闻，民至老死不相往来。(《道德经·八十章》)

"小国寡民"可以说是道学最早的社会图景了，老子在春秋列国纷争的现实下，提出天下应当分成很小的国家，每个国家都有很少的人口，不会相互吞并，人民虽然有各样的器具却不使用，重视生死，不会背井离乡追求利益，虽然有船只车辆，没有乘坐的必要，虽然有甲盾兵器，没有战争的需求，每天发生的事情很少，以至于人们重回结绳记事的年代。在这种情况下，人们吃饭穿衣居住都可以得到满足，在本地的风俗人情中得到安乐，与邻国挨得很近，鸡鸣狗吠都可以听得见，人民却到老到死都没有互相往来的欲求。老子的这种社会图景，是一个毫无纷争、天下无事的理想，从中可以看出，其最为关心的还是人类社会生活本身，并没有过多谈及生态情况。但是这种不争，这种无欲无求，这种自然无为的内在思想，直接影响了庄子的理想社会观。

> 子独不知至德之世乎？昔者容成氏、大庭氏、伯皇氏、中央氏、栗陆氏、骊畜氏、轩辕氏、赫胥氏、尊卢氏、祝融氏、伏牺氏、神农氏，当是时也，民结绳而用之，甘其食，美其服，乐其俗，安其居，邻国相望，鸡狗之音相闻，民至老死而不相往来。若此之时，则至治已。今遂至使民延颈举踵，曰"某所有贤者"，赢粮而趣之，则内弃其亲，而外去其主之事；足迹接乎诸侯之境，车轨结乎千里之外，则是上好知之过也。上诚好知而无道，则天下大乱矣！（《庄子·胠箧》）

这一段描写几乎是"小国寡民"的翻版，可以看出，老子关于理想社会应当自然无为的理念，成为庄子"至德之世"的理论和精神来源。而庄子"至德之世"更是将这种精神扩而充之，达成了一个人与自然和谐相处的生态社会图景。

在这样一个好时代里，并没有什么人为的价值区分，庄子认为，后来社会之所以出现各种各样的问题，就是因为人们落入了社会的窠臼，没有认识到人与自然同本同根的常性，转而在社会的基础上产生了各种各样的分别和评判，这些就是所谓的圣人创造一些没必要的价值所导致的。"及至圣人，蹩躠为仁，踶跂为义，而天下始疑矣。澶漫为乐，摘僻为礼，而天下始分矣。"（《庄子·马蹄》）正是因为有了这样的一些分别，才导致纯朴被残、白玉被毁、道德被废，人与禽兽被分开了，人类社会也就走上了和自然生态迥然不同的道路，再也不能和谐共处了，但"至德之世"是不会有这些问题的。

> 至德之世，不尚贤，不使能，上如标枝，民如野鹿。端正而不知以为义，相爱而不知以为仁，实而不知以为忠，当而不知以为信，蠢动而

相使不以为赐。是故行而无迹，事而无传。(《庄子·天地》)

"不尚贤，不使能"，不崇尚社会人为划分的价值，不任用有特殊才能的人，这样从上到下都没有一个强烈的社会区分，人和人都相似，在上位的就像枯木树枝，而百姓人民就像野生的鹿群，互相无害，与自然融为一体。在这个社会中，人们行为端正却不知道这是义德，互相亲爱却不觉得这是仁德，实实在在却不知道这是忠德，恰当对应却不知道这是信德，互相感动去做事却不觉得是被人授命，在没有分别的情况下，做的都是有分别的社会中所崇尚却又做不到的德行。在这样的社会里，由于没有分别，人们做事也就不会留痕，后来也就没有什么历史记载下来。

"至德之世"是道学一系列社会蓝图的代称，在与历史所记载的一般时代相对比时，庄子逐一点出了那些时代所存在的各种问题，本质上都是由于没有做到自然无为的治理状态。庄子说：

> 古之治道者，以恬养知。知生而无以知为也，谓之以知养恬。知与恬交相养，而和理出其性。……古之人，在混芒之中，与一世而得澹漠焉。当是时也，阴阳和静，鬼神不扰，四时得节，万物不伤，群生不夭，人虽有知，无所用之，此之谓至一。当是时也，莫之为而常自然。(《庄子·缮性》)

这是"至德之世"的模样，万物不伤，各类生物都不会中道夭折，其原则正是"莫之为而常自然"，但其他时代就不同了：

> 逮德下衰，及燧人、伏羲始为天下，是故顺而不一。德又下衰，及

> 神农、黄帝始为天下，是故安而不顺。德又下衰，及唐、虞始为天下，兴治化之流，澆淳散朴，离道以善，险德以行，然后去性而从于心。心与心识知，而不足以定天下，然后附之以文，益之以博。文灭质，博溺心，然后民始惑乱，无以反其性情而复其初。由是观之，世丧道矣，道丧世矣，世与道交相丧也。（《庄子·缮性》）

有史记载的这些古代时代，随着历史的发展，越来越远离"至德之世"的状态，庄子托上古而论，实则是借此批评人类社会的发展，一方面文明越来越发达，另一方面却不能够及时反思，导致"文灭质，博溺心"，名物纷乱，人民越发无所适从，逐渐丧失了"至德"的本性，时代也就逐渐地堕落下去了。

"至德之世"的实现，道学认为需要真正的明王、圣人来推动：

> 阳子居见老聃，曰："有人于此，向疾强梁，物彻疏明，学道不倦，如是者，可比明王乎？"老聃曰："是于圣人也，胥易技系，劳形怵心者也。且也虎豹之文来田，猨狙之便执斄之狗来藉。如是者，可比明王乎？"阳子居蹴然曰："敢问明王之治。"老聃曰："明王之治：功盖天下而似不自己，化贷万物而民弗恃。有莫举名，使物自喜。立乎不测，而游于无有者也。"（《庄子·应帝王》）

为了达到"至德之世"，明王不能像一般的世俗之王那样，凭借一些文术技巧来治理天下，而是通达人类社会和自然生态两重的根本，"有莫举名"，不以社会价值衡量万物，"使物自喜"，让自然万物都能够自身得到安乐所在，这在于明王是"游于无有者"，也就是超越这些世俗界限的人。

庄子想象并设计了"至德之世"这样一个美好的生态社会图景，希望能够在其中达到一种人与自然的绝对和谐，这也是道学生态伦理至善的目标。"至德之世"在道学发展的后期，始终有着重要的影响。

> 至德之世，甘瞑于溷澜之域，而徙倚于汗漫之宇。提挈天地而委万物，以鸿蒙为景柱，而浮扬乎无畛崖之际。（《淮南子·俶真训》）

《淮南子》与《庄子》不同，它属于为国家治理服务的书籍，因而提到尧舜禹治理的时代，以"至德之世"加以提点，角度已经不同，但其中人与自然相融相和的理想，仍然是十分强调。汉代以后的道教发展，凡是修仙学道，必须要和山川草木发生联系，从一开始的入山访道，形成洞天福地的体系，到后来的内丹盛行，将山川草木从自然界搬到了人的意识中，当内丹修行到了一定程度，按照道教的说法，可以元神出窍，游遍五湖四海。归根结底，古代中国没有一个脱离了生态自然想象的神仙，这其实也是先秦道学之生态社会图景的一种传承延续。

三、佛学"极乐世界"

儒家通过积极入世、承担万物生成长养的责任来建立理想的"大同世界"，道家通过超越世俗、"不尚贤，不使能"顺应万物本性来建立理想的"至德之世"，儒道两家都是在现世的此岸来建立理想生态社会的。然而，佛家往往对此岸世界采取一种否定的态度。

佛家理论的核心是"缘起论"，"缘起论"主张世界万物无不处于因果循环之中，这是万物的基本存在方式。在佛家的因果律中，万物在过去、现在、未来的时间上是互相转化的，在空间上是互相牵连的；"六道轮回"就是因果律在时间上的显现，"因陀罗网"则是因果律在空间上的显现。受因果律支配的世界万物，在过去、现在、未来的时间维度和广大世界的空间维度始终处于"痛苦"之中，"三界无安，犹如火宅"，此岸世界犹如火宅，芸芸众生，沉沦于苦难之中，备受煎熬。

就人与自然之间的关系而言，人和自然互为苦的源泉，这是佛家思想的基本观念。儒家孟子曾有过"牛山之木尝美矣"的赞叹，然而，在佛家看来，森林经常是恐怖而骇人的，① 森林中经常有老虎、野狼、毒蛇等野生动物出没，威胁人类的生命安全；在森林中，人类也会因为迷失方向而失去生命；森林也不完全是动物的生存乐园，它们始终要面对弱肉强食的世界，或者因找不到食物而挨饿、饿死，还会遭到猎人的杀戮。② 这是我们举的关于自然中森林的例子，从这个例子可以看出，人和万物经常会为了自身生存而成为彼此苦难的来源。实际上，我们也可以用近代西方达尔文"物竞天择，适者生存"的思想来为万物皆苦作注脚。

面对苦难、陌生的世界，西方人类中心主义者认为，可以运用征

---

① ［美］安乐哲主编：《佛教与生态》，何则阴、闫艳、覃江译，南京：凤凰出版传媒集团、江苏教育出版社，2008 年，第 19 页。

② 《佛说无量寿经·发大誓愿第六》中"大愿王"法藏菩萨发的第一个誓愿就是"国无恶道愿"："我若证得无上菩提，成正觉已，所居佛刹，具足无量不可思议功德庄严。无有地狱、饿鬼、禽兽、蜎飞蠕动之类。"地狱、饿鬼、禽兽、蜎飞蠕动等都生活在非常痛苦的世界里，并且更容易造成他物的痛苦。

服的方式来解决遇到的一切问题，这也是近现代西方处理人与自然之间关系、建立理想社会的典型方式。儒家生态立场是责任型人类中心主义，认为人类对自然是要负有责任的，人类负责任的方式就是要求人类要发挥自身的主体能动性，顺应事物的生存法则，这样才能使天地人构成的有机整体能和谐发展，才能建立理想的生态社会。这里儒家强调人类必须参与到现实的生态实践中，不过，这最终是否适合动植物的发展，受到了道家和现代一些思想家的怀疑。中国热衷于风水园林的建设和欣赏，实际上就体现了人类参与自然改造以适应于自身生存的儒家思想。

佛家解决人与自然之间关系与人类中心主义有着根本差异。在佛家看来，人和万物、人和人、物和物都是彼此的"苦"的根源，"苦"具有普遍性，人类为了解脱"痛苦"，首先必须要解脱世界万物的痛苦。世界万物处于"因陀罗网"的有机联系之中，"众生度尽，方证菩提，地狱不空，誓不成佛"，这正是大乘佛教解脱人类痛苦的不二法门。因此，就处理人和自然之间的关系而言，人类必须要爱护自然。佛教中的许多戒律都具有保护自然的现实意义，如杀戒，就是要求人类不能通过任何形式杀戮生命，甚至微小的生命也不能去残害；又如盗戒，就是人类不能掠夺地球上的资源；等等。在此岸痛苦具有普遍性，只有宇宙中的众生都解脱了痛苦，人类和万物才能进入没有痛苦的彼岸世界。佛学所指的彼岸世界就是"佛国净土"，这种佛国净土就是佛教要实现的理想生态国——人和万物幸福生存于其中的理想国。

从生态社会的建构来讲，彼岸世界对众生来说是最为美好的清净之地。彼岸的美好清净照见了此岸世界的掠夺和杀戮。这些掠夺和杀戮的原因在于此岸世界的万物都迷失了本性，或者说万物的佛性都被无明、贪爱、心识、执有等遮蔽而陷入"六道轮回"的此岸世界中不可自拔。因此，万物要进入最为美好的彼岸世界，首先必须要恢复自己被遮蔽的佛性，使掠夺万物的贪欲、贪欲得不到满足的痛苦不再生起。如此万物才有可能进入最为美好的彼岸生态理想国中。

之所以说可能，是因为在大乘佛教看来，众生个体进入彼岸理想世界，尚未真正成佛，只有等到万物都进入彼岸极乐世界，众生个体才算真正成佛（众生进入极乐世界后，还要倒驾慈航，进入婆婆世界救助众生）。佛家为此而提出了大慈大悲、济度众生的道德观念。"以'自利利他'、'自觉觉人'，即以个人利益和众人利益的统一、一己的解脱和拯救人类的统一，作为社会伦理关系的基本原则，也作为人生解脱的最高理想。"[1] 众生包含有情众生和无情众生，那么"自利利他"，更意味着个人利益和众生利益要统一起来，个体的拯救与众生整体的拯救统一起来，这就不仅仅属于社会伦理的范畴，更属于生态伦理的范畴，属于建构理想生态社会的范畴，人生解脱的最高理想与进入理想的彼岸世界紧密地联系了起来。

由此可见，建立理想的生态社会必须以万物恢复自己的本性为前提，这种恢复事物本性的方式就是净心，心净方能土净。诚如《维摩诘经·佛国品》所言："若菩萨欲得净土，当净其心，随其心净，则佛土净。"[2] 亦即生态社会构建要以心性清净为前提。

---

① 方立天著:《佛教哲学》(增订本)，北京:中国人民大学出版社，1991年，第127页。

② 赖永海、高永旺译注:《维摩诘经》，北京:中华书局，2013年，第16页。

彼岸极乐世界与此岸苦难世界相互映照，要到达彼岸理想世界，在此岸世界必须要解脱万物所承受的痛苦。这样此岸世界向彼岸世界的转变，必须要以此岸净土变得越来越好为前提。亦即此岸世界必然存在秽净的等级差别，这是符合佛学基本逻辑的。由此，人间亦可以通过人类的努力而变为"净土"。20世纪上半叶佛教太虚大师正是"人间净土"积极提倡者。太虚大师"人间净土"观念的提出既体现了自唐宋以来中国佛教入世化、世俗化的倾向，也体现了进入20世纪中国佛教现代化的倾向，更体现了佛教在此岸建构理想生态社会的努力。

（一）娑婆世界与极乐世界

佛教认为，宇宙空间无限，是由无量无边的世界构成的，其中，和我们最为密切的就是我们人类生存的世界——娑婆世界。娑婆世界属于此岸世界，娑婆世界的众生充满了无尽苦难，娑婆世界中的人与自然始终处于紧张的状态。众生觉醒之后，就会从充满苦难的娑婆世界进入最为美好的生态理想社会——"佛国净土，极乐净土"。这种极乐净土就是佛教的理想生态国，是对众生感官和精神都有至高无上快感的世界。最有代表性的清净之地即阿弥陀佛净土。阿弥陀佛净土亦即西方极乐世界。[①] 这里，我们主要根据《阿弥陀经》《无量寿经》《观无量寿佛经》等净土经典，通过解析此岸的娑婆世界和彼岸的极乐世界，来描述佛教的生态社会蓝图观。

---

① 任俊华：《儒道佛生态伦理思想研究》，湖南师范大学博士论文，2004年，第113页。

1. 娑婆世界

所谓娑婆世界，就是佛教的三千大千世界的总称，是包括人在内的众生的世界。"娑婆"为梵语音译，亦作索诃、沙诃，意为堪忍，故娑婆世界又译为忍土、忍界，谓此界众生能忍受各种苦毒及烦恼。[①] 此界众生要忍受什么样的苦毒呢？《无量寿经·浊世恶苦第三十五》中讲道："世间诸众生类，欲为众恶，强者伏弱，转相克贼，残害杀伤，迭相吞啖。不知为善，后受殃罚。"[②] 娑婆世间的众生，都会为了自己无尽的欲望，弱肉强食，彼此相杀、吞啖，伤生害命，无善可言。众生的欲望具有普遍性，由此众生造恶亦具有普遍性，普遍性的恶造成了苦难的娑婆世界。相较于人类，动物都以满足自己的生存需要来伤害其他生物，而人类的欲望却是无穷无尽，并且人类站在食物链的顶端，因此，人类伤害众生也是最为严重的。现代社会中，因为人类掌握了更先进的技术，能力越来越强，给众生生存带来了最严重的灾难。伤害众生的生命，实际上就是在伤害自身的生命，"不知为善，后受殃罚"讲的就是这个道理，这也是众生辗转于六道的根本原因。在娑婆世界里，因为欲望的普遍性，所以人与自然之间的关系始终处于紧张状态之中，包括人在内的众生也因此而永远要忍受苦难的生活。这是娑婆世界的一般状态。

如何克服娑婆世界中众生遭受到的苦难和荼毒？《无量寿经》指出，可以通过佛学的慈悲、仁德、礼让等理念来解决娑婆世界中存在的严重问题，从而使娑婆世界变得更为美好。《佛说无量寿经·如贫

① 何九盈、王宁、董琨主编：《辞源》，北京：商务印书馆，2015 年，第 1027 页。
② 陈林译注：《无量寿经》，北京：中华书局，2013 年，第 192 页。

得宝第三十七》就描绘了一幅众生受到佛陀感召而变得天下太平的场景："佛所行处，国邑丘聚，靡不蒙化。天下和顺，日月清明，风雨以时，灾厉不起。国丰民安，兵戈无用。崇德兴仁，务修礼让。"①佛所到的地方，国家、都城、村落等人类居住处，没有不受到佛教的教化。如此则天下和谐安定，风调雨顺，国泰民安，灾害不会发生。亦即经过佛陀教诲过的土地，众生生活将会变得更为美好。但是，娑婆世界本质上却是污浊的、充满苦痛的，佛陀教诲的根本目的是使娑婆世界的众生往生彼岸极乐世界，不会退转。

2. 极乐世界

娑婆世界充满苦难。苦的时候是真苦；即使快乐，也如过眼云烟，转瞬即逝，终将陷入无边苦痛中。在佛教理想世界中，那里资源无穷，质量上乘，众生充满智慧没有任何苦痛，众生关系不会像娑婆世界那样因为欲望无穷和资源有限而陷入无穷的争斗中，始终是美好的、和谐的，佛教称这种美好和谐的理想社会为"极乐净土"。"其国众生，无有众苦，但受诸乐，故名极乐。"②

极乐世界以"众生"解脱苦难、进入理想社会为标志。所谓众生，主要指有情识的生物，在娑婆世界陷入六道轮回中的人类、动物等皆属于众生范畴。可见极乐世界必然是人和动物和谐共处的世界。

极乐世界的众生是绝对平等的，就连形象也具有不可思议的一致性。"彼极乐国，所有众生，容色微妙，超世希有，咸同一类，无差

---

① 《无量寿经》，第207页。

② ［后秦］鸠摩罗什译，工党辉注译：《阿弥陀经》，郑州：中州古籍出版社，2010年，第31页。

别相。"①极乐世界众生容貌美妙至极，超越世间最美的形态，稀世珍有，如同一类，平等无二，无有差别。

极乐世界的环境是最为友好、最适宜众生居住的。"彼极乐界，无量功德，具足庄严。永无众苦、诸难、恶趣、魔恼之名；亦无四时、寒暑、雨冥之异，复无大小江海，丘陵坑坎，荆棘沙砾，铁围、须弥、土石等山，唯以自然七宝、黄金为地，宽广平正，不可限极。微妙奇丽，清净庄严，逾越十方一切世界。"②

极乐世界中的水被称为"八功德水"，"八功德水"的水质是最有营养、最甘美的，"八功德水"具有澄净、清冷、甘美、清软、润泽、安和、除饥渴、养善根等功用，可见极乐世界的水一定是最优质的。

"八功德水"是用"七宝池"来贮存的。"极乐国土，有七宝池，八功德水，充满其中。池底纯以金沙布地。四边阶道，金、银、琉璃、颇梨合成。"③在佛教语境中，金、银、琉璃等七宝都具有使普通水变得更有品质的功能，更何况极乐世界中的水资源完全被七宝所包围、所贮存。

水孕育了生命。众生往生到极乐世界，亦是通过七宝池中的莲花化生而来。莲花生于"微妙香洁"的水中，自然使众生成就了洁净无碍、功德庄严的身体。"十方世界诸往生者，皆十七宝池莲华中，自然化生，悉受清虚之身，无极之体。不闻三途恶恼苦难之名，尚无假设，何况是苦？但有自然快乐之音，是故彼国名为极乐。"④

---

① 《无量寿经》，第116页。

② 《无量寿经》，第89页。

③ 《阿弥陀经》，第32页。

④ 《无量寿经》，第114—115页。

　　水滋养了大地、孕育了生命，水资源的质量和丰富程度与生态环境的优劣有着直接的相关性。极乐世界的优质水资源是无穷无尽的，"西方一切皆是大水"[1]。但是，极乐世界却不会由于水多而造成泛滥等问题，也不会由于水或冷或热而使众生生出不舒服的感受，这是因为极乐世界的水会随着众生的心意而幻化出最适合众生生存的状态。"若彼众生，过浴此水，欲至足者，欲至膝者，欲至腰腋，欲至颈者；或欲灌身，或欲冷者、温者、急流者、缓流者，其水一一随众生意。"[2]

　　极乐世界有最为殊胜的宝树。"彼如来国，多诸宝树。或纯金树、纯白银树、琉璃树、水晶树、琥珀树、美玉树、玛瑙树，唯一宝成，不杂余宝。或有二宝三宝，乃至七宝，转共合成……是诸宝树，周遍其国。"[3]这些宝树遍布于极乐世界每一寸土地，宝树构成森林，众生生存其中。极乐世界的森林与娑婆世界的森林完全不同。娑婆世界的森林中有各种各样为了自身生存的动物，以及打猎的猎人，众生处于无明的造业过程而陷入六道轮回，因此，娑婆世界的森林是可怖的。极乐世界的森林则是由纯金、纯银、琉璃、水晶等稀世珍宝构成，这些珍宝加强了极乐世界众生的功德，极乐世界众生六根清净，不会因为无明去残害其他生命，因此，极乐世界的森林是微妙不可思议的，将众生与自然完全融合为一。

　　这点在极乐世界演说佛法的道场树中表现得最为明显。"又其道

---

① 陈兵编注：《净土经论·念佛诀要》，西安：陕西师范大学出版社，2014 年，第 53 页。

② 《无量寿经》，第 112 页。

③ 《无量寿经》，第 101 页。

场，有菩提树，高四百万里，其本周围五千由旬，树叶四布二十万里。一切众宝，自然合成，华果敷荣，光辉遍照……珍妙宝网，罗覆其上，百千万色，互相映饰，无量光炎，照耀无极。一切庄严，随应而现……若有众生，睹菩提树，闻声，嗅香，尝其果味，触其光影，念树功德，皆得六根清彻，无诸恼患，住不退转，至成佛道。"[1]众生能够见到菩提树，听到菩提树发出的声音，品尝到菩提果的味道，接触到菩提树的光影，心念菩提树的功德，都能得到眼、耳、鼻、舌、身、意六根彻底的清净，无烦恼招致的祸患，保持住不退转的果位，成就圆满的佛法之道。由此可见，极乐世界的众生生命完全融入菩提树中去了。

极乐世界众生生命与美丽纯洁的花朵也是融为一体的。极乐世界有最美妙的曼陀罗花从天而降的景观，"昼夜六时，雨天曼陀罗华"。依印度的计时标准，佛教中的六时就是现在的二十四小时，[2]昼夜二十四小时，曼陀罗花雨飘落而下。极乐世界还有微妙香洁的莲花，十方世界的往生者都是通过莲花化生的。"十方世界诸往生者，皆于七宝池莲华中，自然化生。"

极乐世界"有种种奇妙杂色之鸟：白鹤、孔雀、鹦鹉、舍利、迦陵频伽、共命之鸟。是诸众鸟，昼夜六时，出和雅音"[3]。从佛性上讲，众生都是平等的。在婆婆世界里，众生的生命形态被严密限定在六道轮回中，六道众生生命形态依照痛苦程度有高低之分，修善的生

---

① 《无量寿经》，第 103 页。

② 所谓六时，昼三时夜三时合为六时也。昼三时为晨朝日中日没；夜三时为初夜中夜后夜。详见佛学书局编纂：《实用佛学辞典》，上海：上海古籍出版社，2013 年，第 189 页。

③ 《阿弥陀经》，第 35 页。

命形态就会不断上升，作恶的生命形态就会不断下降。这样，众生就会在六道中轮回，在苦海中浮浮沉沉。从这个角度来讲，人的地位要高于动物。在极乐世界里，众生本有的佛性完全展示出来了，"咸同一类，无差别相"。然而，畜生道地位较低，往往是由众生作恶造成的，飞禽属于畜生，为什么极乐世界里会有多种多样的鸟类出现呢？针对这个问题，佛陀向大弟子舍利弗特别强调："舍利弗，汝勿谓此鸟实是罪报所生。所以者何？彼佛国土，无三恶道。舍利弗，其佛国土，尚无恶道之名，何况有实？是诸众鸟，皆是阿弥陀佛欲令法音宣流，变化所作。"①娑婆世界的鸟类皆是罪报所生，极乐世界的鸟类不是罪报所生，而是阿弥陀佛宣扬佛法的声音。

极乐世界一切自然景象都在演奏着和谐美妙的音乐。"彼佛国土，常作天乐。"②极乐世界畜生道鸟类的出现就是阿弥陀佛用来宣流法音而幻化出来的；极乐世界的水流可以发出无量微妙悦耳的声音，"微澜徐回，转相灌注，波扬无量微妙音声"③；微风吹拂，极乐世界的树木也在演奏着无量微妙和雅的音乐，"微风徐动，吹诸枝叶，演出无量妙法音声"。总之，极乐世界的万事万物都在演奏着优美的音乐，这些音乐都是在演说甚深佛法的。众生闻之，能够增益身心清净愉悦而不生贪妄执着分别心，能够增长有情无数不可思议殊胜功德。

极乐世界的快乐是永恒的、最高的、不退转的，极乐世界中众生的关系是和谐的、最美好的、没有任何冲突的，极乐世界有最为殊胜

① 《阿弥陀经》，第 35 页。

② 《阿弥陀经》，第 35 页。

③ 《无量寿经》，第 112 页。

的森林、树木、水资源、鸟类、自然音乐等，极乐世界构成了佛家最高的社会理想，这种最高的社会理想完全是建立在生态理想基础之上的。相对于此岸的娑婆世界来讲，彼岸的极乐世界就像一面镜子照见了此岸娑婆世界的丑恶，照见了此岸娑婆世界的有情众生由于无明、贪爱而导致的紧张关系。因此，对于佛家来讲，理想的世界就是极乐世界，对极乐世界的描述就构成了一幅最为美好的生态社会蓝图，人类也应该以极乐世界为蓝图来往生净土，并改善和建设此岸的娑婆世界。

（二）理想生态社会构建方式：念佛与净心

"净土，'净'是清净、洁净的意思，净土被指净化的国土，也就是净化众生，远离污染、秽垢与恶道的世界，是佛、菩萨和佛弟子所居住的地方，是众生仰望和追求的理想世界。"[①] 娑婆世界里的众生，由于受到无明、贪爱的驱动，使众生生命始终在彼此伤害的痛苦中轮回，污染环境、残杀动物等破坏生态行为都是娑婆世界中导致生命不断轮回的核心原因。相反，净土的众生都能够得到解脱，净土里的众生绝对不会出现污染环境、残杀动物这样的行为（这些都是污染、秽垢与恶道的世界里才发生的现象），因此，净化的国土肯定是环境最为优美、生态最为和谐的理想世界。根据不同的派别和思想，佛家有无量净土存在的说法，代表性净土主要有：极乐净土、弥勒净土、净琉璃净土、华藏净土、寂光净土和三种佛土等。[②] 其中，对汉传佛教影响最大者，莫过于净土宗极为推崇的西方极乐世界，以至于中华佛

---

① 方立天著：《中国佛教哲学要义》，北京：中国人民大学出版社，2005年，第199页。

② 《中国佛教哲学要义》，第200页。

教史上有"家家阿弥陀，户户观世音"的说法。既然净土社会是佛家追求的理想世界，那么如何实现净土或者众生如何往生到净土，就成为佛家各派论证的关键问题。

实现净土主要有三种方式：一是净心。依据佛教般若学"诸法性空"观念，往生净土的前提是净心，从龙树菩萨的"中观论"、《大乘起信论》的"一心开二门"、天台宗的"一心三观""一念三千"、唯识宗的"万法唯识"、华严宗的"三界唯心"等思想都可看出，佛教各家学说学派都非常强调净心在众生涅槃解脱上具有重要的意义。这点在《维摩诘经》以及受其影响的中国佛教代表禅宗里表现得最为明显，阐述得也最为直接。《维摩诘经》提出："随其心净，则佛土净。"[1] 惠能阐释西方极乐世界时提出："迷人念佛求生于彼，悟人自净其心。所以佛言：'随其心净，即佛土净。'"[2] 净土的根本在于净心，心净自然土净，这样，所谓的"净土"，实际上就是"净心"，"土"即在"心"中，这一点，马祖道一的弟子大珠禅师慧海讲得更加清楚："经云：欲得净土，当净其心，随其心净，即佛土净，若心清净，所在之处，皆为净土。譬如生国王家，决定绍王业，发心向佛道，是生净佛国，其心若不净，在所生处，皆是秽土。净秽在心，不在国土。"[3] 心净则土净，心秽则土秽，这与实际的国土没有直接关系。极乐世界之所以为净土者，在于极乐净土中人心都是净的，只要众生心净，婆婆世界亦可变为极乐净土。其中，《维摩诘经》禅宗等

---

[1] 赖永海、高永旺译注：《维摩诘经》，北京：中华书局，2013年，第16页。

[2] 尚荣译注：《坛经》，北京：中华书局，2013年，第66页。

[3] 石峻、楼宇烈等编：《中国佛教思想资料选编》第五册，北京：中华书局，2014年，第200页。

通过净心达到净土的目的，也被称为"唯心净土"。"所谓唯心净土，意为并非有一个外在的净土世界，净土只存在于个体心性之中，所以不必外向追求，而应该明心见性。"① 这是建设净土的第一种方式。

二是念佛。净心的关键在于主体自身智慧，然而，并非每个主体都能通过自身智慧实现涅槃而往生净土。特别是在末法时代，依靠自力往生极乐净土更为困难，根据这种情况，净土宗发扬了佛教思想中"称名念佛"法门，依乘佛的愿力往生极乐净土。不需要像天台、华严、唯识等经院佛学流派进行复杂的思辨来获得佛学智慧，以念佛往生极乐净土是非常简易的，只要称佛名号即可。其最简易者，只需要临终念佛，无论生前善恶，即可乘佛愿力，往生极乐。这样，净土宗就打开了面向民间的大门，极大地扩大了佛教生存的土壤，于是净土宗和禅宗一道，成为华夏影响最大的两大流派，也是佛教中国化开出的最美丽的双生花朵，成为中国佛教的典型代表。这是建设净土的第二种方式。

三是禅净双修。所谓禅净双修，就是为了实现往生净土的目标，既要重视净心手段，也要重视净土的念佛手段。唐朝开元初年，从印度留学归来的慧日大师，就主张通过禅净双修的方式往生净土。后来宗密在《禅源诸诠集都序》中亦强调净土念佛亦需要进行禅修的观点："至于念佛求生净土，亦须修十六禅观。"② 但是，"禅净合一、禅净双修局面的真正形成，应该从延寿时代算起"③。延寿生于唐末五

---

① 潘桂明著：《中国佛教思想史稿》第二卷下，南京：江苏人民出版社，2009年，第1120页。

② 《中国佛教思想资料选编》第三册，第423页。

③ 《中国佛教思想史稿》第二卷下，第1119页。

代，卒于宋太祖开宝八年（公元 975 年）。于是从北宋初年起，通过禅净双修而往生极乐净土成为中国佛教信仰的主流思潮。延寿禅师的思想充满调和特点，在延寿禅师的《宗镜录》《万善同归集》《唯心诀》等著作里，他特别强调了"禅净双修"的实践理念和往生极乐的目标。延寿禅师非常重视唯心净土的重要性，《唯心决》中说："意地清而世界净，心水浊而境像昏。"① 《万善同归集》卷上讲道："唯心佛土者，了心方生。""菩萨若能了知诸佛及一切法，皆唯心量，得随顺忍，或入初地，舍身速生妙喜世界，或生极乐净佛土中。故知识心，方生唯心净土。"② 卷下也非常直接地指出了心与土之间不可分的关系："心能作佛，心作众生，心作天堂，心作地狱。"③ 在《宗镜录》中，延寿禅师圆融各家学说时亦强调唯心净土的实践路径："宝积菩萨欲得净土，当净其心。随其心净则佛土净者。""只是一自性清净心。此心若净，一切佛土皆悉净也。"④ 在强调唯心净土的同时，延寿法师也强调以"称名念佛"往生极乐的重要性。延寿禅师认为，在末法时代，依靠唯心自力往生难度太大，唯有通过净土一门、依靠他力这种比较容易的方式往生极乐。"当今末法，现是五浊恶世，唯有净土一门，可通入路，当知自行难图，他力易就。"⑤ 其方法就是专念阿弥陀佛："若人专念，西方极乐世界阿弥陀佛，所修善根回向，愿求

---

① 《中国佛教思想资料选编》第六册，第 94 页。

② 《中国佛教思想资料选编》第六册，第 26 页。

③ 《中国佛教思想资料选编》第六册，第 85 页。

④ ［宋］释延寿著：《宗镜录》卷二十一，西安：陕西新华出版传媒集团、三秦出版社，2017 年，第 365 页。

⑤ 《中国佛教思想资料选编》第六册，第 30 页。

生彼世界，即得往生。常见佛故，终无退转。"① "唱一声而罪灭尘沙，具十念而形栖净土。"② 由此可见，延寿禅师既重视唯心净土，也重视念佛净土，通过这两个方面，众生都可往生极乐。

上述三种实践方式都可以使众生往生环境优美的净土。在佛家生态语境中，环境优美的净土世界照见此岸污染的娑婆世界，这也是佛教净土对于此岸世界的重要镜鉴意义。无论是通过净心实现净土，还是通过净土宗的"称名念佛"实现极乐，抑或两种方法兼而有之实现往生净土，其根本原则都是"佛教式"的，而"佛教式"往生环境优美净土的手段和方式必然也是"生态式"的。"净心"往往通过哲学思辨或者顿悟来实现对佛教理论的深刻理解，净土宗通过"称名念佛"这种简易方式实现了广大底层百姓对佛教的信仰，无论通往哪种净土，无论采取什么样的修行方法（这些不同的净土和修行方法我们可以视为方便说法，或者是真谛、俗谛的区分），最终都归总于释迦牟尼创建的佛教上面。

人们信仰佛教之后（无论通过"净心"还是"念佛"），其生态思想自然就具有佛教的特征。佛教生态思想中，最重要的一个方面，就是要求众生都有"慈悲心"。"慈悲心"是众生往生净土的充要条件。在佛教语境中，众生始终处于由时间（六道轮回）和空间（因陀罗网）构成的系统中，相互影响，相互作用，沉沦于茫茫苦海而不能自拔。因为众生处在一个整体系统中，一即一切，一切即一，娑婆世界里的众生生存于一个命运共同体之中，众生之苦，亦即个体之

---

① 《中国佛教思想资料选编》第六册，第 27 页。

② 《中国佛教思想资料选编》第六册，第 15 页。

苦，所以，佛教要求人类必须要深层次生发出慈悲心。对中国大乘戒律影响最大的经典——《梵网经》就详细讲解了众生为什么要有慈悲心。《梵网经》通过"放生"实践方式的论述，论证了众生处于命运相连的共同体之中，以此要求人类必须要有慈心。"若佛子，以慈心故，行放生业。应作是念：一切男子是我父，一切女人是我母，我生生无不从之受生，故六道众生皆是我父母，而杀而食者，即杀我父母，亦杀我故身。一切地水是我先身，一切火风是我本体，故当行放生业。"①不仅有情众生和我有亲密关系，是我父母，是我前世的身体，甚至地水火风四种物质元素亦杀是我本来身体。因此，以"慈心"行放生业具有重要意义。《梵网经》也讲了佛菩萨的"悲心"："若佛子，以悲空空无相……不杀生缘，不杀法缘，不着我缘。故常行不杀、不盗、不淫，而一切众生不恼。"②这种由"悲心"推导出的戒律亦是众生往生净土的重要前提。相反，人类因为"恶心"而破坏自然、残杀动物都是不可原谅的行为。"若佛子，以恶心故，放大火烧山林旷野，四月乃至九月放火。"③总之，从大乘佛教角度来讲，众生往生到净土，其重要前提就是众生在此岸要有大慈悲心，这种慈悲心不是要众生个体的自我解脱，而是要整个娑婆世界众生的解脱，个体才能往生到彼岸的净土。"是菩萨，应起常住慈悲心、孝顺心，方便救护一切众生。"④救护一切众生是涅槃解脱、往生极乐的关键。

---

① 戴传江译注：《梵网经》，北京：中华书局，2013 年，第 260 页。

② 《梵网经》，第 71 页。

③ 《梵网经》，第 251 页。

④ 《梵网经》，第 208 页。

净土宗以"称名念佛"往生极乐的简易方式扩大佛教信众，借由"信"而对佛教有进一步的理解，由此而有"愿"有"行"，从而才能真正进入极乐净土。其中，"发大誓愿""发菩提心"实际上就是主体"净心"的一种方式方法。众所周知，《无量寿经》最重要的一章就是第六章，第六章的标题是《发大誓愿》，这也代表了"发愿"思想在净土宗的重要地位，净土"发愿"必然以"众生"的利益为核心，其所要建设的极乐世界的生态环境一定是最好的。这一点我们在介绍极乐世界的生态蓝图时已经简要地讲过。

（三）人间净土与理想生态社会的构建

佛教极乐世界距离现实人间世界是不可思议的遥远。"从是西方，过十亿佛土有世界名曰极乐。其土有佛，号阿弥陀。"[①]这种遥远不是时空的遥远，而是此岸与彼岸在完全不同的维度上的遥远。此岸娑婆世界的污浊和永恒痛苦，彼岸世界的清净和永恒快乐，两相比较，使得此岸世界并不值得众生包括人类的生存。因此，佛教思想的一个观念就是要求娑婆世界的众生对此岸世界生出厌离之心，对彼岸净土生出甚深的欣慕之心，这样，佛教所要构建的理想生态社会亦在彼岸，而不在此岸。

不过，在对彼岸净土的追求上，小乘佛教和大乘佛教有着较大的不同。简言之，小乘佛教强调通过自我的努力往生净土，这也是小乘佛教所追求的终极目标。大乘佛教除了强调要通过自我努力往生净土外，更强调众生都要往生净土，这是大乘佛教所追求的终极目标，也

---

① ［后秦］鸠摩罗什译，王党辉注译：《阿弥陀经》，郑州：中州古籍出版社，2010 年，第 30 页。

是众生个体往生净土的前提。大乘佛教这种净土思想的突出特点就是"自利利他"。中华大地上传播和信仰佛教思想的主流是大乘佛教，因此，我们主要从大乘佛教角度来阐述佛教的理想生态社会观念。

大乘佛教"自利利他"观念对于"净土"的追求，就涉及在人间建立净土的主张。这样，"净土"就不仅仅是彼岸的理想社会，更是此岸的理想社会。这是佛教思想中固有的观念。《维摩诘经》提出的"心净则佛土净"等"唯心净土"观念已经暗含有于人间建立净土的主张。不过，将佛教中暗含的"人间净土"观念发扬光大，并系统地进行论证的则是 20 世纪上半叶的太虚大师。

1. 探讨净土产生的"因缘"更为根本

太虚大师根据传统佛教思想阐述了"净土"的涵义后，特别指出要注意"净土"产生的因缘。这个因缘（条件）就在于包括人类在内的有情众生生起的"好心"。

什么是"净土"？太虚回答道："所谓的净土，意指一种良好之社会，或优美之世界。""凡世界中一切人事物象皆庄严清净优美良好者，即为净土。"（《创造人间净土》）净土世界的人和事物、环境等都是清净优美的，这肯定了"净土"的生态美属性。

净土存在于哪些地方呢？"净土，乃遥指此土之外，如西方之极乐净土，东方之琉璃净土等种种净土，谓为清净庄严之胜妙国土。"（《创造人间净土》）净土在彼岸是佛教传统观念，这也是关于"净土"观念的现象性描述。

但是，关于净土的现象性描述并没有触及问题的根本。问题的根本是：众生往生净土的条件是什么？太虚认为，成就"净土"既不会自然而然就会形成，也不是依靠神力就能实现，而是依靠人等有情众生生起好心，发出建设美好净土的愿望，并努力实践才能得到的。"然佛学从比较上说明净土之后，跟着又说明净土所由成立的因缘。盖净土非自然而成就的，亦非神所造成的，是由人等多数有情类起好的心，据此好心而求得明确之知识，发为正当之思想，更见诸种种合理的行为，由此行为继续不断地作出种种善的事业，其结果乃成为良好之社会与优美之世界。"（《创造人间净土》）净土成立的因缘或条件就是人等有情类的"好心"，亦即众生的"好心"是建立优美世界的前提和基础。太虚大师继续讲道："故此诸净土之何由而成功，在佛典中都有确切之答复。所谓一草一木，以至一行星、一太阳，皆为无量数因缘关系集合而成，其发动处为人等各有情类之心的力量。以心的力量即为各种的思想知识等等，及其发挥为各种学术，造成各种事业，积之既久，因满果熟，即成一优美良善之社会，或一清净庄严之国土。"（《创造人间净土》）宇宙间的万事万物都是由无数的因缘和合而成，因缘和合的关键和发动处就在于有情众生有好"心的力量"，众生具有的好"心的力量"转化为各种知识，经过运用这些知识，久而久之，就能使娑婆世界转变成清净庄严、生态优美的世界。由此可见，正是人等有情众生具有"心的力量"这一前提，才使建设"人间净土"成为可能。

因为人类"心的力量"具有普遍性，因此，通过努力，就可将由人类组成的现实社会变为净土，而不需要离开人间去彼岸追求另外的理想社会。诚如太虚大师所讲："人人皆有此心力，即人人皆已有创造净土的本能，人人能发造成此土为净土之胜愿，努力去作，即由此

人间可造成为净土，固无须离开此醒醍之社会而另求一清净之社会也。"（《创造人间净土》）

创造人间净土具有重要的现实意义，因为"世界一切事物皆因缘所成，其出发点为各个人及各个有情的心，若心不平等清净，则最后的结果便是不净土"（《创造人间净土》）。也就是说，如果众生心不平等清净，就不会实现往生"净土"的修行目标，这里的"净土"指的是一切"净土"。相反，众生心能够做到平等清净，就会实现往生"净土"的目标。而众生心清净之后，"人间净土"自然就会出现。因此，创造"人间净土"就成为往生彼岸净土的关键性考核指标。由此，太虚严厉批评了那种意欲脱离现实的婆娑世界，而一心一意要求往生到彼岸净土的修行者和部分小乘自了的修行方法。

太虚的这种担当精神要求人们不能离群索居，而应该以积极的态度，用佛教的思想来改造现实社会，将现实社会改造成理想社会（佛教的理想社会自然是生态友好的社会）。"人间佛教，是表明并非教人离开人类去做神做鬼，或皆出家到寺院、山林去做和尚的佛教，乃是以佛教的道理来改良社会，使人类进步，把世界改善的佛教。"（《怎样来建设人间佛教》）

总之，佛教追求的净土世界必须要以"净心"为前提，"净心"相对于"净土"来说更为根本。无论众生往生到什么净土，首先要做的就是净心，"心净"自然就能修许多善的因缘，久而久之，此岸不完美的现实世界随着人类"心净"的扩大也就能成为完美的世界和庄严净土，亦即人间净土，诚如太虚大师所言："今此人间虽非良好庄严，然可凭各人一片清净之心，去修集许多净善的因缘，逐步进行，

久而久之，此浊恶之人间便可一变而为庄严之净土，不必于人间之外另求净土，故名为人间净土。"（《创造人间净土》）

2. 建设人间净土的生态蓝图——郁单越人间净土的描述

太虚认为，人类和一切众生的愿望无外乎两点：一是身命资用之安全，二是永生极乐之获得。对于众生来讲，这两类愿望是最为根本的。目前已经实现这两种愿望的有两种理想社会：一是郁单越人间，二是西方极乐净土。郁单越人间和西方极乐净土勾画出了人类理想生态社会蓝图。西方极乐净土属于彼岸世界，其生态蓝图和实现生态蓝图的方法前已述及。接下来我们主要阐述作为人间净土模拟对象的郁单越人间。

依照佛教传统和现代新观念，太虚将佛教中的须弥山视为现代的太阳系，太阳系中有四大洲，地球属于南瞻部洲，郁单越属于北俱芦洲。作为地球的南瞻部洲充满了苦恼，甚至要遭受"五恶五痛五烧"这样极端的痛苦，使得众生的资用得不到保障，身命安全得不到保证。身命资用得不到安全就会造成人与人、人与自然、众生之间的不和谐，或者说形成了一种生态不完美的世界。如何解决南瞻部洲人间存在的苦恼问题？太虚认为，南瞻部洲的众生应该以郁单越人间作为蓝图来改造自身。

那么，郁单越人间在生态上有什么样殊胜的地方值得南瞻部洲众生学习呢？太虚依照佛教经典《起世因本经》对郁单越洲进行了详细描画。

郁单越洲的首要特征就是生态优美，这也是佛教构建理想社会的首要要求。"郁单越洲有无量山，彼诸山中有种种树，其树郁茂，出种种香，其香普熏……别有种种杂色果树，树有种种茎叶华果……"在描述了郁单越洲优美的生态环境后，太虚加按语论说道："佛每说一境界，先说土田与树木花草，可知佛甚注意花园式之生活也。"（《建设人间净土论》）

郁单越洲非常重视花鸟、河流、音乐、香色等，这点也是太虚加按语专门强调过的，是改造环境圆满的重要方面。"种种诸鸟，各各自鸣，其声和雅，其音微妙。彼诸山中有种种河，百道流散，平顺向下，渐渐安行，不缓不急，无有波浪，其岸不深，平浅易涉，其水清澄，众华覆上……诸河两岸有种种林，随水而生，枝叶映覆。种种香华，种种杂果，青草弥布，众鸟和鸣。又彼河岸有诸妙船，杂色庄严，殊妙可爱，并是金、银、琉璃、颇梨、赤珠、车磲、玛瑙等七宝所成。"太虚加的按语是："各佛经对人生最重香、色、音乐，感动人处，改变人性，每靠音乐树及花鸟说法，可谓改造环境最圆满了。"（《建设人间净土论》）郁单越人间的音乐、香色等都是改变人性使之向善的重要环境因素，也就是说，通过环境和众生之间的互动，就能使环境变得更好了。

太虚描述郁单越洲生态环境的基本情况，除了上述两个方面外，还有两个方面需要特别强调，这也是太虚生态社会理想非常独特的两个方面。一方面是郁单越洲人性与环境是一致的，人性好，环境自然就好，人性不好，环境就会变得不好；郁单越洲环境之所以优美，其根源在于人心始终是善的。另一方面是，现代科技文明与郁单越洲环境友好有着重要的关系，郁单越洲有许多方便生活的设施以及对环境污染的处理等，在地球层面是可以通过现代科技来解决的。

在论述郁单越洲人性与环境一致性问题上，太虚指出，优美的环境来自善良的人性。如郁单越洲"清净无浊"、环境优美的善现池的出现关键就在于人性。"善现者，言此世界人性善妙，世界乃现耳，一争杀即不现也。"（《建设人间净土论》）又如安住林取自"惟安仁之人乃可住也"，普贤苑取"人皆尧舜仙佛，性皆善贤"之义，善华苑取"善心开花"之义。郁单越环境优美，庄严清净，人心亦最为良善，人心和环境始终一致，诚如太虚按语所言："以上反复说人心善现，人心花开，易入善道。心无波浪，是人性和环境同时改造。"（《建设人间净土论》）

关于环境与科技的关系问题，太虚认为，郁单越洲许多处理环境污染和方便生活的设施，在地球层面是可以通过现代科技来解决的。郁单越洲的婆娑树、璎珞树、鬘树、音乐树林等方便人类种种需求的树木，与现代社会出现的衣柜机器、化妆机器、果食机器、饮汁机器、音乐机器等方便人类生活的科技物品有相似的地方。郁单越洲环境清洁，没有厕所等杂秽之处，太虚加按语曰："是用机器法吸水吸粪了。"（《建设人间净土论》）由此可见，在建设人间净土上，太虚思想是极为理性和前卫的。一方面，他批判了西方人"纵我制物"的思想，"纵我制物"思维模式借助科学造成了极为严重的全球性问题。另一方面，从本段分析可以见出，太虚认为，科学在建设人间净土上具有重要作用。在《佛法救世主义》一文中，太虚论述了建设人间净土的三个层次，其中，在第二层次——器的净化中，自然学、人工器、交通器等都属于科学范畴。

如前所述，太阳系人间主要追求的是保持身命资用的安全。保持身命资用安全有两种方法，一是治本之法，二是治标之法。治标之法主要指成立佛教国际组织和通过佛教进行祈祷。治本之法就是要运用郁单越法，郁单越法就是力行不杀生、不盗他物等十善法，不杀生等十善法具有深刻的生态伦理思想。将郁单越法推广到整个社会，"传此风教，化被群众"，使全社会都受到不杀生等生态伦理思想的影响，只有如此，我们才能将南瞻部洲人间转变成众生现世理想的净土。

3. 建设人间净土的层次——心、器、众的净化

太虚在《佛法救世主义》一文中，将如何建设人间净土划分为三个层次：

首先讲的是心的净化。有什么样的人性，就会有什么样的社会，人性与社会始终是一致的。太虚讲道："管子曰：'心安则国安。'阳明曰：'即知即行。'中山曰：'知难行易。'皆以心的建设为国民建设之基者。佛曰：'净佛国土，当于众生心行中求，众生心净则国土净。'故首言心的净化。"要建立理想的生态社会、环境清净的国土，首要原则就是人心要清净。佛教建立人间净土，首要原则就是依照佛学思想改造人心。

其次讲的是器的净化。所谓器，指的就是众生生活的外在环境。净化器的核心手段就是要使用自然科学、农业、农学、制造业、工程学、交通利器、现代医学、体育器械、花园剧场影院等的建设，来改造众生的生存环境。就这一点来讲，改造生态环境是可以借助科学技术的，这种做法也符合佛教伦理，太虚讲道："此篇所言（注：指'器的净化'篇），含摄近世科学厚生利用之术。或讥为非佛法所应用者，不知佛法特以心为首，以器为从，非舍器而徒言心也。"佛法不

仅讲心，讲爱护众生，同样也重视养护众生的方法。对于那种不利于养护众生的生产方式，佛教持反对态度，如军器、渔牧等都是在废除之列。

最后讲的是众的净化。心的净化属于内在精神的净化，器的净化属于外在物质世界的净化，众的净化属于精神与物质和合而形成的整个人间的净化，众的净化是一种系统性的净化。众的净化自然以佛法为指导思想，这种净化涉及六个方面的改善：第一个方面是人事学，主要包括心理学、社会学、人种学、美学、人类学、历史学、宗教学、教育学、经济学等诸学科内容。第二个方面是法政学，主要包括宪法、法律、军政、民政等方面的内容。第三个方面是经济学，主要包括生产、消费、分配等方面的内容。第四个方面是教育学，其内容主要包括道德教育和宗教伦理。第五个方面是律仪众，主要通过佛教戒律来规范南瞻部洲社会。第六个方面是郁单众，主要通过十善业等佛教伦理来改善南瞻部洲社会。

4. 建设人间净土——解决世界环境问题

近代以来的科学革命，和西方传统思想中主客体之分，以及主体征服客体、人类征服自然的思想有着根本的联系。西方近代以来资本主义发展导致的各种各样的问题，如帝国主义侵略、帝国彼此之间斗争、全球性的生态危机等，都与西方主客体截然分开的思维方式有关。太虚将这种主客体相分的思维方式概括为"纵我制物"思维方式，西方"纵我制物"思维方式使"世界各国都已陷入走不通的死路"。

太虚认为，穷则变，变则通，西方道路走不通的时候，中国可以为世界开辟出一条出路。这条出路就是将西方"纵我制物"思想，"改变成中国文化根本精神的克己崇仁"，将世界改造成佛学指导下的太平世界。因此，我们用中国固有的孔老文化，及两千年来流传的中国佛教，来改造由近现代西方工业革命导致的全球性问题。"由此，中国可济世界末路之穷而作世界之领导，显出中国文化的真价值与真精神。"(《怎样来建设人间佛教》)西方工业革命以来导致的全球性生态危机，同样也可以从中国传统思想，包括佛教思想中找到解决问题的文化背景，以此走出一条利于全球长远发展的道路。

第五章

儒道佛学生态伦理思想的
当代实践和现实意义

第一节　儒道佛学生态伦理思想
与当代生态伦理学的理论建构

20世纪初，人类大规模的科技化浪潮导致生态系统不断恶化，出现了全球气候变暖、森林面积锐减、土地荒漠化、大气污染、垃圾污染等环境问题。在学术领域，随之掀起了对生态问题的深刻反思，最早提出生态伦理学思想意识的是法国学者阿尔贝特·史怀泽（Albert Schweitzer，1875—1965年），他在著作《文明的哲学：文化与伦理学》中提出了生态伦理学的最初意识形态，这是一种尊重生命内在价值的伦理学科。在此之后的1949年，生态伦理学家利奥波德出版了《大地伦理学》专著，这本书将西方世界社会伦理学拓宽到生态伦理学，从根本上实现了伦理观念的变革。利奥波德在著作中提出要扩充伦理学的内涵，转变人类观察世界的角度，不断开拓研究界限，确立新的价值评判尺度。他对人类征服和统治自然持否定态度，主张"大地共同体"概念：大地本身如同一个社会，人类作为大地公民的一类，应以平等的态度对待社会中的其他类别。罗尔斯顿、史托斯、特来普等学者继承了史怀泽、利奥波德的基本观点，认为自然中其他生物有着与生俱来的生存权利，呼吁人类改善与自然生物之间的生态伦理关系，创建新型的生态伦理学。生态伦理学在生命平等的基础原则上协调自然与人类之间的根本对待关系，将传统的伦理思维追寻人与人之间的联系扩大到人与自然类别之间的关系互动。

　　生态伦理学作为一门学科体系的建立，在人与自然之间关系的探索之上，亟须进一步建立起生态伦理学科的思想框架，从生态伦理学的世界观、方法论等角度，为人类处理与自然之间的关系提供更深层次的理论基础。中国的儒道佛思想对人与自然关系的看法是综合性的、多元性的，跳出了人类与自然的二元对立维度，在人与自然的现实互动关系中确立起人的地位和价值，探索人与自然和谐相处之道。

一、人与自然万物的辩证关系

　　人与自然万物之间的关系问题，是当代生态伦理学建构的基本问题。回顾历史，资产阶级对外扩张，在世界范围内确立市场秩序的过程中，形成了"人类中心主义"的主导型价值观。人类在过度攫取自然资源、积累资本的同时，也扭曲了自身的世界观、人生观、价值观，导致了人类被物欲奴役的人性"异化"现象。中国传统的儒道佛思想认为，人类与大自然处于地球的生命共同体之中。大自然赋予人类基本的物质生存资料，维系着人类社会的持续发展。同时，在中国古人看来，大自然是人类认识自我、认识生命、认识人生的百科全书，人类在与大自然的亲切交流中感知到生命的韵律与自然的美感，找到了人生的价值以及宇宙的真理。所以中国传统哲学热爱自然、敬畏自然，把大自然看作人们的朋友与老师，以"民胞物与"的仁爱精神构建人与自然和谐相处的"大同世界"。

中国传统文化从"天人合一"与"明于天人之分"的双向维度阐发了人与自然万物之间的辩证关系。一方面，人类作为自然界中的一个生命物种，有不同于其他生命体的特殊性——中国哲学提出了"天、地、人"三才的概念，将人与天地万物区分开来，"明于天人之分"的观点指出人类与自然界各有其职分，充分阐发了人类不同于其他物种的智慧与能力。另一方面，人与大自然又是相通的。从生物性上看，人类与其他生命有共同的生命特征，需要维持生存所必需的空气、水源、食物等基本条件，遵循生命生发的基本规律。从价值性上看，儒家从价值视角阐发"天人合一"的内涵思想，提出了"诚"的伦理规范，"诚者，天之道也；诚之者，人之道也"[①]，通过"诚"将天地人三才联结成"一体"。儒家思想为建立当代整体性的生态伦理世界观提供了一个全新的认知视域和分析维度。

1."天人合一"

天人合一的基本理念是"仁者与天地万物为一体""仁者浑然与万物同体"[②]的万物一体观，其中包含了事实判断和价值判断双重维度。从事实的角度，人与自然万物都在自然规律的运行之中，不会以

---

① ［宋］朱熹撰：《四书章句集注》，北京：中华书局，2011 年，第 32 页。

② ［宋］程颐、程颢著：《二程集》，北京：中华书局，2004 年，第 15 页。

人的意志而改变自然规律的运行轨迹。《周易》最早提出了天道规律的思想："与天地相似，故不违；知周乎万物而道济天下，故不过；旁行而不流，乐天知命，故不忧。"①自然万物的运行有其规律性，人类可以发挥主体能动性效法天地运行的大道，不能违背它。"与天地合其明，与四时合其序，与鬼神合其吉凶，先天而天弗违，后天而奉天时。"②

儒家对天地万物的运行规律有着真实的体察，确立了"天人合一"自然整体论的事实维度。孔子对时间的自然流逝发出过深沉的慨叹："天何言哉！四时行焉，百物生焉，天何言哉！"③四季运行，万物生生不已，自然规律无声无息，却是客观存在的，不为人的意志所左右。荀子在《天论》中以理性的态度指出："天行有常，不为尧存，不为桀亡。应之以治则吉，应之以乱则凶。"④天道规律既不会因统治者的仁德而存在，也不会因统治者的残暴而消失。顺应规律来实施治理就可以获得吉祥，违背规律治理就会遭到凶灾。自然规律是客观存在的。客观存在的自然规律也是荀子"天行有常"的基本涵义。关于"天行有常"，《荀子·不苟》篇中有进一步的说明："天不言而人推高焉，地不言而人推厚焉，四时不言而百姓期焉。夫此有常，以至其诚者也。"⑤可见，"天行有常"的根本就是"诚"。天不言语，高就在那里；地不言语，宽厚就在那里；四季不言语，春夏秋冬，四季循

---

① 黄寿祺、张善文撰：《周易译注》，上海：上海古籍出版社，2018 年，第 500 页。

② 《周易译注》，第 19 页。

③ 杨伯峻译注：《论语译注》，中华书局，2018 年，第 267 页。

④ ［清］王先谦撰，沈啸寰、王星贤整理：《荀子集解》，北京：中华书局，2012 年，第 300 页。

⑤ 《荀子集解》，第 46 页。

环，毫不紊乱。这就是天地万物具有的客观不以人的意志为转移的规律，这就是天地四时之"诚"，这就是"有常"。"有常"体现出自然规律存在的客观性、真实性，天地人"三才"遵循着自然规律的展开方式，体现出古人对自然规律的深刻把握和认知。

天地人三才的思想中，人可以为天地立心，通过"诚"的道德规范"尽心""知性""知天"，儒家确立起了"天人合一"思想的价值维度。《礼记》云："人者，天地之心也。"张载提出了"为天地立心，为生民立命，为往圣继绝学，为万世开太平"的人生观、价值观，将人的主体能动性挺立出来，人可以为万物"立心"，为万民造福，为人与自然的和谐相处、人类社会的蓬勃发展开显出一片和谐的气象。朱熹延续"立心"说，将为天地立"心"的主体从人类扩展至"生物"："天地以生物为心，而所生之物因各得夫天地生物之心以为心。"[①]这里包含了两条逻辑：第一，生物之心本源于"天地"（自然界），自然生生万物，不仅生养了万物之形体，还赋予生命万物以其"心"。第二，天地产生万物以后，以"生物"为心，生物以"天心"的角色生存于天地之间，这是儒家思想的重要创建。到了明代，王阳明提出"良知"说："人的良知，就是草木瓦石的良知。"[②]从"良知"的角度将人类、生物、植物、矿物整合起来，将"天人合一"通过价值维度的心学转化建立起了人类与自然生态系统的密切联系。

---

① 《四书章句集注》，第220页。

② ［明］王守仁撰，吴光、钱明等编校：《王阳明全集》，上海：上海古籍出版社，2014年，第122页。

2."明于天人之分"

儒家从"规律"的事实维度与"诚"的价值维度确立了人与自然之间的整体性、统一性关系，这并不意味着人与自然之间没有差别，儒家以"三才"区分出"人"与"天地"的不同。荀子提出了"明于天人之分"[①]。这里的"分"并不是"相分"，而是"职分"（可见，荀子的"天人之分"并没有违背"天人合一"的传统）。人有人的职分，天有天的职分。在职分问题上，人和自然有着根本的不同。荀子指出："天有其时，地有其财，人有其治，夫是之谓能参。"[②]天主掌四时运行、气候变化；大地生养万物，生生不息；人类负责谐和天地，遵循规律，实施治理。三者的分工是自然而然存在的，而且互相之间发生着千丝万缕的联系，这就是三者并立存在的原因所在。人参赞天地，而不能违背天地规律，于是人的职分就是在遵循客观规律的基础上最大程度地发挥人类的主体能动性，承担人类对社会和自然的责任。可见，这里指的最大程度发挥人类主体能动性包含两个方面意思：一方面，人要积极确立和反思自身"主体性"，探索和掌握自然规律，根据四时节气安排生产，使万物为人类发挥好的作用，"制天命而用之"[③]，"序四时，裁万物，兼利天下"[④]；另一方面，人不能违背天地运行之道，"不与天争职"[⑤]，避免肆意妄为，扰乱自然秩序，否则破坏生态规律的同时，会对人类自身造成不利影响。"天人之分"

① 《荀子集解》，第 301 页。

② 《荀子集解》，第 302 页。

③ 《荀子集解》，第 310 页。

④ 《荀子集解》，第 163 页。

⑤ 《荀子集解》，第 302 页。

的生态伦理观点既有对人与自然万物性质区分的层面，将人安置于"天""地"并列的地位，彰显了人的特殊价值；又有天、地、人合于生态整体，互动互联的"合"的层面，这样就把人的行为影响力拓展到了自然生态，生态又通过与人类的物质交流反馈给人类，双方形成了物质交往的信息传递。

儒家高扬人类主体性，以"为天地立心"的宏大气魄，积极地参与到社会伦理和生态伦理实践活动中来。什么样的人能够治理社会呢？荀子把理想的治理者称为"君子"。他说："天地生君子，君子理天地；君子者，天地之参也，万物之总也，民之父母也。无君子则天地不理，礼义无统，上无君师，下无父子，夫是之谓至乱。"① 君子，是能够观察自然规律、运用自然规律理天地、安排社会秩序的人。如果离开了君子，那么社会秩序无法维护，就会造成天下"至乱"的局面。君子之贵，正是其发挥了人类智慧的特长，荀子说："水火有气而无生，草木有生而无知，禽兽有知而无义；人有气、有生、有知，亦且有义，故最为天下贵也。"② 人能充分发挥主体能动性，养成"赞天地之化育"的君子人格，从而有"理天地"、治社会的智慧和能力。荀子对此高呼："大天而思之，孰与物畜而制之！从天而颂之，孰与制天命而用之！望时而待之，孰与应时而使之！因物而多之，孰与骋能而化之！思物而物之，孰与理物而勿失之也！愿于物之所以生，孰与有物之所以成！故错人而思天，则失万物之情。"③ 人们往往看到白

---

① 《荀子集解》，第 162 页。

② 《荀子集解》，第 162 页。

③ 《荀子集解》，第 310 页。

身"思"天、"颂"天、"待"时的方面，而忽视了人有"物畜而制之""制天命而用之""应时而使之""骋能而化之""理物而勿失之"等符合人之职分的行动对策。在对天地人职分的充分认知之上，采取合理的社会治理对策实施治理，不仅符合生态伦理要求，也符合天地自然的运行规律，"圣王之制"是人类"赞天地"、实施治理的典范。《荀子·王制》中说："圣王之制也，草木荣华滋硕之时则斧斤不入山林，不夭其生，不绝其长也；鼋鼍、鱼鳖、鳅鳝孕别之时，罔罟毒药不入泽，不夭其生，不绝其长也；春耕、夏耘、秋收、冬藏四者不失时，故五谷不绝而百姓有余食也；洿池、渊沼、川泽谨其时禁，故鱼鳖优多而百姓有余用也；斩伐养长不失其时，故山林不童而百姓有余材也。圣王之用也，上察于天，下错于地，塞备天地之间，加施万物之上，微而明，短而长，狭而广，神明博大以至约。故曰：一与一，是为人者，谓之圣人。"[①]从"圣王之制"到"圣王之用"，圣人对自然运行规律、万物生发规律进行了遵循、把握与合理施用，人类爱护大自然的同时，大自然又为人类社会产生着源源不断的物资，形成了人与自然的良性交往与和谐运转。

二、人的认知思维与自然万物

自然界是人类认知的对象和来源，从自然万物的运行规律推知人类社会的治理原则，是中国哲学认知世界、探寻真理的基本路径。道家思想对人认知宇宙本源——"道"的能力进行了反思，在探索

---

① 《荀子集解》，第163页。

"道"、接近"道"的过程中形成了效法天地的认知路径:"人法地,地法天,天法道,道法自然。"① "道"具有"无名""无为""朴""不争"等特征,道家将此转化为认识世界的思维方式。儒家经典《周易》从自然之理推及人事之理,建立起了由自然法则推知人文法则的认知世界的方法,从万物的生发运转中生成了"阴阳"思维、整体思维、辩证思维等认知方式。《周易·系辞上传》云:"《易》与天地准,故能弥纶天地之道。仰以观于天文,俯以察于地理,是故知幽明之故。原始反终,故知死生之说;……与天地相似,故不违;知周乎万物而道济天下,故不过。"②《周易》的创作与天地运转的道理相准拟,所以能普遍包含天地万物的道理。比如,人类仰观天上日月星辰的文采,俯察地面山川原野的理致,可以知晓有形和无形的事理;通过推原事物的初始、反求事物的终结,可以推知死生变化的规律;通过观察自然,推知和天地的道理相准拟,所以行为能够不违背天地自然的规律;从万物中汲取普遍规律的知识,行为符合自然之道,有助于指导人类的社会实践,在行为上减少偏差。

1. 儒家的"法天地"思维

儒家很早就意识到大自然的运行自有其规律,不为人类的意志所转移。孔子感叹道:"天何言哉!四时行焉,百物生焉,天何言哉!"③ 天又说什么了吗?四季轮回运转,万物生发有时。这里的"天"有大自然的意思,自然的运行规律是不可违背的,所以人要发

---

① 陈鼓应注译:《老子今注今译》,北京:商务印书馆,2016年,第40页。
② 黄寿祺、张善文撰:《周易译注》,上海:上海古籍出版社,2018年,第379页。
③ 《论语译注》,第267页。

挥主体能动性，主动地探索自然规律，效法之，顺应之。儒家的"法天地"思维集中体现在《周易》中。孔子晚年喜《易》，说道："假我数年，五十以学《易》，可以无大过矣。"①

《周易》作为群经之母，记录了古人效法天地、探索自然规律、由自然物理推及人文事理的认知思维形成过程。《系辞上传》云："《易》其至矣乎！夫《易》，圣人所以崇德而广业也。知崇礼卑，崇法天，卑法地。天地设位，而《易》行乎其中矣。成性存存，道义之门。"②圣人尊崇道德效法天道，谦卑地效法地道，从天地运行的大道中确立人道的尊卑礼节，反复涵养蕴存，就是找到了通向"道""义"的门户。圣人创作《易》，与天地相准拟，探索万物运行的普遍道理。《系辞上传》云："《易》与天地准，故能弥纶天地之道。仰以观于天文，俯以察于地理，是故知幽明之故。"③天道规律表现于自然万物、人类社会的生发运行之中。《说卦传》云："昔者圣人之作《易》也，将以顺性命之理。是以立天之道曰阴与阳，立地之道曰柔与刚，立人之道曰仁与义。"圣人区分出天、地、人三道，用极其简要、精炼的三对性质确定天道、地道、人道包含的规律内涵——天道阴阳、地道刚柔、人道仁义。圣人通过抽象思维方法提炼出了万物运行的基本性状和方式，三对简易概念蕴含着圣人对天道自然规律的深入观察。

第一，《易》从万物的不同性状中，抽象出阴阳思维。天道阴阳、地道柔刚，各自包含着两种矛盾的性状，这两种性状互相交感、作

① 《论语译注》，第 101 页。
② 《周易译注》，第 383、384 页。
③ 《周易译注》，第 379 页。

用，推动了万物的变化运行。一阴一阳之谓道，阴阳表示矛盾对立的两个方面，对立双方交感、碰撞、协调、融合，成为万物变化、运动与发展的动力源泉。阳为刚，阴为柔，圣人以刚柔立地道。刚与柔是大地万物呈现出的一种基本特征，刚柔具有相对性，如木之特性较之于金为柔，较之于水则刚。刚柔的矛盾双方在不断调试、转变之中，没有固定的组合方式。"为道也屡迁，变动不居，周游六虚，上下无常，刚柔相易，不可为典要，唯变所适。"[①] 刚柔在地道中呈现为物质形状，进一步延展至人道，表现为人性所特有的心理性状——仁与义。仁，《正义》解释为"爱惠之仁"，即慈厚泛爱之德，主于柔。义，《正义》云"断割之义"，即正大刚毅之德，主于刚。人道效法地道，仁义互用，刚柔并济。孔子吸收了《易经》中事物运动的矛盾、变化之理，因刚柔的变化特质，将"仁""义"安置于不同人物在现实生活的具体场景中展开，寻找符合天道规律的合适行为尺度。

第二，《易》从万物互相依存中，抽象出联系性、整体性思维。《易经》的八个卦象——天地、山泽、雷风、水火——互动应和，在天地的空间整体中产生联系，相互资助，生生不息。《说卦传》云："天地定位，山泽通气，雷风相薄，水火不相射；八卦相错。数往者顺，知来者逆，是故《易》逆数也。"[②] 万物之间具有联系性，山泽一高一低交流沟通气息，风雷相交互相潜入应和，水火之性相异而不相厌弃，相互资助。人道效法地道，六十四卦以事物的联系、依存关系

---

① 《周易译注》，第 417 页。

② 《周易译注》，第 429 页。

展开排布，确定卦名，每一段的卦名之间不是孤立的，而是前者生出后者的推理顺应关系，以此构成了一个完整的关系链条，合成一经。《序卦传》全篇分两段，每段将三十二卦按照人事联系进行推理展开，首段由《屯》卦始，"屯者盈也，物之始生也。物生必蒙，故受之以《蒙》"，至段末"陷必有所丽，故受之以《离》；离者丽也"①结束。第二段以《恒》卦始，"夫妇之道不可不久也，故受之以《恒》"，至篇末"物不可穷也，故受之以《未济》终焉"②结束。孔子有资于天道万物的联系性，进一步推进寻找人与人，人与自然互相联系、交往的原则和方法。

第三，《易》从万物互相转化中，提炼出和谐性、生发性思维。两种及以上不同性质或者事物，相互之间发生交流、摩擦与碰撞，形成一种互为资助、取长补短、促进双方共同发展的推进趋势——和谐性，《易》的和谐思维包含了不同事物、不同性质融合、发展、催生新事物的动态发展过程。"刚柔相推，变在其中矣"③，"生生之谓易"④，生生是阴阳相转相生，易指变易。阴阳相遇，互相资助，生成新物。《易》把这种和谐的生发运动称赞为"盛德"："盛德大业至矣哉！富有之谓大业，日新之谓盛德。"⑤圣人探索乾坤运动的规律性，鉴往知来，用于治国导民："生生之谓易，成象之谓乾，效法之谓坤，

---

① 《周易译注》，第 450 页。

② 《周易译注》，第 449 页。

③ 《周易译注》，第 400 页。

④ 《周易译注》，第 381 页。

⑤ 《周易译注》，第 381 页。

极数知来之谓占，通变之谓事，阴阳不测之谓神。"①这种掌握天地规律的能力被称为"大宝"："天地之大德曰生，圣人之大宝曰位。何以守位？曰仁。何以聚人？曰财。理财正辞，禁民为非曰义。"②圣人通过效法天地和谐生发之大德，确立适合人道的处事原则、方法，在《易》中表述为仁与义。孔子汲取《易》中的仁义思想，成为进一步阐发仁义之道的活水源头。

2. 道家的"法道"思维

道家的认知方式根源于"道"，主张人道要效法天道。"天之道，其犹张弓与？高者抑之，下者举之；有余者损之，不足者补之。天之道，损有余而补不足；人之道则不然，损不足以奉有余。孰能有余以奉天下？唯有道者。是以圣人为而不恃，功成而不处，其不欲见贤。"③《道德经》认为自然的规律是减少有余，用来补充不足。而人世的行为取向却往往剥夺不足，来供奉有余的人。谁能够顺应自然法则，能够把有余的拿来贡献给社会不足呢？"唯有道者"，即能够顺应"天道"规律，效法天而行人道之事的人。"天之道""人之道"的"道"侧重于自然规律、法则的意思。道家的"圣人"效法天道，所以助育万物而不自恃已能，有所成就而不以功自居，不想表现出自己的聪明才智。

道家的"法道"思维，以"道"的运行特征为依据，崇尚对事物守柔、处下、佐助、恬淡的认知态度与思维方式。道家以水作比喻，

---

① 《周易译注》，第 381 页。

② 《周易译注》，第 400 页。

③ 《老子今注今译》，第 336 页。

"道"为天下所依归，正如江海为河川所流注一样。"譬道之在天下，犹川谷之于江海。"① 这里的"道"是"处下"之"道"。老子赞叹水的"不争""处柔"特征："上善若水。水善利万物而不争，处众人之所恶，故几于道。"② 水的特征与道最为相似，处柔而不争，所以颇受道家青睐。人道效法天道，"天之道，不争而善胜，不言而善应"③，"天之道，利而不害；圣人之道，为而不争"④。在道家看来，"不争"是天道的特征，天道运转，不与万物争，自然而胜。"不争"之"道"反映到人事上，就是《道德经·二十四章》所说："企者不立，跨者不行；自见者不明，自是者不彰，自伐者无功；自矜者不长。"⑤ 从"不争"的"法道"思维出发，老子提出要以"谦"为核心处理国家间的基本关系："大邦者下流，天下之牝，天下之交也。牝常以静胜牡，以静为下。故大邦以下小邦，则取小邦；小邦以下大邦，则取大邦。故或下以取，或下而取。大邦不过欲兼畜人，小邦不过欲入事人。夫两者各得其所欲，大者宜为下。"⑥ 大邦欲赢得天下，就要以"谦"容纳小国；小国容身于天下，就要以"谦"侍奉大国；如是，大国小国皆能实现目的，天下和平。

从"道"的特征出发，道家通过"祸福""美丑""高下""长短"等对立范畴，提出了矛盾双方在一定条件下相互转化的辩证思

---

① 《老子今注今译》，第 41 页。

② 《老子今注今译》，第 36 页。

③ 《老子今注今译》，第 46 页。

④ 《老子今注今译》，第 47 页。

⑤ 《老子今注今译》，第 167 页。

⑥ 《老子今注今译》，第 293 页。

维。《道德经》曰:"祸兮,福之所倚;福兮,祸之所伏。孰知其极?其无正。正复为奇,善复为妖。人之迷,其日固久。是以圣人方而不割,廉而不刿,直而不肆,光而不耀。"① 这里,《道德经》意识到概念本身投注到现实的生成事物中,不是绝对的、一成不变的,所以说"其无正"。祸与福在一定条件下会相互转化,比如同样是降水,适量的雨水有助于植物生长、空气湿润,可是持续一个月接连不断地降水,不仅会发生洪涝灾害,各种细菌也会在空气中滋生,不利于营造人类舒适的生存环境。正是看到了这一点,《道德经》主张"方而不割,廉而不刿,直而不肆,光而不耀"。所谓"方、廉、直、光"表现为事物发展的其中一个阶段或者一个方面。吴澄说:"'方',如物之方,四隅有棱,其棱皆如刀刃之能伤害人,故曰'割'。人之方者,无旋转,其遇事触物,必有所伤害。圣人则不割。"② 有棱角却不割伤人,锐利而不伤害人,直率而不放肆,光亮而不刺目,能掌握好这个尺度的,恐怕只有圣人了。《道德经》说:"大,小之。多易,必多难。"③ 小与大,难与易,对应的双方具有相对性:"小,大之。多难,必多易。"小的性质累积多了,自然成为"大","大"没有"小"作为参照,"大"也不成其为"大",《道德经·六十四章》说:"合抱之木,生于毫末;九层之台,起于累土;千里之行,始于足下。"④ 这句

---

① 《老子今注今译》,第 285 页。

② 《老子今注今译》,第 285 页。

③ 廖名春《郭店楚简老子校释》,北京:清华大学出版社,2003 年,第 152、157 页。这段话王弼本作:"大小多少,报怨以德。图难于其易,为大于其细;天下难事,必作于易,天下大事,必作于细。是以圣人终不为大,故能成其大。夫轻诺必寡信,多易必多难。是以圣人犹难之,故终无难矣。"中间很多话是后来增益的,隔断了原来的意蕴,当从郭店本。

④ 《老子今注今译》,第 301 页。

话生动阐发了这个道理。

3. 佛家的"因缘和合"思维

"缘起论"是佛家异于其他宗教、哲学的最大特色，也是解释宇宙万法起灭，乃至生命起源的一种学说。从"缘起论"出发，佛家提出了自然万物生存发展的条件性思维。《楞严经疏》说："以佛圣教自浅至深，说一切法，不出因缘二字。"[①]"缘"是结果所赖以生起的关系或条件，"起"是生起，世间万物都不是凭空产生的，而是有促进其产生的各种条件（"增上缘"）。一旦离开了各种各样的条件，就如同种子失去了阳光雨露土壤，就失去具备发芽生长的基础环境了。在宇宙生成论层面，佛家将地球万千种类的现象划分为"有情世间"和"器世间"。胎生、卵生、湿生、化生等一切有情识的众生就是"有情众生"。"世间"指处于永恒变化的现象世界，"有情世间"是针对有情众生及其生存环境而言。"山川大地、日月星辰、房屋家具、树木庄稼"等无情识的现象世界构成了众生生存的空间环境。"有情世间"和"器世间"共同构成了地球完整、和谐的生态环境，"有情世间"失去了"器世间"的生存条件，也就失去了赖以生存的生命基础。所以生命的存在不是孤立、独有的，生命之间互相依存、互为条件，构成了万物生生不息的和谐生态景象。

"十二因缘"理论从生命痛苦的根源出发，提出了破除贪爱的"无我"思维。佛家的"十二因缘"论阐发了生命从出生到消亡的十二个环节：无明、行、识、名色、六入、触、受、爱、取、有、生、老死。这个过程揭示了生命痛苦的根源在于对外在物质世界无尽的

---

① 《首楞严义疏注经》,《大正藏》第 39 卷，第 825 页。

贪欲和执取——"爱""取"。爱，即贪爱，佛家认为众生对于五尘欲境，心生贪著，此即对顺境所起的一种贪染心。取，即妄取、追取。有情生命遇到喜欢的场景就念念贪求，必尽心竭力以求得之，遇到憎恶的痛苦境遇则念念厌离，千方百计地企图舍之，这就是对逆境的一种逃离。为什么有情生命会产生对境遇的分别和贪执呢？佛家提出了"六入""触""受"三种因缘。六入，即"六根"：眼、耳、鼻、舌、身、意。触，即接触，生命的这六种功能接触六尘：色、声、香、味、触、法。于是产生了"受"。受，即领受，有情生命相对于不同的境遇，产生了苦乐的感受。这种感受指引着有情生命对外境的贪爱、执取，执取之心导致了生命痛苦的根源，于是提出了要破除我见的思维方式。《金刚经》云："应如是降伏其心。所有一切众生之类，若卵生，若胎生，若湿生，若化生，若有色，若无色，若有想，若无想，若非有想非无想，我皆令入无余涅槃而灭度之。如是灭度无量无数无边众生。实无众生得灭度者。何以故？须菩提，若菩萨有我相、人相、众生相、寿者相，即非菩萨。"[1]众生对外境的执取根源于有"我"，"无我"思维要求破除对私意的贪执，以慈悲心对待身边的一切生命，"无缘大慈，同体大悲"，爱护我们赖以生存的生态环境。

儒道佛三家的生态伦理思想包罗万象、异彩纷呈，为当代生态伦理学建构提供了不同的理论维度。无论是儒家、道家还是佛家，都指向共同的生态旨趣：人类与自然万物生存于地球这个大家庭中，是一个整体。虽然扮演的角色不一样，但万物之间互为条件，互相融合，人类对自然资源的过度索取，在生命万物相互联系的整体模式下，最

---

[1] 《金刚般若波罗蜜经》，《大正藏》第 8 卷，第 748 页。

终会危及人类自身的生存。所以儒道佛三家追求人与自然"和谐"的生态关系，不仅是现象上的共生共荣，而是基于万物之间互相联系、互为条件的前提下深层次的生存智慧。佛家"无我"思维对人类贪欲的反思，对今天人类审视自身的文明发展道路具有深远的意义。人类科学发展的理念实际是什么？是从二元对立的思维出发，仅仅将"自然"作为满足人类不断膨胀私欲的工具，还是从整体论的思维出发，寻找人类与自然共生共荣、和谐相处之道？在生态问题日益突显的今天，这个问题尤其值得我们反思。

第二节　儒道佛学生态伦理思想与当代生态道德教育

大自然的万千物种处于地球生命共同体之中，进行着不同类型的物质交换。从普遍的意义来说，自然界的空气、水源具有流动性、循环性，是一切生命繁衍生存、生生不息的根本命脉。以儒道佛为代表的中华优秀传统文化，充分意识到了人类与自然环境这种不可分割的关系，以"天网""因陀罗网"等生动的比喻形容人类与大自然千丝万缕的联系。从自然与人类的整体性出发，儒道佛思想将自然界的运动规律与人类社会的运行规律联系起来。道家称之为"道"，"无，名天地之始；有，名万物之母"[1]。由于语言的局限性，自然界的运行规律也不是语言能够全面把握的，但是古人还在努力探寻这种规律性："道可道，非常道。名可名，非常名。"[2] 儒家寻找贯穿天地人一体的

---

① 陈鼓应注译：《老子今注今译》，北京：商务印书馆，2016 年，第 73 页。

② 《老子今注今译》，第 73 页。

规律性，提出了人类与万物共同遵循的规律——诚："诚者，天之道也。诚之者，人之道也。"①佛家思想从万物生成条件性的角度，提出了"因缘和合"的运行法则，任何事物的生成、发展、消亡都不是独自进行的，而是有各自运生的条件。总而言之，儒道佛学生态伦理思想包含了丰富的生态实践智慧，为人类处理与大自然的关系提供了不同维度的思想启发。人类栖居在天地间，能够充分发挥思维的能动性，探索天地之道，顺应自然规律，启动人类的才智"为天地立心"，守护自然生态的平衡运行，构建人类与自然和谐相处的美好家园。

当前，生态文明建设成为国家重要的发展战略，建设生态文明、推进生态伦理道德教育是其中的关键核心环节。生态伦理道德教育包括了提高生态伦理道德认识、陶冶生态伦理道德情感、养成生态伦理道德习惯等基本内容。儒道佛思想中丰富的生态涵养智慧，为当代生态道德教育提供了重要的思想宝库。其中，"知天畏命"的生态伦理意识、爱惜万物的"仁爱"观念、乐山乐水的生态情怀，以及"弋不射宿"的珍爱生命观、"使民以时"的顺应自然规律原则、"无用之用"的生态自由观、普度众生的生态解脱观等，为当代人养成良好的生态保护习惯、培育生态意识、寻找迷失于城市森林的精神家园，以及地球可持续发展等，提供了重要的理论意义和实践意义。

一、提高生态伦理道德认识

中国古人在很早就意识到，人类想要获得优质的生存物资、和谐

---

① ［宋］朱熹撰：《四书章句集注》，北京：中华书局，2011年，第32页。

的生存环境，必须提高生态伦理道德认识。大自然是人类生存的绿色家园，提供给人类源源不断的物质资料；大自然是万物产生的源头，孕育了人类以及其他生命形态。道家把万物的生成对象看作是"道"，"道"是万物的母亲，万物都是"道"的孩子。"天下有始，以为天下母。既得其母，以知其子；既知其子，复守其母，没身不殆。"① 万物从"道"体中产生，最终又回归于"道"，有个"反""复"的运动过程，"复守其母"，"反者道之动"。儒家立"三才"之道，人与天地万物都按照四季运转的规律运行着，"天行有常，不为尧存，不为桀亡"②，天地运行不为人类的意志所转移，所以人类要敬畏自然、爱护自然，顺应自然规律行事。

1. "知天畏命"的生态伦理意识

儒学"知天畏命"的生态伦理观意识到了自然规律的不可抗拒性，以及人类要顺应自然规律办事。《周易·系辞上传》云："与天地相似，故不违。"③ 天地的运行自有其规律，人们的行为要遵循规律，而不能违背它。孔子的生态伦理意识体现于"知天命""畏天命"④ 和"唯天为大，唯尧则之"⑤ 的观点。《论语·阳货》记载，子曰："予欲无言。"子贡曰："子如不言，则小子何述焉？"子曰："天何言哉！四时行焉，百物生焉，天何言哉！"孔子面对周而变化的天时，感悟到自然运行的涵厚壮美、浑然天成，不禁发出不想说话的感叹。弟子

---

① 《老子今注今译》，第 265 页。

② ［清］王先谦撰，沈啸寰、王星贤整理：《荀子集解》，北京：中华书局，2012 年，第 300 页。

③ 黄寿祺、张善文撰：《周易译注》，上海：上海古籍出版社，2018 年，第 379 页。

④ 杨伯峻译注：《论语译注》，北京：中华书局，2018 年，第 251 页。

⑤ 《论语译注》，第 120 页。

子贡对此十分疑惑，老师如果不说话了，那么弟子们传述什么，学习什么呢？孔夫子意味深长地说，大自然又说了什么呢！春夏秋冬四季轮转，时节的变化从未有过停止，世间百物蓬勃生长，生生不息。从自然生态的角度观之，地球的生命环境至今仍然是茫茫宇宙中诞生的一个奇迹，这一点，华夏文化很早就有所感知。中华最古老的典籍之一《周易》云："与天地合其德，与日月合其明，与四时合其序。"① "财成天地之道，辅相天地之宜。"② 天地、日月、四时是人类生存的基本空间要素，离开了这些要素，人类的生存将面临威胁，所以古人不断探索自身生存空间的奥秘，随顺大自然运行的常道。《周易·说卦传》强调："昔者圣人之作《易》也，将以顺性命之理。是以立天之道曰阴与阳，立地之道曰柔与刚，立人之道曰仁与义。"③ 探索人事性命之理，需要效法立天之道、立地之道，顺应天地变化之理，与天地变化相协调，其基本思路延续到儒家的《中庸》，发展成为天人相通、以人补天的系统理论。《中庸》认为人之性本于天道，教化基于人之性，故云"天命之谓性，率性之谓道，修道之谓教"④；认为人的作用在于使天地正常运转，助万物生发孕育，故云"致中和，天地位焉，万物育焉"⑤，认为通过成己成物，达到了"赞天地之化育"⑥ "与天地参"⑦ 的水平。"赞大地之化育"是一种追求生态伦理

① 《周易译注》，第 14 页。
② 《周易译注》，第 74 页。
③ 《周易译注》，第 428 页。
④ 《四书章句集注》，第 19 页。
⑤ 《四书章句集注》，第 20 页。
⑥ 《四书章句集注》，第 34 页。
⑦ 《四书章句集注》，第 34 页。

的宇宙和谐境界，它充分估价了人在宇宙进化中的伟大作用，避免了"蔽于天而不知人"①的偏向，又不同于极端人类中心主义，而是将人的作用引向辅天、补天之路，形成天人一体的生态伦理思想，把宇宙万物发育运行同人类社会的健康发展结合起来，并予以关切。②

道家把"道"作为哲学的最高范畴，道生于天地之先，"为天地母"。《道德经》明确提出了"人法地，地法天，天法道"③思想的基本原则，指出人类要效法天地运行之道，以此展开人道。"道"虽不能用言语表述，但是《道德经》通篇包含着对自然规律的敬畏之情。《道德经》曰，"治人事天莫若啬"（五十九章），"啬"即种庄稼，老子通过观察农事规律提炼出做人做事的基本准则，即随顺农作物自己发芽生长的规律而行，不能拔苗助长。"根深、蒂固、长生久视之道"（五十九章），即这里借用了农业术语阐发人事道理，植物的生长过程中，根扎得越深，越能吸收土壤的养分，抵抗风雨的摧毁袭击。草木的生长繁殖也有其自然顺序，"草木之生也柔脆，其死也枯槁"（七十六章），"生"与"柔"的性状相对应，"死"则对应"枯槁"。"天下莫柔弱于水，而攻坚强者莫之能胜"（七十八章），道家尚柔、处下的处事原则，与观察大自然的事物运行法则有着密切关系。

2. 爱惜万物的"仁爱"意识

"仁"是儒家思想的核心和基础。孔子"钓而不纲，弋不射宿"④，他关爱小鱼和巢中的小鸟。儒家"仁"的含义丰富，基本的含

---

① ［清］王先谦撰，沈啸寰、王星贤整理：《荀子集解》，北京：中华书局，2012年，第380页。

② 任俊华：《儒道佛学生态伦理思想研究》，湖南师范大学博士论文，第17页。

③ 《老子今注今译》，第169页。

④ 《论语译注》，第105页。

义是"爱人"。《论语·颜渊》篇写道，樊迟问仁，子曰："爱人。"孟子沿着孔子的思路对"仁"进行了阐发，将"仁"列入人性的"四端"之一。他说："恻隐之心，仁之端也；羞恶之心，义之端也；辞让之心，礼之端也；是非之心，智之端也。人之有是四端也，犹其有四体也。"[1] 仁爱之心起于对事物的恻隐之情。孟子打了个比方："今人乍见孺子将入于井，皆有怵惕恻隐之心，非所以内交于孺子之父母也，非所以要誉于乡党朋友也，非恶其声而然也，由是观之，无恻隐之心，非人也。"[2] 恻隐之心是人不用思考就具备的本能反应，"不思而得，不虑而能"，孟子把人的这种天然能力称为"良能""良知"。承接孔子仁爱思想，孟子提出了"仁爱"思想的三个不同层次："君子之于物也，爱之而弗仁；于民也，仁之而弗亲。亲亲而仁民，仁民而爱物。"[3] 孟子将儒家的仁爱之心推而广之，从"爱人"推广至"爱物"。到了宋明时期，学者们把人与万物一体之理阐发得更为彻底："天人本无二，不必言合。"[4] "一人之心即天地之心，一物之理即万物之理，一日之运即一岁之运。"[5] 所以，在宋明理学家看来，天、地、万物，以一"理"贯穿之，如程颐说："天下物皆可理照。"[6] "观物理以察己，既能烛理，则无往而不识。"[7] 程颢在《识仁篇》中提出："仁者浑

---

① ［宋］朱熹注：《四书集注》，北京：中国书店，1994年，第216页。

② 《四书集注》，第216页。

③ 《四书集注》，第337页。

④ ［宋］程颢、程颐撰，潘富恩导读：《二程遗书》，上海：上海古籍出版社，2000年，第26页。

⑤ 《二程遗书》，第63页。

⑥ 《二程遗书》，第36页。

⑦ 《二程遗书》，第36页。

然与物同体。"从将心比心的恻隐之心到"与物同体"的整体观，儒家的"仁爱"意识经过后世学者的传承和发扬，不断拓展着其内涵。

佛家爱护自然万物，以广大无私的菩提心量倡导"无缘大慈，同体大悲"的慈悲精神。佛家认为众生皆有"真如佛性"，因为佛性不二，所以众生皆可成佛，包括山川大地、草木花卉等无情感意识的事物。正是相信众生平等，才大慈大悲。《大乘理趣六波罗蜜多经》云："大慈戒，救度一切众生故；大悲戒，拔一切众生苦故。"[1] 慈是"予一切众生乐"，悲是"拔一切众生苦"。佛家以慈悲心爱护一切万物，"心包太虚，量周沙界"，心量广阔如同虚空一样。虚空中有山水花树，有日月星辰，充满万有，涵容一切有情众生、无情众生："善知识，世界虚空，能含万物色像，日月星宿，山河大地，泉源溪涧，草木丛林，恶人善人，恶法善法，天堂地狱，一切大海，须弥诸山，总在空中。世人性空，亦复如是。"[2] 世间之人的本性如同虚空一样，无有边际，包容万物，《坛经·般若品》云："自性真空，亦复如是。"[3]《金刚经》云："何名摩诃，摩诃是大。心量广大，犹如虚空。无有边畔，亦无方圆大小，亦非青黄赤白，亦无上下长短，亦无嗔无喜，无是无非，无善无恶，无有头尾。诸佛刹土，尽同虚空。"[4] 心量广大，之所以能够涵容万有，因为本性看待万物视角是平等的，一切诸法，在形相上虽是千差万别，从形制看有方圆大小、青黄赤白、上下长短，人心有嗔喜是非、善恶头尾，这些差别只是万物的表象，佛家从

---

[1]《大乘理趣六波罗蜜经》，《大正藏》第 8 卷，第 890 页。
[2]《六祖大师法宝坛经》，《大正藏》第 48 卷，第 350 页。
[3]《六祖大师法宝坛经》，《大正藏》第 48 卷，第 350 页。
[4]《六祖大师法宝坛经》，《大正藏》第 48 卷，第 350 页。

"法性"上看却是普遍一味，平等无殊。《法华经》云："是法住法位，世间相常住。"①《金刚经》曰："是法平等，无有高下。"②从平等心出发，佛家提倡保护自然界的一切生命，提倡吃素、放生，珍惜自然资源，爱护生命万物。

儒家的"仁爱"意识，佛家的"慈悲"意识，都是以"天人合一"的自然整体论为基础的，在人与自然和谐统一的结构上具有内在的一致性，皆充满了"爱惜万物"的深刻情感。

二、陶冶生态伦理道德情感

在中华传统文化看来，热爱自然、保护生态是"君子人格"在日常生活中的体现。古代的仁者、智者热爱大自然，在大自然生生不息的生命律动中，体验人生、寻访灵感。儒道佛学生态伦理思想包含的基本价值理念，为当代人的生态道德教育提供了丰富的思想启迪。孔子赞美"知者"和"仁者"具有乐山乐水的伦理情怀。《论语·雍也第六》说道："知者乐水，仁者乐山。知者动，仁者静。知者乐，仁者寿。"③"知者"和"仁者"是儒家理想的君子人格，具有高尚的道德情操和审美意趣。

儒家理想人格是"知者"和"仁者"的统一，"知者"指向工具理性，"仁者"指向价值理性。在儒家"生生"传统中，大自然本来是事实和价值的统一，这是客观存在的事实。所以，人类通过认知和

---

① 《妙法莲华经》，《大正藏》第9卷，第9页。

② 《金刚般若波罗蜜经》，《大正藏》第8卷，第751页。

③ 《论语译注》，第89页。

欣赏自然万物，就可以培养出"知"和"仁"的高尚品格。除了通过融入自然直接陶冶生态伦理情感、培养君子人格外，孔子还提出通过学习《诗》来达到这一目的："《诗》可以兴，可以观，可以群，可以怨。迩之事父，远之事君；多识于鸟兽草木之名。"①其原因就在于《诗》将自然鸟兽草木与人的情感、人伦秩序完全融合起来了。

　　"乐山乐水"是儒家生态伦理情感的典型表达，对后世儒家培育山水意识、陶冶道德情操产生了深远的影响。汉朝董仲舒作《山川颂》，把大自然的山山水水人格化，综合创新了孔子"乐山乐水"的生态伦理情怀。中国古代诗词的山水之乐，也蕴藏了儒家对于"鸟兽草木"的深切情感。万物变化，生生不息，以积极的态度看待天地万物，这是大自然给予我们的启发。宋儒程颐评述孔子"乐山乐水"观念时指出："非体仁知之深者，不能如此形容之。"②君子仁民、爱人、乐山、乐水，在生态伦理教育这片广袤的天地中，有机地融入人伦道德教育。③儒家固然重视"仁民爱人"的人伦道德研究，当我们研究儒者更高的生存志趣，就要进入"乐山乐水"活泼泼的自然生态领域，探索夫子学《易》韦编三绝的浓厚兴趣所在。随着生态伦理学的蓬勃兴起，我们不能把儒家思想的视域定格在人伦教育，细细观察我们的身边，除了有各种角色的人物存在，还有蓝天白云、青山绿水、小鸟花朵，自觉地将生态道德教育与人伦道德教育结合起来，在今天的教育实践展开中，无疑有着重要的理论和实践意义。

---

① 《论语译注》，第 262、263 页。

② 《四书章句集注》，第 87 页。

③ 任俊华：《儒道佛学生态伦理思想研究》，湖南师范大学博士论文，第 17 页。

"乐山乐水"的生态道德教育，体现在孔子与学生于暮春时节纵论人生志向和理想追求时。这次谈论人生理想，孔子的学生子路、冉有、公西华主要集中于社会理想方面，曾点则主要集中在人与自然和谐的生态理想方面。孔子对其他学生的理想不屑一顾，而对曾点的人生理想异常赞赏。曾点的人生理想是什么呢？曾点说："莫春者，春服既成。冠者五六人，童子六七人，浴乎沂，风乎舞雩，咏而归。"孔子听后赞叹道："吾与点也！"①为何夫子独钟情于曾点描绘的理想人生？因为对人类来讲，"自然"构成了永恒的生存家园，"自然"是人性完善的教育基地，"自然"不仅具有审美功能，更有提升道德品格的教育功能。人类生存的最优美方式，莫过于远离战争、污染，能够在绿水青山之间，与一群诚挚的良友共同游玩，品读大自然这本意蕴广大深远的书籍。乐山乐水与治国平天下并不矛盾，高尚的君子拥有"乐山乐水"的生态伦理情怀，将人间的和谐与自然的和谐自觉统一起来，实现"老者安之，朋友信之，少者怀之"②的儒家社会理想。孔子的暮春之游，不仅教育了他的弟子们，也培育了整个中华民族的生态道德情感。

三、培育生态伦理高尚人格

从儒家小康社会、大同社会的理想可以看出，中华民族生活幸福的指数中包含优美的生态环境、和谐的人伦关系两大基数。随着人类物质生产能力的不断提升，人类开始追求更高水平的生活质量，如绿

① 《论语译注》，第 170、171 页。

② 《论语译注》，第 74 页。

色健康的饮食素材、和谐优美的居住场所、畅通无阻的出行环境、德智体发展的人文综合环境。在大气污染、水源污染等环境问题产生以来，人们逐步意识到清洁的水源、清新的空气、优雅的空间对于健康生活的重要性。大自然有其自身的生发规律，中国传统的儒道佛思想启示我们，营造优美的生态环境，关键在于充分认识自然规律，对自然万物悉心地关爱与呵护，在日常生活中养成节约资源、友善环境的高尚人格。

1. 顺应自然规律

道家追求一种"复归于朴"的自然生活，提出了"无为"之道。道家的"自然"指的是事物本然的发展状态，首先是针对"道"本身而言的，老子说："人法地，地法天，天法道，道法自然。"[①]道家效法自然之道，顺应大自然的运行规律而"无为"："圣人处无为之事，行不言之教；万物作而不为始，生而不有，为而不恃，功成而弗居。"[②]无为并不是不作为，而是指"没有人为因素参与，万物按其自然本身的法则兴作、生成、发育、成长"[③]。

道家的"自然无为"指人类行事要顺应自然规律，不可妄为。"辅万物之自然而不敢为"是道家生态伦理的核心命题之一。这个命题包含两层意思：一是不敢为，二是辅助万物之自然。道家对人类的"欲望"充满了不信任，无论这个欲望是出于好心，还是出自私心，道家都是反对的。所以，道家就提倡"不敢为"，意思是不敢妄为。

---

① ［三国魏］王弼注：《老子注》，北京：中华书局，1954 年，第 14 页。

② 《老子今注今译》，第 80 页。

③ 蒙培元著：《人与自然：中国哲学的生态观》，北京：人民出版社，2004 年，第 195 页。

庄子在《应帝王》篇以"浑沌之死"给我们讲述了"好心"如何导致悲剧的经典寓言:"南海之帝为倏,北海之帝为忽,中央之帝为浑沌。倏与忽时相与遇于浑沌之地,浑沌待之甚善。倏与忽谋报浑沌之德,曰:'人皆有七窍,以视、听、食、息,此独无有,尝试凿之。'日凿一窍,七日而浑沌死。"[①]倏与忽不理解"浑沌"的真正个性,以自己的本性来揣度和规定"浑沌",为了报答浑沌的善遇之恩,给"浑沌"凿七窍,最终导致了"浑沌死亡"的可悲结局。这是老庄道家讲的"不敢为"。除了"不敢为",道家还讲要"辅万物之自然","辅"是一个带有积极意义的词。"辅"什么呢?就是要"辅"万物之"自然"。这里的"自然"一词而含三意,一指称道家的道德,二指称万物的本性,三指称天地万物运行的规律。我们辅助万物就是要顺应万物的规律,使其实现自己的本性,这是符合道家道德的。这就要求人类必须要积极压制自己干预万物的欲望,以自然规律为最高准则。这一点在先秦老庄道家那里表现得尚不明显,在道教那里表现得就特别明显了。特别是道教经典《阴符经》的"观天之道,执天之行",同时将"自然"(天道)的至高无上性和人类主体能动的最高作用(执天之行)融合到几百字之中。

2. 节约生态资源

儒学的"仁"具有实践性、生成性,包含了知行合一的精神内涵。子曰:"好学近乎知,力行近乎仁,知耻近乎勇。"[②]"仁"建立在"知"的基础上,将所学之"道"落实于自身的思想、言语、行为之

---

① [清]王先谦、刘武撰:《庄子集解》,北京:中华书局,1954年,第51—52页。

② 《四书章句集注》,第30页。

中。子曰："仁远乎哉！我欲仁，斯仁至矣。"①

　　孔子对山中的鸟、水中的鱼都能持一种节用态度，反对乱捕滥杀。孔子捕鱼用钓竿而不用网，用带生丝的箭射鸟却不射杀巢宿的鸟，揭示了孔子的生态资源节用观。孔子为什么主张用竹竿钓鱼而不用绳网捕鱼，用带生丝的箭射鸟而不射杀巢宿的鸟？因为用绳网捕鱼可对鱼儿无论大小一网打尽，而射杀巢宿的鸟也会大大小小一巢打尽，这样竭泽而渔②，不仅会对动物产生灭绝性伤害，也为仁者所难以接受。仁者怀有恻隐之心，"泛爱众，而亲仁"③，爱护身边的人以至保护生态，仁爱思想一以贯之。④孟子主张三项有利于农业生产的举措："不违农时""数罟不入洿池""斧斤以时入山林"。顺应农时开展生产，有节制地捕杀渔猎，按照时令有节制地砍伐树木，这些遵循时节规律的政令措施可以有效保证资源的可持续生长，百姓得以丰衣足食，获得足够的生存物资，"使民养生丧死无憾"⑤。从爱护百姓出发，孟子极力主张节约生态资源。他痛斥统治者不顾百姓安危，不有效实施治理的做法，他说："狗彘食人食而不知检，涂有饿莩而不知发；人死，则曰：'非我也，岁也。'是何异于刺人而杀之，曰：'非我也，兵也。'王无罪岁，斯天下之民至焉。"⑥

　　当代生态文明建设过程中，道学生态伦理思想中的"俭""朴"

---

①　《论语译注》，第 106 页。

②　任俊华：《儒道佛学生态伦理思想研究》，湖南师范大学博士论文，第 64 页。

③　《论语译注》，第 6 页。

④　任俊华：《儒道佛学生态伦理思想研究》，湖南师范大学博士论文，2004 年，第 64 页。

⑤　［清］焦循撰，沈文倬点校：《孟子正义》，北京：中华书局，2017 年，第 45、46 页。

⑥　《孟子正义》，第 49、50 页。

理念启示我们要重视节约并合理利用资源。老子将节俭视为其所抱持的"三宝"之一，是人类应该具备的良好品质。《道德经》云："我有三宝，持而保之。一曰慈，二曰俭，三曰不敢为天下先。慈故能勇；俭故能广；不敢为天下先，故能成器长。"[①]道家提倡过节俭而非奢侈的生活，节俭是一种慈爱万物的生活态度和心境，可以减少人心对外物的追逐，为心灵减少负担——"见素抱朴，少私寡欲"。道家的"素""朴"是人类内心秉承"道"的自然本真状态，饥而食，渴而饮，乃生命的自然需要，俭朴并不是要求人们不要自然物资，而是不要过度地贪求物资的精美、数量，若食必求精、饮必求美，这就不是生命的自然需求了。《道德经·十二章》说道："五色令人目盲；五音令人耳聋；五味令人口爽；驰骋畋猎，令人心发狂；难得之货，令人行妨。"[②]所以道家的修身之道是："为无为，事无事，味无味。"[③]儒家对于衣服饮食，也提倡适度的原则："对饮食，勿拣择。食适可，勿过则。"[④]当代人汲取道家、儒家的适度消费观念，拒绝浪费、理性消费，对于生态资源的保护具有重要意义。

3. 与大自然和谐相处

"和合"文化是儒道佛思想的核心内容和精髓体现，它是古人在"和实生物"、和合而兴的发展规律认识的基础上阐发的和而不同、泛爱万物的价值理念，抒发了人类"天人合一"的美好愿景。"和合"文化对于构建当代生态伦理思想、培育个体道德人格具有极为重要的

---

① 《老子今注今译》，第 310 页。

② 《老子今注今译》，第 118 页。

③ 《老子今注今译》，第 298 页。

④ [清] 李毓秀著，贾存仁修订：《弟子规图说》，北京：中国华侨出版社，2012 年，第 4 页。

价值。生态伦理的人格培育是基于人对自然万物认知的基础上，立足于培养人良好的日常生活习惯，探索人与自然和谐相处之道。"和合"文化是中华传统文化中"君子"人格的重要体现，"君子和而不同"①，其遵循的原则是："万物并育而不相害，道并行而不相悖"②"己欲立而立人"③和"己所不欲，勿施于人"④。

传统哲学包含着"和实生物"、和合而兴的发展观念。史伯提出："和实生物，同则不继。"⑤老子云："天地相合，以降甘露。"⑥荀子也说："天地合而万物生，阴阳接而变化起。"⑦"和合"是推动事物发展的良好状态，"和"不代表"同"，而是在承认事物差异性的基础上，互相联系、互相切磋、互相增进，促进事物更好地生成和发展。反之，如果不承认差异，追求"同一"，事物之间就难以产生交流、碰撞，所以"同则不继"。因此，自然生态中包容了丰富多样的物种，并且使万物和合相生，维持物种的多样性。人类社会发展至今，各种因素导致生物多样性急剧减少。

《周易·系辞下传》云"天地之大德曰生"⑧，天地最伟大的道德就是促进生命的生发运行。"和实生物"的发展观提倡"万物并育而不相害"的生态道德观。人类要尊重自然界的各个不同物种，维护不

---

① 《论语译注》，第 200 页。

② 《四书章句集注》，第 38 页。

③ 《论语译注》，第 93 页。

④ 《论语译注》，第 237 页。

⑤ ［春秋］左丘明撰，鲍思陶点校：《国语》，济南：齐鲁书社，2005 年，第 253 页。

⑥ 《老子今注今译》，第 198 页。

⑦ ［清］王先谦撰，沈啸寰、王星贤整理：《荀子集解》，北京：中华书局，2012 年，第 356 页。

⑧ 黄寿祺、张善文撰：《周易译注》，上海：上海古籍出版社，2018 年，第 400 页。

同物种生长、繁衍的生存环境，维护生命多样性的存在。张立文先生指出："人与自然、社会、他人、心灵、他文明间的生命，都有其存在的权利，任何一方的生命受到危害和威胁，另一方的生命亦会遭到威胁和危害。"①大自然与人类共存于天地之间，维系包括人类在内的整个自然生态的和谐平衡，才能充分享受到自然对人类的馈赠，使人类更好地生存和发展。

第三节　儒道佛学生态伦理思想与当代人的生存智慧

人类诗意地栖居在大地上，经过了数百万年漫长的历史，积累了丰富的生存智慧。不同的文明由于气候、地域、种族的差异，在饮食、居住、纹饰等方面形成了各具特色的风俗习惯，而在哲学思想层面，不同文明又具有共通性，走向了对"人"本质问题的根本探索。"人"究竟是一种怎样的生命族群？如何认识人？人的需求是什么？这些关乎人类本质的基本问题，关系到人的生存价值、生存方式和生存实践的展开，成为东西方哲人共同关注的根本话题——古希腊哲人将"认识你自己"刻在雅典德尔菲神庙上；先秦儒家经典《中庸》从人的道德属性探索"人"，曰"仁者人也，亲亲为大"②；康德在《道德形而上学》中提出"人是目的"这一道德绝对命令；马克思关注"现实的人"，指出"人的本质不是单个人所固有的抽象物，在其现实

---

① 张立文：《中国伦理学的和合精神价值》，《浙江大学学报（人文社会科学版）》1999年第1期。
② 《四书章句集注》，第30页。

性上，它是一切社会关系的总和"①。

在灿若星辰的世界文化之林中，悠久的中华文化散发着独特的思想光芒，其中博大精深的生存哲理为中华儿女代代承传，至今绵延不息。儒道佛学生态伦理思想找到了寻找"人"本质问题的突破口——大自然。中国哲学对于"人"的思考基于真实、互动的"现实"对象，也就是人的生存环境。首先，关于人从哪里来，儒家以"天"作为人类的价值之源，人来自天，也要回归于天，人和天始终是统一的。道家把"道"看作万物的本源，道生万物，为万物之母。佛家讲"万法缘起""因缘和合"，从万物产生的条件性角度探索生命的源头。

第二，人到哪里去？孔子的观点是："未知生，焉知死？"②在夫子看来，活着的生命历程是人可以主动掌握的，应该把握好。道家思想从"反者道之动"的维度，将人回归于本源的自然之"道"。庄子的妻子去世了，庄子鼓盆而歌，惠子感到不解，庄子从生命产生的角度解释道："察其始而本无生，非徒无生也，而本无形；非徒无形也，而本无气。杂乎芒芴之间，变而有气，气变而有形，形变而有生，今又变而之死。是相与为春秋冬夏四时行也。"③生命的流转与形体的变化现象相关，形体产生于气聚，气变而形变，庄子认为形体产生和消亡的过程符合四季运行的规律。佛家以因果论生死，人活着的时候不断积德行善，种善因，得善果。关于行善之理，佛家《妙法莲华经玄义》云："诸恶莫作，众善奉行。自净其意，是诸佛

① 《马克思恩格斯选集》第一卷，北京：人民出版社，2012年，第60页。
② 《论语译注》，第162页。
③ ［晋］郭象注、［唐］成玄英疏：《庄子注疏》，北京：中华书局，2011年，第334页。

教。"① 儒家《周易·系辞下传》云："善不积不足以成名，恶不积不足以灭身。"② 道家经典《太上感应篇》云："祸福无门，唯人自召。善恶之报，如影随形。"③

第三，如何认识你自己？儒家将人的生存境遇安置于天地之间，"三才者，天地人"，人类与自然万物处于同一个地球生命共同体中，人类只有在对自然运行规律的对象性认知中，才能更好地认识人本身。道家更是深入广袤、生动的大自然，探寻自然界的运动规律，站在自然万物的视角认识人、反思人。总之，鲜活的大自然为古人提供了源源不断的生存智慧，在探索自然规律的基础上产生了儒道佛学生态伦理思想，塑造了中华优秀传统文化生态文明的基本样式。

一、地球生命共同体的生存理念

人如何诗意地栖息在大地上，中华民族从"生命共同体"的维度，探索人类生存的展开模式。"天人合一"的自然整体论，在儒道佛学中皆有各自深刻的阐述与论证。儒家的"天人三才"、道家的"天人四大"、佛家的"依正不二"等，都将人类融入天地自然整体中，并认为人类和万物构成的宇宙整体存在着命运与共的关系。

儒家提出了"天人合一"的整体论宇宙生命观，把宇宙看成是一个创生体，人类是其不可分割的组成部分。儒家创始人孔子主张"畏

① 《妙法莲华经玄义》，《大正藏》第 33 卷，第 695 页。
② 黄寿祺、张善文撰：《周易译注》，上海：上海古籍出版社，2018 年，第 408、409 页。
③ ［宋］王昌龄、郑清之等注：《太上感应篇集释》，北京：中央编译出版社，2016 年，第 10 页。

天命"①和"唯天为大，唯尧则之"②之说。众所周知，在儒家观念中，"人"的地位是非常高的。《周易》直接将人与天地并立。然而，其根本还是要求人类要仰观俯察，顺应天地运转规律，穷神知化，在此基础上，"财成天地之道，辅相天地之宜"③。可见，其基本思路依然以天地万物的本性作为积极改造世界、参赞化育的基本遵循。人类与自然生存于地球生命共同体之中，并不代表人类与自然没有差异。儒家从"和而不同"的观点出发，提出"赞天地之化育"的行为原则，万物之"和"，并不是没有差别的"同"，所以人类在处理与大自然的关系时，要尊重事物自身的发展规律，而不能以己度人，违背生物自身的生发节奏。

中国的道家也主张天人一体论，甚至道家比儒家更主张顺应天道，更热爱山水之美，更重视生态的保持。在道家看来，天地万物共同生存于互相作用、互相影响、互相依赖的整体之中，相对于整体而言，天地万物各自都是整体的局部，局部只有存在于和谐的整体之中，才能真正显示出其存在。如果万事万物失去了与道的整体联系，就会陷入灭亡废竭的命运之中。老子曰："昔之得一者，天得一以清，地得一以宁，神得一以灵，谷得一以盈，万物得一以生，侯王得一以为天下正。"(《道德经·三十九章》) 所谓"一"，就是未分化的道，就是天地万事万物处于相互联系、相互作用的整体中，天只有与"一"这个整体保持命运与共的联系，才能清澈明净；地只有与"一"

---

① 《论语译注》，第 251 页。

② 《论语译注》，第 120 页。

③ 《周易译注》，第 74 页。

保持联系，才能安宁厚重；变化（"变化莫测谓之神"）只有显现在普遍联系的整体中，才能灵妙善应；河谷只有与"一"这个整体保持联系，才能盈满不绝；万物只有在整体联系的环境中才能生成长养；侯王治理天下，只有将万事万物置于相互联系、相互影响的整体之中，才能使天下秩序井然。将天地神人万物置于相互联系、相互影响、相互作用的整体层面来讲，有着深刻的生态哲学内涵。尽管老子对这段话有着更为深刻的哲学解读，然而，从生态意义上讲，如果人们不从整体上认识和把握人与天地自然的关系，就会使天地自然和人类都陷入灭亡废竭之中，诚如老子从相反的方面推导出的："其致之也，谓天无以清，将恐裂；地无以宁，将恐废；神无以灵，将恐歇；谷无以盈，将恐竭；万物无以生，将恐灭；侯王无以正，将恐蹶。"（《道德经·三十九章》）老子描绘出的，简直就是一幅世界毁灭的景象。因此，从人类社会来讲，圣人治理天下，就是要求每个人都要树立事物之间相互依赖、相互作用这样的生态意识，老子曰："圣人抱一，为天下式。"（《道德经·二十二章》），式为法式、规范，圣人坚守天地自然是在一个整体系统之中，以之为治理天下的纲领，才能真正使人与自然和谐地生存于天地之间。

佛家从"生命缘起"的角度阐发宇宙生命的一体论思想。佛陀观察世间现象成、住、坏、灭的原因和条件，任何事物都因为各种条件的依存而处在变化之中。佛家看待世界，把现实的世界归结为一个包罗万象的存在——"法界"，在"法界"中，一切千差万别的事物互相依存、互相包含，融通不二。也就是说，现象界是一个无限无据、无穷无尽的关系之网，事物之间不是独立的存在。万物赖以生存的条件在不断变化着，导致万物自身也在变化着，所以《中论》云："因缘所生法，我说即是空。"[①] 空不是没有，而是现象生起具有条件性、过程性。佛家的"万法缘起说"从宇宙生命生成、运行的原因、条件性角度，论证了万物之间休戚相关的"一体"关系。

二、"礼敬"的和谐之道

人类生存的基本前提是保证生命个体自身的健康、和畅运行。生命的生生不息源自和谐的气象。《道德经》说："万物负阴而抱阳，充气以为和。"[②] 天地的和气孕育了生命万物。《老子想尔注》说："和则相生。"[③] 和气能生生万物。河上公注《道德经》说："人生含和气，抱精神，故柔弱。"[④] 万物出生的时候，饱含着和气，生命因此有了健康活力。生生之道在于和，致和则通。生命体的血脉畅通则无疾病，心理畅通则无痛苦，生命能够茁壮成长。推而广之，道路畅通则行人通达，水流畅通则润泽万物，《周易·系辞下传》云："穷则变，变则通，通则久。"[⑤]

儒家从"人"的"仁爱"本质出发，提出了"礼敬"的和谐之道。"和"是儒家倡导的伦理、政治和社会原则。"礼之用，和为贵，

---

① 《中观论疏》，《大正藏》第 42 卷，第 5 页。

② 《老子今注今译》，第 233 页。

③ 刘昭瑞著：《〈老子想尔注〉导读与译注》，南昌：江西人民出版社，2012 年，第 69 页。

④ ［汉］河上公注，［三国魏］王弼注，刘思禾校点：《老子》，上海：上海古籍出版社，2013 年，第 201 页。

⑤ 《周易译注》，第 402 页。

先王之道，斯为美。"①那么，如何才能和谐人伦呢？儒家提出了"礼敬"的和谐之道，在"亲亲、仁民、爱物"的展开过程中，以"礼敬"为根本。《礼记·曲礼》开篇说："毋不敬。"②子游问孔子什么是孝，子曰："今之孝者，是谓能养。至于犬马，皆能有养；不敬，何以别乎？"③孝道的根本在"敬"，以恭敬心和顺父母、友爱兄弟。"恭""敬"为君子之道，子路问君子。子曰："修己以敬。"④子谓子产："有君子之道四焉：其行己也恭，其事上也敬，其养民也惠，其使民也义。"⑤内心存有"恭"，表现在待人接物上则为"敬"。"君子敬而无失，与人恭而有礼，四海之内皆兄弟也。君子何患乎无兄弟也？"⑥子张问孔子行事之道，子曰："言忠信，行笃敬，虽蛮貊之邦，行矣。言不忠信，行不笃敬，虽州里，行乎哉？立则见其参于前也，在舆则见其倚于衡也，夫然后行。"⑦"蛮"是南蛮，"貊"是北狄，通指文化相异的少数民族。孔子回答子张，一个人如果说话忠实守信，行为厚道礼敬，虽到蛮貊之地，也能和谐人伦，四海之内结成兄弟情谊。反过来说，如果言语不诚实守信，对人不心存礼敬，别说到外邦，"虽州里行乎哉"。州里，指自己的乡里，即使身处家乡，也难以和谐亲邻。

---

① 《论语译注》，第 5 页。

② ［清］孙希旦撰，沈啸寰、王星贤点校：《礼记集解》，北京：中华书局，1989 年，第 3 页。

③ 《论语译注》，第 19 页。

④ 《论语译注》，第 225 页。

⑤ 《论语译注》，第 67 页。

⑥ 《论语译注》，第 176 页。

⑦ 《论语译注》，第 230 页。

道家思想强调人内心与外物的和谐，反对人自高自大、自以为是，提倡复归人敦厚朴实的自然本性。《道德经》云："企者不立；跨者不行；自见者不明；自是者不彰；自伐者无功；自矜者不长。其在道也，曰：余食赘形。物或恶之，故有道者不处。"①人们踮起脚跟想要站得高，反而站立不住；迈起大步想要前进得快，反而不能远行。人若想自逞己见，其观点反而得不到彰明；想要自以为是，反而得不到显昭；自我夸耀的人难以建立功勋；自高自大的人不能处众人之长。所以道家的圣人观察天地运行之道，"万物作而不为始，生而不有，为而不恃，功成而弗居。夫唯弗居，是以不去"②。道家从人的自然本性的角度寻找自然万物相处的和谐之道，提倡敦厚朴实、返璞归真、知足常乐。"咎莫大于欲得；祸莫大于不知足。故知足之足，常足矣。"③"名与身孰亲？身与货孰多？得与亡孰病？其爱必大费，多藏必厚亡。故知足不辱，知止不殆，可以长久。"④人追逐物欲没有止境，这个过程劳神费心，要时时担心得失、成败，人要懂得满足才能适可而止，免受屈辱，保持内心长久的安宁和谐。

佛家的礼敬观从"众生皆有佛性"⑤的平等观出发，认为不仅有情的生命能够证悟成佛，无情的生命包括花草树木、山河大地都有佛性，也都能成佛。所以佛家平等地礼敬万物的生命，提倡吃素、不杀生、放生。由于佛性引申亦名法性，是万物的本体，大乘佛教的宗派

---

① 《老子今注今译》，第167页。

② 《老子今注今译》，第80页。

③ 《老子今注今译》，第245页。

④ 《老子今注今译》，第241页。

⑤ 《大般涅槃经》，《大正藏》第12卷，第422页。

认为，佛性无处不在，万物皆有佛性，因此，不仅有情的事物，包括无情的草木瓦砾等一切无情的存在都包含了佛性。如《大宝积经》云："一切草木，树林无心，可作如来身相具足，悉能说法。"[①]吉藏大师从依正不二的角度论理内有佛性，论证了草木也有佛性："以依正不二故，众生有佛性，则草木有佛性。以此义故，不但众生有佛性，草木亦有佛性也。若悟诸法平等，不见依正二相故，理实无有成不成相，无不成故，假言成佛。以此义故，若众生成佛时，一切草木亦得成佛。"[②]所以佛家主张平等地关爱生命，呵护生态环境。

三、"先义后利"的财用观

从观察自然的运行规律出发，儒家建立了获取财富的价值原则——先义后利。"义"，古注有"合宜"的意思。四季轮回，天道运转，万物有其生长的时节环境。人们顺应自然规律，以万物的生命节奏为根本依据制定相关的农事政策，合其时宜，农作物才能成长得更好，为人类提供可持续的生存物质资料。孟子的王道思想就遵循了"顺应农时"："不违农时，谷不可胜食也；数罟不入洿池，鱼鳖不可胜食也；斧斤以时入山林，材木不可胜用也。谷与鱼鳖不可胜食，材木不可胜用，是使民养生丧死无憾也。养生丧死无憾，王道之始也。"[③]反之，如果违背自然规律，为了满足人的私欲过度砍伐森林，就会造成"牛山之木"的悲剧。《孟子》记载："牛山之木尝美矣。以

---

① 《大宝积经》，《大正藏》第 11 卷，第 150 页。
② 《大乘玄论》，《大正藏》第 45 卷，页 40 下。
③ ［清］焦循撰，沈文倬点校：《孟子正义》，北京：中华书局，2017 年，第 44—46 页。

其郊于大国也，斧斤伐之，可以为美乎？是其日夜之所息，雨露之所润，非无萌蘖之生焉，牛羊又从而牧之，是以若彼濯濯也。"[1] 人类的材用物资取之于自然，只有遵循农作物生长规律，合宜、合度地开发物资，才能保证自然资源的可持续生长。

儒家思想提出了财富的积累智慧——君子爱财，取之有道。《大学》云："货悖而入者，亦悖而出。"[2] 不是通过正当途径得来的财物，也会以不正当的途径失去。孔子教导弟子财物的获得要通过正道："富与贵，是人之所欲也，不以其道得之，不处也。"[3] "不义而富且贵，于我如浮云。"[4] 他说，非正义手段得来的财富，对我就像浮云一样，没有丝毫意义。孟子甚至把"义"看得比生命更加重要："鱼，我所欲也，熊掌，亦我所欲也，二者不可得兼，舍鱼而取熊掌者也。生，亦我所欲也，义，亦我所欲也，二者不可得兼，舍生而取义者也。"[5] "义"是君子人格的重要体现。"君子喻于义，小人喻于利。"[6] "君子义以为质，礼以行之，孙以出之，信以成之，君子哉！"[7] 君子人格的核心在于"义"，孟子以"羞恶之心"解释义："羞恶之心，义之端也。"[8] 一个人要是见到不正当的小利就动心，就难以成大事。宰我在莒邑当官，问夫子为政之道，孔子说："无欲速，

---

① 《孟子正义》，第 641 页。

② ［宋］朱熹撰：《四书章句集注》，北京：中华书局，2011 年，第 12 页。

③ 《论语译注》，第 49 页。

④ 《论语译注》，第 101 页。

⑤ 《孟子正义》，第 648 页。

⑥ 《论语译注》，第 55 页。

⑦ 《论语译注》，第 235 页。

⑧ 《孟子正义》，第 194 页。

无见小利，欲速则不达；见小利，则大事不成。"① 读书人以志于德为大事，不会因为粗陋的衣服饮食而感到羞耻，以见利忘义为羞耻。"士志于道，而耻恶衣恶食者，未足与议也。"②

四、"上善若水"的生态智慧

大自然中的"水"在道家看来，具有谦卑、柔顺的美好品质。道家建立了"道"生万物的宇宙生成论："道生一，一生二，二生三，三生万物。"③ 道为"母"，万物为"道"之"子"。"天下有始，以为天下母。既知其母，以知其子；既知其子，复守其母，没身不殆。"④ "道"与天下万物为母子关系，万物由"道"衍化而来，并以回归"道"之母体为运行走向。在道家看来，人类作为万物之一，以"道"的运行为最高真理，最终也要回归于"道"，所以道家善于从自然万物中汲取"道"的运行轨迹，将此转化为人类社会的生存智慧，"水"就是其中一个事物。"上善若水，水善利万物而不争，处众人之所恶，故几于道。居善地，心善渊，与善仁，言善信，正善治，事善能，动善时。夫唯不争，故无尤。"⑤ 水具有"上善"的品格（这个品格是人赋予水的，是对自然事物的价值性转化），人观察到水默默地滋润万物，身处最低的位置而不与万物相争，所以几近于道。

---

① 《论语译注》，第196、197页。

② 《论语译注》，第51、52页。

③ 《老子今注今译》，第233页。

④ 《老子今注今译》，第265页。

⑤ 《老子今注今译》，第102页。

1. 谦卑自省的心态

水善利万物，依然谦卑自处，默默地奉献万物。《道德经》第二章讲道："是以圣人处无为之事，行不言之教；万物作焉而不为始，生而不有，为而不恃，功成而弗居。"[1]圣人之道，效法"道"生万物的过程，生养万物而不据为己有，培育万物而不自恃己能，功成名就而不自我夸耀。这种利益万物而不居功自傲的品格，为儒道佛三家思想所共同提倡。

孔子教育弟子不能傲慢无礼、吝啬小气。"如有周公之才之美，使骄且吝，其余不足观也已。"[2]即使有周公那样出众的才华和美好的品德，如果他为人骄傲自大又吝啬，那其他方面就不值一提了。在儒家看来，每个人都有自己的长处，就看能不能看到别人的优点，学习别人的长处。子曰："三人行，必有我师焉：择其善者而从之，其不善者而改之。"[3]任何人都有自己的优缺点，发现他人优缺点，以人为鉴，择善而从，不善而改，以谦卑的心态，找到自省的反思维度，意识到自己的不足，这正是古人德性的提升处。尤其是追求学问，更需要谦虚己心，不耻下问。曾子曰："以能问于不能；以多问于寡；有若无，实若虚，犯而不校——昔者吾友尝从事于斯矣。"[4]曾子的老友非常有德行，自己有才能，却问没有才能者；自己见识多，却问见识少的人；自己有学问却像没有学问一样，虚怀若谷，谦卑处下；即使

---

[1] 《老子今注今译》，第 80 页。

[2] 《论语译注》，第 117 页。

[3] 《论语译注》，第 103 页。

[4] 《论语译注》，第 115 页。

无故受人侵犯也不计较，不报复，安然自若。

儒家的处事原则讲究严以律己、宽以待人，孔子用一个字表达为"恕"。子贡问："有一言而可以终身行之者乎？"子曰："其恕乎！己所不欲，勿施于人。"[1]自己不愿意承受的事情，也不要强加到别人身上，这是"恕"道。曾子认为"忠恕"二字是孔子学问的"一贯之道"："参乎！吾道一以贯之。"曾子曰："唯。"子出，门人问曰："何谓也？"曾子曰："夫子之道，忠恕而已矣。"[2]忠恕的维度是自我反思。有一次，子贡在孔子面前评价别人的好坏（"子贡方人"）。子曰："赐也贤乎哉？夫我则不暇。"[3]夫子说，子贡还有那么多时间去评价别人，要是我，自顾亦不暇。这里孔子是提醒子贡，修身的维度是自省与反思，提升自己的道德学问才是要紧之事，所谓"古之学者为己，今之学者为人"[4]。曾子每日都会多次反省自己："吾日三省吾身——为人谋而不忠乎？与朋友交而不信乎？传不习乎？"[5]曾子反思的是，自己为别人谋事有没有诚于心、忠于事？与朋友交往有没有做到诚信？老师传授的知识有没有认真温习？

2. "不争"的心境

道家"不争"的生存智慧，表现为一种超然乐观的心态，旷达适意的生存境界。道家的宇宙观认为万物就是"道"的运化展开，最后回归于"道"，"道"不仅是万物的源头和归宿，还是万物的秩序和规

---

① 《论语译注》，第 237 页。

② 《论语译注》，第 54 页。

③ 《论语译注》，第 220 页。

④ 《论语译注》，第 218 页。

⑤ 《论语译注》，第 4 页。

律，万物的生长运行统归于"道"体，而千姿百态的生命体皆运生于"道"之母体，所以道家为"宇宙生命共同体"的理论建立了"道"的本体论依据。道家所说的"不争"，正是基于"道法自然"的宇宙生成运行模式。在道家看来，自然万物的运行自有其轨迹，"道法自然"，自然万物按照自己本然的样子开展着，比如水的"不争"，就是水顺应其流动、柔和、就下的天然性状运行，顺应其本性自然地展开，就是"不争"。"水善利万物而不争"，"不争故无尤"，水向下流淌，滋润万物，而不与万物相争，这就是水的善性的充分体现。从这个意义上说，道家的"无争"体现了对生命运行规律的尊重。"夫唯不争，故天下莫能与之争"，万物自行其道，顺道而行，形成了"莫能与之争"的和谐生态秩序。庄子说："天地有大美而不言，四时有明法而不议，万物有成理而不说。"① 大道化孕，天地无言，条理自在，何其有争！

人道效法大自然的"不争"之道，"圣人之道，为而不争"。圣人处事之道，惠济大众，与世无争。《道德经》曰："天长地久，天地所以能长且久者，以其不自生，故能长生。是以圣人后其身而身先，外其身而身存。非以其无私邪！故能成其私。"② 天地之道不为自己，生生万物，故能长久。圣人谦卑退让，事事以他人为先，自己为后，反而能够保全自身，因为无私而成就了自己。圣人之所以能够谦卑，在于其无私而不自私，"不争"之心从利益大众出发，如同天地运化万物般长久而远大。儒家以仁义立人道，孔子以仁义教诲弟子，景仰周

① ［晋］郭象注、［唐］成玄英疏：《庄子注疏》，北京：中华书局，2011 年，第 392 页。

② 《老子今注今译》，第 100 页。

代的礼乐文明。其中，"不争"是"礼"的实质。子曰："君子无所争。必也射乎！揖让而升，下而饮，其争也君子。"① 此处以"六艺"中的射艺为例，射为古时战阵所必需，平时的射艺比赛讲究射礼，射礼行于堂上，升于堂下，互相揖让，胜负都饮酒，依礼而行，争当君子，不行小人之争。

儒家的"不争"，旨在不争非义之道，如行仁义道德，则"当仁，不让于师"②。夫子教诲弟子有志于道，"志于道，据于德，依于仁，游于艺"③，争当贤人君子。对于世人不修道德的风气，夫子感叹道："德之不修，学之不讲，闻义不能徙，不善不能改，是吾忧也。"④ 人们不培养品德，不研讨学问，听到了忠义之事，却不能马上去做，有错误却不能改正，这些都是夫子所担忧的境况。所以孔子谆谆教诲弟子们成仁人君子，对子夏说："女为君子儒，毋为小人儒。"⑤ 子曰："见贤思齐焉，见不贤而内自省也。"⑥ 在孔子看来，百姓需要仁义道德，更甚于需要水火。子曰："民之于仁也，甚于水火。水火，吾见蹈而死者矣，未见蹈仁而死者也。"⑦ 这里，孔子劝人行仁义之道，依据仁义之道而行，至顺至安。而且"仁"并不遥远，就在日常生活的点滴处行去。"仁远乎哉！我欲仁，斯仁至矣。"⑧ 百姓如果不追求仁

① 《论语译注》，第 34 页。

② 《论语译注》，第 242 页。

③ 《论语译注》，第 96 页。

④ 《论语译注》，第 95 页。

⑤ 《论语译注》，第 84 页。

⑥ 《论语译注》，第 55 页。

⑦ 《论语译注》，第 241 页。

⑧ 《论语译注》，第 107 页。

义之道，则"群居终日，言不及义，好行小慧，难矣哉"①。人们不学习仁义，不知修身、齐家、治国、平天下的智慧，这样终日成群相处，不说有益的话，只喜欢表现小聪明，一生就很难有所成就。

3. 柔中有刚的处事智慧

水的质地柔和、温顺，遇圆则圆，遇方则方，善于适应各种复杂环境。"居善地，心善渊，与善仁，言善信，正善治，事善能，动善时。"②圣人就像水那样，水选择处下之地，性情深沉清虚，不言而有诚信，净化万物，随物成形，依时而动，动无不正，言无不合。老子曰："强大处下，柔弱处上。""人之生也柔弱，其死也坚强。草木之生也柔脆，其死也枯槁。故坚强者死之徒，柔弱者生之徒。是以兵强则不胜，木强则折。强大处下，柔弱处上。"③柔弱之所以为"生"，在于其能动性、顺应性。生命的运行柔中有刚，生物从出生到死亡，身形表现出的柔软性状逐渐减少，刚硬的性状逐渐增多，直到至刚无柔，走向死亡。兵强不胜，木强则折，由柔弱发展到刚强的过程是不可逆转的，所以到了至刚的时候，便走向了事物的终结。所以道家主张"柔弱处上"，我们要汲取水的柔顺智慧，适应各种纷繁的环境，"大丈夫能屈能伸"，失意时能承受屈辱，得志时能施展抱负，以豁达的胸襟面对事物，"穷则独善其身，达则兼济天下"。

水的意志刚强，水滴石穿，具有百折不挠、坚持不懈的决心和毅力。一滴水看似细小微弱，却足有集中磐石的力量，日积月累，足以

---

① 《论语译注》，第 235 页。

② 《老子今注今译》，第 102 页。

③ 《老子今注今译》，第 332 页。

穿透坚石。春秋时期，越王勾践为了复国的目标，居卑微之地，卧薪尝胆，忍辱负重，百折不挠，经过了长期的积累准备，以滴水之力积累百川之势，最终打败了吴国。老子曰："天下莫柔弱于水，而攻坚强者莫之能胜，以其无以易之。弱之胜强，柔之胜刚，天下莫不知，莫能行。"[1]水是天下最柔弱的，在攻击坚硬上面没有能胜过水的，因为它坚韧不拔，百折不挠。"知其荣，守其辱，为天下谷"[2]，这是水蛰伏的品质，等待厚积薄发。水看似柔弱，却有坚韧不拔、刚柔相济的无穷力量。

4. 动静相生的自然之道

水有动、静两种性状，静时"居善地，心善渊"，如入深渊，虚静幽远，玄冥安宁；动时如瀑布一泻千里，挥洒自如，气势磅礴。儒家、道家的生态伦理思想包含了动、静两个维度。静处修心以养身，道家提出了"心斋""坐忘""贵虚"之说；儒家之仁者祥和安宁，如巍巍高山，气蕴浩渺，孔子云"仁者静""仁者寿"。动处行事不离道，道家云"与善仁，言善信，正善治，事善能，动善时"[3]，人的言语、治理、行动处处符合善道，顺应时机；儒家的智者自在和乐、灵动不拘，如滚滚大川，奔腾而去，气势壮阔，孔子云"知者动""知者乐"。

道家以"静""虚"涵养身心，"处无为之事，行不言之教"[4]。在道家看来，虚静是万物天然的、复归于道的运动状态。《道德经》云

---

① 《老子今注今译》，第339页。

② 《老子今注今译》，第183页。

③ 《老子今注今译》，第102页。

④ 《老子今注今译》，第80页。

"虚而不屈"①,"致虚极,守静笃"②,又说"归根曰静,静曰复命"。③
道家的《冲虚经》阐发了"贵虚"的道理。"谓子列子曰:子奚贵
虚?列子曰:虚者无贵也。子列子曰:非其名也,莫如静,莫如虚。
静也虚也,得其居矣;取也与也,失其所矣。事之破碛而后有舞仁
义者,弗能复也。"④恪守清宁虚静,才能接近事物的自然本性;"贵
虚"的理念引申出"无为"之道,在对待万物的态度上,道家贵
"虚"就是顺乎自然,遵从万物的自然本性。万物从"道"的角度观
之,无有高下贵贱、高低美丑,那只是人用自身的价值尺度在衡量
万物。对此,《庄子·齐物论》篇对人类的审美判断进行了深刻的反
思。"故为是举莛与楹,厉与西施,恢诡谲怪,道通为一。"⑤"彼亦一
是非,此亦一是非,果且有彼是乎哉?果且无彼是乎哉?彼是莫得其
偶,谓之道枢。"⑥人类对万物的是非判断是人类的有"意"而为,导
致"物固有所然,物固有所可"⑦,庄子从超越彼此的视角看待是非、
美丑,站在超越性的视角看待万物,则"无物不然,无物不可"⑧。圣
人以道观物,超然物外,不自恃己意,"处无为之事,行不言之教;
万物作而不为始,生而不有,为而不恃,功成而弗居。夫唯弗居,是

---

① 《老子今注今译》,第 93 页。

② 《老子今注今译》,第 134 页。

③ 《老子今注今译》,第 134 页。

④ 严北溟、严捷译注:《列子译注》,上海:上海古籍出版社,1986 年版,第 23 页。

⑤ [晋]郭象注、[唐]成玄英疏:《庄子注疏》,北京:中华书局,2011 年,第 38 页。

⑥ 《庄子注疏》,第 36 页。

⑦ 《庄子注疏》,第 38 页。

⑧ 《庄子注疏》,第 38 页。

以不去"①。所以道家以虚静修身，主张清静无为，使万物按照自身的本性充分发展。

较之道家"虚静""持静"的修身之道，儒家仁者怀揣着治国安民的理想，彰显出"知其不可而为之"②的济世风范。有一次，颜渊、子路站在孔子身边，孔子让他们说说自己的志向，"盍各言尔志？"子路曰："愿车马衣轻裘与朋友共敝之而无憾。"颜渊曰："愿无伐善，无施劳。"子路曰："愿闻子之志。"子曰："老者安之，朋友信之，少者怀之。"③子路希望和朋友们有福同享、有难同当，颜渊严格要求自己，希望不夸耀自己的长处，不表白自己的功劳。孔子志在社会安定和美，长者、幼者都能得到关爱和照顾，朋友之间诚信交往，友好相处。儒家学者心怀天下，有匡世济民之志。在《论语·先进》篇中，夫子请弟子们说说各自的志向，子路说："千乘之国，摄乎大国之间，加之以师旅，因之以饥馑；由也为之，比及三年，可使有勇，且知方也。"④子路志在治理一千辆兵车的国家，这个国家形势比较危急，地处大国之间，外面有军队侵犯它，国内又有灾荒。子路认为给他三年时间治理，可以使这个国家人人有勇气，而且懂得仁义礼智之道。冉有说："方六七十，如五六十，求也为之，比及三年，可使足民。如其礼乐，以俟君子。"公西华说："非曰能之，愿学焉。宗庙之事，如会同，端章甫，愿为小相焉。"⑤冉有想治理一个纵横五六十里或者六七十里的小国家，

① 《老子今注今译》，第 80 页。
② 《论语译注》，第 224 页。
③ 《论语译注》，第 74 页。
④ 《论语译注》，第 170 页。
⑤ 《论语译注》，第 170 页。

三年光景，可以使人人富足，至于修明礼乐，那只有等待贤人君子了。公西华愿意学习祭祀的工作或者外国会盟之事，穿着礼服，戴着礼帽，做一个司仪者。孔子教育弟子积极地致力于弘道事业，"人能弘道，非道弘人"[①]，"不怨天，不尤人，下学而上达"[②]，善于学习，为社会安宁、人间和谐贡献智慧和力量。

---

① 《论语译注》，第239页。
② 《论语译注》，第222页。

第六章

儒道佛学生态伦理思想内在结构的
影响、现代转换和未来走向

第一节　儒道佛学生态伦理思想对传统社会的影响

在中华文明上下五千年的历史长河中，国家社会的形态不断发生着各种各样的变化，生态伦理作为伦理的基本构成，也在不断地完善和发展，在这个过程中，儒家、道家、佛家的生态伦理思想产生了不可磨灭的影响，共同融汇推动了中国传统社会中生态伦理观念的进步。为了更好地推动中华优秀传统文化的继承和转化，促进生态伦理的发展，不仅需要立足当今、展望未来，更需要对儒道佛三家生态伦理思想在传统社会中的影响进行分析和研究，以便更加深入地理解这些思想如何发挥作用，以及它们应当如何被传扬继承下去。

一、传统社会与生态伦理基本情况

1. 农业生产中的生态和谐

在近代以前，农业是中国社会的主要产业，无数的江河奔流灌溉了中国幅员辽阔的土地，为一代又一代的中国人提供了生存的养料，这也是无数中国人辛勤劳作的结果。中国人务农有着很悠久的历史，几乎就是在农业发展的过程中创造了中华文明，从尝百草的神农氏，到农业的创新者后稷，从尧舜时期观象授时，到夏禹时期治水辨土，这些传说故事都在现代的考古文献中影影绰绰，中国第一个朝代夏的创立者和传承者贡献了以节气控制农耕劳动的先进历法，亦即"夏历"，传说后稷的子孙繁衍壮大，建立了强大的周朝，将先进的农耕文化传播到了中华大地的东西南北，通过近八百年的历史形成了中国文化的"大一统"。在相当长的时期内，农业以其独有的生产方式熔铸进中华文明的血脉，对于解析中国传统的生态伦理而言，这有着十分重要的意义。

从本质而言，区别于其他类型产业的农业，包括畜牧、养殖、种植等活动，是指人改造有生命的自然物以为己用的产业，换言之，是人类功利性地与自然生态发生关系的方式。在农业产生之前，狩猎和采摘是人类生存的主要方式，在这个过程中，人没有参与自然界的生成规律，只是攫取其中果实，人是纯粹的索取者，自然界是纯粹的被索取者，这是简单的敌对或者共生关系，人并没有将自然万物纳入伦理范畴，事实上这时人类归属于生态，生态却不归属于人类，不存在生态伦理。而在农业活动中，人以天地法则为己用，主动参与了自然界的生成过程，这时的人与自然就不再是简单的敌对或共生关系，而是互相共荣的关系，不仅人属于生态的大系统，生态自然也开始部分地转化为人的社会的一部分，"人化自然"就逐渐被构建起来了，生态伦理也就开始产生了。正是通过农业劳动，人们开始思考天地运行的规律，知道"天行有常"，也正是通过农业劳动，人们开始认识自身在宇宙中的地位和价值，在此基础上，人们建立了与大自然生生与共的社会体系，这不仅是物质上的生生与共，更是精神上的。

在农业劳动中，人们观察天象，确定节气时令，预测晴雨冷暖，不断地探究天时；观察地理，寻找山文水脉，"相其阴阳，观其流泉"，了解土壤肥瘠，不断地探究地利；观察种子与万物繁衍，寻找驯化和选种的艺术，探究其中的次序与传承。所有被证明有利于人类生存的活动，为人类社会奠定了关于时空和生命的见解。人们开始将天文纳入伦理的范畴，认为这些星象的运转，在影响自然的同时也影响着社会；开始将地理纳入伦理范畴，认为山形水象之中蕴含着一个个王朝的气脉；开始将一切有生命的、生机勃勃的东西，归入美的范畴，将一切死气沉沉，与腐朽、腐烂息息相关的东西，归入恶的范畴；在形成社会伦理的同时，也形成了生态伦理的实践。在这样的文化语境下，人们不自觉地拔除庭院的杂草，不自觉地喜欢干净而非杂乱，不自觉地将代表植物繁衍能力的花朵作为美的象征。事实上，在中国的传统社会，通过农业的生产活动，人们在经济基础上构建了上层建筑的同时，也与自然生态发生着根本的共鸣，其中所蕴含的，就是生态的大和谐。

2. 血缘宗法中的生态同步

生态伦理与社会伦理，从存在性而言，生态在先，社会在后，从作用性而言，社会伦理在先，生态伦理在后，而事实上两者在实践上是根本分不开的。虽然生态伦理是远远后于社会伦理的学术词汇，以至于生态伦理学远远晚于伦理学的创建，但这并不妨碍刚才的这个论断。因为人本身就是生态和社会的交接点，社会产生于人类的劳动，在劳动过程中，人将世界分为了自然物和人造物，因此就面临一个问题，人类本身是自然物还是人造物？这两种属性事实上并存于人类身上，人是人繁衍的，从自然属性来讲，属于自然物的范畴，而真正意义上的人是文明中的存在者，从社会属性来讲，属于人造物的范畴。任何一个社会中伦理的构建都不得不面对这样一对矛盾性的存在。

在中国传统社会中，血缘宗法是十分重要的伦理根基。根据方才的分析，血缘本身是自然物的存在，属于生态的部分，而宗法制度的诞生，父子君臣的存在，就属于社会的范畴。自然与人造，生态与社会，其中不可避免地存在着矛盾，这样二元性的存在是如何在传统社会中同步存在的呢？《周易·序卦传》一开始就描述了一种以礼仪为核心的秩序性存在方式：天地—万物—男女—夫妇—父子—君臣—上下。[①] 天地，即时间空间以及法则，万物，即生态系统，在万物之后的男女，依然是生态的意义，但由男女以至于夫妇，就开始有了人伦社会的发端，此后的一系列存在，都是在夫妇之义的基础上，形成的社会伦理存在，而不再是生态万物的意义。譬如父子的存在，不是因为有生养繁衍关系，而是因为在生养繁衍的基础上，有社会伦理的意义，是夫妇关系的产物，而不是男女结合的产物。在父子关系的基础上进一步升华，才有了基于家庭社会的国家社会，出现了君臣之义，

---

① 《序卦传》曰："有天地，然后有万物；有万物，然后有男女；有男女，然后有夫妇；有夫妇，然后有父子；有父子，然后有君臣；有君臣，然后有上下；有上下，然后礼义有所错。"引自[清]胡煦著，程林点校：《周易函书》第二册，北京：中华书局，2008 年，第 850 页。

在父子为家庭定位、君臣为国家定位之后，整个社会伦理就稳定了，有了确切的上下之分，各类原本是生态关系的存在都变成了被赋予伦理价值的社会关系的存在。从这种分析的视角来看血缘关系与宗法制度，血缘关系只是宗法制度的一种生态依据，是宗法伦理意义的发端者，但绝不是充分条件，某些情况下甚至也不是必要条件。

但是仅仅到这里还不够，社会伦理在脱胎于自然生态的同时，反哺给了生态以伦理的意义。人们在从"男女"创造性地发挥出了"夫妇"意义的同时，赋予了自然界生存繁衍以意义，这正是人本身的自然物与人造物二元属性运行的必然结果。既然血缘能够产生宗法，那么将血缘的次序传承意义扩大之后，天地万物也要被包括进去，不仅"天称父"，而且"地称母"，人们将能够供养人类生存的天地万物当做人类的始祖、朋友、臣下加以祭祀、崇拜、爱护，于是生态伦理在由生态向社会的飞跃中，也同时被构建了出来。

3. 宗教信仰中的生态超越

宗教伦理作为社会伦理的一部分，蕴含着伦理意义的一些终极体现，人心中的价值被信仰以绝对化的方式表现了出来。在中国传统社会中，宗教的作用不像西方社会中基督教发挥的作用那样明显和突出，但宗教信仰的现象在中国社会的各个层面也有着广泛的体现。中国社会的宗教形态，有儒家思想升华而形成儒教的"天地君亲师"信仰，有以道家思想为理论基础而发展的道教信仰，也有佛教信仰，在中国文化的背景中，这些不同出发点的宗教形态最终融合起来，共同成为中国人信仰的一部分，在这种信仰之中，体现着中国社会对于生态伦理的超越性认知。

在儒教信仰中，"天"的地位是首要的，天作为至高无上的存在者，首先具有的是生态意义。孔子说："天何言哉！四时行焉，百物生焉，天何言哉！"天代表了整个自然界生生不息的意义。人将天作为信仰，首先要充分认识到人类社会与自然生态之间的关系。在宗教形态中，以自然物或者自然规律为信仰对象的不在少数，但都不能脱离将自然物人格化的窠臼，似乎必须要通过这样的一个方式，才能够解决自然与社会之间的矛盾。对天的信仰则不是如此，中国社会以超越性的态度面对生态自然，在肯定天的绝对性的同时，否定了天的一切人格化的可能，"天道无亲""天听自我民听""天何言哉"，因为在社会与生态的统一性上，社会属性或者自然属性都不足以概括这样一个存在。正如人是自然属性与社会属性的结点，天是一个被抽象出来的更高层次的结点。

在道教中，中国社会更是将对生态的超越理解充分发挥了出来，他们赋予自然界一切生物以神性，将千百种代表自然界的神祇分门别类地安放在神谱之上，与此同时并不卑微地拜倒在地，而是像神界的主导者那样，以某一种确定的方式仪轨去号令它们，利用它们被赋予的神性去完成人类想完成又难以完成的事情。从这些神祇的诞生之日起，中国人就不是想着去崇拜它们，而是仅仅表达自己对自然足够的尊敬，而后以饱含敬意的方式去摆布它们。撕开宗教的外衣，分析这样的态度，实则就是不因自然界能动性的弱小而鄙视，也不因自然界未知力量的神秘而崇拜，在与生态自然交流的过程中，始终保持着自身的主体地位，这确乎是一种超越性的理解。

在佛教禅宗理论中，人与生态存在都是因缘和合的产物，无论是地、水、火、风，还是眼耳鼻舌身意、色声香味触法，其本质都是空无的，而这种空无是从与有相对的角度所无法理解的。这种佛教理论在生态伦理思想上可以说是抱着一种不断超越的态度，不仅超脱凡世，更要超脱佛法，在面对人的自然属性与社会属性的二元性时，消泯其中的特殊性，强化其中的一般性、本质性，促使人们从一个更高的视角来重新审视一切存在和存在本身，从而使得佛教的悲天悯人不是凡俗性的，而是越过了人与物的界限，这正是佛学为生态伦理带来的超越之处。

4. 政治治理中的生态关切

在中国传统社会中，政治这一层面几乎就是帝王的活动领域，帝王和他的智囊团的思想和决策在很大程度上决定了整个社会一时的走向，但作为统治者，他们并不是为所欲为，而是必须代表整个社会共同体，去面临未知的困难和严格的天道规律，在享有巨大权力的同时，也必须承担巨大的责任。"朕躬有罪，无以万方；万方有罪，罪在朕躬。"（《论语·尧曰》）正是这个群体，在思考关乎切身利益的事情时，发现了黎民百姓的重要性，认识到"民为邦本，本固邦宁"，为了保证百姓的生活，就必须从生态自然之中汲取养料，从根本性而言，生态自然是比百姓更加根本的存在。事实上，这些统治者从来没有失去对生态自然的兴趣，但是因为种种知识的匮乏和缺陷，他们往往无法预知流星、地震、旱涝、蝗虫、瘟疫等各样的灾害，而只能被动应付，最终不得不以一种敬畏的态度面对神秘的自然。

这些体现在国家的政治上，首先，掌握天文的观象台和钦天监就必不可少。统治者希望通过天象这种最容易被观测的自然物，预知其他各类难以观测的灾害，因而将天文与地理相对应，与国家治理的兴衰相对应，甚至与一些关键事件、关键人物相对应。譬如在金星贴近火星时，称其为"太白入荧"，认为这是一种兵祸的星象；在紫微垣星光暗淡时，认为皇宫有可能发生不好的事情；等等。帝王们对自然生态的敬畏转化为了政治上的一一对应。除了天象，统治者们还关心地理之上的王气流转，从秦始皇开始，封建时代的帝王们就对于巡狩九州乐此不疲，秦始皇东巡的一个重要目的，就是通过自己去镇压东南方向的地脉王气。相比而言，汉武帝巡狩的活动更加丰富，他到东南西北各地名山大川视察，对于一些关键的山脉进行国家的封典，譬如封禅泰山，因为他认为这事关国运。唐太宗即位不久，就有人建议他也去泰山封禅，但魏徵不认可，他认为国家还疲敝不堪，支撑不起封禅带来的荣誉。以上这些都可以看作是政治中对于生态自然的一种态度，或者关切。

统治者们对生态自然的关切不仅仅体现在一些仪式上，更是体现在很多实际的层面，譬如封山育林、封河禁渔，孟子曾宣扬"斧斤以时入山林"，这些生态涵养的思想，最终被统治者接纳并付诸了实施，因为他们发现无休止地向自然索取，总会伴生一些不良的后果，出于谨慎他们保护了自然。

在中国传统社会中，仅仅依靠一些个人的呼吁和行为，或者是依靠一些思想的传播，并不能为生态自然带来直接的好处。但是，这些人和思想影响了统治者，并且让统治者开始关切生态的意义，在这一点上，中国有很多的经验。

二、儒道佛学生态伦理思想在传统社会中的地位

1. 爱有差等的生态伦理基调

中国传统社会是一个等级社会，在这个社会结构中，从天子、王公到官员、士大夫，再到庶民、奴隶，有着严格的等级界限。生产关系总是要适应生产力的条件，在生产力达到一定程度之前，生产关系不会发生重大的变革，无论儒家、道家还是佛家思想，都是在肯定这样的社会结构基础之上，才能够在传统社会中传播并发展的。同样，这三家所演绎的生态伦理思想，也必然是为着这样一个社会进行服务的。最为直接体现这点的，是儒家的仁爱思想。

仁爱不同于博爱，在先秦时期，社会上有着关于仁爱与兼爱的伦理辩论，坚持仁爱思想的人认为，人的爱发自内心，首先是对亲近的人产生，而后再拓展到别的人、别的物，在这个拓展过程中，爱是逐步递减，而不是均衡的。坚持兼爱思想的人认为，爱是一种无私的情感，只有无差别地普及每一个人的爱，才是真正的爱，逐步递减的爱是有私的、虚伪的。这场辩论没有最终结束，但是随着秦的统一全国，中国步入了封建社会时期，等级制度史无前例地严格了起来，兼爱思想被视为洪水猛兽加以摒弃，而有差等的仁爱思想则作为调和阶级矛盾的伦理思想，被继承发扬了下来。

在仁爱思想成为阶级社会伦理思想主流的同时，生态伦理的基调也就被固定了下来。在差等之爱中，统治者"亲亲"而"仁民"，首先爱自己的亲族，而后及于百姓，同样的，人首先爱人，而后及于动物、植物、无机世界。儒家作为差等之爱的捍卫者，其代表人物孟子

在与诸侯王讨论时，着重强调了这种先人后物的生态伦理观念：

> 孟子见梁惠王，王立于沼上，顾鸿雁麋鹿，曰："贤者亦乐此乎？"
> 孟子对曰："贤者而后乐此，不贤者虽有此，不乐也。《诗》云：'经始
> 灵台，经之营之，庶民攻之，不日成之。经始勿亟，庶民子来。王在灵
> 囿，麀鹿攸伏，麀鹿濯濯，白鸟鹤鹤。王在灵沼，于牣鱼跃。'文王以
> 民力为台为沼。而民欢乐之，谓其台曰灵台，谓其沼曰灵沼，乐其有麋
> 鹿鱼鳖。古之人与民偕乐，故能乐也。《汤誓》曰：'时日害丧？予及女
> 偕亡。'民欲与之偕亡，虽有台池鸟兽，岂能独乐哉？"①《孟子·梁惠
> 王上》

梁惠王之乐鸿雁麋鹿，可以说是亲近生态自然的一种体现，但孟
子认为，需要在梁惠王这种社会统治阶层和生态自然之间加上一层过
渡，即百姓庶民之乐。在孟子看来，如果君王的乐，越过百姓庶民，
直接与生态自然相联系，就违背了作为统治者的道德，甚至可以说是
"率兽食人"。

> 庖有肥肉，厩有肥马，民有饥色，野有饿莩，此率兽而食人也。兽
> 相食，且人恶之。为民父母，行政不免于率兽而食人。②（《孟子·梁惠
> 王上》）

"为民父母"者，应当首先考虑百姓生活的安乐与否，在此基础
上再延及其他。在人与物之间，孟子强调以人为先，同时在面对生态

---

① 任俊华、赵清文著：《大学·中庸·孟子正宗》，北京：华夏出版社，2014 年，第 61—62 页。
② 《大学·中庸·孟子正宗》，第 66 页。

自然万物时，也应当有爱的差等顺序，这个差等取决于外物与人的联系亲近程度。孟子见齐宣王时，询问他关于用牛祭祀和用羊祭祀的看法，齐宣王否认弃牛用羊是出于吝啬，这时孟子借题发挥，他说：

> 无伤也，是乃仁术也，见牛未见羊也。君子之于禽兽也，见其生，不忍见其死；闻其声，不忍食其肉。是以君子远庖厨也。（《孟子·梁惠王上》）

"见牛未见羊"，牛羊同是生命体，本无差别，但因为齐宣王看到了牛的悲惨，于是与牛发生了情感联系，从生态伦理来讲，看得见的牛就比看不见的羊更加贴近齐宣王的生活，看到了生命就不希望其死去，听到了声音就不忍吃它的肉，于是他不自觉地用羊代替牛去祭祀，而这事实上就是差等之爱的生态伦理实践。孟子认为，这种发自统治者内心的选择，就是"仁"的方式。

北宋的张载继承并发扬了这种差等之爱的理念，发挥出了"民胞物与"的思想：

> 乾称父，坤称母；予兹藐焉，乃混然中处。故天地之塞，吾其体；天地之帅，吾其性。民，吾同胞；物，吾与也。大君者，吾父母宗子；其大臣，宗子之家相也。尊高年，所以长其长；慈孤弱，所以幼其幼；圣，其合德；贤，其秀也……富贵福泽，将厚吾之生也；贫贱忧戚，庸玉汝于成也。存，吾顺事；没，吾宁也。（《西铭》）

北宋是一个伦理哲学大建构的时代，许多重要的伦理观念都在这时开始形成。张载将天地万物与人伦社会看作一体，并用人伦观念涵盖物理认知，以同构的方式建立了他的生态伦理思想，人民百姓都是同胞，生态自然皆是朋友，这种观念对中国传统社会的影响十分深远。

明朝的王守仁同样是差等之爱的宣扬者，他认为"万物一体"，但在这一体之中，有核心有边缘，有躯干有四肢，可以说是将传统社会中关于生态伦理的基本看法表现得淋漓尽致。

> "道理自有厚薄。比如身是一体，把手足捍头目，岂是偏要薄手足，其道理合如此。"（《传习录·钱德洪录》）

王守仁的"道理"，就是伦理价值有先后厚薄，世间万物皆是一体，但是禽兽就高于草木，人类活动的需要就高于禽兽，人用草木养禽兽，用禽兽养人，就如同用四肢保护大脑一样天经地义，人对于禽兽草木不是不爱，而是在差等之处必须做出取舍。同时，王守仁也清晰地看到，这种差等的伦理价值，都是人所赋予的，而不是天然生成的，他说："人的良知，就是草木瓦石的良知。"（《传习录·钱德洪录》）正是因为人心的这一点"灵明"价值，被转而赋予了万事万物，才有了生态伦理、生态价值。"风雨露雷，日月星辰，禽兽草木，山川土石"，这些存在才与人伦社会紧密地结合在了一起。

儒家思想是将差等之爱的生态伦理观熔铸进传统社会的代表者，但并不是唯一者，可以说，在漫长的阶级社会历史中，没有一个长期伴生的伦理思想可以独善其身。即便是道家思想、佛家思想，也同样是在差等之爱的基调上，来影响传统社会的生态伦理观。

2. 自然无为的生态伦理态度

如果说儒家为传统社会生态伦理奠定了爱有差等的基调，在生态伦理的具体实践方面，道家则是做了更多的贡献，可以概括为自然无为的态度。

在中国传统社会中，由于农业文明中血缘宗法制度的稳定性，人们更多地注重已有资源的分配，而非探索未知世界、掠夺外部资源，这就形成了一种对外界追求的自然无为，人们在其中获得了相对的自由。先秦《击壤歌》恰当地表达了这种农耕文化下的自由心态："日出而作，日入而息。凿井而饮，耕田而食。帝力于我何有哉！"人人关注自家田地，纵然是帝王的力量，也无法妄加干涉。传统社会中这种自然无为的态度，被道家以思想理论的方式加以提炼，并形成了影响广泛的生态伦理观念。道家代表人物老子认为，面对自然界，人们不要过度索取，也不要过度去感知、过度去探索，人类的这些社会行为，都会在某种程度上损害生态自然的存在。

> 五色令人目盲；五音令人耳聋；五味令人口爽；驰骋畋猎，令人心发狂；难得之货，令人行妨。是以圣人为腹不为目，故去彼取此。（《道德经·十二章》）

五色、五音、五味，这都是人在感知自然时产生的感觉，老子对此进行了否定，但此处讲的伤害集中在对人自身上，还没有拓展到对自然界。接下来他又说：

> 天下有道，却走马以粪。天下无道，戎马生于郊。罪莫大于可欲，祸莫大于不知足，咎莫大于欲得。故知足之足，常足矣。（《道德经·四十六章》）

人不知足的贪欲，最终会导致"戎马生于郊"的生态乱象，要想实现"却走马以粪"的人与自然和谐状态，人必须学会克制自身的欲望。老子甚至将探索、认知欲都要否定掉，他说：

> 不出户，知天下；不窥牖，见天道。其出弥远，其知弥少。是以圣人不行而知，不见而明，不为而成。(《道德经·四十七章》)

真正的认知是人自然性的认知，而不是人为地去探索得来的认知，所谓"其出弥远，其知弥少"，是指人在过度探索自然的同时，将太多的人为因素添加在了其中，所得来的认知必然更加远离自然真相，真正的圣人是自明的。现代物理学的"测不准"原理，在某种意义上倒是对此产生了呼应。不要过度地索求，不要过度地认知，那么在实践行为上，也就要尽量避免与自然界的斗争，以自然的方式生存。于是，老子面对自然界，产生了"不争"的思想。

> 不自见，故明；不自是，故彰；不自伐，故有功；不自矜，故长。夫唯不争，故天下莫能与之争。(《道德经·二十二章》)

人只有不与自然界相争，才能够真正找到自身的定位，更好地生存下去。道家另外一位代表人物庄子，也持类似的观点，认为减少过多的欲望，是人提高修养、融入自然生态的重要条件。

> 古之真人，其寝不梦，其觉无忧，其食不甘，其息深深。真人之息以踵，众人之息以喉。屈服者，其嗌言若哇。其耆欲深者，其天机浅。(《庄子·大宗师》)

"真人之息以踵，众人之息以喉"，踵深喉浅，深在非感官所及，浅在寻求感知外物。庄子认为，如果人们都去追求欲望，最终将离自然越来越远，而这样的最终结果是，无法调节好人与自然的关系，难以形成良好的社会治理，相反，人们通过克制欲望，坚持自然无为的态度，将会形成人与自然和谐同乐的局面。

> 吾意善治天下者不然。彼民有常性，织而衣，耕而食，是谓同德。一而不党，命曰天放。故至德之世……万物群生，连属其乡；禽兽成群，草木遂长。是故禽兽可系羁而游，鸟鹊之巢可攀援而窥。夫至德之世，同与禽兽居，族与万物并。（《庄子·马蹄》）

前文已经针对"至德之世"进行了深入的分析，此处不再赘言。须知这样的理想社会，以庄子的意思，是要按照道家自然无为的态度来面对生态自然才能够获得的。老庄这种自然无为的生态伦理实践态度，为后来历代的统治者们所重视。汉朝初年，为了尽快恢复楚汉相争后的疮痍局面，统治者坚持以黄老学说治国，不仅对民生持涵养的态度，也封山育林，禁止过度砍伐渔猎，最终形成了"文景之治"的良好局面。唐朝初年"贞观之治"的形成，也有着类似的过程。

> 贞观元年，太宗谓侍臣曰："自古帝王凡有兴造，必须贵顺物情。昔大禹凿九山，通九江，用人力极广，而无怨𢾽者，物情所欲，而众所共有故也。秦始皇营建宫室，而人多谤议者，为徇其私欲，不与众共故也。朕今欲造一殿，材木已具，远想秦皇之事，遂不复作也。古人云：'不作无益害有益。''不见可欲，使民心不乱。'固知见可欲，其心必乱矣。至如雕镂器物，珠玉服玩，若恣其骄奢，则危亡之期可立待也。自

王公以下，第宅、车服、婚嫁、丧葬，准品秩不合服用者，宜一切禁断。"由是二十年间，风俗简朴，衣无锦绣，财帛富饶，无饥寒之弊。（《贞观政要·论俭约》）

统治者的俭约与否，在很大程度上决定了民力的耗费情况，更决定了生态自然的保护和利用。在君主眼中一些微小的奢侈，都会在万里之外成为民力巨耗和生态破坏的缘由，有时为了从山上运下一根合适的树木做宫殿的柱子，就必须砍伐大范围的树木来清出道路，有时为了获得一些奇珍异兽，就要烧山围猎，生灵涂炭。明了俭约的重要性，克制自身欲望，正是自然无为的道家思想对统治者的期许。李世民尊奉老子，亲自抄写作注，坚持涵养民力与自然生态，正是因此，才从根本上奠定了三百年的王朝基业。这些明智统治者们的提倡和实施，使得自然无为的生态伦理观念深入人心，成为中国传统社会实践的一个重要部分。

3. 众生平等的生态伦理关怀

儒家仁爱思想奠定了传统社会生态伦理的主流基调，道家自然无为思想贡献了传统社会生态伦理实践途径，而佛家的众生平等观念则以宗教角度更为本质地体现了生态关怀。

立足于传统社会，儒道佛三家是共融而互相补充的，"众生平等"看起来与爱有差等相互对立，实则是一个问题的两个层面。爱有差等是站在人的主体方面，从功用功能的角度看待生态自然时得出的观念，而众生平等是站在人与自然之外，从存在性的角度来看待时所得出的观念。这可以借用"体用"的概念来描述。人在以"仁爱"的情感去调节与他人、与万物的关系时，是有远近、上下、先后之分的，故而有差等，这事实上是"用"，也就是发用的层面；而超出这些关系之外，仅仅考虑存在本身时，人与草木并无高下之分，这种存在是"体"，也就是本质层面。佛家的"众生平等"观念作为儒家"仁爱"思想的重要补充，主要体现在本体论、存在论上面。

> 天平等，故常覆。地平等，故常载。日月平等，故四时常明。涅槃平等，故圣凡不二。人心平等，故高低无诤。（《五灯会元·卷十二》）

平等故有常，平等故不二，自然万物与人类在存在上是完全平等的。也正是因为这种平等，万法才得以运行无碍，众缘才能够自由际会，不仅人与物平等，世间规律作为一种存在，就其存在性而言与万物也是平等的，甚至大与小、内与外也是平等的，乃至一切存在的概念都互相平等。正如华严宗所讲的比喻："一一茎毛中，各各皆有无边师子。"狮子有毛，而毛中亦可以有狮子，因而狮子与狮子的毛从本质上来讲是平等的，推至一草一木亦可以与山河大地平等。"一花一世界"也是如此。这种绝对的平等论，打破了世间规律礼法的执着，其本质是佛教"缘起性空"的理论。

> 善知识，世界虚空，能含万物色像。日月星宿，山河大地，泉源溪涧，草木丛林，恶人善人，恶法善法，天堂地狱，一切大海，须弥诸山，总在空中，世人性空，亦复如是。（《坛经·般若品》）

世间万事万物都在空中，从存在的本源来看，是空无一物的，在其中骤然众缘突起，际会聚合形成了万法万象，由于其本质的皆空，故而互相平等，无有高下之分。而这种本质上的平等，并不会影响现象上的种种不平等。在佛家看来，正是这种众生平等的根源，造成了无数因果之中不平等的现象，同时这些不平等现象的荒谬性，也证明了本质上的平等空无。持这种"众生平等"之说，面对不平等的现象因果，佛家认为应该怀着慈悲的心态，既然我与生态自然都归于本质的平等空无，那么便应当看淡这现象中的种种不平，因此而生出对生态自然的包容和关怀之心。

三、儒道佛学生态伦理思想在传统社会实践中的局限

任何有张力的思想理论，都有着超越其诞生时代的部分，而正是这些超越推动着时代前进，同时又受着时代的制约。儒道佛学生态伦理思想诞生于古代社会，但其价值绝不仅仅限于古代，因此，我们需要深刻地认识到这些经典思想在传统社会中的局限性，以及它们不能解决的一些问题，才能够更好地继承和发扬那些精华所在。

1. 生态理想与落后生产的矛盾

儒道佛三家的生态伦理思想中，都有着深刻的内涵与高远的理想，但无论是儒家的大同世界、道家的至德之世，还是佛家的极乐世界，在以小农经济为基础的传统社会中，都是无法实现的，永远只能停留在理想的层面。

大同世界、至德之世、极乐世界，这些理想蓝图的共同点，是要求摒弃私有制，实行公有制，达到人与生态和谐共处的淳朴状态，这样一种社会理想有其一定的合理性，是基于统治者横征暴敛、战乱无休、民力交瘁、生灵涂炭的现实所提出的向往，但就当时的社会生产

能力而言，这并不能够实现。公有制作为一种社会制度，它的出现依赖于经济基础的发展程度，在原始社会时期，人类族群生产力低下，人人生命朝不保夕，时刻面临生存的威胁，不存在剥削与被剥削的关系，故而形成了原始的公有。儒家将这种公有制夸大美化，认为三皇五帝的原始社会是道德高尚的时代，因而借古讽今，提出大同说，来反对春秋战国时期的剥削社会状况，这有其一定的历史根据。道家更是否定人类文明的进步，认为凡是人为的社会建构都是对天真自然的损害，只有回到"同与禽兽居，族与万物并"的时代去，人才能够真正地恢复自然。但是在这种原始的环境中，人与生态之间的关系远远称不上和谐，人兽杂居的状态更多的是生存的较量，是流血和牺牲。佛家的"极乐世界"说从宗教的角度认为，人在凡俗之间不断经历六道轮回，纠缠于三世因果，只有到了彼岸，对社会伦理价值进行否定与超脱，才能够到达物我同一的极乐净土。但是，这同样面临着俗世的矛盾，阶级社会的人想要超脱到无阶级的境地去，在当时情况下只能是幻想。

历史始终是前进的，从公有制到私有制再到公有制的发展道路，并不是循环往复的回归，而是不断扬弃的过程。大同世界、至德之世的理想，在长达两千多年的封建社会中，始终处于可望而不可即的境地，直到近代社会主义的发展，人们才重新对此进行了审视。

2. 平等博爱与阶级差等的矛盾

借用墨子对兼爱的解释，所谓爱，就是有利于的意思，兼相爱即兼相利。如前文所述，随着阶级社会的逐渐稳固，墨子的兼爱思想为儒家的差等之爱所战胜，失去了社会主流话语权，但其中广施周遍的精神并没有消失，这种由社会本身所产生的愿望，体现在儒道佛各家的思想之中并不断发展，形成了生态伦理的平等博爱观念，这种观念同阶级差等的现实之间的矛盾，在传统社会中始终存在。

儒家提倡仁爱，反对兼爱，认为无差等的爱与禽兽无异，但赞成博爱，认为彻底的博爱就是爱一切。在《论语·雍也》中有这样一段对话："子贡曰：'如有博施于民而能济众，何如？可谓仁乎？'子曰：'何事于仁，必也圣乎！尧舜其犹病诸！'"孔子肯定了子贡的说法，认为博施广济有仁爱的属性，甚至超越一般的仁爱，连尧舜也难以做到，这种属性实则就是博爱。唐代儒学的卫道者韩愈甚至将仁定义为博爱，他说"博爱之谓仁"。爱一切，被一切所爱，是儒家所倡导的理想状况，但这样的爱必须面对阶级差等存在的现实，并需要找出合理的意义。儒家的解释是，爱一切并不代表对一切都无差等，相反，他们将差等作为博爱的前提条件。儒家另一位代表人物周敦颐在《通书》中说："天以春生万物，止之以秋。物之生也，既成矣，不止则过焉，故得秋以成。圣人之法天，以政养万民，肃之以刑。民之盛也，欲动情胜，利害相攻，不止则贼灭无伦焉。"无论春生秋收，无论养民还是刑民，这都是博爱的一部分，不如此则不能够调和阴阳，不能够养护万民万物。

儒家这种调和折中、将理想与现实巧妙结合的方式，并不能掩盖其中的矛盾，而这个矛盾在道家和佛家那里表现得更加明显。道家是不讲博爱的，这并不是因为他们反对博爱，而是他们要追求比博爱更高的境界。老子说："圣人常善救人，故无弃人；常善救物，故无弃物。"这正是更高的博爱精神的体现。道家之所以不讲博爱，是因为他们认为爱这种情感会违背自然本性，反而会对生态自然造成伤害。真正的博爱是不爱，正如："天地不仁，以万物为刍狗；圣人不仁，以百姓为刍狗。"之所以会产生这样的想法，是因为在道家看来，阶级社会中的爱充满了虚伪和狡诈，既然是爱，本应无私，却必须要体现在差等之中，看似对一切都有所爱，实则对一切都不爱，只是借着爱的名义实行剥削之实、破坏之实。道家认识到了这种荒谬性，庄子等人以辛辣的笔触对社会进行了批判。

与道家的直接对抗相比，佛家从另一个层面体现了这种纠结。佛教宣扬的"众生平等"无疑是在万法皆空的基础上来讲的，但即使在理论上有了回旋的余地，也无法不面对世俗阶级意识的责难，譬如在东晋时期发生的僧人应不应该跪拜帝王的大讨论，以及净土宗慧远所作《沙门不敬王者论》，就是一种鲜明的表现。佛教将草木禽兽的存在价值等同于人类的存在价值，对众生的慈悲心不分人与物、彼与我，从梁武帝开始，僧人因众生有灵而不食荤腥，表现出博爱的意识，这一点在很长一段时期都无法与中国传统社会相融合。而与儒家和道家不同的是，佛教作为一门宗教，有着很强的社会感染力，统治者可以默许儒道之中的些微反抗因素，但是对于佛教就不能无视。经过"三武一宗"灭佛运动在内的众多冲突事件，佛教一步步发生妥协，直到禅宗六祖慧能佛学兴起，作为佛教理论中国化的成熟标志，才令这些剧烈冲突告一段落。

3. 生态关怀与人伦关怀的矛盾

生态伦理根本上要解决的就是人与生态自然之间的关系问题，如何恰当地赋予生态以意义，将其作为社会伦理的补充，又不与社会伦理发生冲突，这是需要考虑的关键问题。儒道佛三家在不断地发展衍化之中，始终面临着生态关怀与人伦关怀的矛盾，在传统社会中，这同样是一个无法解决的难题。

在儒家生态伦理思想中，自然万物都是为人服务的，但人同样有着"帮助"天地照看万物的职责，所谓"赞天地之化育"就是这个意思。既然如此，生态对于人类而言，就不仅仅是一个生存的环境或者索取资源的宝藏，而是一个需要被管理、治理的存在。大禹治水的传说，五丁开山的故事，都体现了这一点。虽然这些治理的最终样态是便利了人类的生存生活，但治理者的初心却认为，这就是自然应当具有的存在形式。尤其是在儒家看来，杂乱无章的生长不是自然，条理清晰的存在才是自然，人类将万物改造成了条理清晰的模样，实际上就是帮助天地维护自然秩序。在这样的思路下，对生态的关怀是从对人的角度出发来讲的，儒家认为人类不仅代表人类自己，还代表自然界的万事万物。在儒家要求的礼节仪式中，天子的祭天之礼，不仅仅意味着对天地自然的尊重，更重要的是，这表示人类的天子能够代表地上的一切存在，来供奉天的威严。这样强大的人类主体思维，固然会在责任意识上强调对自然负责的态度，但这毕竟是作为本质价值的衍生品而存在的，在自然存在与人类生存发生冲突之时，儒家思想的坚持者会毫不犹豫地站队在人类的一方。在儒家生态伦理思想的设计中，世界会按照一个和谐又有利于人类的方式存续下去，但在事实实践中，由于人类有各种各样的需求，所谓先考虑身体再考虑手足的想法只能是天方夜谭，不停地开矿挖山、伐木焚林才是人类中心主义者最常做的事情。尤其是当人类社会处于南北朝、五代十国那样的乱世之时，没有人（包括统治者）会进行长远的考虑，仅仅满足一代人的欲望就是他们最基本的想法。在这种情况下，儒家所坚持的生态伦理思想甚至有助纣为虐的嫌疑，破坏了人伦关怀和生态关怀的和谐，这正是人类中心主义的局限性所在。

道家生态伦理思想避开了儒家那样的尴尬，但是在面对人类与自然之矛盾的时候，同样有着自己的局限性。按照道家的理论，不管是人还是生态自然，在天地之间，在自然法则之下，都没有什么大不了的，"天地不仁，以万物为刍狗"，这个万物里面包括人。为了防止打消人的积极性，道家强调"天人四大"，但是这种对价值存在的忽视态度是始终存在的。譬如在《庄子》中，庄子丧妻，这对于人伦而言是十分重要的一件事情，但是庄子转念就放开了，认为死亡不过是来源于造化又回归于造化的一种方式，从自然法则来看，并没有什么大不了的，不仅不应难过，还要为这种自然变化感到高兴，于是"鼓盆而歌"。那么道家是把生态价值放在第一位了吗？并不是，道家最重视的是道的存在，是自然规律的运行，并不在意具体事物的存亡，道家在"至德之世"的描绘中，以浓墨重彩强调了各种自然物的悠游存在，这不是对具体生物的关怀，而是对其中淳朴、不经斧斤的自然法则运行状态的欣赏和赞叹。按照道家的设计理念，世界应当自然无为地存续下去，但就像儒家一样，现实无情地否定了这种想法，道家思想只能作为现实社会运行的补充和调剂来发挥作用，甚至有统治者坚持"以百姓为刍狗"，不仅不认同道家的自然为本，反而穷奢极欲地追求享受，这不能不说是道家面对现实的一种无奈。

佛家生态伦理思想是从宗教的角度来阐述的，从宗教发展来看，很难说有怎样的局限性和先进性，但是仅仅从理论本身来看，是可以进行评判的。佛家认为物我皆空、因缘际会，比道家更进一步地否定了人与物的区别和存在性，道家还认为有一个法则是绝对真实的，而佛家连这个法则也不认。那么在佛家眼中，价值是怎么产生的？禅宗推崇《金刚经》中的一句"应无所住而生其心"，这个"心"就是包含一切价值和法则的存在，而这些存在的前提，就是"无所住"，没有任何依靠的独立自在，这样的价值才是真正宝贵的价值。这种价值与一般凡俗价值的区别在于，它更加根本、纯粹、无差别地肯定万物又否定万物。从理论的角度来讲，佛家所畅想的理想极乐世界，是一片大和谐的、基于纯粹价值的世界，人与物、人与人、物与物，都无所分界。但是在传统社会的现实中，这种理想不仅不可能实现，还会从各个方面受到扭曲，因为与儒家和道家的立论不同，佛家没有也不肯给出这个纯粹价值的确定性，在这样的核心问题上，很容易招来其他价值观的乘虚而入。譬如最为敬佛礼佛的梁武帝，竭尽民力修建寺庙，造成国库空虚，对人类生活和生态自然都造成了很大的破坏。然而面对达摩的否定，梁武帝执迷不悟，因信造孽，错把自己的欲望包装上宗教的外壳，这不能不说也是佛家在"末法时代"的悲剧。

第二节　儒道佛学生态伦理思想的现代转换

儒道佛学生态伦理思想是我国古代生态伦理智慧的主体。中国古代的生态伦理思想与政治伦理思想相比较，生态伦理的主题同样具有普遍性、永恒性。无论社会的政治形态如何变更，科技发展如何日新月异，人类生存必需的物质资源如空气、水源、绿树、蓝天等不会改变，基本的生活需要如衣、食、住、行等不会改变，地球村这方人类最佳的栖居地不会改变，日月星辰的宇宙自然环境不会改变。这些种种的自然要素、根本命题，将当代的生态伦理思想与古人的生态伦理思想联结起来，合成为人类探索地球生命空间的基本维度。这个永恒的生态之维，过去存在，现在存在，未来也会存在，在科技日益飞跃的明天，必将产生更加精彩的研究成果。

一、儒道佛学生态伦理思想的基本立场

儒家德性生态伦理观产生于华夏农业文明时代，不是为应对严重的生态环境危机而出现的，保留了人与自然和睦相处的原初生态伦理思想的样本，对人与自然的关系作出了独特的、不同于西方文化传统的解释，为现代生态伦理学的健康发展和理论建构提供了一种难得的传统思想资源。而且，儒家将仁爱的道德情感与责任情怀纳入爱护天地万物的实践之中，对当今的环保教育和环保工作皆有借鉴作用。

1. 儒家德性生态伦理思想

儒家生态伦理思想的基本立足点是"人"，万物莫贵于人，人之贵莫过于"德"。德性伦理中包含了生态伦理，"仁民而爱物"（《孟子·尽心上》)，既对人讲仁爱，也对万物讲仁爱，这是君子人格的重要体现。从孔子、孟子、荀子、董仲舒到宋明理学派，儒家学者对待万物的态度都是以"仁爱"为基本立场的。荀子笔下的圣人看待万物

是"不夭其生，不绝其长"（《荀子·王制》），随顺自然事物自身的生长节奏。董仲舒也强调"惟人独能为仁义"[1]，他明确提出："质于爱民以下，至于鸟兽昆虫莫不爱，不爱，奚足谓仁？"[2]宋明理学将这种仁爱思想与"万物一体"相连，提出"仁者以天地万物为一体"，认为人与天地万物本来就是有生命的整体，血脉相连，休戚相关。

仁爱万物是君子品格的题中之义。孟子云："人之异于禽兽者几希，庶民去之，君子存之。"[3]心中常存"仁"也不是一件容易的事情，普通百姓不一定能做到。孔夫子就曾感叹，门下弟子三千，只有颜渊能够"三月不违仁"，其余弟子只能做到两三天。正是因为"仁"心难存，常存爱人、爱物之心才显得尤为重要，否则没有道德的践履，人与禽兽的区别在哪里呢？王阳明就明确地说："仁者以天地万物为一体，使有一物失所，便是吾仁有未尽处。"[4]儒家德性生态伦理思想把万物作为人类道德关怀的对象，一则为了确立人性之本，二则为了维护人类社会以及天地万物运转的正常秩序。

2. 道家"自然"生态伦理思想

道家崇尚"道法自然"，万物都按照"道"的法则运行展开，自然而然，无为而无不为。老子明确提出了"人法地，地法天，天法道，道法自然"和"道常无为而无不为"的"自然"生态伦理观，将天、地与人同等对待，提出"道大，天大，地大，人亦大"[5]的生态

---

① 曾振宇、傅永聚注：《春秋繁露新注》，北京：商务印书馆，2010年，第265页。

② 《春秋繁露新注》，第177页。

③ 任俊华、赵清文著：《大学·中庸·孟子正宗》，北京：华夏出版社，2014年，第225页。

④ ［明］王守仁撰，吴光、钱明等编校《王阳明全集》，上海：上海古籍出版社，2014年，第25页。

⑤ 陈鼓应注译：《老子今注今译》，北京：商务印书馆，2016年，第169页。

平等观，以及"天网恢恢"生态整体观和"知常曰明"生态爱护观。道教继承道家"道法自然"和"物我同一"的观念，在具体实践道家生态伦理思想上贡献尤大，在道教戒律里有众多约束道教徒对大自然不敬不法行为，并加以神化的宗教道德律令和行为规范，对落实道家四大皆贵的生态伦理思想、爱护大自然起到了良好的作用。

从万物自身所依据的价值本源的绝对意义上看，道家认为任何事物的价值都是平等的。"以道观之，物无贵贱。"（《庄子·秋水》）道作为永恒的终极实在，作为产生万物的根源和运作者，具有普遍性和整体性。如果把道当作生态系统和生态过程的整体，而把万物当成各种生命物种和生命个体，那么就可以得出非人类中心主义生态伦理学的观点：生态系统的整体价值是由众多不同的动物、植物、微生物等生命物种在生态演化的过程中来实现的。"鱼处水而生，人处水而死，彼必相与异，其好恶故异也。"[①]不同生命主体的特性不同，其好恶必定存在差异。但是回归自然万物生存的各自环境基础，这些环境正是因为适合物种的繁衍生息，才会产生与之相匹配的生命主体，这种适合条件产生适合物种的自然规律本身是不变的。

3. 佛家"破妄"生态伦理思想

从"万物皆有佛性"的立场出发，佛家主张众生平等的价值观。中国佛教中的天台宗、华严宗和禅宗等佛教宗派都承认，一切众生都具有佛性。佛与众生，由性具见平等。从尊重生命的观念出发，佛家提出了"八戒""十戒"之说，为了不损害动物的生命，主张"不杀生""放生"和"吃素"。而且，由于佛教要求破除人类中心主义的

---

① 刘文典撰：《庄子补正》，北京：中华书局，2015年，第505页。

"迷妄"（阿部正雄语）和对事物包括生命的执着，以"无我"的胸怀应对大千世界，这就从精神上彻底破除了人类自身的优越感和征服自然的统治欲。

"破妄"的生态伦理观受到非人类中心主义生态伦理学家的普遍称道，如曾担任美国环境伦理学会会长的罗尔斯顿把佛教尊重生命、众生平等的生态伦理思想看作是建立一种关心自然价值的生态伦理学的深刻理论基础。他说："西方传统伦理学未曾考虑过人类主体之外事物的价值……在这方面似乎东方很有前途。禅宗佛教有一种值得羡慕的对生命的尊重……禅学不是以人类为中心的。它不鼓励剥削资源。佛教使人类的要求和欲望得以纯洁和控制，使人类适应他的资源和环境。禅宗佛教懂得，我们要给予所有事物的完整性，而不是剥夺个体在宇宙中的特殊意义，它懂得如何把生命的科学和生命的神圣统一起来。"①

二、儒道佛学生态伦理思想的现代价值

儒道佛学生态伦理思想的经典命题，具有超越时代的永恒价值。命题之一是，自然与人类的关系。大自然在古人的视域中，扮演了不同的伦理角色，这些角色分析为我们今天理性地看待自然、分析自然、与自然进行良性互动，提供了宝贵的思想资源。命题之二是，人类社会治理视域中对大自然实施的基本对策和方案。时至今日，人类

---

① 邱仁宗主编：《国外自然科学哲学问题（1992—1993）》，中国社会科学出版社，1994年，第250 252页。

的社会治理理念不断引领着时代前进的步伐。在工业污染、气候问题日益严峻的时代，制定合理的自然治理、保护方案，对于当今时代的治理者具有重要的现实意义和价值。

1. 天道与人道一致的生态伦理信念

无论儒家还是道家、佛家，都认为人类社会与大自然是一个有机整体，这种天、地、人的一致性，儒家和道家用"道"的概念来表述，而佛家运用"因缘和合"的基本观点来呈现。天道与人道，从本源论上讲，皆源于"道"。道家首先提出"道"的观点，以一部《道德经》对抽象的、不可言语的、混沌的"道"进行了全面阐发，开篇第一章说道："道可道，非常道；名可名，非常名。无名，天地之始；有名，万物之母。"老子对这种超越天、地、人的本源之"道"进行了高度的理论抽象，正如《易》所云："形而上者之谓道，形而下者之谓器。"两千年前就把生态伦理的"道"的概念形而上地抽象到了理论的巅峰。但是道家思维的奇妙之处在于，刚刚把这个概念提出，就把它消解掉了，概念的建立和消解在"道可道，非常道；名可名，非常名"中同时发生，言语的局限性在此处表露无遗。于是，这个不可言说的"道"化生为一种高超的理论信念，我们相信它存在，虽然无法言说。孔夫子对此表示高度认同："天何言哉！四时行焉，百物生焉，天何言哉！"[1] 人道与天道的一致性，不是用以语言为代表的理论体系能阐发完整的，它实实在在就发生、运行、开展着，这是一个事实命题，不是一个价值命题，包含人在内的宇宙万物都是大道运

---

① [宋] 朱熹注：《四书集注》，北京：中华书局，1994 年，第 162 页。

行的自然显现。而在佛家看来，这种一致性就是世间万物之间发生的各种各样的条件，不存在没有条件关系的独立事物，万物之生、住、异、灭，自有其运转的"因缘和合"条件。就人类而言，空气、水源、大地是生存的必需条件，父亲、母亲是下一代子女产生的条件，世间无处不是关联，从这个意义上说，天、地、人就是一个互相依存、互相交流的有机整体。

2. 万物平等的生态价值观念

万物平等的价值观念，从一开始就面临人类主体立场的责难，这在儒家、佛家思想史上可以窥见端倪。万物在何种意义上平等，这是儒、道、佛三家需要共同解答的理论命题。儒家学者从一开始就亮出了自己的立场，万物之中，人可以"为天地立心"，"亲亲、仁民、爱物"存在一个天然次第，自然界要想与人获得平等地位，被平等看待，在先秦儒家学者这里存在一定的难度。孟子和荀子提出爱护自然的具体办法，其出发点是为社会治理服务的。一直到了宋明时期，学者们从"理"的高度把天地万物的性质等同起来，"万物一体"的学说提倡平等地关爱自然万物，与自然万物和谐相处。在佛家这里，我们看到关于自然与人平等的观点，内部产生了明显的分歧。以天台宗湛然为代表的法师，主张"无情有性""有情、无情，皆是佛子"，即包括生物生命在内的所有万物都具有佛性。而另一派则反对"无情有性"之说，认为人与植物存在本质的差别，不能相提并论。无论站在哪个立场，佛家学者都主张慈悲为怀、爱护生灵、不能杀生。较之儒家、佛家，道家对自然与人类平等的观点持完全认同的立场，道家强调"物无贵贱""万物皆一"，从"道"的立场看待万物，"故为是举莛与楹，厉与西施，恢诡谲怪，道通为一"。

3. 关爱万物的生态美德理念

中华文化丰富多彩的精神内涵中，若要选择其中一种为代表，仁爱精神堪当首选。从儒家"仁者爱人"，到道家"一曰慈，二曰俭，三曰不敢为天下先"（《道德经·六十七章》），再到佛家"无缘大慈，同体大悲"，关爱万物的精神理念，唱响了中华文化儒道佛三家思想的时代最强音。

自孔夫子大力推崇"仁"观念以来，孟子以"恻隐之心谓仁"作为"四端"之首，通过仁、义、礼、智"四端"说的阐发，孟子的"性善论"思想体系得以建立起来。孟子之论"性"，乃人先天之性。"人之所不学而能者，其良能也；所不虑而知者，其良知也。"良能、良知，在孟子看来，是人天然的本能，不需要后天的格外引导培养，乃人性本有之义，是人和禽兽真正的区别之处。他在《孟子·离娄》中说道："人之所以异于禽兽者几希；庶民去之，君子存之。舜明于庶物，察于人伦，由仁义行，非行仁义也。"[①]人与禽兽之间的差别在天性上，人可以本能地行仁义之道，存君子之风，动物是不可能的。王阳明顺着孟子的思路对人之天性进行了分析，提出"致良知"的观点："性无不善，故知无不良。"[②]他还把良知与"天理"联系了起来："吾心之良知，即所谓天理也。""天理在人心，亘古亘今，无有终始，天理即是良知。"[③]

① 任俊华、赵清文著：《大学·中庸·孟子正宗》，北京：华夏出版社，2014 年，第 225 页。

② 冯达文、郭齐勇主编：《新编中国哲学史》，北京：人民出版社 2015 年，第 137 页。

③ 《新编中国哲学史》，第 137 页。

"仁"的观念，通过孟子、朱熹、王守仁的理论阐发，贯穿了人之性、理、心三个儒学核心命题。朱熹将"仁"视为天下之正理："仁者，天下之正理；失正理则无序而不和。"①"仁"乃万物之理，这种秩序的性质存在于天地生物之中。明道先生曰："天地生物，各无不足之理。"②天地化生万物，各个物种都具备完满的天理。程颢先生这一番解说，把"理"从人普及到了天地生生之万物，成为万物本有自足的平等性质。

4. "道"引领"技"的生态科技观

儒道佛学生态伦理思想的一个重要特点，就是很早就把技术放在理论和道德的驾驭之下。道家以"天地与我并生，而万物与我为一"为世界观基础，以"人法地，地法天，天法道，道法自然"为基本原则，认为"好于道"则"进于技"，表达了理论比技术更根本、"道"引领技术的生态科技观，这是中国古代有代表性的科学技术观。儒家以孔子"志于道，据以德，依于仁，游于艺"为原则，与道家殊途而同归，也认为以仁德来驾驭技艺才是根本之道。中国古代很早就有的道技之辨包含了道家、儒家乃至后来的佛学家对理论科学、道德与技术、工艺之间关系的根本看法。中国古代道家道技之辨的思想具有深刻的生态伦理意味。应该指出的是，这种道家道技之辨的思想与道家理论体系中存在的"复朴"反文明的消极思想是不同的，不可不分青红皂白地加以否定。

---

① ［宋］朱熹、［宋］吕祖谦编：《近思录》，中华书局，2014年，第11页。

② 《近思录》，第11页。

5. 资源立法的生态爱护理论

中国古代典籍中关于生态资源爱护方面的智慧，在儒道佛诸家都有不同的表述。值得注意的是，有的朝代对儒家倡导的"圣王之制"生态资源爱护立法思想相当重视，还把部分环境生态方面的规则以法律的形式予以颁布。虽然现代生态伦理是关于人对自然界中万物生灵的态度及人与自然界的道德关系，但这种道德有时就是立法的基础，道德的规范就是法律的规范，儒家"圣王之制"的生态资源爱护立法思想正说明了这一点。这对我们今天的环保工作在立法和道德建设方面都有很大的借鉴意义。

三、儒道佛学生态伦理思想与生态文明建设

中华优秀传统文化是一个民族传承、发展的"根本命脉"，是当代社会治理的重要思想宝库。面对新的时代问题、现实挑战，如何调动中华优秀传统文化的活力，推动中华文明"创造性转化""创新型发展"，为时代出谋划策，为世界解决难题，这是摆在今日学者面前的重大课题。习近平总书记指出："要加强对中华优秀传统文化的挖掘和阐发，使中华民族最基本的文化基因与当代文化相适应、与现代社会相协调，把跨越时空、超越国界、富有永恒魅力、具有当代价值的文化精神弘扬起来。"①

1. "整体论"与生态文明建设

人类与大自然是一个整体，儒道佛学生态伦理思想展开了不同维

---

① 在哲学社会科学工作座谈会上的讲话（2016 年 5 月 17 日）

度的精彩论述。儒家的"天人合一""民胞物与",将人的生存境遇拓宽到浩然天地间,从天地自然的广袤视角看待人类的生存价值,人可以"为天地立心,为生民立命,为往圣继绝学,为万世开太平",展现出人类可以充分发挥主体能动性,和谐万物,促进人与自然的和谐发展,这也是人类有别于其他物种的独特能力和高超价值。先秦道家学派提出了"道"化生万物的宇宙生成模式,"道生一,一生二,二生三,三生万物",这种模式对于确立道与物、道与自然的生态整体环境,人与天地、万物之间的关系极为重要。宇宙万物是从"道"衍化而来,最终又回归"道"之母体,所以人与自然万物都在"道"的运行规律之中。道家热爱自然,亲近自然,从自然万物的运动中把握"道法自然"的运行规律。

森林、海洋、湿地并称为三大生态系统,森林是地球之肺,湿地是地球之肾。人类呼吸的氧气多来自森林,如果失去了森林这一"地球之肺",大气中的二氧化碳和氧气无法正常循环,人类呼吸的新鲜空气就难以保障。中国的"十三五"规划提出森林、草原、湿地总量管理制度,要求严格控制湿地和农林用地的面积,耕地草原河湖资源休养生息规划以及国土综合整治计划正在全面实施开展中。湿地能够调剂水文,孕育丰富的物种,保护湿地对修复生态环境具有根本意义,所以说湿地是"地球之肾"。汪洋大海对地球的生态环境产生着巨大的协调平衡功能。随着人类社会工业水平的迅猛发展,海洋污染、海洋垃圾、温室效应导致冰山融化、海平面上升等问题不断显现,对海洋生态、人类社会发展造成严重的威胁。森林、海洋、湿地是我们人类赖以生存的生命屏障,在地球这个生命共同体中,大自然的空气循环、水流循环、动物迁徙都在无时无刻地进行着。保护环境这个生态命题，在当今灾害频发、污染严峻的形势下，已然成为人类保护自身生命健康安全的根本命题。

中国的绿色经济发展模式将自然生态保护列为经济高质量发展的核心要素。"山水林田湖是一个生命共同体"，生态文明是人类为保护和建设美好生态环境而取得的物质成果、精神成果和制度成果的总和，贯穿了我国的经济建设、政治建设、文化建设、社会建设各个方面的系统工程。生态文明建设与地区发展之间也是一个有机融合的整体。以长江经济带为例，长江是中华民族的母亲河，也是中华民族发展的重要支撑。推动长江经济带发展是国家的一项重大区域发展战略。饮水思源，长江经济带依托长江而生长，我们不能为了单纯地发展经济，而不顾长江这条母亲河的生态状况。"推动长江经济带发展必须从中华民族长远利益考虑，走生态优先、绿色发展之路，使绿水青山产生巨大生态效益、经济效益、社会效益，使母亲河永葆生机活力。"

2."缘起论"与生态文明建设

"缘起论"是佛法的根本，"缘起论"阐发的条件性、因缘和合思想，对于我们把握当下的历史机遇，开展生态文明建设具有重要的现实意义。佛陀一代时教所说的空有、无常、因果、中道、三法印、四圣谛、十二因缘等教法，都是为了诠释缘起思想的根本教理。《楞严经疏》云："圣教自浅至深，说一切法，不出因缘二字。"从"缘起论"出发，佛家提出了自然万物生存发展的条件性思维。"缘"是结果所赖以生起的关系或条件，"起"是生起。大千世界森罗万象，每一种现象都有其生起的和合因缘，而且所有现象互相联系、互相依存。此有则彼有，此生则彼生，此无则彼无，此灭则彼灭。彼此互为因缘，离开因缘便不能产生一切。因此，任何事物的生成和发展都不是独立的、静止的，而是具有充分的条件性、因缘性。习近平总书记以历史的眼光对党的十八大以来的生态文明建设的条件性给予了肯定，作出了生态文明建设面临"三期叠加"这一重大判断。习近平指出，生态文明建设正处于压力叠加、负重前行的关键期，已进入提供更多优质生态产品以满足人民日益增长的优美生态环境需要的攻坚期，也到了有条件有能力解决生态环境突出问题的窗口期。"关键期""攻坚期""窗口期"，这是从不同层面对我国当前建设生态文明的条件性展开分析。"关键期"即是事物发展的重要转折点，意义非常重大。"攻坚期"说明事物发展到了瓶颈，势态严峻，环境保护要求与经济社会发展正处于艰难协调的状况中。"窗口期"表明机遇与挑战并存，我们有更开阔的视野迎战未来，要做好充分的准备迎接困难，打开一扇中国生态文明建设的光明之窗。

21世纪是经济全球化的世纪，科技的迅猛发展推进了各个国家之间的政治、经济、文化往来，互联网的发展加速推进了"人类命运共同体"。中国处在全球社会这个大环境中，具备全球发展的普遍性"条件"，全球的整体发展趋势是我国经济、社会发展的大环境、大条件。改革开放40年来，我国积累了坚实的物质基础，生态文明建设是大势所趋，我国已经具备经济由高速增长转向高质量发展的历史条件。

3. "民为邦本"与生态文明建设

儒家入世的生态伦理思想注重民生，提出"民为邦本"的治理原则。《尚书》云："民为邦本，本固邦宁。"治国之道，在于立本，人民就是一个国家的根本，治理的目标在于百姓安居乐业，推进社会走向和谐、有序、进步、文明的发展趋势。孔子的弟子曾点描绘了优美、闲适的理想社会图景："莫春者，春服既成，冠者五六人，童子六七人，浴乎沂，风乎舞雩，咏而归。"①《礼记·礼运》提出了"大同"社会思想："大道之行也，天下为公，选贤与能，讲信修睦。故人不独亲其亲，不独子其子，使老有所终，壮有所用，幼有所长，矜、寡、孤、独、废疾者皆有所养，男有分，女有归。货恶其弃于地也，不必藏于己；力恶其不出于身也，不必为己。是故谋闭而不兴，盗窃乱贼而不作，故外户而不闭，是谓大同。"

生态文明建设是儒家"民为邦本"治理原则的实践基础。孔子在《论语》中提出了"富之""教之"的治理理念："子适卫，冉有仆。子曰：'庶矣哉！'冉有曰：'既庶矣，又何加焉？'曰：'富之。'曰：'既富矣，又何加焉？'曰：'教之。'"②孔子到卫国，冉有为他驾车。孔子说："人口很多啊！"冉有说："人口已经很多了，再该采取什么措施呢？"孔子说："使人民富裕起来。"冉有说："已经富裕起来了，再该采取什么措施呢？"孔子说："教育人民。"生态文明建设是人类生活的基本要素，离开了生态环境，人类的衣食住行就无从谈起，所以物质文明建设是精神文明建设的基本前提。《孟子》

---

① ［宋］朱熹注：《四书集注》，北京：中华书局，1994年，第117页。

② 《四书集注》，第129页。

记载了梁惠王向孟子询问治理国家的政策，孟子以"五十步笑百步"为比喻，向梁惠王论述了如何实行"仁政"、以"王道"统一天下的问题。在孟子看来，王道治理的第一步是人民"养生丧死无憾"，就是不耽误农业生产的季节，满足民众基本的粮食物资需要。在满足基本物质条件的基础上，使"七十者可以食肉"，"数口之家可以无饥"，让民众过上衣食起居安稳、物质优裕的生活，也就是孔子所说的"富之"。管仲也同样提出"是以善为国者，必先富民，然后治之"。在物质需求得到满足之后，就要"谨庠序之教，申之以孝悌之义"，认真地兴办学校教育，以尊敬父母、敬爱兄长的道德观念教化人心，也就是孔子所谓的"教之"。富之、教之作为物质文明建设和精神文明建设两个重要方面，缺一不可，生态文明建设既是物质文明建设的重要组成部分，也是精神文明建设的重要内涵，两者相互促进，共同惠民利民。

良好的生态环境是最普惠的民生福祉。改革开放以来，中国经济迅速发展，取得了举世瞩目的成就，同时又面临着日益严重的资源、环境、生态压力。受高污染、高消耗、高排放的粗放型经济影响，空气污染、水污染、土地沙化、湿地萎缩、生物多样性锐减等发达国家上百年陆续出现的环境问题，中国在最近30多年的高速发展过程中集中显现。党的十八大报告指出："人民对美好生活的向往，就是我们的奋斗目标。"随着物质水平的不断提高，人民群众对生活、工作的环境提出了更高的需求，我们不仅要物质富裕，也要环境优美，既要金山银山，也要绿水青山。十八大报告首次提出"美丽中国"的发展规划，对先污染、后治理的传统发展模式进行了深刻反思，制定了生态文明建设的总体规划:"建设生态文明,是关系人民福祉、关乎民族未来的长远大计。面对资源日益趋紧、环境污染严重、生态系统退化的严峻形势,必须树立尊重自然、顺应自然、保护自然的生态文明理念,把生态文明建设放在突出地位,融入经济建设、政治建设、文化建设、社会建设各方面和全过程,努力建设美丽中国,实现中华民族永续发展。"优美的自然环境是我们国家最优美的国际形象,也是福泽一方百姓最普惠的公共产品。在人民群众日益增长的物质文化需求中,营建优美和谐的生存空间,越来越成为百姓心目中的"无价之宝"。

4. "道法自然"与生态文明建设

自从提出"可持续发展"战略以来,我国将生态文明建设理念纳入经济建设、政治建设、文化建设、社会建设之中,把坚持绿色发展和保护环境列为基本国策。在我国的发展转型理念中,经济建设从单纯的资产总值增长转变为保护自然生态与经济增长同时进行,其中蕴含着"道法自然"的精神实质。"生态治理,道阻且长,行则将至",推进生态文明建设,打造多元共生的生态系统,需要遵循规律,科学规划,因地制宜,统筹兼顾,既要有只争朝夕的精神,更要有持之以恒的坚守,让地球家园始终充满生机活力。自然界的运行自有其规律,在建设生态文明的过程中,要尊重万物的生发规律、水流的循环规律,把握资源的开采节奏,"要牢固树立生态红线的观念","在生态环境保护问题上,就是要不能越雷池一步,否则就应该受到惩罚"。

第三节　儒道佛学生态伦理思想与人类社会的美好未来

中华民族是一个热爱大自然、关爱生命的古老民族，打开中国最古老的诗歌典籍《诗经》，一幅"关关雎鸠，在河之洲"的雎鸠河洲图就跃然眼前。我们的祖先诗意地栖居在大自然和风沐雨、四季变化的枝丫上，对于人类社会美好生活的向往，没有离开过"人"对自然万物的深深关怀与亲切融合。

儒道佛学生态伦理思想从物质生活、德性生活、艺术生活三个方面展开。大自然是人类生存的基础环境，为我们提供了生存所必需的生活资料，这是自然的"物资"形态。在满足基本生存的基础上，儒家、道家生态伦理思想进一步探索人类社会的治理方法——自然万物运行自有其"道"，人道效法天道，成为人类社会的治理规律，儒家转化出了仁、义、道、德等伦理思想，创造出大自然在中华文化中独特的"价值"形态，并把德性伦理应用到政治治理，提出"为政以德""导之以德"的"德治"方案。儒道佛学生态伦理思想的第三个维度，再次转换大自然的身份，把镜头对准个体的"人"，感受大自然对于人类艺术审美的重要意义，《庄子》就是自然高超"艺术"形态的巅峰代表，在真、善、美的视域融合中，儒道佛学生态伦理思想走向了"天人合一"的理想境界。孔子的弟子曾点描绘了一片自由祥和的生活场景："莫春者，春服既成，冠者五六人，童子六七人，浴乎沂，风乎舞雩，咏而归。"①暮春时节，携一群青少年学生一起在风景秀丽、人文气息浓郁的沂水雩坛各处游玩、尽兴，歌咏

---

① 杨伯峻译注：《论语译注》，北京：中华书局，2018年，第170、171页。

而归，这是曾点心目中的美好生活，引发了孔子的喟然感叹："吾与点也！" ①

一、儒道佛学生态伦理思想与人类社会的美好构想

与西方"人类中心主义"为代表的人类主导型世界观不同，中华民族在遥远的先秦时期就形成了认识世界、把握世界的整体思维方式，影响了中华儿女千百年来生活的基本理念、基本方式和对生态生活的美好向往。在我们对人类社会美好未来的蓝图中，有天、地、人"三才"，人类生活在广阔绿色的天地之间，呼吸着清新自然的空气，饮用清洁的水源，大自然生态给予我们源源不断的生存物资、艺术的灵感、思想的活力，中华儿女健康、快乐地生活在鸟语花香的和谐天地之间，代代繁衍，延续着古老而悠远的东方和谐文明。

1."天人合一"的和谐世界

"天人合一"自然整体观是中国古代生态文明的根本特征。"天人合一"自然整体观承认自然的内在价值，强调爱护自然是人类不容推脱的责任。可见中国传统文化内蕴有深刻的生态伦理意识，这种生态伦理意识所要构建的理想社会自然也是人与自然和谐共生的世界。这一切都是以"天人合一"自然整体观为基础的。儒道佛学三大生态伦理是中国古代生态伦理的主干，这种以"天人合一"自然整体论为基础构建的和谐世界，在儒道佛学思想中都有深刻的描述和论证。儒学与"天地合生生之德"、道学与"天地合自然之德"、佛学与"宇宙

① 《论语译注》，第171页。

合解脱之德",皆是以和谐的整体为其哲学基础的。从生态伦理的角度看,中国古代生态伦理文明对人类的生存环境具有深刻的整体性认知。

从"天人合一"的自然整体观出发,贯通"天道"和"人道",实现人与自然的和谐统一,这是中国古代生态伦理思想的基本结构,这种观念在儒道佛三家思想中表现得最为明显。

儒家思想中,万物与人都是天地自然化育的结果,人道要效法天地生生万物之德,以至诚尽心、知性、知天。《孟子》曰:"尽其心者,知其性也。知其性,则知天矣。"[①]"天地之大德曰生",人性亦是如此,"赞天地之化育",爱护自然,协助天地,促进万物生生不息,是人之为人的天然责任。如此人与自然和谐就是情理之中的事。张载在《诚明》篇中说道:"天人异用,不足以言诚,天人异知,不足以尽明。所谓诚明者,性与天道不见乎小大之别也。义命合一存乎理,仁智合一存乎圣,动静合一存乎神,阴阳合一存乎道,性与天道合一存乎诚。"[②]张载沿着《中庸》的思路,将"诚"作为贯穿天人的重要线索,人之性若要合乎天道的运行规律,就要存乎"诚"。《中庸》云:"诚者,天之道也。诚之者,人之道也。"[③]"唯天下之至诚,为能尽其性;能尽其性,则能尽人之性;能尽人之性,则能尽物之性;能尽物之性,则可以赞天地之化育。"[④]"唯天下至诚,为能经纶天下之

①　[清]焦循撰,沈文倬点校:《孟子正义》,北京:中华书局,2017年,第725页。

②　[宋]张载著:《张载集》,北京:中华书局,1978年,第20页。

③　[宋]朱熹撰:《四书章句集注》,北京:中华书局,2011年,第32页。

④　《四书章句集注》,第34页。

大经，立天下之大本，知天地之化育。"①儒家学者认为，尽人之性与尽物之性可以用"诚"一以贯之，这是立身之本，立天下之大本。儒学的中庸思想，以达到"致中和，天地位焉，万物育焉"为根本目标，实质倡导的是自然万物各就其位、和谐相生、欣欣向荣的理想生态世界。

道家以"自然"为最高道德。万物自然而然生长是构建理想社会的基础。这样，尊重天地、山川江河、人类、鸟兽虫鱼、花草树木等万物的自然存在和生长，采取"不干预"理念，推崇"无用之用"的伦理原则，"辅万物之自然而不敢为"就成为人类的根本责任。而其最终所要实现的也是人与自然的整体和谐。

佛家以"解脱"为最高实践准则。人和天地万物都处于不可分割的生命共同体中，解脱则同时解脱，涅槃则同时涅槃。"人身难得"——"地狱不空，誓不成佛"——"普度众生"就是这种"解脱"理念内蕴的基本观念。可见，佛家亦是以自然和谐的整体论为其根本追求的。

以西方主客二分思维为基础建构的工业文明，既构成了现代社会的物质文明基础，也是造成现代生态危机和精神荒原的文化原因。这样，从工业文明转变到生态文明就成为理所应当之事。生态文明是以"主客相融"为基础建构起来的。以儒道佛学生态伦理为主干的中国古代生态伦理文明，是以农业文明为基础建构起来的，"天人合一"、人与自然和谐是其根本特征，这与现代生态文明基本结构是一致的。

---

① 《四书章句集注》，第 39 页。

因此，从中国古代"天人合一"和谐整体论吸收其合理内核，并实现现代转化，有着重要的理论意义和现实意义。

2."美美与共"的共享世界

中国古代生态伦理文明倡导"美美与共，天下大同"的共享生态伦理观。根据《说文解字》，"共，同也"，《周礼》《尚书》《左传》等古籍也借"共"字表示"供奉""恭敬"的意思。"供奉"亦要有"恭敬之心"，《左传》曰："尔贡包茅不入，王祭不共，无以缩酒。""公卑杞，杞不共也。"对于"享"，《说文解字》曰："享，献也。"在中国古代传统文化语境中，"共享"可以解读为以恭敬之心奉献和享用，"奉献"是从自我手段来讲，"享用"是从自我目的来讲，在中国传统文化中，人和万物自身既是手段，也是目的。手段是从现实性讲的，目的是从理想性讲的，手段和目的、奉献和享用的统一是中国古代生态伦理的基本信念。

儒家以礼制秩序建构起来的伦理学是一种共享伦理学。儒家讲"修齐治平"，"修"是"修德"。"修德"就是在保证自我利益的前提下，培养自我的"利他之心"，这种"利他之心"就是一种奉献之心、分享之心。"利他之心""分享之心"主要表现在"齐家、治国、平天下"的生产实践中。这种共享伦理学不仅是一种社会伦理学，更是一种生态伦理学。"仁民而爱物""民胞物与"要求将人类"共享之心"拓展到自然万物中去，"平天下"不仅包括人类社会的天下平，也包括太阳照耀下的天下都要"平"。

道家以自然为核心建构起来的伦理学也是一种共享伦理学。庄子的"无用之用"命题深刻地揭示了道家生态伦理学的"共享"之维。

根据道家思想，道创生天地万物，"道"普遍存在于天地万物之中。因此，道家不仅强调人和自然的一体性，"天地与我并生，而万物与我为一"①、"道通为一"②、"万物一齐"③，也强调人和万物的平等性，"以道观之，物无贵贱"④。以"道"为核心构建起来的生命体都是最为重要的。老子说，"道大，天大，地大，人亦大"，这里的"大"，强调的就是万物生命的尊贵性。毋庸置疑，"生命"是异常尊贵、有内在价值的，尊重生命是生态伦理学的基本要求。道家甚至认为，"无生命"的"无机物"也是尊贵的，因为这些无机物是构成生命系统循环的环境要素，都是蕴涵有"道"的，庄子道在"屎溺"的命题深刻地揭示了这种思想。所以，在道家生命链条中，任何事物都没有高低大小之分，在生命和功能上都是平等的，彼此之间存在着相互依赖、相互作用的关系，这种关系是自然而然形成的，这种关系也是一种天然的"共享"关系。就"无用之用"来讲，所谓"无用"就是任何事物都以自身为目的，人类和其他万物都要尊重万物自身的价值，不能把他/它作为手段来利用。所谓"用"，就是任何事物的存在都是有价值的，他们/它们的存在都对他物有着重要的价值。就是说，人和万物既以自我为目的，也为他物存在而奉献自身；人类和万物既享受他人/他物的工具价值，也奉献自己的工具价值。这一切都以万物自然本性的实现为前提。

佛家"自利利他"的"解脱"观，亦是一种"共享"价值观。依

① ［晋］郭象注、［唐］成玄英疏：《庄子注疏》，北京：中华书局，2011年，第44页。
② 《庄子注疏》，第38页。
③ 《庄子注疏》，第318页。
④ 《庄子注疏》，第313页。

据"缘起论",宇宙万物皆是因缘和合而生,都没有自性,是"空"的。依据大乘佛学观念,万物都有佛性,都是平等的。所以,人和万物都处于一种绝对的生命共同体中,任何事物的解脱都是他物解脱的前提,就是说"利己"要以"利他"为前提。这样,自我奉献和共享生命解脱是统一的。当然,这种"共享"也是"生态性"的。

中国著名社会学家费孝通先生曾从中国文化包容性出发,为协调当前文化提出了内涵丰富的"十六字箴言":各美其美,美人之美,美美与共,天下大同。为解决当前世界文化冲突提供了基本的指导原则。所以,"十六字箴言"既是传统的,亦是现代的。本质上讲,中国传统文化是一种奠基于农业文明基础上的生态文化,这种生态文化承认了天地万物的内在价值,尊重每一个事物存在的价值,人与自然和谐相处,这就是"各美其美";同时我们也要学会欣赏万物之美,小鸟飞翔于天空,鱼儿畅游于大海,禽兽奔跑于原野,万物霜天竞自由,这就是万物之美,"美人之美";人为万物负责,万物为人类生存提供基本的物质资料、审美价值等,这就是"美美与共";最终要实现的就是人与自然和谐共处的理想生态世界,这就是"天下大同"。达到天下大同,共享生命之美,就需要我们人类尊重自然,以"大我"的生态意识参与到宇宙秩序建构中来。康德的《纯粹理性批判》主要从认识论角度讲"是什么"的问题,《实践理性批判》主要从道德实践角度讲"应该怎么做"的问题,《判断力批判》则将"是"与"应该"统一起来,深刻地阐述了"美"的问题。对于康德哲学,我们不作过多探讨,本书所要表达的是,中国传统生态文化和现代生态文化都将事实和价值统一了起来,这种统一所构成的世界就是"美"

的世界。因此，以儒道佛学生态伦理为主干的中国古代生态伦理所要建构的也是一个"美"的世界，这个"美"的世界是以"共享"为核心特征的。这种"共享"的生态伦理既是古代的，也是现代的。

3. "道法自然"的绿色世界

"以道驭技"是中国农业文明的基本观念，"以技通道"是近代西方工业文明的思维方式。"以道驭技"肯定了"道"的至高无上性，容易忽视"技"的实际作用，"君子不器"就是这种思想的形象写照，于是人类主体性往往限定在对整体性的领会，失去了对部分的进一步认识。"以技通道"肯定了"技"的重要性，尽管"技"的目的是通向整体性的道，但是却在认识和把握整体中部分的同时，忽视了对整体性的领会。中国古代科学未发展到现代科学，西方近代科学导致了生态危机，是单方面重视"道"或"技"所导致的结果。生态文明以近代西方工业文明为基础，也是对农业文明否定之否定式的回归。生态文明与农业文明在内在结构上是一致的，理解和把握中国农业生态文明以及其与现代技术体系的关系，统一"道""技"，建立绿色世界，是中国古代生态伦理文明现代化的重要维度。这里我们以"以道驭技"为核心，来考察"道技"关系及其对现代生态伦理思想建构的作用。

"以道驭技"是中国古代生态伦理文明的普遍性观念。儒家讲"吾道一以贯之""形而上者之谓道"，道家讲"道冲，而用之或不盈""大道废，有仁义""道常无名、朴。虽小，天下莫能臣"，佛家讲"依正不二"等，都是以有机整体论为认识和把握世界的基础。"道"所指称的核心涵义就是"有机整体论"。整体和部分是对立统一

的关系，没有整体就没有部分，同样，没有部分也就没有整体。既然
要认识和把握整体，就必须对部分有充分的认识。儒道佛学既然拿以
"道"为核心的有机整体为最高价值追求，无形中就会降低"技"的
作用和地位。

《周易》曰："形而上者谓之道，形而下者谓之器。"宋代理学大
家程颐说："体用一源，显微无间。"形而上者与形而下者、体与用
的关系就是驾驭与被驾驭的关系，显然，前者是驾驭者，后者是被驾
驭者。没有对现象层面的"器"的深刻理解，也不可能理解形而上的
"道"，"格物致知"亦是"以技通道"的思维路径。然而，儒家所谓
外在的"物"，更多的是"生生之物"，是价值之"物"。从价值层面
来认识世界，其视角依然是整体性的。这样儒家就从道德价值层面来
理解人与人、人与自然的关系，其中，人与自然的关系更为根本，换
句话说，儒家思想本质上是生态性的。天道塑造人道就是对这种思路
的证明。然而，在古代农业社会，中国并未遭遇到严峻的生态危机，
于是儒家天道、人道关系最终落脚到社会伦理领域。不过，儒家最高
的价值追求依然是人与自然的和谐，因为世界是有机整体，是人类社
会合法性的根源，"大同""大顺"最高理想社会里，必然也是自然万
物获取天命，这是儒家生态伦理内在结构的基本特征。

"道技之辨"也是道家的基本命题。"道法自然"是道家"道技之
辨"的根本原则。对于道家来讲，"自然"既是万物的本性，也是宇
宙运行的规律，还是道家最高的道德价值追求。因此，从价值层面
来讲，道家的"道技"思想充满了深刻的生态伦理思想；从规律角度
来讲，道家的"道技"也是与现代科学相通的。从道法自然角度来

讲，"道技之辨"包含了三个方面涵义。首先，"道""技"是相通的。"通于天地者，德也；行于万物者，道也；上治人者，事也；能有所艺者，技也。技兼于事，事兼于义，义兼于德，德兼于道，道兼于天。"① 其次，"道"高于"技"，"技"的最高层次是"道"。老子、庄子以"道"为最高本体与万物根源，《阴符经》说"观天之道，执天之行"，也是以"道"为"技术"使用的根本原则。再次，"技"是达至"道"的境界的充要条件。庄子"庖丁解牛""轮扁斫轮""运斤成风"等都是从"技"的层面达到自由、物我同一的最高的"道"之境界的经典案例。在道学"道技之辨"发展史上，《阴符经》提出"执天之行""盗天地万物"等思想，都是要求人类从最高层面积极有为地发挥主体能动性，从"技"的层面通达"道"的层面。众所周知，道家科技代表了中国古代科技的最高成就。现代生态伦理建设离不开科技的使用，在如何使用技术方面，道家可以给予我们最为深刻的启示。

近代启蒙理性形成的主客二分思维方式，催生了现代科技。现代科技的产生，使人类掌握了从根本上改变世界的能力，不可避免地加速了资源的损耗、物种的灭绝和全球环境污染。科技与现代严重的生态危机是同时出现的，然而，科技并不是造成生态危机的根本原因，"技术"只是人类改造世界的方式而已。造成生态危机的根本原因是人类的文化和文明。西方文化是纯粹的主客二分，表现在"道技之辨"上，主要是以人类的"私欲"驾驭"技术"。18世纪初，荷兰哲学家、经济学家曼德维尔在《蜜蜂的寓言》中提出

---

① 陈鼓应注译：《老子今注今译》，北京：商务印书馆，2016年，第219页。

"私人的恶德，公众的利益"① 命题，直接启发了现代经济学奠基人亚当·斯密的经济人假设，二者都为私欲控制技术提供了理论支持。为了满足人类无穷的欲望，人类通过技术征服自然，带来了严重的生态危机。相反，中国传统文化是以"天人合一"为其根本特征的，并以整体性的"道"驾驭"技"，这种文化所孕育出来的伦理思想必然是生态性的。这种文化可以为当代处理生态和技术间的关系提供现实启示。

4."兵戈无用"的和平世界

中国人自古就推崇"协和万邦"②、"亲仁善邻，国之宝也"③、"四海之内皆兄弟"④、"国虽大，好战必亡"⑤、远亲不如近邻、亲望亲好邻望邻好等和平思想。爱好和平的思想深深嵌入了中华民族的精神世界，成为儒道佛学生态伦理思想对人类社会美好未来的真挚期盼。

儒学崇尚和平，以"和而不同"为处理人际关系的基本原则。《中庸》云："万物并育而不相害，道并行而不相悖。"⑥ 万物之间和谐相处而又不千篇一律，不同而又不相互冲突，以和谐共生共长，以不同相辅相成。儒家崇尚"和"，"和也者，天下之达道也"，为了更好地推动人与人、人与万物的关系达到"和而不同"的"达道"气象，儒家从现实中既有的最简单、最基本的家庭伦理出发，以"仁"为核

---

① ［荷］B. 曼德维尔著：《蜜蜂的寓言》，肖聿译，北京：商务印书馆，2019 年，第 1 页。

② 冀昀主编：《尚书》，北京：线装书局，2007 年，第 3 页。

③ ［春秋］左丘明撰：《左传》，长沙：岳麓书社，1988 年，第 8 页。

④ 杨伯峻译注：《论语译注》，北京：中华书局，2018 年，第 176 页。

⑤ 褚玉兰、张大同编著：《兵家精典新解》，济南：山东大学出版社，2005 年，第 286 页。

⑥ ［宋］朱熹撰：《四书章句集注》，北京：中华书局，2011 年，第 38 页。

心，亲亲，仁民，爱物，推己及人，层层扩展，演绎出一套天、地、人和谐有序的人伦观与国家治理观。

道家老子更是强烈地反对战争，刻画出战争对人类居住的生态环境造成的剧烈破坏以及对社会发展的不利影响。上天有好生之德，战争造成生灵涂炭，惊恐四起，违背了天道，绝非君子所为。所以《道德经》曰："夫兵者，不祥之器，物或恶之，故有道者不处。君子居则贵左，用兵则贵右。兵者不祥之器，非君子之器，不得已而用之，恬淡为上。胜而不美，而美之者，是乐杀人。夫乐杀人者，则不可得志于天下矣。吉事尚左，凶事尚右。偏将军居左，上将军居右，言以丧礼处之。杀人之众，以悲哀泣之，战胜以丧礼处之。"[①]战争即使战胜了，也没有什么可以赞美的地方，因为杀害了众多无辜的生命，只能悲哀哭泣，为逝者举行丧礼。《道德经》指出："以道佐人主者，不以兵强天下。其事好还。师之所处，荆棘生焉。大军之后，必有凶年。"[②]政治治理要随顺天道，"人法地，地法天，天法道，道法自然"，如果滥用武力、强攻天下，会造成严重的生态破坏，出现粮食不长、荆棘丛生、灾害不断、民不聊生的"凶年"，这是道家所不愿看到的，所以道家主张"以道佐人主者，不以兵强天下"，通过呈现战争对世间力物造成的惨痛后果阐发道家生态伦理的和平思想。

佛家生态伦理思想向往风调雨顺的和平世界："佛所行处，国邑丘聚，靡不蒙化。天下和顺，日月清明。风雨以时，灾厉不起。国丰

---

① 《老子今注今译》，第 195 页。

② 《老子今注今译》，第 192 页。

民安，兵戈无用。崇德兴仁，务修礼让。国无盗贼，无有怨枉。强不凌弱，各得其所。"①佛家大慈大悲，悲拔一切众生苦，慈予一切众生乐，和平是众生获得安乐、远离苦难的根本保证。佛家生态伦理思想提倡"崇德兴仁，务修礼让"，"一心制意，端身正念。言行相副，所作至诚"，从个体礼让的行为、诚信的言语、真诚的思想三个维度出发，推动人类社会和谐运行、世界和平安定。佛家阐发了影响世界和平的几个重要因素，第一，恃强凌弱是打破国际平等交往原则的重要原因。"世间诸众生类，欲为众恶。强者伏弱，转向克贼，残害杀伤"②，"兴兵相伐，攻劫杀戮"③，不平等的国际交往不利于世界的和平稳定。第二，社会交往不遵纪守法，失去了诚信、义、礼。"不顺法度，奢淫骄纵，任心自恣。居上不明，在位不正"④，"朋友无信，难得诚实"⑤，"无义无礼，不可谏晓"⑥，都是影响社会不和谐的重要因素。第三，家庭交往不孝顺父母、不敬重师长。"不孝父母，不事师长"，"父母教诲，违戾反逆"，"不惟父母之恩，不存师友之义"，⑦都影响家庭的和谐稳定。由此观之，佛学和儒学在探索如何维护世界和平，社会安定的道路和方法上，同时指向了人伦道德的教化和培育。佛家以"尊圣敬善，仁慈博爱"⑧为教育宗旨，营建和睦友善的个体

---

① 李森、郭俊峰主编：《无量寿经》，长春：时代文艺出版社，2001 年，第 244 页。

② 《无量寿经》，第 235 页。

③ 《无量寿经》，第 236 页。

④ 《无量寿经》，第 236 页。

⑤ 《无量寿经》，第 236 页。

⑥ 《无量寿经》，第 237 页。

⑦ 《无量寿经》，第 237 页。

⑧ 《无量寿经》，第 242 页。

生存环境。"世间人民，父子、兄弟、夫妇、亲属，当相敬爱，无相憎嫉。有无相通，无得贪惜。言色常和，莫相违戾。"[①]以"敬爱"之道构建人类社会的美好未来。

二、儒道佛学生态伦理思想与人类美好的生活方式

儒道佛学生态伦理思想不仅放眼远方，构建了人类社会和谐、共享、绿色、和平的美好生活，还着眼于当下，探索人类实现理想生活的具体途径、方法。儒学提出了"仁爱"的德性生活，追求"天人合一"、人与万物和合共生的生存境界。道学从"道法自然"出发，从不同维度论证了万物的平等性，提倡无为、逍遥的艺术生活。佛学以慈悲为本，爱护万物，在提升自我觉知能力的过程中，提升了生命的品质。

1. 儒学"仁爱"的德性生活

生命出自一源，万物同生一本。天地有生生之仁德，道有哺育万物生长的善性，道与天地创生万物的过程就是一个永恒变化的过程。不过，这种变化不是一般的"变化"，而是"生生"的变化。这种变化本身蕴涵了至高无上的德性与德行。在儒家看来，万物由道和天地所生，故人类的美好生活之道应当效法天地之生德，以"天人合一"的生存方式，走向"成圣"的理想目标。

从德性本源论出发，儒学"天人合一"是"仁者"的生存状态和生活方式。《周易·系辞上传》曰："一阴一阳之谓道。继之者善也，成之者性也。"阴阳即变化，变化是生生之变化。君子"继善成

---

① 《无量寿经》，第 230 页。

性"，即是成就天地万物之生意。汉儒董仲舒以"元"为核心建构的宇宙整体体系，就是要用"元"来规范人类的生活。"《春秋》之道，以元之深正天之端，以天之端正王之正，以王之政正诸侯之即位，以诸侯之即位正竟内之治。五者俱正，而化大行。"[1]以具有深刻生态性的"元"来正天道，以天道正人道，从而实现"天地人"都能够和谐地生存于以"元"建构的气化世界之中。这里"元"亦是"生意"。宋明新儒学开山祖师周敦颐在《太极图说》中，从《周易》"生生之德"、道家宇宙创生论、心性论等角度出发，以"生"为核心来构建天人整体论。从周敦颐开始，宋明新儒学普遍以"生"解释儒家思想的核心范畴"仁"。其中以程颢的诠释最为明晰："医书言手足痿痹为不仁，此言最善名状。仁者，以天地万物为一体，莫非己也。认得为己，何所不至？若不有诸己，自不与己相干。如手足不仁，气已不贯，皆不属己。故'博施济众'，乃圣之功用。仁之难言，故止曰'己欲立而立人，己欲达而达人，能近取譬，可谓仁之方也已。'欲令如是观仁，可以得仁之体。"[2]这里程颢是从医学角度来讲"仁者"之"仁心"的。"仁者，人也"是儒家一以贯之的思想。在程颢看来，所谓仁者，就是要达到"以天地万物为一体"的境界，在这个境界中，万事万物的事情都是与我相关的。相反，如果不把天地万物视为自己身体的一部分，就和手足麻痹而感觉不到手足存在的道理是一样的。所以，广泛地救助众人，就体现出了仁者与"天地万物为一体"的境界。程颢"以天地万物为一体"，他以"己欲立而立人，己欲达

---

① 曾振宇、傅永聚注：《春秋繁露新注》，北京：商务印书馆，2010年，第108页。

② ［宋］程颢、程颐著：《二程集》，北京：中华书局，2004年，第15页。

而达人"来释仁，以此来去人己之隔，推广开来，亦可去人物之隔。这里程颢将儒家原本的"人己"一体思想进一步深化到"人物"一体中来，具有深刻的生态伦理意蕴，而这一切都与主体密切相关。可见，"天人合生生之德"的整体观构成了"仁者"的基本生活方式。

儒学"天人合一"的生活方式指向"成圣"的理想目标。《周易·乾·文言传》曰："夫大人者，与天地合其德，与日月合其明，与四时合其序，与鬼神合其吉凶。""圣人""大人"都是儒家追求"成圣"的理想目标。"大人"与天地、日月、四时、鬼神相合，既是合"生生之德"，又是合"生生之规律"。张载在《西铭》中提出圣人"穷神知化"所要达到的境界亦是如此，这种"穷神知化"的境界将自然万物和人类社会完全看成了一体。于是张载提出了他著名的"民胞物与"命题："乾称父，坤称母；予兹藐焉，乃混然中处。故天地之塞，吾其体；天地之帅，吾其性。民吾同胞，物吾与也。"[①]"民胞物与"思想是孟子"仁民爱物"理念的进一步发展，也是儒家"成圣"目标的新观念，受到了宋明新儒家的普遍推崇。二程从"理—性"角度阐释了物我一体、天人相贯的生态整体论和功夫论。天地万物有共通之处，都秉承"此心"，此心为天地之心。朱子以"仁心"为天地之心："人者，天地之心也。仁，人心也。人而不仁，则天地之心不立矣。为天地立心，仁也。"[②]儒学从德性伦理的角度实现了"天人合一"生存状态与"成圣"理想目标的和谐统一，通过探寻人

---

① ［宋］张载著：《张载集》，北京：中华书局，1978 年，第 62 页。

② ［清］黄宗羲著，陈金生、梁连华校：《宋元学案》第四册，北京：中华书局，1986 年，第 2861 页。

类美好生活的基本原理、基本架构、理想效果，设计出了一幅人类未来美好生活的和谐蓝图。

在现代工业文明时代，主客二分的思维方式在解放人类欲望的同时，不仅给自然带来了深刻的危机，也使人类精神迷失于物欲中。儒家"仁爱"的德性生活对于人类精神的迷失有着重要的启示作用。

2. 道学"自然"的艺术生活

"自然"的价值性、规律性、本性决定了道家生活的艺术性、审美性，"道法自然"则是道家建立这种艺术式美好人类社会未来的理论基础。首先，道家艺术生活奠基于自然整体论上。老子曰："昔之得一者，天得一以清，地得一以宁，神得一以灵，谷得一以盈，万物得一以生，侯王得一以为天下正。"（《道德经·三十九章》）可见道家的生活方式一定是以整体性的"一"为基础。其次，道家艺术生活是自然的、自由的，符合万物本性。老子"道法自然"命题中，自然既是自由，也是万物的本然状态。再次，道家艺术生活充满了强烈而深沉的生命力。老子"反者，道之动""寂兮寥兮，独立而不改，周行而不殆，可以为天下母"等，彰显了老子"道"拥有的永恒动力和无穷生命力。这也是艺术式生活方式的基本特点。

从"自然"的平等生存理念出发，庄子进一步把人类的生存方式提升到"艺术"的高度，在人与自然的平等相处中确立了美的价值、美的对象和美的超越。《庄子·齐物论》对平等思想进行了"价值"深入，陈鼓应先生指出："齐物论，包括齐、物论（即人物之论平等观）与齐物、论（即申论万物平等观）。"[1]这样，在承认主客观

---

[1] 陈鼓应注译：《老子今注今译》，北京：商务印书馆，2016年，第32页。

世界中仍然存在差异性的基础上，《庄子》从更深层次的维度探索了万物的"自然"生存状态，其中表现为：一、"凡物无成与毁，复通为一"①。从"道"之本体的角度看待万物的生存、运行状态，万物的形态有生有灭，但是都以"道"为母体，最终都回归于"道"的本体，"反者道之动"②，在来源和归宿上具有"平等"性。二、"物化"的自由境界。庄子的"无用之用"批判了"异化"的工具世界，肯定了"自由"的价值世界。这种"自由"的价值世界，在《庄子》全书都有深入的描述，在《齐物论》《逍遥游》等篇章表现得更为明显。三、"此一一是非，彼一一是非"③。人类审美价值判断标准的深刻反思，在于人与自然万物的价值立场转换中，破除了"人类中心主义"价值观。四、"万物一体"。从"万物一体"出发，达到了人类与万物共生共荣的和谐状态。

《庄子》的自然"艺术"生活以"逍遥""齐物"为理想追求，刻画出了"真人""至人"的高超艺术形象。"体道"之"真人"达到了高度的艺术审美境界："独与天地精神往来而不敖倪于万物，不遣是非，以与世俗处。"④ 真人法天道之"自然"，云游于世，不刻意，不奇巧。"古之真人，不逆寡，不雄成，不谟士。"⑤ 外在的功名利禄、利害得失只能使人陷入"有用"的工具性的异化生活中。"真人""至人"摒弃了世俗"有用"的生活方式，进入超世的"无用"之中。以

---

① ［晋］郭象注、［唐］成玄英疏：《庄子注疏》，北京：中华书局，2011 年，第 38 页。

② 《老子今注今译》，第 226 页。

③ 《老子今注今译》，第 36 页。

④ 《庄子注疏》，第 569、570 页。

⑤ 《庄子注疏》，第 126 页。

"无用"心态对待自己，对待万物，自己不是他人他物的工具，自己也不把他人他物当成工具，这就是"真人""至人"所追求的艺术性的自由境界。

3. 佛学"慈悲"的智性生活

佛学对人类社会美好生活的描绘与人的"觉知"心有着密切联系，在佛家看来，人类走向美好生活的过程，伴随着自我智性的提升与心地的清净无染。"随其心净，即佛土净。""自性迷即是众生，自性觉即是佛。"[①]觉悟的心包含了清净、平等、慈悲、智慧、包容等美好的伦理品质，万物在佛性上是绝对平等的。《五灯会元》说道："天平等故常覆。地平等故常载。日月平等，故四时常明。涅槃平等，故凡圣不二。人心平等，故高低无净。"[②]佛学用"月映万川"作比喻，月照万川，万川皆现月，佛性不差别，人人皆有佛性。

从平等论出发，佛家慈悲对待一切众生。《大智度论》卷二十七云："大慈，与一切众生乐；大悲，拔一切众生苦。大慈，以喜乐因缘与众生；大悲，以离苦因缘与众生。"[③]爱一切众生为大慈，拯救一切受苦受难的众生为大悲。佛家以"慈悲"为怀，提倡廓然大公的利他精神。佛学的四无量心为"慈、悲、喜、舍"，欢喜给予众生以安乐。《大般涅槃经》卷十五云："一切声闻、缘觉、菩萨、诸佛如来，所有善根慈为根本。"[④]这是说慈悲是佛家教义的根本点。生命诚可贵，佛家不仅珍视人类的生命，而且给予一切生命平等的关爱、救

---

① 尚荣译注：《坛经》，北京：中华书局，2013 年，第 74 页。
② 《续传灯录》，《大正藏》第 51 卷，第 521 页。
③ 《大智度论》，《大正藏》第 25 卷，第 256 页。
④ 《大般涅槃经》，《大正藏》第 12 卷，第 456 页。

助，通过慈悲的行为净化心灵，提升智性。

佛学描绘了理想的佛国净土，勾画出一幅人伦和谐、环境优美的理想蓝图——"极乐世界"。在那里，人们身心安稳，和谐快乐。"其土安隐，无有怨贼劫窃之患，城邑聚落无闭门者，亦无衰恼水火刀兵及诸饥馑毒害之难。人常慈心，恭敬和顺，调伏诸根，如子爱父，如母爱子，语言谦逊。"[①] 人类所处的生态环境优美，其地平净，如琉璃镜，无石沙砾。金银玉宝，现于地上。地出清泉，清净无竭，地生柔软花草，冬夏常青，树木繁盛，花朵芬芳。海出凉风，清净调柔，触身生乐，呈现出一片和美优雅、清净富足的生存景象。

---

① 《佛说弥勒大成佛经》，《大正藏》第 14 卷，第 429 页。

主要参考文献

一、马列原著类

1.《马克思恩格斯选集》(第一、二、三、四卷),北京:人民出版社,2012年。

2.《马克思恩格斯全集》第一卷,北京:人民出版社,1956年。

3.《马克思恩格斯全集》第二卷,北京:人民出版社,1957年。

4.《马克思恩格斯全集》第十卷,北京:人民出版社,1962年。

5.《马克思恩格斯全集》第二十卷,北京:人民出版社,1971年。

6.《马克思恩格斯全集》第四十二卷,北京:人民出版社,1979年。

7.马克思著:《1844年经济学哲学手稿》,北京:人民出版社,2015年。

8.恩格斯著:《自然辩证法》,北京:人民出版社,2018年。

9.《毛泽东选集》(第一卷),北京:人民出版社,1991年。

10.《习近平谈治国理政》第一卷,北京:外文出版社,2018年。

11.《习近平谈治国理政》第二卷,北京:外文出版社,2017年。

12.《习近平关于社会主义生态文明建设论述摘编》,北京:中央文献出版社,2017年。

二、中文著作类

1.［汉］班固撰：《汉书》，北京：中华书局，2007 年。

2.［后秦］鸠摩罗什译，王党辉注译：《阿弥陀经》，郑州：中州古籍出版社，2010 年。

3.［宋］周敦颐，陈克明点校：《周敦颐集》，北京：中华书局，2009 年。

4.［宋］张载著：《张载集》，北京：中华书局，1978 年。

5.［宋］程颢、程颐著：《二程集》，北京：中华书局，2004 年。

6.［宋］朱熹撰：《四书章句集注》，北京：中华书局，2011 年。

7.［宋］黎靖德编，王星贤点校：《朱子语类》，北京：中华书局，1986 年。

8.［元］陈澔注：《礼记集说》，北京：中国书店，1994 年。

9.［明］王守仁撰，吴光、钱明等编校：《王阳明全集》，上海：上海古籍出版社，2014 年。

10.［清］李道平撰：《周易集解纂疏》，北京：中华书局，1994 年。

11.［清］黄宗羲，陈金生、梁连华校：《宋元学案》：北京：中华书局，1986 年。

12.［清］孙希旦撰，沈啸寰、王星贤点校：《礼记集解》，北京：中华书局，1989 年。

13.［清］刘宝楠撰：《论语正义》，北京：中华书局，1990 年。

14.［清］郭庆藩撰，王孝鱼点校：《庄子集释》，北京：中华书局，2013 年。

15.［清］王先谦撰，沈啸寰、王星贤整理：《荀子集解》，北京：中华书局，2012 年。

16.［清］朱元育著：《参同契阐幽·悟真篇阐幽》，北京：华夏出版社，2009 年。

17. 程俊英译注：《诗经译注》，上海：上海古籍出版社，2006 年。

18.［清］崔寔著，石声汉注：《四民月令校注》，北京：中华书局，2013 年。

19. 任俊华、赵清文著：《大学·中庸·孟子正宗》，北京：华夏出版社，2014 年。

20. 苏舆撰：《春秋繁露义证》，北京：中华书局，2015 年。

21. 王卡点校：《老子道德经河上公章句》，北京：中华书局，1993 年。

22. 陈鼓应注译：《黄帝四经今注今译》，北京：商务印书馆，2007 年。

23. 王明编：《太平经合校》，北京：中华书局，1960 年。

24. 王宗昱集校：《阴符经集成》，北京：中华书局，2019 年。

25. 杨伯峻撰：《列子集释》，北京：中华书局，2016 年。

26. 赖永海主编：《佛教十三经》，北京：中华书局，2013 年。

27. 石峻、楼宇烈等：《中国佛教思想资料选编》（全十册），北京：中华书局，2014 年。

28. 陈桐生译注：《国语》，北京：中华书局，2013 年。

29. 张大可、丁德科通解：《史记通解》（第五、六册），北京：商务印书馆，2015 年。

30. 唐凯麟著:《伦理大思路:当代中国道德和伦理学发展的理论审视》,长沙:湖南人民出版社,2000 年。

31. 万俊人著:《寻求普世伦理》,北京:北京大学出版社,2009 年。

32. 刘湘溶著:《生态伦理学》,长沙:湖南师范大学出版社,1992 年。

33. 刘湘溶著:《人与自然的道德话语:环境伦理学的进展与反思》,长沙:湖南师范大学出版社,2004 年。

34. 余谋昌著:《惩罚中的醒悟:走向生态伦理学》,广州:广东教育出版社,1995 年。

35. 余谋昌著:《生态学哲学》,昆明:云南人民出版社,1991 年。

36. 叶平著:《回归自然:新世纪生态伦理》,福州:福建人民出版社,2004 年。

37. 叶平著:《生态伦理学》,哈尔滨:东北林业大学出版社,1994 年。

38. 雷毅著:《生态伦理学》,西安:陕西人民教育出版社,2000 年。

39. 雷毅著:《深层生态学思想研究》,北京:清华大学出版社,2001 年。

40. 余正荣著:《生态智慧论》,北京:中国社会科学出版社,1996 年。

41. 余正荣著:《中国生态伦理传统的诠释与重建》,北京:人民出版社,2002 年。

42. 李春秋、陈春花编著:《生态伦理学》,北京:科学出版社,1994 年。

43. 任俊华、刘晓华著：《环境伦理学的文化阐释》，长沙：湖南师范大学出版社，2004 年。

44. 卢风、刘湘溶主编：《现代发展与环境伦理》，保定：河北大学出版社，2004 年。

45. 卢风著：《科技、自由与自然：科技伦理与环境伦理前沿问题研究》，北京：中国环境出版社，2011 年。

46. 李培超著：《自然的伦理尊严》，南昌：江西人民出版社，2011 年。

47. 李培超著：《伦理拓展主义的颠覆：西方环境伦理思潮研究》，长沙：湖南师范大学出版社，2004 年。

48. 何怀宏主编：《生态伦理：精神资源与哲学基础》，保定：河北大学出版社，2002 年。

49. 韩立新著：《环境价值论——环境伦理：异常真正的道德革命》，昆明：云南人民出版社，2005 年。

50. 张孝德著：《文明的轮回：生态文明新时代与中国文明的复兴》，北京：中国社会出版社，2013 年。

51. 刘定平等著：《生态价值取向研究》，北京：中国书籍出版社，2013 年。

52. 曹孟勤著：《成己成物：改造自然界的道德合理性研究》，上海：上海三联书店，2014 年。

53. 曹孟勤著：《人性与自然：生态伦理哲学基础反思》，南京：南京师范大学出版社，2006 年。

54. 曹孟勤著：《人向自然的生成》，上海：上海三联书店，

2012 年。

55. 曹孟勤、卢风编：《中国环境伦理学 20 年》，南京：南京师范大学出版社，2012 年。

56. 曹孟勤、曹翠新著：《论生态自由》，上海：上海三联书店，2014 年。

57. 王正平著：《环境哲学：环境伦理的跨学科研究》，上海：上海教育出版社，2014 年。

58. 许嵩龄主编：《环境伦理学进展：评论与阐释》，北京：社会科学文献出版社，1999 年。

59. 蒙培元著：《人与自然：中国哲学生态观》，北京：人民出版社，2004 年。

60. 蒙培元著：《心灵超越与境界》，北京：人民出版社，1998 年。

61. 赵建军著：《实现美丽中国梦开启生态文明新时代》，北京：人民出版社，2018 年。

62. 江泽慧主编：《生态文明时代的主流文化——中国生态文化体系研究总论》，北京：人民出版社，2013 年。

63. 陈登林、马建章编著：《中国自然保护史纲》，哈尔滨：东北林业大学出版社，1991 年。

64. 张全明、王玉德等著：《中华五千年生态文化》（上下册），武汉：华中师范大学出版社，1999 年。

65. 曲格平著：《中国的环境与发展》，北京：中国环境科学出版社，1992 年。

66. 杨通进著：《走向深层的环保》，成都：四川人民出版社，

2000 年。

67. 庞元正主编：《全球化背景下的环境与发展》，北京：当代世界出版社，2005 年。

68. 赵成、于萍著：《马克思主义与生态文明建设研究》，北京：中国社会科学出版社，2016 年。

69. 佟立主编：《当代西方生态哲学思潮》，天津：天津出版传媒集团、天津人民出版社，2017 年。

70. 罗顺元著：《中国传统生态史略》，北京：中国社会科学出版社，2015 年。

71. 郭刚著：《先秦易儒道生态价值研究》，北京：中国社会科学出版社，2013 年。

72. 唐凯麟、张怀承著：《成人与成圣：儒家伦理道德精粹》，长沙：湖南大学出版社，1998 年。

73. 乔清举著：《儒家生态思想通论》，北京：北京大学出版社，2013 年。

74. 陈业新著：《儒家生态意识与中国古代环境保护研究》，上海：上海交通大学出版社，2012 年。

75. 张立文主编：《天人之辨：儒学与生态文明》，北京：人民出版社，2013 年。

76. 赖品超、林宏星著：《儒耶对话与生态关怀》，北京：宗教文化出版社，2006 年。

77. 钱穆著：《宋明理学概论》，北京：九州出版社，2014 年。

78. 张舜清著：《儒家"生"之伦理思想研究》，北京：中国社会科学出版社，2010 年。

79. 冯达文著：《回归自然：道家的主调与变奏》，广州：广东人民出版社，1992 年。

80. 王泽应著：《自然与道德：道家伦理思想精粹》，长沙：湖南大学出版社，1999 年。

81. 乐爱国著：《道教生态学》，北京：社会科学文献出版社，2005 年。

82. 陈霞主编：《道教生态思想研究》，成都：巴蜀书社，2010 年。

83. 白才儒著：《道教生态思想的现代解读：两汉魏晋南北朝道教研究》，北京：社会科学文献出版社，2007 年。

84. 王素芬、丁全忠著：《生态语境下的老子哲学研究》，北京：人民出版社，2016 年。

85. 王素芬著：《顺物自然：生态语境下的庄学研究》，北京：人民出版社，2011 年。

86. 蔡林波著：《助天生物：道教生态观与现代文明》，上海：上海辞书出版社，2007 年。

87. 卿希泰、唐大潮著：《道教史》，南京：江苏人民出版社，2006 年。

88. 陈红兵著：《佛教生态哲学研究》，北京：宗教文化出版社，2011 年。

89. 曹文斌著：《西方动物解放论与中国佛教护生观比较研究》，北京：人民出版社，2010 年。

90. 吕澂著：《印度佛学源流略讲》，上海：上海人民出版社，2002 年。

91. 吕澂著：《中国佛学源流略讲》，北京：中华书局，1979年。

92. 赖永海著：《中国佛性论》，北京：中国青年出版社，1999年。

93. 潘桂明著：《中国佛教思想史稿》（第一、二、三卷），南京：江苏人民出版社，2009年。

94. 方立天著：《中国佛教哲学要义》，北京：中国人民大学出版社，2005年。

95. 王月清著：《中国佛教伦理研究》，南京：南京大学出版社，1999年。

96. 李振刚、方国根著：《和合之境：中国哲学与21世纪》，上海：华东师范大学出版社，2001年。

97. 张立文著：《和合学概论——21世纪文化战略的构想》，北京：首都师范大学出版社，1996年。

98. 葛兆光著：《中国思想史》，上海：复旦大学出版社，2019年。

99. 刘长林著：《中国系统思维》，北京：中国社会科学出版社，1990年。

三、外文译著类

1. ［美］安乐哲主编：《儒学与生态》，彭国翔、张容南译，南京：凤凰出版传媒集团、江苏教育出版社，2008年。

2. ［美］安乐哲主编：《佛教与生态》，何则阴、闫艳、覃江译，南京：凤凰出版传媒集团、江苏教育出版社，2008年。

3. ［美］安乐哲主编：《道教与生态——宇宙景观的内在之道》，

陈霞、陈杰等译，南京：凤凰出版传媒集团、江苏教育出版社，2008 年。

4.［美］霍尔姆斯·罗尔斯顿著：《哲学走向荒野》，刘耳、叶平译，长春：吉林人民出版社，2000 年。

5.［美］霍尔姆斯·罗尔斯顿著：《环境伦理学：大自然的价值及对大自然的义务》，杨通进译，许广明校，北京：中国社会科学出版社，2000 年。

6.［美］杰里米·里夫金、［美］特德·霍华德：《熵：一种新的世界观》，吕明、袁舟译，上海：上海译文出版社，1987 年。

7.［美］奥尔多·利奥波德著：《沙乡年鉴》，侯文蕙译，北京：商务印书馆，2016 年版。

8.［美］唐纳德·沃斯特著：《自然的经济体系——生态思想史》，侯文蕙译，北京：商务印书馆，1999 年。

9.［英］杰拉尔德·G.马尔腾著：《人类生态学——可持续发展的基本概念》，顾朝林、袁晓辉等译，北京：商务印书馆，2012 年。

10.［日］阿部正雄著：《禅与西方思想》，王雷泉、张汝伦译，上海：上海译文出版社，1989 年。

11.［比］伊·普里戈金、［法］伊·斯唐热著：《从混沌到有序——人与自然的新对话》，曾庆宏、沈小峰译，上海：上海译文出版社，1987 年。

12.［法］阿尔贝特·史怀泽著：《敬畏生命》，陈泽环译，上海：上海社会科学院出版社，1992 年。

13.［日］池田大作、［英］阿·汤因比著：《展望21世纪——汤因比与池田大作对话录》，荀春生、朱继征、陈国樑译，北京：国际文化出版公司，1985 年。

四、英文著作类

1.J.Baird.Callicotted: *Nature in Asian tradition of thought*, Suny Press, 1989.

2.Clive Pontine: *A Green History of the World*, Penguin Books, 1991.

3.Brennan. *The Ethics of the Environment*. Aldershot: Dartmouth Publishing Company Limited, 1995.

五、期刊类

1. 余谋昌：《易学环境伦理思想》，《晋阳学刊》2015 年第 4 期。

2. 余谋昌：《中国古代哲学是生态哲学——蒙培元先生的生态哲学观》，《鄱阳湖学刊》2016 年第 5 期。

3. 陈来：《道德的生态观——宋明儒学仁说的生态面向及其现代诠释》，《中国哲学史》1999 年第 2 期。

4. 葛荣晋：《儒家"天人合德"观念与现代生态伦理学》，《甘肃社会科学》1995 年第 5 期。

5. 焦国成：《儒家爱物观念与当代生态伦理》，《中国青年政治学院学报》1996 年第 2 期。

6. 唐文明：《朱子论天地以生物为心》，《清华大学学报（哲学社会科学版）》2019 年第 1 期。

7. 吴先伍：《"见其生，不忍见其死"的生态伦理解析》，《哈尔滨工业大学学报（社会科学版）》2019 年第 6 期。

8. 涂可国：《儒家生态责任伦理的义理结构》，《伦理学研究》2017 年第 2 期。

9. 白奚：《"万物一体之仁"：王阳明的仁学思想及其生态学意义》，《孔子研究》2017 年第 1 期。

10. 白奚：《"仁民而爱物"的现代启示》，《河北学刊》2001 年第 2 期。

11. 白奚：《论儒家的道义型人类中心论——从刘文英先生对儒家生态伦理观的研究说起》，《兰州大学学报（社会科学版）》2015 年第 3 期。

12. 王文东：《论〈礼记〉的生态伦理思想》，《古今农业》2006 年第 3 期。

13. 王文东：《中国道教的生态伦理精神》，《中国道教》2003 年第 3 期。

14. 王文东：《〈淮南子〉对道家生态伦理观的积极阐释》，《阴山学刊》2014 年第 1 期。

15. 葛荣晋：《"道法自然"与生态智慧》，《中共中央党校学报》2011 年第 5 期。

16. 陆爱勇：《论〈老子〉"自然"的生态伦理内蕴》，《河南师范大学学报（哲学社会科学版）》2012 年第 1 期。

17. 牟钟鉴：《宗教生态伦》，《世界宗教文化》2012 年第 1 期。

18. 张怀承、任俊华：《论中国佛教的生态伦理思想》，《吉首大学学报（社会科学版）》2003 年第 3 期。

19. 魏德东：《佛教的生态观》，《中国社会科学》1999 年第 5 期。

20. 方克立：《"天人合一"与中国古代的生态智慧》，《社会科学战线》2003 年第 4 期。

21. 王正平：《"天人合一"思想的现代生态伦理价值》，《传统文化与现代化》1995 年第 3 期。

22. 马永庆：《人与自然和谐的道德基础——古代"天人合一"思想的现代生态伦理启示》，《伦理学研究》2006 年第 2 期。

23. 曹孟勤：《论自由的生态本质》，《伦理学研究》2017 年第 1 期。

24. 曹孟勤：《论马克思生态人学的哥白尼革命》，《南京工业大学学报（社会科学版）》，2016 年第 2 期。

25. 曹孟勤：《生态伦理是人之为人的象征》，《晋阳学刊》2006 年第 6 期。

26. 曹孟勤：《自然即人 人即自然——人与自然在何种意义上是一个整体》，《伦理学研究》2010 年第 1 期。

27. 李春秋：《马克思恩格斯生态文明观探究》，《伦理学研究》2010 年第 4 期。

28. 万俊人：《生态伦理学三题》，《求索》2003 年第 5 期。

29. 张彭松：《"内在价值"理论反思与生态伦理思想整合》，《安徽师范大学学报（人文社会科学版）》2019 年第 1 期。

30. 张彭松：《生态伦理何以需要生态乌托邦》，《深圳大学学报

（人文社会科学版）》2018 年第 4 期。

　　31. 陈首珠：《论环境保护技术发展的生态伦理维度》，《华中科技大学学报（社会科学版）》2018 年第 3 期。

　　32. 李惠岚：《自然价值论的分殊与超越》，《自然辩证法研究》2018 年第 4 期。

　　33. 王雨辰：《人类命运共同体与全球环境治理的中国方案》，《中国人民大学学报》2018 年第 4 期。

　　34. 王国聘、李亮：《论环境伦理制度化的依据、路径与限度》，《社会科学辑刊》2012 年第 4 期。

　　35. 杨通进、陈博雷：《环境伦理学对物种歧视主义和人类沙文主义的反思与批判》，《伦理学研究》2014 年第 6 期。

　　36. 叶平：《生态伦理的价值定位及其方法论研究》，《哲学研究》2012 年第 12 期。

　　37. 曾建平：《生态伦理：解读人与自然关系的新范式》，《天津社会科学》2003 年第 3 期。

　　38. 张云飞：《70 年来生态文明理念的嬗变》，《人民论坛》2019 年第 29 期。

　　39. 赵建军、赵若玺：《农耕文化的伦理价值与绿色发展》，《自然辩证法研究》2019 年第 1 期。